U0260085

军事计量科技译丛

原子钟原理与应用(第2版)
The Quantum Beat
Principles and Applications of Atomic Clocks (Second Edition)

〔美〕 F. G. 梅杰(F. G. Major) 著

杨仁福 冯克明 等译

国防工业出版社

·北京·

著作权合同登记　图字:军-2018-011 号

图书在版编目(CIP)数据

原子钟原理与应用:第 2 版/(美)F. G. 梅杰
(F. G. Major)著;杨仁福等译. —北京:国防工业
出版社,2019.9
　(军事计量科技译丛)
　书名原文:The Quantum Beat——Principles and
Applications of Atomic Clocks(Second Edition)
　ISBN 978-7-118-11640-3

　Ⅰ.①原…　Ⅱ.①F…②杨…　Ⅲ.①原子钟—研究
Ⅳ.①TH714.1

　中国版本图书馆 CIP 数据核字(2019)第 212854 号

※

*国防工业出版社*出版发行

(北京市海淀区紫竹院南路 23 号　邮政编码 100048)

三河市腾飞印务有限公司印刷

新华书店经售

*

开本 710×1000　1/16　印张 23½　字数 426 千字

2019 年 9 月第 2 版第 1 次印刷　印数 1—2000 册　定价 118.00 元

(本书如有印装错误,我社负责调换)

国防书店:(010)88540777　　　发行邮购:(010)88540776

发行传真:(010)88540755　　　发行业务:(010)88540717

序

当今信息化和智能化时代,一个显著标志是事物运动变化及其进程的快速。衡量"快慢",最重要的参量就是"时间",它包括"时刻"和"时间间隔"两个概念。速度越高,要求时间测量越精准。测量时间的工具是钟表,现在最精准的钟表就是"原子钟",它提供标准时间和频率信号之源和测量标准。1967 年国际计量大会做出决定,以无干扰铯原子(^{133}Cs) 两个基态超精细能级间跃迁辐射的9192631770 个周期,为国际时间单位"秒"长的定义,世界真正进入了"原子时代"或"量子时代"(原子钟依赖量子跃迁)。那时,原子基准的频率准确度大体是10^{-12}(相对不确定度),当下,其测量精密度和准确度已分别达到 10^{-19} 和 10^{-16} 数量级了。时间、频率是可以测得最为精密和准确的物理量,是其他各种物理量所望尘莫及的。现在高速运动和变化要求人们能测到的时间精度已经不是毫秒(10^{-3}s)、微秒(10^{-6}s),而是纳秒(10^{-9}s)、皮秒(10^{-12}s),甚至飞秒(10^{-15}s)、阿秒(10^{-18}s)级,利用原子钟作测量工具这些都已经成为实际可能了。

这样高度精准的测量还给科学技术带来一个意外的惊喜,那就是通过一定的物理关系可以将其他物理量转换为时间频率量来加以测量,从而大大提高它们的测量精确度。现在,通过光在一定时间 t 内走过的路程 $l = ct$,在定义了光速值为$c=299792458$m/s 后,也就确定了长度单位"米"的值,即"米"是光在真空中以$1/299792458$ s 时间所走过的长度。目前,电压和电阻已经通过类似方式确定了国际单位制中"伏特"和"欧姆",以及其他电学单位。国际计量学界正在讨论,准备在不久的将来把其他几个基本物理量的单位也通过相应的物理关系和常数的数值,转换为时间频率量来进行确定。这样,世界似乎可以统一到时间、频率上来了。而随着光频原子钟(光钟)准确度的提高,秒定义的变革也正在提上日程。这些真是不可思议!

原子钟所产生的标准时间频率信号还可以搭载在无线电波或光波上远距离传递,这是该物理量的又一个优异特性,可使用户随处都能得到精密的测量工具。因此,建设一个以原子钟为心脏的独立自主的国家时间频率体系对于一个现代化国家,尤其是对于要实现"中国梦"、成为世界强国的中国,具有重大意义,它是保障国民生活、经济运行和国防安全的基础设施。

既然原子钟这么重要,离我们的生活这么近,我国就需要一批从事原子钟事业的科技工作者,而广大工程技术人员和相关部门的管理人员,也应该具备关于原子钟的一般知识。原子钟虽只是一种测量标准,却应用于不同领域,且品类多样,实现原理也各不相同,其研制开发和运行应用还涉及一系列复杂的科学技术问题,其中包括原子分子物理、量子理论、无线电电子学、光学、自动控制、计算机、材料科学等,读者很难从单门科学技术书籍中得到这些全面的知识。本书提供了这样一种宝贵的读物,它涵盖了从微波到光频各种原子钟的不同物理原理、技术设计、工艺实现、测量方法等,以及从全球定位系统到检验基本物理理论等一系列原子钟的应用。作者利用物理图像深入浅出地阐释和叙述了相当深奥的物理原理,不过度借助繁复的数学公式,注意运用历史事实,这不仅使人读来饶有兴味而不觉枯燥,还能更好地理解科学道理。作者具有宽阔的阅历背景,作为一位美国国家航空航天局(NASA)戈达德航天飞行中心的研究人员,他深知原子钟关系国家生存命脉,而又不太容易受到重视,普通老百姓可以从国家时频体系中获得标准时频信号,原子钟的市场不会很大,私人企业难以对此投资,它们的研制开发主要依靠政府和军方支持。这成为原子钟事业的一个重要特点,对中国尤其是如此。作者对此也有所陈述。所以这是一本既值得原子钟专业人员阅读,也可帮助相关科技管理人员增长知识、了解情况的好书。

译者杨仁福博士以物理学研究出身,从事着几种主要原子钟的研制和开发,有着深厚丰富的专业知识和实践经验。他的译文通顺流畅,不少地方还对原著做了改错和注释。我相信这本书对于我国原子钟研制、开发和使用人员,以及广大科技和管理工作人员都是很有裨益的。我愿以此小序向大家推荐此书。

王义遒

2019 年 8 月 6 日

译者序

在国际单位制中,有7个基本的物理量,分别是时间、长度、质量、电流、热力学温度、发光强度、物质的量,其中时间量与其他物理量相比,具有显著特征:时间是目前可实现的最高测量准确度的物理量,时间基准是自然基准,时间是唯一可通过电磁波精确传递的量。其他6个物理量如果能溯源到时间,其测量精度可大幅提高。

时间(频率)是研究周期运动或周期现象特性的科学,原子钟是时间频率的源头,直接决定了时间频率的准确性和稳定性。时间的国际计量单位"秒",就是以铯原子钟为基础进行定义,以铯^{133}Cs原子基态的两个超精细能级间跃迁辐射振荡9192631770个周期所持续的时间,定义为1s。铯原子的能级跃迁频率具有极高的准确性和稳定性,目前冷原子铯喷泉钟已实现10^{-16}量级的频率不确定度。

原子钟研制难度大,涉及量子力学和电子学等多个领域,历史上已经有十几位诺贝尔奖获得者与原子钟研制相关,其中就包括氢脉泽、铯原子钟、粒子囚禁、激光冷却、光学频率梳等相关发明发现。原子钟种类繁多,应用领域各不相同,技术指标各有所长,其中:氢原子钟具有非常好的中短期频率稳定度,可长期连续运行,主要用于守时;铯原子钟具有优越的频率准确度和长期频率稳定度,且基本无漂移,主要用于时频标准和守时;铷原子钟具有体积小、指标适中、工艺相对简单等特点,主要用于星载和时统终端应用;铯原子喷泉钟的频率不确定度已优于5×10^{-16},目前作为频率基准;离子阱微波钟同时具有体积和频率稳定度优势,可用于未来地面守时或深空探测等;光钟具有极佳的频率不确定度,已进入10^{-18}量级,未来可重新定义秒长。本书对各类原子钟进行了详细描述。

本书英文版作者F. G. Major教授,一生都在从事磁共振和原子钟相关的研究工作,并于1973年在 *Physical Review Letter* 上发表了第一篇关于汞离子微波钟的论文,成功研制世界上第一台汞离子微波钟,开创了一个新的原子钟方向,目前报道的汞离子微波钟,其频率稳定度可进入10^{-17}量级,保持着最佳的稳定度记录,另外,汞离子微波钟也是未来深空探测的最佳原子钟之一,目前美国喷气推进实验室(JPL)已成功研制体积只有3L的汞离子微波钟。

近年来,随着我国"北斗"卫星导航系统的建设,原子钟的研制和应用取得了长足进步,国内已经成功研制星载铷原子钟和星载氢原子钟,技术指标达到国际先进行列。原子钟是国家时频体系的核心设备，原子钟大量应用于电信、电力、交通、航天、测绘、网络、灾害预报、金融证券、电子商务等领域。

我国第一本原子钟相关的专业书籍，是1986年北京大学王义道先生撰写的《量子频标原理》，这本书成为原子钟研究人员的红宝书，30多年来一直影响并教育着一代代的原子钟研究人员。随着时频技术的发展以及我国"北斗"卫星导航系统的建设，时间频率专业也迎来了发展契机，国内涌现出多所高校和科研院所在开展原子钟及时间频率相关的教育和科研工作，但国内相关专业书籍仍然偏少。他山之石，可以攻玉，引进国外优秀专业书籍，供国内同行参考，这是我们翻译本书的主要目的之一。

本书第1章介绍了时间计量的历史和各种计时工具及方法；第2~7章详细介绍了原子钟研制过程中需要具备的一些基础理论知识，包括原子分子理论及量子相干共振等；第8~11章，详细介绍了铷、铯、氢三类传统原子钟，包括部分氨分子脉泽的内容；第12、13章介绍了离子囚禁及汞离子微波钟；第14~18章，介绍了与激光相关的原子钟知识，包括激光、激光冷却以及冷原子喷泉钟及光钟等；第19、20章介绍原子钟的各种应用场景，包括基础物理研究中应用，以及我们熟悉的卫星导航定位系统中应用等。

北京无线电计量测试研究所的科研人员完成了本书全部翻译内容，其中，杨仁福统筹全书并翻译第1、8~11章，冯克明对译本进行了全面校审，张振伟翻译第2~4章，陈星翻译第5~7章，王暖让翻译第12、13章，赵环翻译第14~17章，薛潇博翻译第18~20章。这里要特别感谢王义道先生，在85岁高龄之际，为本书作序，并细致审阅全书，给出详细的勘误表。同时，在本书翻译出版过程中，还得到了吴倩、杨春涛、高连山、胡毅飞、冯英强等专家的指导帮助，在此一并表示谢意。另外，感谢国防工业出版社积极引进本书版权，能够使中文译本早日与读者见面。

由于译者水平所限，书中难免存在遗漏和不足之处，敬请广大读者批评指正。

杨仁福

2019年7月

前言

本书从 1998 年第 1 版出版以来,光频测量技术已得到迅猛发展,期间发明了光学频率梳,使频率精确测试的范围大幅拓展,实现了微波铯原子频标与光钟的直接比对校准。尤其在最近几年,频率和时间精密测试领域发展更加迅速,涉及精度提高和频谱拓展的各个技术方向,产生了一系列革命性成果。

激光冷却原子和离子技术,可以通过激光与悬浮于超高真空系统中的粒子长时间相干耦合,得到单离子的超窄共振谱线。这种超前的想法,第一次由 Dehmelt 等提出,并在实验中观察到这种孤立的囚禁粒子,这也激发本书作者开展汞离子囚禁的相关研究,以及研制下一代空间时间频率标准。基于固态光源的光频信号稳定性和合成技术也迅速发展,带来了光钟频率稳定度的空前进步,也预期新一代高可靠空间光钟的研制成功。

在构建全球卫星导航系统 GPS 的过程中,原子钟的重要性得到了充分体现,星载原子钟是系统的核心部件,如果没有原子钟,也就不存在 GPS。目前 GPS 在军民领域大量应用,几乎渗透到社会生活的每个领域,深刻影响着人们的日常生活,成为我们文化的一部分。如果星载铷原子钟和星载铯原子钟能保持亚微秒级的时间同步精度,则未来可实现亚米级的 GPS 定位精度。

与第 1 版内容相似,本书涉猎范围较广,主题覆盖各类基于量子跃迁的原子钟,以及相关的基本物理学原理。同时作为补充内容,书中第 1 章也介绍了早期机械钟和石英钟的发展情况。本书重点不在原子钟历史,而只是希望以历史的视角来看待原子钟的发展进程。

本书适于原子钟相关领域的物理学家和工程技术人员使用,书中覆盖了大量原子钟相关主题,同时为了满足非专业技术人员的阅读需求,尽量减少数学公式的使用。书中详细地描述了铷、铯、氢原子钟的设计原理,同时也包含了汞离子微波钟、激光冷却、光抽运、光学黏团、铯喷泉钟等新型原子钟相关内容,以及原子钟频率准确度和频率稳定度的分析方法,其中涉及噪声、共振谱线线型、相对论多普勒效应等内容。书中也讲述了建立在精确时间频率基础上的全球导航系统——罗兰 C 和 GPS,同时介绍了统一场理论的不变性原理和对称性测量,例如,原子精细结构常数长期测定、爱因斯坦等效原理验证等内容。

本书真诚感谢以下人员,他们在成稿过程中给予了极大的关心和鼓励,阅读了部分手稿并提出了非常有价值的修改意见,感谢：Norman Ramsey 教授、Claude Cohen-Tannoudji 教授、Gisbert zu Putlitz 教授、Charles Drake 教授、Hugh Robinson 教授,以及感谢我的朋友和前同事 Herbert Ueberall 教授及巴黎天文台的 Claude Audoin 教授等。

美国马里兰州
F. G. Major
2006 年 9 月

目录

第1章
天文钟和机械钟

1.1 自然界中的周期现象

在人类历史的发展长河中,时间是一个永恒的主题,它总是无情地流逝,演绎着自然界生物生老病死,循环往复,而只有在神话的世界中,众神才会长生不老,永恒不朽,生活在时间之外。

对自然界的细心观察,对日月星辰周期性运动规律的详细记录和认知,以及寻找自然现象周期变化的内在规律,是衡量人类智力水平发展程度的一个重要标志。在远古时代,我们的先祖们就在感知自然界中的一些简单周期现象,例如太阳的东升西落,周而复始,在他们脑海里,坚信太阳在西边消失后,第二天必定会出现在东方地平线上。由于这种自然现象的变化周期相对较短,所以太阳运动的规律性更容易理解和掌握,但是,对于一年中四季的周期性变化,由于季节交替点不太明显,在感观上就不那么深刻,在这些认知上也就遇到了困难,不太容易确定季节变化的具体时间点。根据弗莱哲(Frazer)经典著作《金枝》(The Golden Bough)(1922)中的描述,在一些原始部落,他们对冬日的来临充满恐惧,害怕恶魔的惩戒,所以,只能不断地祈求神灵保佑,通过宗教仪式,来确保下一个春日的归来。

在人类社会早期,其文化生活与自然周期便紧密契合,长期受这种规律变化的影响,使人类和其他地球生物体内留下深深的烙印,最明显的莫过于所谓昼夜节奏变化(circadian rhythm,该词来源于拉丁语的 circa 和 dies)的影响,最新研究表明:人体睡眠苏醒的周期为 24h,一天一个循环,由体内长期形成的生物钟所决定,与外部环境短期变化无关,这是我们人类长期顺应自然,形成与自然协调一致的作息习惯。为了完成并协调不同自然周期中的工作,人类先祖开始简单计时并形成了早期的历法,当然这种历法的制定和发展是以农业种植为基础。人类需要在恰当的时机完成土壤耕耘,种子种植,只有跟上季节变化,才能有好的收成。从落叶收获的秋天到寒冷休眠的冬天,从生命回归的春天到炙热难耐的夏天,四季的交替变化牵引着人类日常生活的秩序性和内在的规律性。另外,早期生活在海边的人类,其社会生活生计也与海洋规律息息相关,他们通过观察潮汐的上涨和下落,已经认识到潮汐的变化周期性。总之,自然界这些看似不可捉摸的短期变化,其实隐含着一些内在的规律。

周期循环发生的事件,可以用来计时,当一个事件重复发生时,连续两次出现所经过的时间定义为周期。在一个周期内所持续的时间长度,可定义为一个基本的时间单位量。这样,我们就可以说在过去的一段时间内发生了多少个这样的时间单位。一个最明显的例子,当太阳连续两次出现在我们头顶的同一位置时,定义为1天,而月亮连续两次出现在某个位置时,定义为1个月。但是,要成为时间单位,首要条件是必须明确该单位是不是周期性稳定的量,同时要确定该单位量能达到什么样的精度。毫无疑问,这将是本书要展开讨论的核心内容。

1.2 历法

当人类有能力追踪并精确记录季节的变化时,却不幸地发现,季节长度并不是固定的,也不是天的整数倍,一年当中有4个季度,时间加起来比365天多了约1/4天。现在我们已经知道,地球作为太阳的一个行星,绕太阳公转运动的轨道基本上保持不变,但地球还存在一个绕自身地轴的自转运动,这两种运动叠加在一起,导致了计时工作的复杂性。还需要关注另一个天文事实,即月球运动周期同样也不是天的整数倍,在一年时间内也不是某个整数的周期倍,这给各种历法的制定带来了挑战。

历史上最著名历法当属古老的玛雅历法,这是一个了不起的成就,我们现代人在惊奇的同时,也给予了大量的赞誉。玛雅人事实上有两套纪元历法(Morley,1946),一套用于宗教,一套用于日常生活。宗教历法一年有260天,用1到13共13个数字作为一组,20个名字作为另一组,通过数字和名字相结合的方式进行计日,例如:某个数字和某个名字结合后会成为一个特定的日期。虽然这套历法可以简单地理解为一年有12个月,每个月有13天,但其实并不是这么简单,当13个数字用完后,从13再重新返回到1时,名字则继续递加,直到20个名字用完,就像我们现代日历当中的2月1日、3月2日、4月3日等计日方法,这好似一组神秘的代码,13个数字与20个名字排列组合,在整个循环周期内日期都不会重复。玛雅民用历法以20天为一个组合单元,一年共18个这样的单元,类似于18个月,然后在一年之中再加上5个特殊的纪念日期,总共365天。当年玛雅人在同时使用这两种历法,每隔52年重复一个循环,也就是说,经过52年的一个大轮回,又回到了两套历法上的同一天。对于更长时间的历法纪事,玛雅人发展了一套基于20为一个单元的累计方法,即二十进制法,并且引入了零的概念。这里的零与旧大陆①中零

---

① 译者注:哥伦布发现新大陆之前欧州人眼中的世界。

的概念完全不一样,这里的零只代表计数回到初始值。令人奇怪的是,我们算术中使用的零符合,即阿拉伯数字 0,其实并不是源于阿拉伯语,而是来源于古印度语,在阿拉伯语中,零是用一个简单的点来表示的。

同时,玛雅人也对月亮进行了详细观察和记录,月亮在他们宗教历法中扮演了重要角色。与其他古文明一样,玛雅人敬畏天空,并试图从天体运动中解读和感知宇宙的奥秘,以及预测自身未来的命运。

1.3 日食

古代人类对各种天文现象一直怀有敬畏之心,记录日食、月食、流星、彗星等各种天体运动,与宗教仪式和迷信预兆紧密相联,因此,通过这些天体永恒不变的运动规律,来定义时间,不仅在历法编年史上而且也在神秘的占星术中具有重要意义,同样,合适的历法可以协调各种农业社会活动。

因为迷信活动与天象观察紧密相关,所以有证据显示,日食的记录最早可追溯至公元前 2000 年。在古老的记录中,存在一些与客观事实不符的虚假信息,包括故意捏造的,也可能是偶然发生的,要鉴别勘正这些偏差的信息,可能要占用现代专家大量的时间。目前,一个庞大的编年史数据库已基本建成,基本上覆盖了全球整个历史的发展过程。

首先,让我们回顾一下日食的形成过程,这有助于更好地理解时间和地点对日食观察的重要性,尤其对长期编年史记录的意义。如图 1.1 所示,当太阳、月球、地球形成三点一线时,月球挡住了太阳的光,月球身后的黑影正好落在地球上,这样就可能在地球上观察到日食,也就是说,当三者在各自的轨道面上运动时,月球和地球必须同时出现在自身轨道的特定点上,月球轨道面通过地球的地心,此时地球的黄道面也要通过太阳中心,这两个轨道面形成一个约 5° 的倾角,这样才会发生日食。当然,月球运动到太阳和地球中间点时,并不是每次都会发生日食,所以并不是每个月都能观察到日食现象。

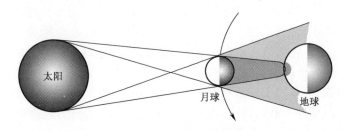

图 1.1 日食成因示意图

月球背影在地球上形成本影区和半影区,分别对应于日全食和日偏食现象,日全食时,月球把太阳光完全遮挡,而日偏食时,月球仅遮挡了部分太阳光。虽然太阳直径比月球大得多,但它离地球距离也要远得多,对于地球上的一个观察者来说,两者最终形成了相似的仰角(大约0.5°)。事实上,除非超过95%以上的太阳光被遮挡,否则日偏食并不会造成"黑暗降临大地"的现象。在历史上,日食备受关注并被详细记载,主要基于两个原因:其一是天文学观察的需要,利用日食可以很好地计算和测量太阳、地球和月球的直径,以及三者间距离和各自的轨道面等信息;其二是古代宗教的需要,日全食往往预示着地球上要有大事件发生,令人恐惧,心生敬畏,所以在古人脑海中留下了深深烙印。事实上,如果仔细辨别,可以发现一些历史事件是被强扭联系到日食这些自然现象上,例如国王的死亡等,所以有人认为,《圣经》中提到的太阳曾经"停留在空中",可能只是耶稣亲眼目睹了整个日食过程。

根据历史上相关日食的记载,Schove等人(1984)详细分析后发现,几个世纪以来,地球的自转速度在逐渐减慢,同样月球绕地球的速度也在变慢。对地球上化石的研究也证实了这一点,根据对化石演化数据的分析发现,地球上每年天数不是固定的,由古时的390天逐渐减为现在的365.25天。按照Stephenson等人(1982)的研究,根据公元484年雅典日食记录,结合目前精确的天文观察数据,通过地球自转速度倒推回去的日食轨迹,比较后发现,利用目前数据得到的日食轨迹,比当年的记录西移了15°,换算成时间大约为1h。更进一步的现代精确测试也发现,地球自转速度每个世纪减慢1/43000000,大约相当于每1500年变化4.5°,详细分析将在后续章节中继续展开。

1.4 潮汐

如果地球是一个均匀硬质的球体,在太空中绕自身轴线旋转,那么它可能以恒定的角速度一直自转下去。事实上,地球表面具有复杂的地形地貌,且被大量海水覆盖,内部又充满岩浆,即使是在比较"实"的区域,也会发生一定的塑性变形。此外,地球南北并不对称,赤道轻微隆起,不是完美的球体。海水像绝大多数液体一样具有一定的黏度(流体内阻),世界上海洋的潮汐活动,会对地球产生一定的拖曳力,导致地球的自转速度逐步变慢,在变慢过程中,地球自转的动能不可逆转地逐渐转化为海水分子的内能,使海水变热。

潮汐的形成,主要源于月球对海洋的万有引力作用,当然这里也包括太阳的一点点贡献。月球单独引起的潮汐,以及月亮叠加太阳后共同引起的潮汐,两者仅存在很微小的差别,所以在近似简化分析时,一般会忽略太阳的影响。潮汐的成因很容易理解,如图1.2所示,这里以宇航员驾驶人造飞船环绕地球为例,假设飞船上装备了一套自稳定系统,包含两根长长的直杆,分别固定在飞船上的上、下两端,一根杆指向地心,另一根杆指向相反的太空方向。

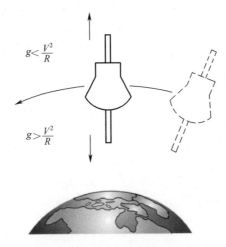

图 1.2　轨道飞行器在重力场作用下的受力示意图

　　当飞船关闭所有动力系统,安静地绕着轨道飞行时,宇航员在驾驶舱内处于失重状态,漂浮在空中。假设宇航员此时出舱活动,处理两根杆顶端的一些问题,他将不再处于完全失重状态,在离地球相对近的杆端时,能感受到地球的吸引力作用,有拉向地球的趋势,而在背向地球的杆顶端时,能感受到远离地球的离心力作用,与地球的重力方向正好相反。飞船在空中受到重力和与运动相关的离心力同时作用后,处于相对平衡状态。类似的物理学原理可以很好地解释地球上潮汐的活动,潮汐在地球与月球的连线上形成两块凸起的区域,一面指向月球方向,另一面背离月球方向,好像地球被月球拉长一样。当然,实际潮汐的涨落,还受到海岸线、海底形貌、12h 周期性潮汐共振等诸多因素的影响。

1.5　恒星日

　　我们在讨论地球自转和公转周期时,必须指出明确的参考坐标系。假设参考点特别地选择在某个远离地球的固定恒星,那么地球自转一周所需的时间就定义为一个恒星日,它与我们日常生活中所感受的太阳日并不一样。太阳日是太阳连续两次通过地球子午线的时间间隔(子午线是地球上通过南北极的一条经度线)。这里,如果假设地球只有公转而没有自转,那么恒星日就为零,太阳日长度为一年;如果地球只有一面对着太阳公转(像月球绕地球旋转一样),那么太阳日长度为零,而此时恒星日为一年。当然这是两种极端情况,绝不会出现,实际我们的地球既存在公转又发生自转,所以,在地球自转和公转皆为逆时针(或顺时针)的太阳轨道上旋转时,太阳日总比恒星日长一点,如图1.3所示,这两者形成的时间差是由于地球绕太阳的公转运动所致。相比于恒星日,太阳日地球多旋转了一个(360°/365.25)角度,根据地球的自转角速度每分钟360°/(24h×60min/h),可以计算出,在一天时差内,太阳日比恒星日多出(360°/365.25)×(24h×60min/h/360°)= 3.95min。

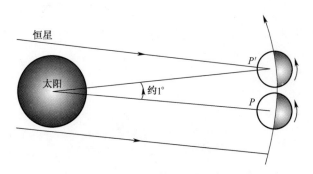

图 1.3　恒星日和太阳日的时差示意图

以上解释了恒星日和太阳日两者间的差异,使用尽可能简化的模型,实际上地球绕太阳轨道是椭圆形,而不是简化的圆形。开普勒(Kepler)经过长期观察计算,总结出太阳系行星运动的三大定律,这里插一句,这些定律也成为后来牛顿(Newton)建立三大力学定律的立足点。开普勒认为:地球绕太阳的轨道是椭圆形的,太阳位于椭圆的一个焦点上,地球与太阳的连线,在相同时间间隔内扫过的面积相等。所以,在一个椭圆轨道上,在近日点时地球公转速度快,太阳日较长,而在远日点时地球公转速度变慢,太阳日也相应变短。平均来说,在一年时间内,每一个太阳日都比恒星日长,且时差一直在4min附近波动。当然,太阳日的这种变化,必须与季节性的白天晚上相对长短变化相区别,后者仅是由于地球自转的赤道面与绕太阳公转的黄道面倾斜角变化所致。

1.6　岁差

更为复杂的是,由于地球是一个非圆的球体,虽然南北半球基本对称,但赤道面稍微鼓起(忽略海水潮汐影响),所以,在月球万有引力牵引下,会产生一个扭矩,地球的自转轴沿着月球轨道面的垂直方向发生进动,像我们熟悉的陀螺转动一样。这种扭矩效应非常显著,并不简单地使地轴从一个方向运动到另一个方向,而是导致地球自转轴空间摇摆,形成一个几何锥体,绕一根新的轴线做轴向运动。如果观察过陀螺旋转,就会发现,当对其施加一个扭矩时,陀螺旋转轴不是左右摇摆,而是在空间上呈锥形运动,这种运动称为自旋轴的进动。对于行星来说,尤其是地球的运动,这种进动运动会使地球轨道面逐年变化。我们知道,地轴的方向决定了地球赤道面与黄道面的交界线,这两个轨道面相交于两点,分别对应春分点和秋分点,标志着一年中春天和秋天的开始。当存在地轴进动运动时,春分点和秋分点也会相应地发生变化。基于这个原因,天文学家称这种进动为岁差,虽然这种进动的变化率很小,大约为 26000 年才循环一个周期,但是它确确实实影响着太阳日的长度。

在公元前 2 世纪,喜帕恰斯(Hipparchus)第一次观察到岁差的存在,他是古代最伟大的天文学家之一。喜帕恰斯仔细地测试了恒星在天空中的位置,并且像现代经纬度一样标示了天空中每一颗恒星的坐标位置,通过与 150 年前的天象记录比较,他发现一个令人难以置信的现象,夜空中恒星的位置发生了旋转(由于地球的转动),也就是说,那颗所谓的"天极"星,发生了绝对的坐标移动。鉴于岁差的变化是如此之小,其角速度每年不会超过 $1'$(1 弧分),喜帕恰斯的发现确实是历史上一项非常了不起的成就。

1.7 日晷

人类早期主要根据太阳阴影的位置变化,来测量每天时间的长短。通过追踪天空中太阳的位置和轨迹,阴影钟最早被设计出来,后来逐渐发展成为日晷。最原始的形式称为圭表,使用一根简单的木棍,垂直于地面,太阳阴影投射在水平地面上,根据木棍阴影的位置来确定一天中不同的时刻。这种早期发明的阴影钟无法显示小时以内的刻度,其意义在于一定程度上细分了一天的时间。后来经过几个世纪的演化,才发展成为相对复杂的日晷,并成功地设计出可携带的日晷。

把一天分为 24h 或再细分,这种时间计数方法最早可追溯到古代的苏美尔人(Sumerians),这是一个居住在古巴比伦王国土地上的早期民族(Kramer, 1963),他们使用六十进制的数字进位法,该进位法存在一系列被 6 或 10 整除的数,如 6、10、60、600、3600 等。在计时系统中,古代苏美尔人实际上同时使用这两种截然不同方法:一种是日常生活中使用的混合进制系统,另一种是只在数学课本中出现的纯六十进制法。六十进制法与我们目前使用的十进制法一样,需要一个给定的初始值,但由于苏美尔人还缺乏零的认识,没有零的概念和符号,所以他们的数学计数中,没有出现绝对刻度值,也就是说,他们使用的数字非常独特,全部是 60 的倍数。但是不管怎么说,古代苏美尔人的文化对后世产生了深远影响,我们现在一直沿用六十进制,小时细分为 60min 和 3600s,把圆细分为弧度、弧分和弧秒,都是源于此。

苏美尔人制造的阴影钟(圭表),与其他文明类似,还存在一定的缺陷。通过一根立轴阴影的移动来定时,在不同季节不同地球纬度上是不一样的,这造成一定的误差甚至于错误,所以必须通过高深的天文学知识实时校准,根据季节变化或地球纬度变化,实时地修正圭表上每日时间观察的刻度。

中世纪阿拉伯天文学家完成了日晷的改进。在安装日晷时,其指针方向要尽可能地与地球的自转轴相平行,指向天顶,与北极星的夹角控制在1°范围内。为了理解这项技术革新的重要意义,让我们首先回顾一下太阳系行星的运动规律。我们每天看到天空上太阳的轨迹,主要是由于地球绕地轴自转运动造成的,所以,当地球自转速度保持不变时,每天观察太阳的视角也应该是不变的,也就是说,日晷指针在垂直盘面上的投射,其角坐标会随太阳位置的变化而均匀变化,重现地球的自转效应。当然,日晷也只能反映白天时间段内太阳的光线变化,但它已经比普通的圭表有明显提高,避免了季节性白天晚上相对长短带来的影响。因为地球的自转速度基本保持不变,所以,日晷盘面上的刻度以指针为圆心均匀地分成24等分,对应一天24h。在弗朗西斯·德雷克爵士(Sir Francis Drake)时代的船舶上,已经在使用便携式日晷,使用的基本操作步骤为:首先通过指南针找到南北极方向,然后通过六分仪确定地球的纬度,最后调节日晷盘面与海平面的夹角,根据指针在盘面上太阳的阴影,得到比较准确的时间。

这种日晷的准确度比早期版本有大幅提升,与角度分辨力的提高密切相关,当太阳阴影以 0.25(°)/min 的角速度移动时,意味着如果角度测试误差为 0.1°,换算成时间就是 24s 的误差。这种量级的准确度,对现代钟表当然不值一提,但就是这种日晷,在欧洲启蒙时代之前,被大范围推广应用。

1.8　星盘

在这一部分中,我们将介绍另一种古老的天文学观察仪器,名为星盘(Astrolabe),如图 1.4 所示(Priestley, 1964),它是由中世纪阿拉伯天文学家发明制造的。该仪器在观星的同时,也可以通过一定的运算,确定地球的纬度和时间。当星盘传入西欧之后,在航海领域被大量应用,直到 18 世纪六分仪出现后,才逐渐退出历史舞台。

星盘为圆形,边缘分 24 等分刻度,正面的盘面上浮雕着一些天体的圆弧形运动轨迹,同时嵌套另外一个半径更小的非同心圆盘,当转动这个小圆盘时,可以根据指针读出行星的相应位置。在星盘的背面,雕刻着十二宫图以及星历月份,盘面上还包含一根以圆心为支点的指针。实际应用时,假设我们已经知道了具体的月份和日期信息,根据背面星盘刻度来确定当天太阳的地平面高度,在正面盘面上找到太阳在黄道面上的对应位置,根据这些信息,旋转正面盘面的小圆形镂空盘面,使当前太阳的位置与星图一致,就可以通过边缘的 24 刻度获得当地的具体时间。如果读者对星盘感兴趣,可以查阅相关资料,深入了解其相对复杂的工作机制。值

图 1.4 一种古代星盘的正面和背面图案

得一提的是,因《坎特伯雷故事集》(*Canterbury Tales fame*)出名的著名小说家杰弗雷·乔叟(Geoffrey Chaucer),在1391年还专门写过一本关于星盘的书,名为《星盘论》(*Treatise on the Astrolabe*)。总之,由于星盘可以给出地球的具体纬度和时间,在18世纪前被航海领域大量应用。

1.9 水钟

最早用于时间测量的非天文学设备就是水钟,水钟出现在公元前2000年的古埃及。当时的水钟,是一个近圆锥形的石头容器,底部开一小孔,当水注满容器时,便从底部小孔缓慢流出,容器侧壁上标有刻度,读取水面刻度即可知道流逝的时间。为了保证侧壁刻度的均匀性,古埃及人进行了大量的实践,成功制作出一定锥度的水钟容器。很显然,如果器皿是圆柱形的,当水充满时,开始流速快,水面下降速度也快,水的流速逐渐变慢后,下降速度也变缓,这样在记录时间时会遇到一些麻烦。其实水钟设计制作过程中,反映了复杂的流体力学问题,水的流速取决于小孔的尺寸,与水的黏度也有一定关系,如果忽略水的黏度,在理想情况下,根据伯努利原理(Bernoulli's principle),水的动能(与速度平方成正比)取决于水的压力。

在开口容器内,水压与水的深度成正比,与容器形状无关,如果流速与压力成正比,那么当水面面积减小量与水深变化量成正比时,可以保证恒定的水面下降速度,在此种理想状态下,容器纵向截面必须设计成抛物面。

与其费力气去完善容器的形状,倒不如对水钟其他系统进行改进。与早期相比,改进后的水钟不再理会容器本身,只需保持容器内水位不变,就可以保持水的流速匀速,这一进步要归功于一个名叫Ktesibios的亚历山大人(拉丁语拼为Ctesibius),他是公元前250年的一个著名发明家(de Camp,1960),其成就还包括一些其他的机械和液压装置,比如水泵和管风琴等。水钟在他的改进下,演变为后来的古希腊式水钟,也名漏壶,在整个古希腊古罗马时代被普遍使用。当初使用这种水钟,主要是为了在议会辩论时合理分配时间,当水流完时,辩论者时间结束,停止说话,然后第二名辩者再重新流水计时,依此类推。所以,后来也形成了固定的英语表述"of the first water"(一流的)。图1.5为该水钟的基本结构图。

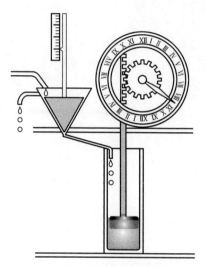

图 1.5　古希腊水钟示意图

在图1.5中,水钟要首先保证有充足的水量进入左上侧的容器,当水位超过某一刻度时,侧壁小孔泻流,多余的水流出,这保证了容器内水位的稳定性,也就保证了底部小孔水流的均匀性,底部流出的水被收集到旁边一个带有刻度的圆柱桶内,随着圆桶水位的上升,通过一套啮合齿轮,推动指针在表盘上显示出相应的时间。当然,也存在其他的水钟实现方案,指针可以固定在垂直杆上,水位和浮子上升时,在桶的侧壁指示出相应的时间。如果水钟附加一个可旋转盘面,利用日出日落的周期性变化,也可以确定一年中季节的变化。

在中国,水钟的历史可追溯到公元6世纪,中国当时水钟的制备技术已经非常先进,结构也更加复杂精巧。中国人利用水的流速来控制水轮转动速率,通过水中浮标的均匀上升来定时,其报时系统更像现代的钟表,在一个固定时间段内间隔性地报时。中国水钟结构更像塔钟中的冠状齿轮擒纵机构,塔钟的内容会在后面章节中具体讨论。该水钟装备了一个大型转轮,利用等间距的辐条支撑周围外壳,将一系列等容积的桶均匀地悬挂在这个大转轮的圆毂上,水桶绕固定轴在垂直面内自由转动,当水以恒定速度流入这些桶内时,利用巧妙设计的平衡梁、控制杆、连接辐条等,使桶内水位到达一临界值时,自动倾洒,保持平衡臂两侧重量一致,在暂停的平衡过程中,水桶会保持不动,桶内水位持续上升,基于"杠杆平衡"原理,当下一个桶再次达到临界值时,重新打破轮的平衡,再次倾洒转动,这样间隔不断地运动,实现了相对准确的时间保持和指示。

结构精巧的水钟在时间准确度上可以与日晷相媲美,不过水钟不能给出绝对的时刻,需要根据天文观测定期校准,另一个约束水钟广泛应用的因素是不可携带性,不适宜在摇摆的船上使用,很难在航海领域推广。

另一种根据物质流过小孔计时的器具就是沙漏,它现在也成为时间稍纵即逝的象征性符号。名字虽然叫沙漏,但沙子并不是唯一使用的物质,只要能满足等时性的材料都可以用来制作沙漏,但一些材料吸水性太强,容易形成团簇,就不太适合。当然,材料的颗粒度、团簇尺寸、摩擦力大小等,以及合适的孔径,决定了沙漏流速和保持时间的长短。沙漏是一种便捷式的守时器具,比较适合在轮船上使用,一般作为船员 4h 值班轮换的计时器具。

1.10　塔钟

大量文献涉及各类机械钟表及其制造工艺,显示出该主题经久不衰的魅力。在这里,我们仅从现代钟表学发展的视角,对机械钟表的设计和性能给出一些综述性的回顾。

在讨论机械钟表时,一般分为三个基本的功能模块:第一模块一个能量源,这通常采取落锤或螺旋弹簧的形式提供;第二模块为一套机械调节系统,能稳定地周期性地调节钟表转动;第三模块为传动轮和时间显示系统。钟表制作过程中最关键和最具挑战性的是第二模块,即机械调节系统,机械表的发展史其实也就是该系统的设计和制造史。

钟表调节器的设计主要解决两大基本问题:首先,必须找到一个以恒定周期振动的振荡系统,对物理环境和运行条件不敏感;其次,必须找到一种方法,用来精确调节分配钟表的能量,且把能量传递到发条等其余部分。为维持调节器的周期振荡,钟表内一些零部件的相互接触和相互作用是必不可少的,但相比调节器振荡本身所耗费的能量,这部分作用的能耗必须非常小,几乎忽略不计。与其他机械系统一样,钟表内也存在各种摩擦力,在没有足够激励能量来源的情况下,摩擦力会使钟表逐渐停止振荡,因此在每次振荡结束后,必须紧接着施加一个小的驱动力,维持钟表恒定地周期振荡,但这一要求却违背了调节器的控制功能,它不应该是去控制,而是被控制。所以,在最理想状况下,钟表参考源应该自由地振荡,不能存在任何外在的能量去扰动去控制它。

为了使钟表输出时间准确可靠,需要平衡调节器的各力学系统,有几个努力的方向:第一,使振荡器内在损耗降到最低,能在微弱的驱动力下维持运动;第二,调节器必须工作在受控的"触发"方式下,意味着控制单元仅需一个很小作用力,就可控制能量单元,传输齿轮发条一个更大的力。以上机械装置统称为钟表的擒纵机构。

现留存于世的最早塔钟建于 14 世纪,塔钟一般出现在教堂或公共广场等地方,结构基本相似,如图 1.6 所示,一般使用水平平衡摆和冠状轮的擒纵机械结构,这里的水平平衡摆就是一根中间被悬挂的水平杆,摆的两端配有相同质量的重物。平衡摆的中心悬挂点下方与一根竖直的细长杆紧密连接,此竖直杆称为摆轮中心轴,轴上附着有两个棘齿,互相垂直,在径向方向也与塔钟冠状齿轮相垂直,而冠状盘面与摆轮中心轴平行。这套平衡擒纵系统能沿着中心轴周期性往复地摆动,当平衡摆偏离平衡位置时,悬挂绳的自身扭曲形变会产生反向作用力,使平衡摆重新回到原来的位置。棘齿的作用是当平衡摆前后转动时,实时进行卡位,带动冠状齿轮连续旋转,实现钟表的等时性。这里通过棘齿和冠状轮的传动,指示盘与平衡摆之间产生了相互作用和关联。如前面已经指出的那样,这种相互作用力可以维持平衡摆周期性振荡,假设悬挂材料具有非常优异的弹性能、相对低的自身能量损耗,当平衡摆足够结实时可通过适当增减两端重物来调节振荡能量,这种钟表调校机构对外界的空气流动、噪声、振动等干扰因素并不敏感,运行比较稳定。

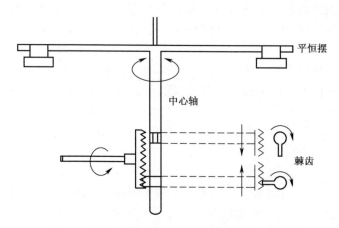

图 1.6　塔钟平衡摆和冠状轮式擒纵机构示意图

在评定时钟的擒纵机构时,应该区别对待设计和工艺两方面因素,虽然设计原理基本相似,但所选材料和制造工艺的不同,会导致钟表精度出现明显差别。如果按照钟表的操作原理进行分类,平衡摆冠状轮式擒纵机构是一种典型的扭矩式钟摆。塔钟要提高守时精度,主要限制因素在于擒纵机构,由于反作用力矩太大,导致周期性的摆动也比较大,悬挂材料的选择非常关键,经过长期摸索,发现有一种熔融石英纤维材料,具有极佳的强度和弹性能,且自身回复力矩与转动角呈线性关系,成为比较理想的悬挂材料,所以自 17 世纪以来,广泛地应用在各类平衡摆钟之中。

1.11 钟摆

17世纪后,钟表工艺上有两个重要里程碑式节点,一个是钟摆被利用作为调节器,另一个是发明了直进锚式擒纵机构,下面分别讨论。

伽利略(Galileo)的故事众所周知,在1583年,伽利略还是一个医学院的学生,他用脉搏确定了比萨教堂内吊灯的摆动周期,发现吊灯摆动的等时性原理,也就是说,不管吊灯摆动幅度有多大,其摆动周期都是固定的。这个故事广为流传,主要是想证明伽利略在钟摆研究上是多么有灵性和天赋,实际情况也确实如此。但另一方面需要指出,他当时对医学更感兴趣,真正关注的是人发烧时脉搏跳动是否会变化(Drake,1967)。伽利略当时并没有发表单摆作为钟表调节器的任何论文,他只是研制了一套医学设备,可以方便地测试患者的脉搏。该测试设备本质上是一套单摆,通过调节摆线的长度,匹配患者的脉搏,校准后直接给出患者的身体状态,显示"脉搏慢"或"发烧"等信息。直到1642年,伽利略去世前的几个月,他才建议使用单摆作为钟表来计时,可惜早在1638年伽利略已双眼失明,无法把想法付诸实施,只好口授给他的儿子文森佐(Vincenzo),并简单地绘制了草图,但事实上并没有完成单摆钟表的搭建。直到1656年,惠更斯(Huygens)才真正把单摆应用于钟表,所以,我们一般把这个荣誉授予惠更斯,另外,惠更斯还与我们物理系学生都熟悉的光波动理论密切相关。

钟摆本质上是一个物体沿着某固定点来回自由振荡,为方便分析起见,我们一般把单摆和复合摆区别对待,单摆是由一根忽略了自身重量的细绳和绳末端悬挂小重量的物体组成,复合摆的摆线重量有一定的分布,没有被忽略。伽利略提到的钟摆,在一段时间内完成一个振荡周期,回到初始点,在较小的摆幅内,周期保持不变,与摆动幅度无关。伽利略恰恰抓住了单摆的这种本质特征,这与人们日常直觉不太一致,一般人的想法是当摆幅较大时,持续的周期也会较长,而事实上,较大的摆幅也对应较大的摆动速度,单摆周期仍然保持常数,与摆幅无关。同样地,单摆特性也适用于熔融石英纤维等材料的弹性形变振荡,都是简谐运动。熔融石英纤维依赖摆动材料的特性,但单摆却没有这种材料依赖性,它是一般的受激振动,单摆周期依赖于摆的半径,以及在摆动方向上的重量分布。由于材料热胀冷缩特性,温度波动对摆的周期性有非常明显的影响,在技术上可以采取一些补偿措施,来降低温度影响,实践中可选择超低热膨胀系数的材料(如因瓦合金)、严格控制温度波动、采用两种不同热膨胀系数材料制作钟摆(如黄铜和钢复合摆,通过一种材料补偿另一种材料热膨胀),等等。

钟摆作为时间标准的另一个影响因素是重力,由于地球既非理想圆形,内部也不均匀,地球上不同地点有不同的重力加速度,这直接影响钟摆的振荡周期。早在1672年,通过钟摆振荡周期,已发现并测试了地球不同地点的不同重力加速度值。

牛顿对这个现象进行了理论解释,地球最初是一个均匀的重力弹性球体,但由于自转作用,赤道部分逐渐隆起,变为目前的扁球体形状。1737 年,法国人克莱罗(Clairaut)通过计算得到了比较精确的地球半径值,地球赤道和南北级的半径比值约为 1/299。另外,地球重力加速度也受海拔、地形、地质结构等因素影响,不同地理位置,钟摆指示的时间每天可以相差到 1min 以上,钟摆振荡周期另一个影响因素是空气阻力,这又与空气密度和气压密切相关。

　　大约在 1670 年,钟摆出现了一个阶段性进步,发明了锚式擒纵机构,如图 1.7 所示,后来 1715 年格拉汉(Graham)又发明了"直进锚式"擒纵机构。

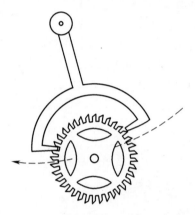

图 1.7　钟摆锚式擒纵机构示意图

　　这种锚式擒纵机构,与塔钟平衡摆冠状轮擒纵机构完全不同,不需要棘齿与轮齿的紧密契合,它利用了一个扇形面的棘齿轮,在结构上保持棘齿和冠状轮一定距离,在很小的角度上啮合分离,周期运动。振荡角度小意味着在有限范围内为简谐运动,利于机械振荡相关的各类调节。锚式擒纵机构与其他擒纵机构另一个明显差异,是棘齿与冠状轮运动方向垂直,相互作用力非常小,可使外界环境对振荡周期的影响降至最低。此外,直进式擒纵机构在每个周期内,都触发冠状轮和传动机构回退运动,保证冠状轮几乎完全自由振荡,这又朝理想的摆动迈出了重要一步。精心设计的棘齿和冠状轮齿轮廓面,进一步提高钟摆摆动的隔离度,可继续提高调节器的整体性能。

1.12　机械游丝摆

　　钟摆在 18 世纪前大量应用于各类天文台和钟塔,精度可以满足日常生活需要。然而,在一些特殊场合,例如船上,钟摆就不再实用,用当今流行专业术语讲,在移动环境下,钟摆经受不住非稳态惯性力的作用。当尝试减小体积使钟摆易于携带时,带来更多问题,包括空气阻力增大、摩擦力增加、钟摆枢轴刀口曲率太大等,最重要的是钟摆周期会随地理位置变化,这就彻底失去了海上应用的可能性。

虽然钟摆仍在改进,但不言自明,我们需要新原理新方法制备新的时钟,这最终导致了平衡摆轮和游丝的发明,并成功地制备出各类机械手表。游丝也称平衡弹簧,利用一盘弹性非常好的合金丝,一端固定于手表基座,另一端连接平衡轮的转轴,机械表一般使用坚硬的宝石轴,以减小磨损。游丝表最大的优点是与地球重力无关,游丝为平衡轮提供回复扭矩,摆轮旋转角度较小,可以有效地降低游丝材料的内部形变,使回复扭矩与摆轮旋转角成正比,保证钟摆简谐振荡。

历史上每次重大思想提出或重大技术革新,按约定俗成的惯例,荣誉都归于发明人,一般以发明者命名。可是,当两个思想家或发明家同时做出贡献时,就容易吵架争论,有时也牵扯到相应的国家。机械游丝摆的发明就是一个典型的事例,英国人罗伯特·胡克(Robert Hooke),就是著名的胡克定律发明者,曾提议使用弹簧作为钟摆计时,来满足海洋经度测量的需要。插一句,胡克本人公开宣称自己是物理学家,同时他也从来不缺乏创业的雄心,不过胡克却从来没有成功建立一个规模像样的公司,正如一个专利律师所说,胡克从来没有真正"把他的想法付诸实践"。另一方面,荷兰的惠更斯更像是行动派,他在发明钟摆调节器的基础上,在制作摆轮游丝表方面迈出了实践的重要一步。

大量文献记载,18 世纪初,英国海军为了解决航海面临的定位问题,悬赏寻找一种简洁的方法,精确测定海上船只的经度(Sobel,1996)。我们知道,海上纬度可以直接得到,通过观察正午时分太阳的高度,或者在晚上通过北极星来确定,但地球经度的确定却相对复杂,最初方法由天文学家埃德蒙·哈雷(Edmund Halley)想出,当然,我们更知道的哈雷彗星就是以他的名字命名,哈雷认为:经过一段时间海洋航行后,如果船员有一块精确的时钟,显示格林尼治标准时间(GMT),那么他就可以根据当地正午时分的 GMT,推算出地球的经度,所以,这里的关键是船上要有一块精确的时钟。为了激发人们制作精确计时工具,1714 年英国海军专门成立了经度委员会,并提供 2 万英镑的奖金,奖励海上经度测量误差小于 30 英里(1 英里=1609.344m)的各类新方法,这也意味着在赤道地区对应的时间误差要小于 1.7min,还意味着远航超过一个月的船只时间误差要小于 4/100000,这要求远远超出了当时的科技水平,以及船上计时器的时间保持能力。在 1735 年,一位优秀的仪器制造师,名为约翰·哈里森(John Harrison),英国约克郡人,完成了第一代计时器,他使用一系列精巧机械设计,最大程度地降低了钟表内各种摩擦,但不幸的是,由于想法太过新颖,也可能经度委员会的偏见,所以哈里森并没有得到希望的经度奖,经度委员会当时更相信天文观察月距法,来确定地球经度。直到 1761 年,哈里森计时器才得到普遍认可,并且得到了英国海军的实地航海验证,在前往牙买加的近半年海上航行中,哈里森钟表总误差不到 2min,完全可以满足海军的需求,并验证了老哈里森计时器的可靠性和精度,终于拿到了相应的奖励。

平衡游丝摆仍然面临温度敏感性的问题,很容易受到温度影响而导致振荡周期变化。像钟摆一样,平衡游丝摆也可以采取相似三方面补救措施,目前最通用的办法,是使用热膨胀系数相反的两种金属来制作游丝。

游丝机械表最终取得成功,关键之处是调节器中平衡轮和游丝擒纵机构的精巧设计和制作,在电子表出现之前,机械钟表精度已达到前所未有的新高度,接近调节器自由振荡的理论极限水平。

在随后的几个世纪里,机械表不断完善发展,变得更加精致小巧,种类繁多,发展了各类怀表及优美的女式腕表等,图 1.8 所示为高档腕表中常用的擒纵结构。机械表也从最初哈里森苦心孤诣,多年打磨一块钟,到后来批量化生产,价格便宜实惠,取得了巨大进步,进入寻常百姓家,但在计时精度上,现代机械表与哈里森当年的钟表并无明显跨越。

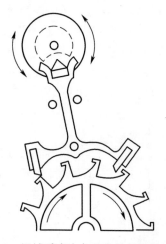

图 1.8　机械手表内一种常见的擒纵系统

第2章
振荡及傅里叶分析

2.1　介质中振荡运动

　　振动是物质的基本运动特性,振动包括可听到声音的摆钟振动,也包括听不到声音的各种晶体振荡,还包括微观原子振动,以及宏观地震等。振动在介质中以波的形式传播。

　　固态物质在受到敲击或剧烈撞击时,会产生振动,以波的形式传递到物体每个角落。如果波在空气中传播,波长又在我们听觉范围内,那么波传到耳膜上时就会产生可感知的声音。可以根据波的基本性质,判定振动物体类型和发声方式。只有在物体形状和发声方式都满足某些特定条件时,物体发出的声音才能形成纯正的音调。不同物体发出的声音是可以分辨的,例如:使用不同乐器弹奏相同的音符,由于音调和音色不同,因此完全可以区分。振动在空气中传播,会导致局部空气压强变化,在耳鼓膜就听到了声音。根据声音各种特征,可以构建出声学图像,可以分辨出声音来源,这要感谢亚历山大·格拉汉·贝尔(Alexander Graham Bell)的贡献。例如麦克风,一个非常重要的设备,将声音信号转换为电信号,通过适当的电路连接到示波器上,屏幕上就可显示出声音的图像。即使听不到朋友的声音,通过想象本人的声音特点,也是可以辨别区分的。

　　物体的振荡运动必须满足两个基本特征:首先,当物体处于平衡状态时,物体发生形变后会产生使物体恢复平衡状态的力;其次,所有物体都具有惯性,当物体运动时,将一直保持运行状态,直到有外力改变这种运动状态为止,这就是著名的牛顿力学第一定律。例如:对于单摆的简谐振动,当物体在某一平衡点被施加瞬时作用力后,该物体会偏离平衡位置,同时产生一个回复力,在到达平衡位置后,物体会在惯性作用下继续运动,冲过平衡点到达另一端,循环往复,周期振荡。

2.2　简谐振动

　　运动的最简单模式是简谐振动,如钟摆的振荡等,当物体偏离平衡位置的位移足够小时,物体的回复力与位移成正比,这就是简谐振动的理论基础,以位移量 ξ 为变量,系统能量 U 做泰勒展开,展开公式如下①:

$$U = U_0 + a_1\xi + a_2\xi^2 + a_3\xi^3 + \cdots \quad (a_2 > 0) \tag{2.1}$$

当位移量 ξ 足够小时,回复力 $F = -\dfrac{\mathrm{d}U}{\mathrm{d}\xi}$ 与偏移量成正比②,因此可得到简谐振动的运动方程为

$$\frac{\mathrm{d}^2\xi}{\mathrm{d}t^2} + \frac{2a_2}{m}\xi = 0 \quad (a_2 > 0) \tag{2.2}$$

运动方程的周期解析解为

$$\xi = \xi_0\cos(\omega t + \phi_0) \tag{2.3}$$

式中:ω 为角速度;ξ_0 为初始幅度;ϕ_0 为初始相位。由式(2.3)可知,位移量 ξ 是以恒定角速度 ω 旋转的半径矢量 ξ_0 在固定直线上的投影,$(\omega t + \phi_0)$ 值反映了矢量 ξ_0 的角度,即相位。运动方程的解析解可以由相位图来描述,如图2.1所示。

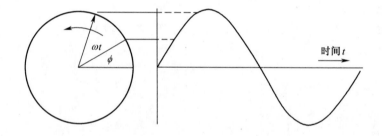

图 2.1　相位图:简谐振动是匀速圆周运动的轴线投影

式(2.3)还可表示为指数形式,其物理意义即两方向相反的简谐振动叠加:

$$\xi = \frac{\xi_0}{2}\mathrm{e}^{\mathrm{i}(\omega t + \phi_0)} + \frac{\xi_0}{2}\mathrm{e}^{-\mathrm{i}(\omega t + \phi_0)} \tag{2.4}$$

在简谐振动的运动方程中,如果 ξ_1 和 ξ_2 是方程的两个解,那么 $(a\xi_1 + b\xi_2)$ 也是方程的解,其中 a 和 b 为常数。

如果保留 U 展开式中的更高阶项,可推导出含高次谐波的振荡。在钟摆的例子中,较大幅度的振荡应保留更高阶近似,而不能只是简单的线性近似。根据钟摆的角度偏差列出力学方程,精确的非线性方程表达如下式③:

---

① 译者注:原文公式为 $U = U_0 + a_2\xi^2 + a_3\xi^3 + \cdots$,缺一次项,有误。

② 译者注:根据牛顿第二定律 $F = m \cdot a = m\dfrac{\mathrm{d}^2\xi}{\mathrm{d}t^2}$,对式(2.1)两边求导,并取一阶近似。

③ 译者注:根据牛顿第二定律 $F = mg \cdot \sin\theta = m \cdot a$,$a = \mathrm{d}^2(l\theta)/\mathrm{d}t^2$,可推导式(2.5)。

$$l \frac{\mathrm{d}^2\theta}{\mathrm{d}t^2} + g\sin\theta = 0 \qquad (2.5)$$

如果 $\theta \ll 1$，$\sin\theta$ 可展开为幂级数形式，并保留高次三阶项，公式表示为

$$l \frac{\mathrm{d}^2\theta}{\mathrm{d}t^2} + g\left(\theta - \frac{1}{6}\theta^3\right) = 0 \qquad (2.6)$$

假设运动的初始角度为 θ_0，则线性近似的运动方程解为 $\theta_0\cos(\omega_0 t + \phi_0)$，其中 $\omega_0 = \sqrt{g/l}$。通过高阶近似得到频率的修正值，假设高阶近似的解为

$$\theta = \theta_0\cos(\omega t) + \varepsilon\cos(3\omega t) \qquad (2.7)$$

将式(2.7)代入运动方程(2.6)，并把 $\cos(\omega t)$ 和 $\cos(3\omega t)$ 的系数设为 0，可得到[1]：

$$\omega = \omega_0\left(1 - \frac{\theta_0^2}{16}\right); \quad \varepsilon = -\frac{1}{3}\left(\frac{\theta_0}{4}\right)^3 \quad (\theta_0 \ll 1) \qquad (2.8)$$

表明高阶近似的钟摆运动具有更长周期。

钟摆振荡被限制在一段弧线内，伽利略首先发现了钟摆的等时性，即钟摆每个运动周期都相同。为实现等时性，物体必须悬挂在摆线上，并沿着弧线运动，伯努利首次提出弧线上任意两点之间摆钟以何种路线运动所需时间最短的问题，牛顿和莱布尼茨(Leibnitz)独立地解决了该问题，都证明了钟摆沿弧线运动所需时间最短。

当钟摆其他误差源的影响越来越严重时，钟摆动力学研究很快被弱化，实际上，只需实时调节振荡摆幅就可以实现摆钟的等时性。

运动方程非线性项使处理问题难度提高一个等级，运动方程非线性近似解除了基频 ω 外，还包括 3ω 以上的高次谐波，在后面的章节中，我们将介绍一些非常重要的电子设备，它们在电场作用下的响应都是非线性的。

2.3 共振效应

虽然本书重点讨论的是原子体系共振效应，需要使用量子力学术语描述，但在此之前，我们需要具备一些基本的经典概念，了解这些概念术语的来源和演化。

在振荡系统中，如果运动过程有阻力，那么系统的能量会慢慢减小，这其中包含更深层的物理原理。在时间微分的运动方程中，最基本的现象，即在周期力的干扰下，振荡系统的动力学方程为

$$\frac{\mathrm{d}^2\xi}{\mathrm{d}t^2} + \gamma \frac{\mathrm{d}\xi}{\mathrm{d}t} + \omega_0^2\xi = \alpha_0 \mathrm{e}^{ipt} \qquad (2.9)$$

---

[1] 译者注：原文为 $\varepsilon = \frac{1}{3}\left(\frac{\theta_0}{4}\right)^3$，有误。

方程的解析解为[①]:

$$\xi = \frac{\alpha_0}{\sqrt{(\omega_0^2 - p^2)^2 + \gamma^2 p^2}} e^{i(pt-\phi)} + \xi_0 e^{-\frac{\gamma}{2}t} e^{i(\omega t + \Psi)} \tag{2.10}$$

式中:$\phi = \arctan[\gamma p/(\omega_0^2 - p^2)]$;$\omega = \sqrt{\omega_0^2 - \gamma^2/4}$。该解析解具有一个明显特点,就是当 $\omega_0 = p$ 时,第一个共振项具有最大幅度;另一重要特点,是第一项的相位始终与驱动力保持固定相位差。假设存在大量性质相同、初始相位随机的振荡系统,并施加相同的作用力,那么整个体系总的运动效果是:只有共振项叠加增强,而其他项叠加后被相互抵消。

为了分析弱阻尼下的振荡(在 $\gamma \ll \omega_0$ 条件下)性质,我们假设 $p = \omega_0 + \Delta$,其中 $\Delta \ll \omega_0$,可得到弱阻尼振荡的幅度和相位表达式为

$$\begin{cases} A = \dfrac{\alpha_0}{2\omega_0} \dfrac{1}{\sqrt{\Delta^2 + \left(\dfrac{\gamma}{2}\right)^2}} \\ \phi = \arctan\left(-\dfrac{\gamma}{2\Delta}\right), \qquad \Delta \ll \omega_0 \end{cases} \tag{2.11}$$

上式描述了幅度 A 与 Δ 的响应曲线:当 $\Delta = -\gamma/2$ 或 $\Delta = \gamma/2$,对应最大幅度为 $1/\sqrt{2}$;在 2Δ 的范围内,相位 ϕ 从 $\pi/4 \sim 3\pi/4$ 急剧变化;当 $\Delta = 0$ 时,相位恰好等于 $\pi/2$。在幅频响应曲线中,Q 因子被定义为中心频率 ω_0 与共振频率宽度 γ 的比值,即

$$Q = \frac{\omega_0}{\gamma} \tag{2.12}$$

Q 因子的一个重要作用是描述阻尼振荡的能量衰减速率,因此,将不受外力作用的弱阻尼振荡动力学方程两边乘以 $\dfrac{d\xi}{dt}$,可得到下式:

$$\frac{d}{dt}\left[\frac{1}{2}\left(\frac{d\xi}{dt}\right)^2 + \frac{1}{2}\omega^2\xi^2\right] = -\gamma\left(\frac{d\xi}{dt}\right)^2 \tag{2.13}$$

取几个周期的平均,可以得到[②]

$$\frac{d\langle U_{\text{tot}}\rangle}{dt} = -2\gamma\langle U_k\rangle; \quad \langle U_k\rangle = \frac{1}{2}\langle U_{\text{tot}}\rangle \tag{2.14}$$

---

① 译者注:原文为 $\xi = \dfrac{\alpha_0}{\sqrt{(\omega_0^2-p^2)^2+\gamma^2 p^2}} e^{i(pt-\phi)} + \xi_0 e^{-\frac{\gamma}{2}l} e^{+i(\omega t+\Psi)}$,有误。

② 译者注:公式中 $\langle U_k\rangle = \left\langle \dfrac{1}{2}m\left(\dfrac{d\xi}{dt}\right)^2\right\rangle$ 表示动能,$\langle U_{\text{tot}}\rangle = \left\langle \dfrac{1}{2}m\left(\dfrac{d\xi}{dt}\right)^2 + \dfrac{1}{2}m\omega^2\xi^2\right\rangle$ 表示动能与势能之和。

式中:⟨ ⟩表示求平均值。将式(2.14)代入式(2.12)可得到式(2.15)。这是一个非常重要的公式,后面章节中,我们会经常引用这个公式:

$$Q = \omega_0 \frac{\langle U \rangle}{\dfrac{\mathrm{d}\langle U \rangle}{\mathrm{d}t}} \tag{2.15}$$

在幅频响应曲线中,当幅度迅速变化时,周期驱动力与共振效应的相对相位也迅速变化。光波在介质中传播,介质中原子对光波电场的共振行为,表现为光的散射,而幅度相位关系对于散射的经典模型是非常重要的。

相频响应曲线中,相位 ϕ 的急剧变化,对振荡器的频率稳定性非常重要。谐振器主要作为系统的选频器件,一个重要的物理量是相位变化量,由频率失谐 Δ 引起。图2.2为典型幅频响应曲线的近似波形,在共振频率附近,可以粗略地将相位变化近似为线性变化。在频率失谐范围 $-\gamma/2 \sim \gamma/2$ 内,相位改变了 π,因此相位变化量 $\Delta\phi$ 的表达式可表示为

$$\Delta\phi = \frac{(\omega_0 - \omega)}{\gamma}\pi \tag{2.16}$$

共振系统的 γ 值很小,意味着微小的频率变化可以引起明显的相位变化量,在实际系统中,相位易被干扰、不容易稳定。

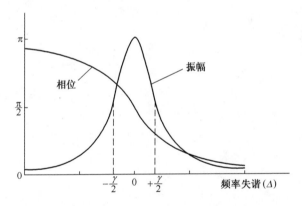

图2.2 阻尼振荡的幅频响应曲线和相频响应曲线

2.4 波在介质中的传播

在空间中,无论是声学场中的质点还是电磁场中的带电粒子,只要受到瞬时干扰就会产生振动,并以波的形式向外传播。麦克斯韦(Maxwell)方程组最著名的成就,就是利用该理论能成功预测电磁波的存在。海因里希·赫兹(Heinrich Hertz)

在波恩大学期间,利用电火花产生的电振动辐射出电磁波,并在远处探测到电磁波的存在。波在传播过程中的一个重要物理现象是相位延迟,由于波速的有限性,波源相位与波传播方向上任一点的相位都不可避免地存在延迟。

最简单的实例是横波在绳索上的传播,绳索中间某一段的受力情况取决于这段绳子两端受力的矢量和,因此力与绳子的曲率密切相关,根据牛顿第二运动定律,有限单元绳子的加速度与曲率成正比,得到的一维波动方程为

$$T \frac{\partial^2 y}{\partial x^2} - \rho \frac{\partial^2 y}{\partial t^2} = 0 \tag{2.17}$$

式中:T 和 ρ 为常数;T 为绳子的张量;ρ 为绳子的线密度。波动方程还可以表述为

$$\frac{\partial^2 y}{\partial x^2} - \frac{1}{V^2} \frac{\partial^2 y}{\partial t^2} = 0 \tag{2.18}$$

式中:$V = \sqrt{T/\rho}$。方程的通解被称为达朗贝尔解(D'Alembert),表达式为

$$y = f_1(x - Vt) + f_2(x + Vt) \tag{2.19}$$

式中:f_1 和 f_2 为两个任意可微分的函数,第一项表示沿 $+x$ 轴方向以速度 V 传播的波,第二项表示沿 $-x$ 轴方向以速度 V 传播的波,并保持波形不变,前提假设是波速 V 为常量。

在电磁场领域,19 世纪最伟大的成就是麦克斯韦理论,该理论预言电场矢量 E 和磁场矢量 B 与介质中介电常数 ε 和磁导率 μ 相关,并给出了电场矢量 x 轴分量在笛卡儿坐标系中的波动方程:

$$\frac{\partial^2 E_x}{\partial x^2} + \frac{\partial^2 E_x}{\partial y^2} + \frac{\partial^2 E_x}{\partial z^2} - \varepsilon\mu \frac{\partial^2 E_x}{\partial t^2} = 0 \tag{2.20}$$

电场矢量在其他方向上的波动方程具有相似的形式。在各向同性的介质中波速为常数 $V = 1/\sqrt{\varepsilon\mu}$,在真空中数值为 $2.9979\cdots\times10^8$ m/s。

在无限大的介质中,波动方程最简单的解是以坐标和时间为变量的简谐波,一维解为平面波,函数表示式为

$$E_x = E_0 \sin(kz - \omega t + \phi) \tag{2.21}$$

式中:k 为波矢的标量值;ω 为电场振荡频率;ϕ 为任意相位。

等相平面(定义为 $kz - \omega t = $ 常数的平面)以速度 $V(V = \omega/k)$ 传播,光速为 $V = c/n$,c 为真空光速,n 为斯涅尔定律(Snell's law)中的折射率,V 表示简谐波的相速。在复杂波中,对速度准确定义非常重要,波速的概念只对以确切速度传播的波才有意义。如果波只有一个峰值,比如高速行驶的轮船激起的冲击波,那么波速和相速是不同的。在离散的特殊介质中,相速是频率的函数。冲击波可理解为很多简谐波的傅里叶之和,而且简谐波是以不同的速度传播的。定义波速的前提条件,是传播过程中波形不变,否则波速的定义毫无意义,在一些情况下,波包的速度可以用群速 $V = \dfrac{\mathrm{d}\omega}{\mathrm{d}k}$ 来定义。

不连续介质边界面上波的传播特性,一部分波会被反射,另一部分波会被透射,传播方向发生改变,这就是斯涅尔定律中折射的概念。等相平面就是波阵面,波阵面传播方向与波阵面垂直。

如果介质中存在障碍物,波的能量会被强烈吸收,且波的传播方向在拐点处发生改变,这种现象称为衍射。光的衍射当年没有被观察到,导致光的波动理论被严重质疑,后来证实,由于光的波长非常短,远远小于一般障碍物的尺寸,所以光的衍射非常小,很难被探测到。关于衍射问题的分析,最初都是基于惠更斯原理,后来基尔霍夫(Kirchhoff)给出的精确数字表达式,波动方程在某点的解可表示为场的表面积分和包围该点的几何面上场的微分。相比于光波长在大尺寸物体上的衍射,经过多次近似,表面积分的计算比较容易处理。如果入射波被分割,例如光学器件的光圈或者射电望远镜的天线面,光场在光圈内是非零的,场的积分可简化为覆盖整个表面。该理论一个重要应用是小孔的衍射,即夫琅和费(Frauenhoffer)衍射,衍射波汇聚于一个平面上,并在平面上产生不同强度分布的图案,图案的强度分布满足下面的公式:

$$I = 4I_0 \frac{J_1^2(ka\sin\theta)}{k^2 a^2 \sin^2\theta} \qquad (2.22)$$

式中: a 为小孔半径; θ 为衍射波与系统极轴的夹角; $J_1(ka\sin\theta)$ 为贝塞尔(Bessel)函数,随夹角 θ 增加而振荡,意味着衍射图案是一系统同心圆环,称为埃里斑(Airy disk),远离中心的光斑强度迅速变暗。贝塞尔函数的第一个零点出现在 $ka\sin\theta$ = 3.8 处,埃里斑的半径可表示为

$$\sin\theta \approx \theta \approx \frac{3.8}{ka} = 1.2 \frac{\lambda}{D} \qquad (2.23)$$

式中采用了一级近似,由此可见衍射图案中心处必然会出现一个圆形亮斑。

2.5 波的散射

波的另一个基本现象是散射。牛顿曾使用棱镜分离出太阳光的 7 种可见光,证实了光存在散射现象。正是由于不同光频具有不同的折射率,导致了光散射的发生。根据麦克斯韦经典理论,散射现象只在非真空介质中产生,在无磁的绝缘介质中,散射取决于介电常数 ε ,其内在本质是介质中分子电荷对电磁场电场分量的动力学作用。散射是量子力学经常需要解决的问题,洛伦兹(H. A. Lorentz)利用基本电子学理论定性地描述了散射现象及其基本特征,假设原子级粒子在某个频率下产生振荡,由于粒子间碰撞干扰了粒子振荡的相位,因而粒子振荡能量会被逐渐损耗。

根据该模型,振荡电场导致原子极化,每个极化的原子与电场保持确定的相位

关系,并产生总的极化效果,以 $e^{-i\omega t}$ 振荡的电场,使介电常数增加了共振项,其相互关系的表达式为

$$\varepsilon = \left(1 + \frac{\sigma^2}{\omega_0^2 - \omega^2 - i\gamma\omega}\right)\varepsilon_0 \tag{2.24}$$

式中: σ 表示原子的振荡强度。由此可得到折射率 n 的表达式为①

$$n = \frac{c}{V} = c\sqrt{\varepsilon\mu_0} = c\sqrt{\varepsilon_0\mu_0\left[1 + \frac{\sigma^2}{\omega_0^2 - \omega^2 - i\gamma\omega}\right]} \tag{2.25}$$

假设 σ 很小,上式中的一级近似表达式为

$$n = 1 + \frac{\sigma^2}{2}\frac{(\omega_0^2 - \omega^2)}{(\omega_0^2 - \omega^2)^2 + \gamma^2\omega^2} + i\frac{\sigma^2}{2}\frac{\gamma\omega}{(\omega_0^2 - \omega^2)^2 + \gamma^2\omega^2} \tag{2.26}$$

将 n 作为整体代入平面波函数,可得

$$E_x = E_0 e^{i(nkz - \omega t)} \tag{2.27}$$

由此可见 n 的实部决定了相速及散射率。另外,当 $\gamma > 0$ 时, n 的虚部产生了波幅的指数衰减,对应能量被介质吸收的情况。洛伦兹理论清楚地解释了原子的响应振荡,以及实部和虚部是如何决定介质中复数传播常数的实部和虚部与频率的关系,即介质折射率、能量吸收与频率的关系。对于更复杂的传播常量,与频率相关的实部和虚部函数关系,可以参见更普适的克莱默·克朗尼格(Kramers-Kronig)色散关系,这已超出了本书讨论范围,所以不再详解。

2.6 线性和非线性介质

上面讨论了波在线性介质中的传播情况,在此类介质中,声波会产生相应的压力,偏离平衡位置的点会受到与位移量成正比的回复力,产生相应的简谐振动。对于电磁场,利用经典理论可以严格地推导出真空中电磁场的线性波动方程。线性各向同性介质具有一个非常重要的特性:满足叠加原理。叠加原理简单表述为:当多个波同时作用在某一点时,合成波可由这些波的矢量和得出。首先,叠加原理是简单的矢量求和,更深层的意义是当多个波同时经过某一点后,相互间不干扰也不改变各自的特征。根据经典理论,当两束光在真空中交汇时,无论光束的能量有多大,两光束之间都不会相互干扰,就好像一束光经过该点时另一束光并不存在一样。然而在量子场理论中,却是另外一种情况,真空并不是真的空空如也。

在非线性的各向异性介质中,叠加原理不再适用,波之间相互干扰,并产生更高频的谐波。在前面章节中,我们已经分析了钟摆的运动,并证实了这种现象的存

---

① 译者注:原文公式为 $n = \frac{c}{V} = c\sqrt{\varepsilon\mu_0} = c\sqrt{\varepsilon_0\mu_0\left(1 + \frac{\sigma^2}{\omega_0^2 - \omega_0^2 - i\gamma\omega}\right)}$,有误。

在,当运动方程中存在三次项时,会产生三次谐波。

场方程中包含二次项时,正如混频器的原理一样,频率为 ω_1 和 ω_2 的波将相互干扰,方程解满足下式[1]:

$$\alpha[E_1(t) + E_2(t)]^2 = \alpha E_1^2\cos^2(\omega_1 t) + \alpha E_2^2\cos^2(\omega_2 t)$$
$$+ 2\alpha E_1 E_2\cos(\omega_1 t)\cos(\omega_2 t) + \cdots \quad (2.28)$$

利用三角函数转换关系式:

$$\begin{cases} \cos^2(\omega t) = \dfrac{1}{2}[\cos(2\omega t) + 1] \\[2mm] \cos(\omega_1 t)\cos(\omega_2 t) = \dfrac{1}{2}[\cos(\omega_1 + \omega_2)t + \cos(\omega_1 - \omega_2)t] \end{cases} \quad (2.29)$$

可见,非线性项中包含了二次谐波,分别为两个频率的和以及两个频率的差。利用合适的滤波器可以抑制其中任意的频率。在后面章节中,我们将继续讨论利用非线性晶体生成微波频段与光频波组合的谐波。

2.7　固有振荡模式

当波在有限体积的介质内传播时,在边界处会发生反射,并在平行边界面之间多次反射,所有反射波会合成特殊的波形。在线性介质中,合成波形是所有波的矢量叠加,合成波的幅度可能很大也可能很小,取决于所有波之间的相位关系,并产生叠加图形,这是波的基本特征。

现在,我们来具体讨论平行边界面的各向同性介质,介质中产生的振荡以波的形式传播扩散,并在两个平行边界面之间来回反射,波往返的距离是平行边界面距离的 2 倍。如果往返距离恰好等于波长的整数倍,每经过偶数次反射后,反射波经过波源时都与波源同相,如果波源一直振荡,合成波的幅度会一直增大。相反,如果往返距离等于波长的非整数倍时,反射波与波源不同相,与反射前也不同相,很多不同相位波叠加后合成的波,其幅度变小,甚至消失。合成波幅度减小并不一定要求波的相位差等于 180°,只需每次反射产生一点相位差,连续反射相位差累积,反射相位差可以是 0°~360° 中任意值,因此,每一个波经过多次反射后总会出现相位差 180° 的波,导致两个波相互抵消。

叠加后波幅增强的波长必须满足下面条件:

$$2L = n\lambda_n \quad (2.30)$$

式中:n 是任意正整数,据此我们可以计算出每个波长对应的频率值 $v_n = V/\lambda_n =$

———————————

[1]　译者注:原文公式为 $\alpha[E_1(t) + E_2(t)]^2 = \alpha E_1^2\cos^2(\omega_1) + \alpha E_2^2\cos^2(\omega_2)$
$+ 2\alpha E_1 E_2\cos(\omega_1 t)\cos(\omega_1 t) + \cdots$,有误。

$nV/2L$。只要知道介质中波速和反射面的距离,就可以预测哪些频率的振荡在反射中加强,而与该频率不同的其他任何频率波都会被衰减。由于 n 是任意正整数,波的频率有无数个值且组成了离散的频谱,频率为离散的单频。当然,连续频谱与离散谱不同,连续频谱中的相邻频率可以无限接近。由于介质反射面的几何特性,频谱的频率等于基频 $V/2L$ 整数倍,然而即使是复杂结构的反射面,仍然会有部分频谱是离散的,但是频率不一定是等差数列。

为更好地解释这些基本概念,我们采用更易于图像化的简单模型:以两端固定的绳子振荡为例,假设绳子两端固定在质量无穷大的墙壁上,固定点可以认为是两个介质间的边界。该模型必然具有离散的频谱,基频 $v = V/2L$,频率为基频整数倍的波称为谐波。在乐谱中基频以上的谐波称为泛音,泛音的激发决定了声音的品质。所有这些频率称为固有振荡模式,如图 2.3 所示。

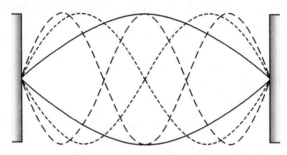

图 2.3 绳子的固有振荡模式

固有振荡频率可以通过实验定性研究,在周期力作用下来测量驻波幅度,当外力作用频率非常接近固有振荡频率时,驻波幅度最大。如果没有摩擦力或者限幅装置的话,驻波幅度将一直增加到无穷大。利用共振现象,我们找到了一种确定固有振荡频率的方法。其他频率由于相位不匹配,驻波幅度很小,为实现完全相互抵消,需要多次反射,以使相移遍布整个 $360°$,每次反射的相位差为 $360 \cdot (\Delta v \cdot 2L/V)$,其中 Δv 表示周期性作用力的频率与离散频率的频差。因此,我们要求反射次数 N 满足 $N \cdot 360 \cdot (\Delta v \cdot 2L/V) = 360$,即 $\Delta v \cdot 2NL/V = 1$,其中 $2NL/V$ 表示波反射 N 次所需的总时间,在实际反射中受到能量摩擦消耗和不完全反射的限制。因此,假设 $\Delta \tau$ 是驻波完全抵消所需的平均时间,即 $\Delta \tau$ 满足 $\Delta \tau \cdot \Delta v \approx 1$;更小频差将导致不完全的抵消。这就意味着在有限的测量时间内,共振频率的测量值具有不确定性,这个结论以一种极其简单的方式引出了著名的海森堡测不准原理,更普适、更基本地解释了物理量同步测量的不确定性问题。该理论同样适用于像频率和时间物理量的同步测量的问题,因此,根据海森堡测不准原理,我们不能在有限测量时间内测量出精确的共振频率值。海森堡在他的量子理论中,为量化测量误差,定义了物理量的测量不确定度。

2.8　参变激励

关于共振现象的一个最著名事例,是美国华盛顿州塔科马(Tacoma)峡谷大桥倒塌事件,该事故完全由剧烈振荡造成的,没有周期性外力作用,这种振荡增强现象称为参变振荡。与风中百叶窗的振动现象一样,在每个振荡周期中,某些动力学参数以一种特殊的方式在不断增强。

还有一种有趣的现象,风可以促使绳子振动而发出声音:比如风琴或弦乐器的琴弦,弦乐器的琴弦长度一致,以紧绷的方式固定在乐器上,当空气流拨动琴弦时,会发出音调。奇妙的是乐器发出的音调与琴弦长度与张力无关,仅仅是几个被激励的共振频率,取决于风速和琴弦的粗细。如果琴弦的共振频率等于风产生的音调,那么声音会迅速变大。根据 19 世纪伟大的英国物理学家瑞利(Rayleigh)的声学理论,声音是由琴弦附近的气流形成涡流发出的。

参变激励振荡现象最简单的例子是荡秋千,秋千在来回运动过程中,秋千上的人通过下蹲和起立,改变重心高低,可以使秋千越荡越高。假设一个物理参数可以改变频率,若以两倍振荡频率的谐波方式调制该物理参数,那么运动方程可表示为:

$$\frac{\mathrm{d}^2\theta}{\mathrm{d}t^2} + \omega_0^2[1 + \varepsilon\cos(2\omega_0 t)]\theta = 0 \tag{2.31}$$

式中:假设 $\varepsilon \ll 1$,因此可以得到该方程的近似解:

$$\theta = a(t)\cos\omega_0 t + b(t)\sin\omega_0 t \tag{2.32}$$

式中忽略了 $a(t)$ 和 $b(t)$ 在振荡过程中的变化。将该式代入运动方程,并把 $\cos\omega_0 t$ 和 $\sin\omega_0 t$ 的系数设为 0,忽略掉高次谐波项,计算得 $a(t)$ 和 $b(t)$ 满足微分方程组[①]:

$$\frac{\mathrm{d}^2 a}{\mathrm{d}t^2} + 2\omega_0\frac{\mathrm{d}a}{\mathrm{d}t} + \frac{\varepsilon\omega_0^2}{2}b = 0$$

$$\frac{\mathrm{d}^2 b}{\mathrm{d}t^2} + 2\omega_0\frac{\mathrm{d}b}{\mathrm{d}t} + \frac{\varepsilon\omega_0^2}{2}a = 0$$

由于 $\varepsilon \ll 1$,微分方程组取一阶近似,可得下式:

$$\begin{cases} \dfrac{\mathrm{d}a}{\mathrm{d}t} + \dfrac{\varepsilon\omega_0}{4}b = 0 \\[2mm] \dfrac{\mathrm{d}b}{\mathrm{d}t} + \dfrac{\varepsilon\omega_0}{4}a = 0 \end{cases} \tag{2.33}$$

该方程组的一般解 $a(t)$ 为

---

① 译者注:为便于理解,译者补充公式。

$$a(t) = a_1 e^{\frac{\varepsilon \omega_0}{4} t} + a_2 e^{-\frac{\varepsilon \omega_0}{4} t} \tag{2.34}$$

$b(t)$具有相似的形式,第一项表明共振波的幅度指数增大,第二项表明共振波的幅度指数衰减。物理参数的调制频率必须限定在精确的范围,参变共振现象才会发生。如果系统初始状态是静止的,即 θ 和 $\dfrac{\mathrm{d}\theta}{\mathrm{d}t}$ 的初始值都等于 0,那么该系统不会受激振荡。

2.9 傅里叶分析

当系统受到周期性外力作用时,无论是否存在固有振荡频率,系统都会以外力的频率振荡,当作用力的频率等于固有振荡频率时,将会产生剧烈的共振效应,这与我们在两端固定的绳子上看到的共振现象一样。当琴弦振动时,琴弦的形态是以时间为变量的复杂函数,可以利用一台高速摄像机来连续拍摄琴弦的这种振荡运动过程。已知初始状态来计算系统运动过程是物理学中的一个重要领域,物理学中的运动不仅指空间中的物体运动,还涉及更广泛的领域,比如热学中的热传导过程等。

只有以固有振荡频率施加作用力时才会产生共振现象,可以合理地假设,如果激励是以时间为变量的复杂函数,那么激励函数中所包含的固有振荡频率各分量,同样可以产生相应的共振,总的共振效果等于各个分量对应共振效果的叠加。由此我们似乎可以得出这样的结论:任何以时间为变量的激励函数,都能对应一系列固有振荡模式的组合,傅里叶级数展开理论给出了精确的数学表达式,在物理学领域,这是一个重要的理论,以约瑟夫·傅里叶(Joseph Fourier)本人命名,他在傅里叶分析领域做出了系统性的贡献。琴弦的初始状态函数可展开为不同频率的简谐振动函数之和。任何波形的周期性波都可以表示为一系列简谐函数之和,且每个简谐函数的系数都是唯一的,并可以通过公式计算。在高保真的音频设备中,谐波失真是很常见的问题,会产生二阶或更高阶的谐波,这也意味着失真波形可分解为基频和谐波频率之和。该理论成立的前提是固有振荡模式满足正交性,两个函数的乘积在适当区间内平均值等于 0,即两个函数正交,也表示两个函数不相关。固定绳子的固有振荡模式为 $\sin\left(n\pi\,\dfrac{x}{L}\right)$ 和 $\sin\left(m\pi\,\dfrac{x}{L}\right)$,其中 m、n 为整数,它们的乘积在 $0<x<L$ 区间内的平均值等于 0,即:

$$\int_0^L \sin\left(n\pi\,\frac{x}{L}\right)\sin\left(m\pi\,\frac{x}{L}\right)\mathrm{d}x = 0, \quad n \neq m \tag{2.35}$$

任何满足 $f(x) = f(x + 2\pi)$ 的函数都可以傅里叶展开:

$$f(x) = a_0 + a_1 \sin(x) + a_2 \sin(2x) + a_3 \sin(3x) + \cdots$$
$$+ b_1 \cos(x) + b_2 \cos(2x) + b_3 \cos(3x) + \cdots \tag{2.36}$$

由于谐波函数的正交性,每个谐波的系数都是唯一确定的,因此式(2.36)中等号两端如果都乘以 $\sin(nx)$,并在一个完整周期内积分,利用式(2.35)的正交关系,可知道系数 a_n 满足:

$$\int_0^{2\pi} \sin(nx) f(x) \, dx = \pi a_n \tag{2.37}$$

同理,可得到 $\cos(nx)$ 的系数 b_n 也具有相似形式。系数 a_n 和 b_n 的物理意义:表示函数 $f(x)$ 与固有振荡模式的相关程度。

该理论证实:谐波频率越高,傅里叶展开的结果与实际波形越接近。随着谐波频率升高,系数不断衰减,可以采用有限阶数的谐波来近似表示理想的波形。例如,图2.4(a)表示周期的锯齿波,图2.4(b)表示傅里叶展开的前几个谐波的频率功率谱,图2.4(c)表示滤除3次以上谐波的波形,只保留傅里叶展开式中前3项,因此,为表示陡峭幅度变化需保留傅里叶展开式中的更高次谐波。

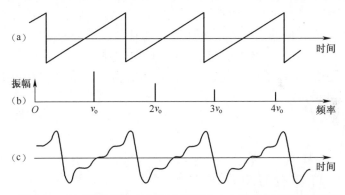

图2.4　(a)锯齿波形;(b)傅里叶频谱;(c)前3次谐波和的波形
奇次谐波幅度为正,偶次谐波幅度为负。

在傅里叶展开式中,决定固有频率项数的因素包括:首先波形在每个傅里叶分量上的幅度,其次是傅里叶分量在边界反射时的能量损失程度。由于傅里叶展开式中谐波幅度是由函数与谐波的卷积计算得到,因此函数在特定谐波分量上的幅度越大,该谐波越容易被激励。

对于非周期性函数,也有相应的积分公式,对应傅里叶积分理论,作为一个特例,假设有一个时间相关的偶函数 $f(t) = f(-t)$,可变换为下列积分形式[①]:

---

① 译者注:原文公式为 $f(t) = \int_0^{\infty} F(\omega) \cos(\omega t) \, d\omega$,译者校正补充。

$$\begin{cases} f(t) = 2\dfrac{1}{2\pi}\displaystyle\int_0^\infty F(\omega)\cos(\omega t)\,\mathrm{d}\omega \\[3mm] F(\omega) = 2\displaystyle\int_0^\infty f(t)\cos(\omega t)\,\mathrm{d}t \end{cases} \tag{2.38}$$

式中：$F(\omega)$ 不是离散频谱，而是一个连续变量函数，表示 $f(t)$ 的傅里叶频谱，表征能量在频率上的分布情况。根据傅里叶公式，$F(\omega)$ 与 $f(t)$ 一一对应，并互为变换，交换 $f(t)$ 的变量即可得到频谱函数 $F(\omega)$，因此，其中一个函数就是另一函数的傅里叶变换。

当遇到一些复杂难解的电压信号时，可以采用傅里叶变换公式提取重要信息，为具体解释如何利用傅里叶变换提取信息，我们设计了如下实验：假设一个信号是声波或者复杂微波，将信号连接到无数多个共振器上，共振器频率会逐渐升高，且频率增量非常小。就像人的耳朵，可以精确处理复杂声音，并从声音中分辨出声源的特征。假设输入信号以固定频率开启和关闭，测量所有共振器的幅度和相位，并画出幅频图像和相频图像。幅频图像表示输入信号周期性波形的频谱，当共振器之间的频率增量足够小，且共振器数量足够多时，幅频图像可认为是连续的曲线。该分析方法本质上需满足两个原则：第一，共振器对输入信号的响应幅度和相位是唯一的；第二，所有共振器上的信号叠加，可以重构输入信号的波形。

在以后章节中，我们会经常引用信号的傅里叶频谱。图 2.5 给出了两个信号的傅里叶频谱，第一个例子是弱阻尼振荡信号频谱，第二个例子是相位随机变化的简谐振荡信号频谱。

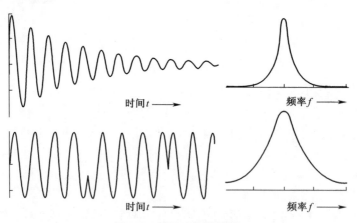

图 2.5　傅里叶频谱分析

对于相位不固定的信号，功率谱是非常有用的分析方法，其中功率以幅度平方来简单表示。光辐射是采用功率谱方法分析效果最显著的一个例子，由于目前还没有能快速响应光频率的振荡器，作为光谱的探测器，所以我们只能研究能量谱来分析光谱特性。在牛顿的光散射实验中，太阳光透过棱镜被分离出七色彩虹，在某种意义上相当于将输入光信号即电磁场中的场分量变换到傅里叶频谱上的强度分布。与黑体辐射一样,太阳光的相位是随机的,能量谱分析方法对随机相位的光谱分析至关重要。

2.10　互耦振荡

振荡系统之间相互作用的现象经常发生在振荡同步的情况下,与电视接收机原理相似,电视接收机中存在一个扫描电路,同步扫描图像的水平方向和竖直方向信息,并拼接成完整的图像,然而同步性在某些情况下具有明显缺点,会导致两个系统自由振荡,互不相干。我们要讨论的是共振频率非常接近的两个振荡系统,它们之间保持一定的弱耦合,如图 2.6 所示,两个相同的小球用等长的线固定在木板两侧,木板与支架之间光滑无摩擦,如果木板的质量相对小球足够大,小球摆动引起的木板移动可以忽略,那么两个小球将互相独立地做钟摆运动。反之,如果木板质量不够大,两个小球的运动会互相影响,假设两个小球初始状态是一个振荡而另一个静止,系统开始运动后,一个有趣的现象就会发生:静止的小球开始振荡,并振荡幅度越来越大,而另一个小球的振荡幅度会越来越小,直到变为零,这两个小球的运动状态发生了互换,随后继续运动过程中,又会重复以上状态。如果没有摩擦力和空气阻力,振荡能量将在两个小球之间来回传递,且不会转化为热能损失掉。这种振荡状态一直在变化,就好像系统不能保持自己的状态一样。

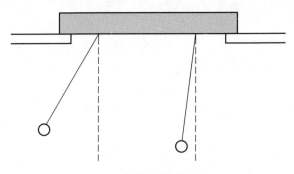

图 2.6　耦合的振荡系统

我们可能想到这样一个有趣的问题:系统是否可以保持在某一振荡模式,在该模式下系统的每个部分都以相同频率相同幅度振荡? 要回答这个问题,需要涉及多耦合系统的复杂结构,需要引用简正振荡的概念,我们继续讨论图 2.6 的耦合模型,如果该模型初始为运动状态,无论是同相位,还是 180°反相位,系统都会继续以相同幅度振荡,两种运动模式如图 2.7 所示,称为系统的简正模式(固有模式)。为保持这种运动模式,两个小球的振荡频率必须一致。简正模式的本征特性为:简正模式中系统的每个部分都必须以简正模式的共同频率振荡。一般情况下,两个不同简正模式的振荡频率是不同的。在图2.7中的两个简正模式,它们的频率差与两个小球的耦合程度相关,耦合程度可以用 m/M 表示,其中 m 为小球质量,M 为木板的质量,两模式的振荡频率近似为 $v_a = v_0(1 + m/M)$ 和 $v_b = v_0$,其中 v_0 为互不耦合状态下小球的振荡频率。

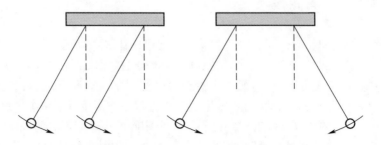

图2.7　质量相同的两个小球的简正振动模式

当只有一个小球初始运动时,系统没有进入简正模式而是处在两个简正模式的混合状态,即线性叠加态,也就是每个小球的运动在理想情况下等于两个简正模式的叠加。然而这些模式的频率并不精确相等,它们之间的相位差会随着时间不断增加,经多次振荡后,当相位差等于几个完整的周期时,它们的步调最终保持一致,当相位差等于180°时,它们的步调相反。步调一致时,它们之间相互加强并产生更大的幅度;而步调相反时,它们之间相互抵消。因此,每个小球的振荡幅度都是周期性增强或减弱,这种周期性现象称为"节拍"(beats),通过这种方式,我们就可以证实:当两个音符的音调非常接近时,听起来就好像是粘在一起,变为一个音调。每秒的差拍数等于两个简谐模式的频率差,并与两小球的耦合强度成正比,耦合强度越大,差拍的频率就越高。

第3章
振荡器

3.1 放大器反馈

众所周知,在没有驱动力作用下,振荡系统终会停止,为了维持等幅振荡,就必须源源不断地向振荡系统中注入能量,其中,最有效的方法是以共振频率施加的周期性作用力。当然,并不一定要求外部能量源都是周期性的,因为系统会自动吸收能量并按固有频率振荡,这称为自持振荡。本质上,振荡系统本身可以自动调节能量的转换过程,吸收能量维持振荡。为维持振荡,需要使用功率放大器驱动振荡器,驱动的能量必须以合适的相位注入振荡系统,这称为正反馈。在实际情况中,能量的放大会受到某些附加因素的限制。自持振荡出现在各种类型的系统中,例如:在某种意义上,蒸汽机就是一个自持振荡系统,其中阀门控制着进入汽缸中的气流并驱动活塞,看起来就像一个能量放大器,活塞的驱动力用于驱动火车,也可用于控制开关阀门形成正反馈。

正反馈中最熟悉的例子,是当麦克风与扬声器之间的环路放大倍数超过某个阈值时,扬声器就会发出刺耳的尖鸣声。为理解自持振荡的必要条件,我们需要知道,只有反馈是不充分的,还必须要有适当的相位补偿。麦克风可以将接收到的声波转化为微弱的电流或电压波动信号,简称信号,经过适当放大,作用到扬声器,将电学信号转化为声波,在一定距离内,声波再传播到麦克风形成反馈。麦克风与扩音器之间的距离和方向决定了反馈信号对输入信号的增益。为得到系统的自持振荡条件,设想一个实验:在麦克风与扩音器之间插入一块神奇的隔层,将反馈环路切断,但不对声波产生任何影响,假设隔层附近放置一个频率源,产生连续恒定幅度的单频信号,馈入放大环路中,同时测量隔层另一边放大环路输出信号的幅度。这里,输出信号幅度与输入信号幅度的比值定义为环路增益。同时假设,可以得到并分析隔层两侧的声波波形,也可以调节它们之间的相位,这样,就可以得到系统自激振荡的条件:放大环路的增益必须保持恒定,相位延迟必须等于 0 或者 360° 的整数倍。

若想搞清楚自持振荡的频率特性,需要对反馈放大器进行更深入的研究,该研究对保持系统稳定,防止振荡模式破坏有重要意义。为实现自动控制的信号反馈,还涉及伺服机制的研究,利用原子共振原理控制晶振的输出频率,这是所有原子钟的基本特征。

　　放大器使用过程中会面临一个基本的问题:当输入一个时变信号时,会输出得到一个什么样的信号呢？理想的放大器仅仅将输入信号幅度放大,把输入和输出信号放入一个显示屏中,两个信号除了幅度有差别外,再无其他可区分的特征。实际放大器与理想放大器的主要区别有两个:转换速度和线性度,放大器线性度的概念与波在介质中传播的线性概念相似,放大器的增益是与信号幅度无关的恒定常数,如果输入信号是两个信号的线性叠加,那么放大后输出信号也是两个信号分别放大后的线性叠加。当输入信号幅度比较大,超过一定幅度时,输出信号就会失真。单频输入信号产生的失真,在傅里叶频谱中将包含更高阶的谐波频率,因此输入信号幅度必须满足一定范围,以保证放大器工作在线性区。另一方面是转换速度,其物理意义是:在输入信号幅度波动多快的情况下,放大器仍能保证无失真放大。假设放大器是线性的,并采用傅里叶展开式进行分析,将任意周期性信号展开为基频和一系列高次谐波的和,每个谐波都是基频的整数倍。由于放大器是线性的,每个谐波都可以分别处理,分析每个谐波放大后的幅度和相位,将所有谐波的输出波形叠加,最终得到完整的输出信号,为证实该过程,需要记录每个谐波放大后的增益和相移信息。根据幅频响应曲线确定放大器的特性,幅频响应曲线中包含增益频率曲线和相移频率曲线,利用幅频响应曲线,可以计算任何输入信号的输出波形。

　　理想放大器的增益和相移是恒定常数,与输入信号的频率无关。实际放大器存在一个最大频率,当输入信号频率高于某个最大频率时,增益会逐渐减小直到变为0,相移也会相应变化。放大器电路的设计目的有两个:首先要保证放大器稳定,不破坏系统振荡;其次要得到期望的响应信号。

　　例如:高保真音频放大器的设计必须保证恒定增益,至少在音频范围 15Hz ~ 15kHz 内,增益保持恒定,如图 3.1 所示,音频范围之外的信号被抑制。另外,音频

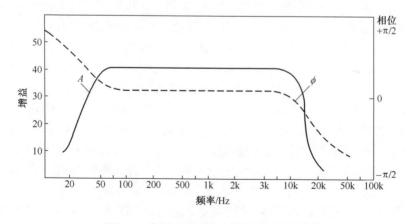

图 3.1　高保真音频放大器的频率响应曲线

接收机后面接入前端放大器,前端放大器的响应曲线具有 30kHz 带宽,保证音频信号无失真放大,通带外的信号被抑制。这里提示一点,工程师眼中的宽带或窄带都是针对增益频率响应曲线而定义的。

3.2 振荡条件

如果反馈是正向、可再生的,且进入环路的反馈量从零开始增加,那么系统刚开始不会振荡,并保持放大增益和窄带特性不变。但是,随着反馈量的增加,系统会进入振荡状态或者不稳定的状态,如果系统是线性的,那么分析系统不稳定的最有效方法是:同时处理幅度与相位信息。分析指数函数 $e^{i\omega t}$ 的响应结果,其中 $A_0(\omega)$ 是无反馈时的环路增益,$\beta(\omega)$ 表示输出信号中进入反馈环路的那一部分,都是频率的函数,则 $A_0(\omega)\beta(\omega)$ 表示环路开环增益,或开环的环路传递函数,那么系统的闭环传递函数可表示为

$$A(\omega) = \frac{A_0(\omega)}{1 + A_0(\omega)\beta(\omega)} \tag{3.1}$$

如果画出频率从 $-\infty \sim +\infty$ 变化的环路传递函数轨迹,我们可以得到尼奎斯特图(Nyquist diagram),如图 3.2 所示。系统稳定的主要约束条件:如果 $A_0(\omega)\beta(\omega)$ 轨迹在整个频率范围内都不包括点 $(-1, i0)$ 时,系统就是稳定的。

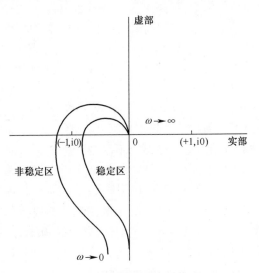

图 3.2　尼奎斯特稳定性线图

当环路开环增益接近 $(-1, i0)$ 时,则闭环增益就变得无穷大,即使没有输入信号也会有输出信号。实际上,此时系统开始振荡,振荡频率为 ν,因为在该频率下

环路的相移等于 0 或 360°的整数倍,开环增益等于 1。然而,一旦系统开始振荡,放大器的增益急剧降低,并工作在非线性区,这将导致输出的正弦波出现失真,限制了振荡的幅度。

现在我们理解了为什么播音装置在正反馈作用下会产生尖鸣声,而不是低频声。在麦克风、扩音器和空气介质的环路中,环路增益和相移都是频率的函数。一般情况下,存在一个频率使相移等于 0(或者 360°的整数倍),若增益恒定或很大,系统就会以该频率进行振荡,如果频率在音频范围内,就会听到尖鸣声。到目前为止,我们明白:如果系统在某个频率的开环增益恒定或很大,相移等效于 0,那么系统会输出该频率的信号,且信号迅速产生并保持。但是仍有一个疑问存在:该频率信号最初来源于哪里? 答案是源于电路,电路中总存在微弱的电流或电压随机波动,会叠加在电流或电压信号上,这种信号上的随机波动就是电路噪声,无论是电动机电刷噪声,还是电路自身的机械振动噪声,所有外来噪声都属于两种基本的噪声类型,即热噪声和散弹噪声(shot noise),后面将详细讨论。

3.3　谐振器

振荡器作为时钟的参考源,其短期指标将直接影响时钟的稳定性,振荡器设计的基本问题是:影响频率精度的因素到底有哪些? 如何提高频率稳定性? 即使工作环境中出现不可避免的波动,环路相移和增益也只能在期望的频率下满足振荡条件。如果在期望的精确频率上满足振荡条件,那么增益曲线会出现一个尖峰值,并且相移为零。可以在反馈环路中加入选频元件的谐振器来实现高精度的频率振荡。谐振器一个重要参数是它的品质因子,即 Q 值,其中 Q 值越高,谐振器产生的频谱越窄。幅频曲线的半高宽(相移刚好等于 180°)等于谐振频率的 $1/Q$,即 v_0/Q。所以,Q 值越高,振荡器频率的波动越小,单频特性越好。

谐振器的频率范围和稳定度与其实现形式有关,无线电频率范围的重要谐振器是晶体振荡器,射频范围内稳定度要求不高的谐振器形式是电感和电容组合的并联电路,如图 3.3(a)所示,铜线线圈两端与平板电容两端相连。相似的机械结构如图 3.3(b)所示,在一根弹簧下悬挂物体,系统能量在物体动能与弹簧弹性势能之间变化振荡。在谐振器结构中,系统能量在电感的电流与电容的电荷之间变换,即系统能量在电感磁场与电容电场之间振荡,电感值用 L 表示,电容值用 C 表示,L-C 谐振电路的谐振频率为 $v = 1/(2\pi\sqrt{LC})$,例如:当线圈电感为 $10\mu H$,电容值为 $10nF$ 时[1],可产生大约 $500kHz$ 的谐振频率。图 3.4 为一种可调频的晶体管振荡器,通过合理设计使环路相移等于 360°,MOS 管输出的信号其中一部分通过

---

[1]　译者注:原文为 10pF,有误。

电阻和电容反馈到 MOS 管输入端放大,为 MOS 管提供合适的静态电压,对于小信号,MOS 管工作在线性区,电路的振荡条件可以通过振荡原理计算得到。

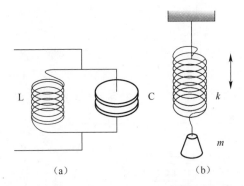

图 3.3　(a)L-C 谐振电路;(b)弹簧的谐振模型

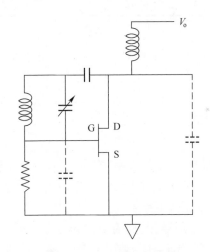

图 3.4　L-C 调频振荡器

通过减小 L 值和 C 值,可以构建更高频率的谐振电路,当频率高到一定程度时,集成的电感和电容元器件已不再适用。U 形条状结构的线圈,可实现极低的电感值,并在两端产生等效的电容,这种谐振元件可实现 100MHz 以上超高频(UHF)振荡器。

1GHz 微波(电磁波)的波速等于光速,约 $3×10^8$ m/s,波长为 30cm,与普通物体尺寸相当,这意味着厘米级长度导线上的电流不再像低频一样处处相等。在处理微波及以上频率时,要重点分析导线附近的电磁场,以及电磁场在导体界面上的反射或吸收。微波频段的谐振器一般采用封闭中空导体腔,腔体大多为圆柱体或长方体,并设计调节谐振频率的馈入端。与琴弦固有振荡模式或管乐声学共振模式相似,谐振腔具有一系列特有的场分布图,也称离散频率的振动模式。电流主要集中在腔体表面,一般采用电场和磁场的场分布图来描述。

振动模式以三个坐标上的指数标识,该指数与场分布密切相关。在圆柱腔体中,三个模式指数分别表示电场或磁场在方向角坐标、径向坐标和轴向坐标上的节点数。场的节点可简单理解为场在该点的强度为 0。由于有电场和磁场两个类型的场存在,垂直轴线方向的电场以 TE 模表示,垂直轴线方向的磁场以 TM 模表示。典型的圆柱形 TE_{011} 模位场,如图 3.5 所示,在围绕轴线方向没有振荡,在径向坐标上有一个节点分布在圆柱面内,轴向的零点分布在圆柱腔体两端平面上。

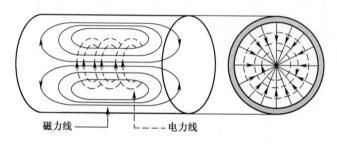

磁力线 ⌐----电力线

图 3.5　圆柱形 TE_{011} 模式腔的场分布图

3.4　速调微波管

常用的微波频段振荡器,有反射速调管和微波真空电子管,这些技术都是在第二次世界大战期间发展起来的,反射速调管和微波真空电子管作为无线通信的三级真空电子管,对雷达的发展至关重要。

图 3.6 所示为速调管振荡器,与所有真空电子管一样,加热的阴极作为电子源,电子束通过两个栅极之间的空间打在阳极上,两个栅极作为微波腔的馈入端口。腔体外侧安装了一个负电极,称为反射极。该谐振器属于自持振荡类型,满足振荡条件后,输入信号被放大并以合适的相位反馈驱动振荡,持续补偿能量损失,防止振荡衰减。对于速调管,放大效应来源于电子束与两栅极间电场的相互作用。如果腔体内存在微弱振荡,那么恒流经过栅极间的电子束就会呈现速度随时间波动的现象,速度的波动,使后发射的电子速度高于前者,在通过栅极时就会赶上并与之前电子聚束。电子束被阴极负电压反射,并以聚束的形式返回通过栅极,如果聚束的时序恰好与速度波动匹配,振荡就会被加强,振荡幅度增大。由于腔体以脉冲方式激励,有点像周期性摆钟,输出的微波频率并不纯,如果采用极高 Q 值的腔体作为滤波器,可以使输出微波频率的频谱更窄。电子聚束的时序与反射级电压相关,且比较灵敏,因此控制振荡频率就比较容易;但不幸的是,也正由于同样的原

因,反射级的电压波动会造成频率的不稳定。

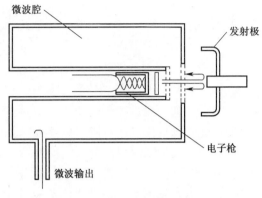

图 3.6　反射速调管微波振荡器

3.5　光频振荡器

继续提高频率,在红外波段,电磁场频率为 10^{13} Hz 量级,波长约 30μm,更高的频段,比如波长在 0.3μm ~0.7μm 窄范围内,是太阳光能量分布最集中的频谱区域。

光频范围的谐振器也称为腔,只是不再是封闭的腔体,为匹配期望的光频波长,腔体结构尺寸必须满足一定的精度要求。光频谐振腔须采用高精度高质量的光学器件制作,一般采用开放的腔结构,如图 3.7 所示,M 和 M' 是两个精确平行的镜子,在期望的波长附近具有很高的反射率,镜子间距离等于光波长的整数倍,属于轴向高次模。与微波圆柱体谐振腔不同,光频谐振腔采用开放结构,严格地说虽然并不能产生无穷多离散的固有模式,然而正如之前理论分析的一样,该结构的谐振器会产生准轴向的模式,而且仅仅产生低阶的方向角模式和径向模式。在最低阶的径向模式中,电磁场沿着镜子中心线方向集中分布,因而反射率很高。而更高阶径向模式,电磁场多次反射后迅速发散并超出镜子边界,从而急剧衰减。轴向谐振模的阶数取决于镜子间精确距离,对于平面镜,阶数 $n = 2L/\lambda$。如果其中一面镜子沿中心线平行移动,镜子间的距离每改变半个波长,则腔体变换一个轴向谐振模。这种类型的光频谐振腔在工作过程中一般都会在腔体内部加入具有放大作用的介质,利用合适的原子或分子受激辐射实现腔体的放大效果,这种振荡器称为激光器(Light Amplification by Stimulated Emission Radiation,LASER)。LASER 由更早发明的微波激射器(Maser)引申而来,Maser 是利用某种介质受激辐射原理实现微波的放大。

原子或分子自发辐射是辐射的最基本形式,在炽热的固体或气体等常见光源

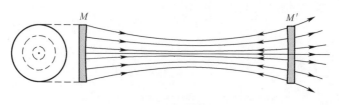

图 3.7　光频谐振腔

中,存在自发辐射效应。有效辐射物质的内部运动非常剧烈,并激发基态能级跃迁到激发态,然后激发态能量通过与周围粒子的随机碰撞被释放,最终转化为热量或者辐射。受激辐射光的相位与激励光相位保持一致,但自发辐射与受激辐射不同,自发辐射光的相位没有确切的关联性,属于非相干光。除非满足特定条件下只允许某种辐射光模式产生,否则自发辐射仍是主要的。如果处于激发态的分子被放置在合适的光频腔内,光场强度的分布与谐振腔某些固有模式相关,受激辐射的概率也会大幅提高。

非相干辐射光是由很多相位随机分布的光叠加而成,因此辐射光在不同位置的相位没有确定规律性,某一位置的相位随时间变化也没有规律性。判定光源是否相干的方法之一,是能否观察到光源在空间上或时间上的干涉性,表现出"差拍"性质。空间上的差拍,也就是干涉条纹,与波纹类似;时间上的差拍,是幅度的周期性涨落。这样的干涉图案在不相干光源间是无法观察到的,而只有在同一个光源下满足极其严格的条件下才有可能产生。利用普通光源可以实现部分相干光,正如托马斯·杨(Young)证明光波动性的双缝干涉实验,是采用了极小区域内的光源。

在光频谐振腔中精确放置高反射率镜子,保证纵模具有高 Q 值,在某些模式中增益介质的受激辐射是主要辐射方式,尽管自发辐射在某种程度上依然存在,受激辐射的光不仅在很长距离内仍保持显著的相干性,而且发散角极小,能量非常集中。普通光源即使是在预先准直的情况下,仍会在传播过程中呈锥形发散,但激光光束的形状不会发散。具有发散角小能量集中的普通光源,最典型例子是第二次世界大战期间使用的探照灯,可以在夜晚扫描照亮天空,预防轰炸机,这种探照灯使用极其明亮光源以及准直系统,减小发散角,集中光束,增加探照距离。激光光束的方向性与谐振腔设计有关,在谐振腔中,只有最低阶的径向模式才有足够高 Q 值,其他模式在径向上按强度分布,随着光线在腔体内不断反射,超出反射镜边界而溢出。但是,即使最低阶的轴向模式,在光线传播过程中仍会有发散角,这是由于镜子边沿的衍射现象造成,对于半径为 R 的发射镜,发散角与弧度 $\lambda/\pi R$ 在一个量级,如果光的波长 $\lambda = 0.5\mu m$,镜子半径 1cm,发散角约为 9×10^{-4} 度。实际上,理论极限值是很难达到的,一般情况下发散角接近 $0.1°$,具有很好的方向性。

基于多种模式结构的振荡器并不能保证每次振荡都只有一种模式,在增益足够高的情况下,不止最高 Q 值的模式能振荡,其他满足振荡条件的模式也会参与振荡。当振荡器中有多个模式同时振荡时,经常是激光总功率比光谱纯度更重要。另一方面,如果激光目的是要实现极高的光谱纯度,那就必须采用更高 Q 值的谐振器,来抑制期望模式以外的其他所有振荡模式。

3.6 振荡器的稳定度

3.6.1 频率稳定度

任何标准频率都存在随机抖动,在足够长的时间里都会产生漂移。以厂家和用户都能认可的方法,来定义标准振荡器的频率稳定度(准确地说,应该是不稳定度),是至关重要的。在不稳定度的统计分析中,一般假设频率抖动起伏满足稳态条件,可简单地认为当测量的起点改变时,频率或相位不改变。晶体振荡器一直存在长期漂移,问题比较复杂;另外,相对于稳定的漂移,还存在环境或电学等许多不可预测的因素,同样影响着振荡器的稳定度。长期漂移通过实验可预测,相对于参考频率标准,在一段时间后,被测频率的计时误差会持续增加或减小,当然如果时间足够长,误差的趋势也可能反转,因此超过一定时间后不稳定度项必须分离出来,以保证剩余项满足稳态条件。没有人能一生都在做测量,因而测量时间是受限制的,在实际问题中,统计分析时将不稳定度项分离出来是非常有必要的,统计分析理论要求数据在数值上分解为随机项和漂移项。

振荡器的频率或相位抖动有两种描述方式:在频域,以傅里叶功率谱表征;在时域,通过统计分析不同采样间隔频率或相位误差来表征。

描述物理量随机波动的常用方式,是同样条件下进行重复测量,统计分析中常常把标准偏差看作随机波动的测量。时间标准的稳定度是固定的,时间间隔作为被测量,被持续重复测量,而且时间间隔的稳定度对于不同频率源是不同的,每个频率源与时间的关系也是不一致的。

为得到时域稳定度的完整描述,必须进行大量重复测量,测量时间间隔可能从 1s 扩展到 10000s,得到这些数据最直接但不是最精确的方法是:参考频率(如 5MHz)作为开关,控制频率计数器,计算被测频率的周期数。计数器的数据可以自动记录,给出固定时间间隔内被测频率的周期数。每次时间间隔计数完成计数后,清零并重新计数,记录数据分别为 n_1, n_2, n_3, $\cdots$,频率稳定度可以用阿伦(Allan)方差来表示,计算公式定义为

$$\sigma^2 = \left\langle \frac{(n_{i+1} - n_i)^2}{2} \right\rangle_{ave} \tag{3.2}$$

式中: $i=1,2,3,\cdots,N-1$; 括号 $\langle\rangle$ 表示对 N 个数据求平均; N 为总的数据量。一系列 $(n_2-n_1),(n_3-n_2),\cdots,(n_N-n_{N-1})$ 值, 在数值分析中表示为 $n_1,n_2,n_3,\cdots,n_N$ 的一阶微分, 如果所有数据都相等, 那么方差 $\sigma=0$。后面将使用 Allan 方差定义频率不稳定度, 该定义给出了一种测量不稳定度的切实可行方法, 并避免了统计分析中时间标准长期特性引起的难题。

对于时间间隔很短的情况, 如果利用阿伦方差定义不能精确得到不稳定度的数值时, 频率或相位抖动的傅里叶频谱可以作为补充。假设电路将抖动转换为相应的电压, 且电压平方与波在电路中的功率相对应, 可以利用频谱分析仪测量, 并给出抖动在频谱中单位频率间隔内的功率。这里, 振荡器信号相位随时间变化, 其频率频谱与振荡器自身的信号频谱不同, 不可混淆。处理幅度抖动的方法, 可以证实信号频谱与幅度频谱满足简单的对应关系; 前者可以通过后者在频率范围内简单平移得到, 平移量等于振荡信号的频率。

相位稳定性的傅里叶频谱分析, 提供了一种区分不同类型噪声的方法, 利用噪声的频谱来表征噪声的能量分布。最基本的几种噪声类型, 都表现出对频率的幂律特性。如果一种噪声的能量分布满足 $1/v^2$ 关系, 这种噪声称为随机游走调频噪声 (random walk in frequency); 如果噪声的能量分布满足 $1/v$ 关系, 这种噪声称为闪烁调频噪声 (flicker frequency noise); 如果噪声的能量分布与频率无关, 频谱是平坦的, 那这种噪声称为白调频噪声 (white frequency noise)。噪声的能量分布不仅取决于频率源, 还取决于电路中的频率关系。噪声的能量分布规律在固定时间间隔测量过程中, 会相应地转变为方差 σ 的时间特性, 因此对于闪烁调频噪声, 方差 σ 与测量时间间隔无关, 然而对于白调频噪声, 方差 σ 满足 $1/\tau^{1/2}$ 关系。在射频段的常用温控电路, 热噪声非常接近白噪声 (功率分布与频率无关), 而且热噪声是普遍存在的噪声源, 因此我们经常看到方差 σ 与时间间隔 τ 表现出 $1/\tau^{1/2}$ 函数特性, 至少在闪烁噪声成为主要噪声源并使曲线变平之前一直表现为 $1/\tau^{1/2}$ 关系。

下面, 我们引出振荡器的频率稳定度概念, 同时讨论影响稳定度的各种因素。理想的振荡器输出信号为标准正弦波, 在频谱上表现为无穷窄的一条谱线, 将理想信号作为参考标准, 振荡器输出的频率抖动视为相对参考值的偏差, 该定义的前提是抖动小, 将信号近似为叠加了随机幅度和随机相位的正弦波。频率抖动的问题至少可以在概念上给出了解答, 假设存在很多结构相同的振荡器, 并在 $t=0$ 时刻同时起振, 经过一段时间后, 同时记录所有振荡器的振荡周期数和相位, 将所有振荡器频率的平均值定义为参考频率, 使被测频率相对参考频率偏差的平均值等于 0。

上述假设需要进一步验证, 因为导致不稳定度的噪声源, 可能在某个方向上产生的波动大于其他方向波动, 在这种情况下, 可以认为随机波动与长期漂移之间是有区别的。实际上, 只使用一个振荡器以固定时间间隔进行多次测量, 该方法更简单方便, 且成本低廉, 这种方法有两个假设前提: 第一是要有合适的时间标准可用;

第二是认为波动与测量时间起点无关。随机波动是稳态的,而且对于我们关注的所有干扰源都是稳态的。

3.6.2 基本噪声

除了人为造成的随机波动或噪声外,振荡器还受另外两种基本类型的噪声干扰,这些噪声在本质上来源于介质中原子特性和电荷的特性。在金属导体的简化模型假设中,金属内晶格包括了正离子和自由电子,在绝对零度(-273℃)以上的任意温度点,离子晶格与电子都处于随机热运动状态,假设在一个封闭的几何面内,包围着金属导体的一小部分,由于热运动,电子会随机地进出这个封闭面,电子数发生随机波动,意味着封闭几何面内会出现电荷,或正或负,随机变化,但总的平均电荷还是中性的。导体中这种电荷变化伴随着电压和电流的波动,这种波动称为约翰逊噪声(Johnson noise),即热噪声。

电荷的载体是单个粒子,不会在连续的电荷带中变换移动,而是会分布在不规则的一定区域内,电流(单位时间内通过单位截面的电子数)会随时间波动,另外,由于电子长程相互作用力,电流波动程度取决于粒子电荷位置之间的相关程度。由于电子波函数混叠的量子效应,这种相关性本质上会一直存在,不会消失。电流中存在大量的电子,相对而言,电流的波动不会太大。这种波动与热噪声不同,由肖特基(Schottky)发现并命名,称为散弹噪声(shot noise)。形象地比喻,就像屋顶上的雨点声噼噼啪啪。

像频率偏差随时间随机波动一样,噪声电流的相位也会随机变化,通过分析噪声的傅里叶功率谱,可区分出各种噪声类型。散弹噪声的功率谱是平坦的,固定频率间隔的功率密度与其在频谱中的位置无关;热噪声的功率谱对于所有频率范围也是平坦的,仅当热扰动的能量接近量子化 $h\nu$ 能量量级时,平坦的功率谱才会发生变化,在极低温度情况下,量子能量的频率可能会移至红外频段。

振荡器还表现出另外一种噪声类型:闪烁噪声(flicker noise)。闪烁效应最早发现于真空电子管时代,闪烁噪声是电子管中的电流波动引起,即阴极发射的电子总数发生变化导致。闪烁噪声也在固态肖特基势垒二极管中被探测到,主要特征是二极管电荷载体的多级隧道效应。对于闪烁噪声随机过程,最好的表征方法是傅里叶频谱(准确地说应该是波动平方的频谱图);功率密度随频率升高而减小,符合 $1/f$ 噪声特性,因而功率谱满足 $1/\nu$ 关系。在振荡器中,这种噪声会使频率接近零时幅度变得无限大,所以该噪声不能被接受,这也意味着在傅里叶频谱中,低频 ν 的噪声幅度会很大,且随测量次数增加,幅度还会越来越大,也就是说,如果测量时间足够长,频率的偏差会无穷大。当然在这种情况下,前面噪声是稳态的假设已经失效。时钟漂移必须有一定的限度,上述振荡器很明显不能作为时钟,这样的结果令人气馁,是不是感觉时钟的前景渺茫,其实,闪烁噪声的效应被夸大了,其根本原因是闪烁噪声与热噪声及散弹噪声不同,它不是基本的噪声类型,电子设备中的1/f噪声可以在制作和使用过程中被抑制。三种类型噪声的功率谱如图 3.8 所示。

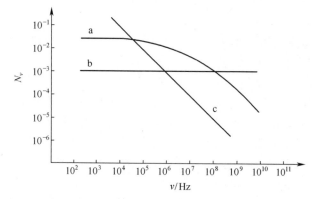

图 3.8　噪声功率谱(a)低温热噪声,(b)散弹噪声,(c)闪烁噪声

实际上,振荡器中的噪声可分为以下两大类:一是由散弹噪声源引起的噪声和直接调制信号引入的系统波动噪声;二是附加噪声,来源于谐振器或放大器电路的热噪声,附加在信号上,与信号大小无关。

在精密谐振器中,振荡幅度稳定在较低水平,附加噪声在短期采样时间内是主要噪声来源,但当采样时间比较长时,这种噪声会被平均掉,参数波动和散弹噪声会导致相位随机游走,成为主要噪声源。

随机游走噪声在统计学中是一个典型问题,在牛顿、泊松和高斯的共同努力下,逐步得到解决,随机游走噪声可简单表示为:如果一次尝试成功概率为1/N,那么尝试 n 次成功 m 次的概率是多少?直觉告诉我们,成功次数的平均值应该是 n/N。当然,我们不可能每次尝试 n 次都得到相同的成功次数,如果多次重复这个过程,并记录每次重复得到的成功次数,就会发现这些数值近似地在平均值上下波动。这些数值的方差可通过计算每个数值与平均值差的平方然后再求平均得到。方差的结果肯定是正数,它的平方根称为标准方差。标准方差,用 σ 表示,上述问题的方差可表示为 $\sigma^2 = np(1-p)$,式中 $p = 1/N$。随机游走过程有各种不同表述方式,例如:醉汉走路问题,每步步长相同,步长等于 L,可能向前走也有可能向后,但总在一条直线上,请问他走了 n 步之后,相对起点走了多远?假设向前和向后的概率相等,都是1/2。如果走 n 步之后,其中向前走了 m 步,那么他向前走的距离为 mL,向后走的距离为 $(n-m)L$,那么,向前移动的距离 ΔL 表示为

$$\Delta L = mL - (n-m)L = 2\left(m - \frac{n}{2}\right)L \tag{3.3}$$

已知 m 的平均值为 n/2,将平均值代入式(3.3),结果等于 0。ΔL 的值可以是 0

到 nL 中的任意值,值的分布用标准方差 σ_L 表示。向前走 n 步的步数方差表示为 $\sigma^2 = n \cdot \frac{1}{2}\left(1 - \frac{1}{2}\right) = n/4$,随机游走距离的方差公式如下:

$$\sigma_L^2 = 4\left\langle \left(m - \frac{n}{2}\right)^2 \right\rangle L^2 = 4\sigma^2 L^2 = nL^2 \qquad (3.4)$$

式中:$\langle\ \rangle$ 为求平均值。

　　虽然移动距离平均值等于 0,向前向后走的步数概率一样,但是走的步数越多,可能找到他的地点离起点距离越远。假设步长与采样间隔对应,总步数与总时间 τ 对应,那么方差 σ 与 $\tau^{1/2}$ 成正比。虽然,很难找到振荡器的相位随机噪声与醉汉随机走路之间的一一对应关系,但是振荡器相位的标准方差 σ 与 $\tau^{1/2}$ 是成正比关系,其中 τ 表示被测量之前振荡器自由振荡的时间。由相位随机噪声转化为频率随机抖动,可得到频率标准方差与 $\tau^{1/2}$ 成反比关系。

　　在射频段常用温度控制电路中,热噪声近似白噪声,是一种基本的噪声源,在闪烁噪声成为主要噪声使标准方差曲线变平之前,我们经常看到频率的标准方差 σ 与时间 τ 符合 $1/\tau^{1/2}$ 关系。

第4章
石英钟

　　基于石英晶体稳定的频率振荡特性,再结合近几年数字器件的发展,可以制造出性能优异的各类石英时钟。另外,得益于钟表匠高超的技艺,以及各种高精度的加工工艺,机械表的性能也发展到令人惊讶的程度。但19世纪60年代以来,随着电子革命的爆发,石英钟手表实现了小型化,低成本,且具有比机械表更高的精度。

4.1　技术发展

4.1.1　无线电传播过程中的频率控制

　　最早的高频晶振,用于调节电子振荡电路,为无线电发射器提供足够稳定的参考频率源。无线电发射器要求参考频率稳定,主要原因有两个:第一,无线电频率或相位经过调制后用于传输音频信号,如果频率不稳定,在接收器中还原出音频信号的难度就很大。为了理解这类现象,我们回顾一下无线电接收机的基本设计原理:接收机接收到无线电波,并产生微弱的高频电流信号,在恢复音频信号之前,即需在探测级之前进行多级放大。阿姆斯特朗(E. H. Armstrong)于1912年发明了超外差接收电路,放大器的级数可根据实际情况进行适当调整,解决了高稳多级无线电信号放大器设计的难题,因此在1918年获得了极高的荣誉。通过超外差方法,从输入的无线电信号中可提取到一个中频(IF)信号,并携带同样的音频信息,即产生了拍频。利用非线性电子元器件混频器可实现下变频,得到更低频率的信号。混频器具有两个输入端口:无线电信号输入端口和纯单频信号输入端口,纯单频信号由本地振荡器产生。在混频器输出信号的傅里叶频谱中,不仅包含了输入频率,还包含了相互作用的频率,其中就有差分的频率。差频信号的频率属于无线电频率与音频的中间频率,可利用多级放大器进行滤波和放大,得到窄带的IF信号。当调频本地振荡器输出不同频率时,输入不同频率的无线电信号,经过IF放大器构成的带通滤波器,产生超外差信号,并最终生成音频信号。音频信号在探测电路中得到恢复,将调幅(AM)或调频(FM)的 IF 信号转化为音频调制信号。发射端无线电频率的不稳定或者接收端本地振荡器的不稳定因素,都会引起 IF 信号的频率波动,导致噪声增加或损失信噪比。最近发展的无线电通信技术已基本解决了系统频率稳定度的问题。

第二个原因,是由于无线电通信中用户太多,要求发送端的无线电频率必须精确控制,尤其在长距离广播应用中,必须精确分配每个信道的频段。广播频率的分配以及发送端频率容差技术规范,由国际无线电技术咨询委员会(CCIR)执行。当然,军事应用对频率源的频率稳定性要求更加严格。

4.1.2　压电效应

对振荡器频率稳定度的要求越来越高,激励着科学家和工程师们去研究具有独立振动模式、高 Q 值、频率稳定性好的新型谐振器。石英晶体具有极佳的弹性能和极低内耗,成为备选材料之一,石英晶体具有另一个重要的特性,那是压电效应。早先压电效应在一些符合某种对称要求的晶体中发现,在晶体的某个特殊方向施加压力后,会产生电子极化现象,其本质是晶体表面产生了电荷,且电量与压力成正比。晶体内部的力学振动会在相连电路中产生振荡电流,相反,如果石英晶体放置在一对带相反电荷的金属板之间,晶体好像处于受力状态。根据上述现象,当改变金属板上的电压时,晶体就会被激励产生振荡。

在 19 世纪,固体中发现了一些奇特的物理现象,比如:磁致伸缩效应、热电效应、压电效应等,其中,磁致伸缩效应是指某些材料被磁化后,尺寸会相应地发生变化的现象;热电效应是当晶体存在温度梯度时,晶体内部会被极化,产生电荷的现象。在 1880 年,雅克(Jacques)和皮埃尔·居里(Pierre Curie)第一次合作发表了关于压电效应的研究文章,这里补充一点,皮埃尔·居里的妻子就是镭的发现者玛丽·斯克沃多夫斯卡(Marie Sklodowska),并以玛丽·居里闻名于世。在该压电效应文章中,他们详细分析了晶体产生压电效应的环境要求和晶体对称性条件,这为压电晶体后来成为声波源和探测器的理想材料作出了开拓性工作。然而,直到 20 世纪初期,在连续电振荡信号生成方法,以及真空管三极管放大器发明之后,压电晶体才在声波传感器中得到应用。这里需要说明一点,在居里发表研究成果的四年之前,即在 1876 年,贝尔(Bell)发明了电话机,极大地刺激了声学的发展,随后产生出大量研究成果,并最终拓展成为一门新型的学科——超声波学。

4.1.3　超声波传感器:声纳

人类所能听到的频率范围为 20Hz~20kHz,超声波频率已经超出人的听觉能力。在第一次世界大战期间,作战潜艇的研究推动了超声波的发展,英国和法国都在加速研制水下潜艇探测的声波接收机，并最终发明了声纳。我们知道，石英晶体中纵向声波的传播速度为 6000m/s，尺寸为 3cm 的石英，具有的最小谐波频率为 $V/2L=100$kHz，已经超出了人类听力的频率范围，因此属于超声波。100kHz 的超声波在海水中波长为 $\lambda = V/v = 1.5$cm（注：波速 $V=1500$m/s）[1]，与最初用于雷达的微波波长量级相同，因此也具有与雷达相近的探测分辨率。由于海水只允许低频无线电波传输，因此雷达不可能在水下应用，俄罗斯科学家康斯坦丁·基洛斯基（Constantin Chilowsky）和法国物理学家保罗·郎之万（Paul Langevin）（他因在磁学上的研究工作而闻名）成功地研制出主动式声纳。压电材料用于声纳的想法被提出后，经多次否定，最终于 1917 年成功生长出高纯石英单晶后，才最终应用于声纳的发射源和接收端，且在声纳第一次演示实验时，就使探测距离超过 6km。

当然，战争的需求是促使石英谐振器快速发展的主要原因。1917 年，沃尔特·盖顿·卡迪（Cady）利用石英晶体和罗谢尔盐中切下的单晶片，以晶体固有频率驱动晶片，首次发现电子振荡电路中存在不寻常的压电效应，战后他又接着深入研究，将晶体接入真空管振荡器电路中，发现振荡电路的频率非常稳定性，成果发表于 1921 年。与大多数学科一样，当该领域的发展达到一定程度，很多研究人员就会参与进来，卡迪的压电谐振器研究并不是没有竞争对手，西方电子公司的尼克尔森（Nicholson），就一直在积极地开发压电晶体的应用工作，比如应用于麦克风、扩音器、留声机等，并于 1918 年申请了相关专利，所以，与卡迪一直存在专利所有权问题。同时期，皮尔斯（G. W. Pierce）发明了改进型的晶体振荡器电路，广泛地应用于无线电发射器和接收器的频率控制系统，当然，该专利权归属非常明确，未受到尼克尔森的挑战。

4.2　石英晶体的结构和性质

石英晶体具有极好的弹性模量，在形变时内部摩擦极低，还具有非常高的强度和很低的热膨胀系数。熔融石英纤维一直以来被用于作为钟摆的吊线，保持钟摆的扭矩平衡。熔融石英纤维与等直径的钢丝具有相近的断裂强度，且刚性模量更小，在外力作用下更易于扭曲。石英晶体弹性能的本质为：当压力消除，晶体能够完全恢复到受力前的状态，晶体受力变形时所做的功，会被无损地以弹性势能储存，外力撤除后，弹性势能几乎又完全释放。石英晶体最重要的应用领域是高 Q 值的谐振器，高 Q 值对应着窄的振荡谱线。谐振器高 Q 值带来两大优点：第一，在保持相对无损振荡时，对放大器耦合程度的要求降低；第二，降低了放大器增益在振荡频率附近的噪声和波动干扰。即使如此，振荡频率短期稳定度和长期稳定度

---

[1]　译者注：原文中认为海水中波速 $V=6000$m/s，有误。

最终还是受限于噪声大小,短期频率稳定度主要考虑噪声影响,长期稳定度主要考虑谐振器的结构老化。由于振荡幅度波动表现为谱线展宽和频率不确定度,而且振荡幅度也会影响频率稳定度,所以,需要做一些前期工作来限制和稳定振荡幅度。

石英晶体还有其他一些优点:第一,弹性能对环境(如温度和湿度)的敏感度要比绝大多数固体低;第二,热膨胀系数小,石英棒在加热到赤热状态后,投入冷水中也不会断裂。正是这些优点使石英晶体在极端温度条件下仍具有非凡的恢复能力。当然,不论是石英晶体还是其他材料,都必须满足应用条件要求,这也是判定材料优劣的重要依据。作为谐振器,石英晶体热膨胀系数和弹性性能的长期稳定性都要明显优于其他材料,因而得到了迅速应用发展。

石英晶体的化学成分为 SiO_2,也称硅石,为三维晶格结构,每个 Si 原子周围有 4 个 O 原子,这 4 个 O 原子位于正四面体的四个顶点,O 原子与 Si 原子通过共价键连接。莱纳斯·鲍林(Linus Pauling)根据量子理论第一次解释了共价键具有一个静电原点,对于石英晶体,这里不是将 SiO_2 作为三粒子体系来研究其稳定性,而是将晶体作为一个整体来研究,把石英晶体看作是一个大分子,不是分割为 SiO_2 分子大小的粒子。晶体中原子规则排列,表现出特定的对称性,这样有助于建立结构理论分析模型。开展晶体理论研究不是本书的目的,但是石英晶体结构的简化模型有助于我们理解石英非凡特性的本质。

Si 原子有 4 个价电子,相互间保持相同的夹角,形成正四面体结构,如图 4.1 所示,O 原子有 2 个自由键,分别与两个 Si 原子组成共价键,这些键在三维空间上形成互连的三维晶体,如图 4.2 所示。

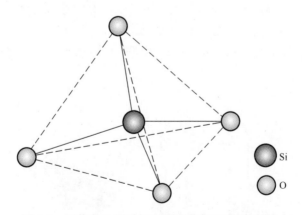

图 4.1　石英中 Si 原子与 O 原子形成正四面体结构

这种结构与 CO_2 结构完全不同,CO_2 中 C 原子 4 个未成对电子与 O 原子形成双键结构,而 SiO_2 形成的是外延三维网络结构,原子间结合非常牢固,因此石英晶体具有很高的熔点,达到 1710℃。

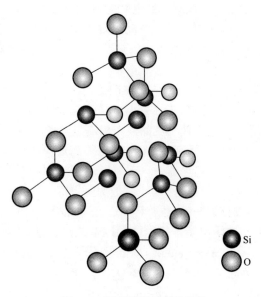

图 4.2 石英晶体的晶格结构

与其他晶体结构一样,石英晶体也具有一定的晶轴对称性,根据 Si-O 键的正四面体结构及其三维空间排列,如图 4.3 所示,可以看出石英晶体具有 1 个三重对称轴,还具有 3 个二重对称轴,与三重对称轴相垂直。晶体学家将晶体对称点群分为 32 种,石英属于其中一种。一般将三重对称轴定义为 z 轴,将 3 个二重对称轴中的一个作为 x 轴,同时与 x 轴和 z 轴垂直的轴线定位为 y 轴。对于大多数晶体物质,中心对称性比较普遍,但石英晶体不满足中心对称,即:将 Si 原子和 O 原子以一个固定中心直接交换位置,新结构与原结构是不一样的。在数学上,反转晶体中所有原子的坐标符号,该晶体也是不对称的,如图 4.4 所示,反转坐标中所有的

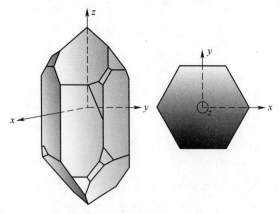

图 4.3 石英晶体中的 x 轴、y 轴和 z 轴

符号等效于围绕对称轴旋转180°,然后以与对称轴相垂直的平面为对称面取镜像。绝大多数物体对称特性比较低,不具有中心对称性,如砖块、橄榄球,甚至没有对称性,如桌子、键盘等。

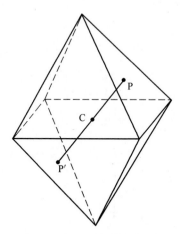

图 4.4　中心反演的对称操作

探索石英晶体的对称性,是为了更好地理解其电－力学特性,有助于理解压电效应。正是缺乏中心对称性,石英表现出明显的压电效应,这种晶体受力的压电特性,本质上是电荷分离产生了极化。晶体作为一个整体是电中性的,并一直保持电中性,但是在压力作用下,原子的电荷平衡被打破,晶格中的电子相对原子核向某个特定方向移动,电荷失衡使晶体两个边界面上产生了等量的相反电荷。如果晶体中心对称,对称操作前后的晶体结构是相同的,电荷的移动方向并不变化,因此,晶体产生压电效应的前提条件是晶体不能具有对称中心性。

实际上,我们可以将限制条件应用于其他晶体,晶体的极化与施加的外电场强度 E 成二次函数关系,即与 E^2 成正比,且坐标符号取反时,E^2 值不变。在非线性光学中,选择合适的晶体极其重要,如激光倍频晶体在激光通过时产生二次谐波,如果激光的偏振是由晶体中光频 v 导致,与输入电场 E^2 成正比,即与 $\sin^2(\omega t)$ 成正比,由于 $\sin^2(\omega t) = \dfrac{1}{2}\left[1 - \cos(2\omega t)\right]$,因此而产生二次谐波。相关成果最早发表于 1961 年,当时利用红宝石产生波长 $\lambda = 0.69\mu m$ 红光,并通过石英晶体产生二次谐波,得到波长 $\lambda = 0.35\mu m$ 的紫光。

4.3　石英晶体的振动模式

由于石英晶体的特殊结构,产生压－电效应并与之对应的电－压效应,使机械压力与电荷极化紧密联系起来。相关物理量对应于特定的晶轴,沿 x 轴的电场与 x 轴的纵向应力耦合,也与沿 y 轴反方向的等幅度纵向应力耦合。而且,沿 y 轴的电场在 $x-y$ 平面产生剪切应力,图 4.5 示例了晶体不同的受力类型,包括扭转力、弯曲力、纵向或外延力、剪应力等。

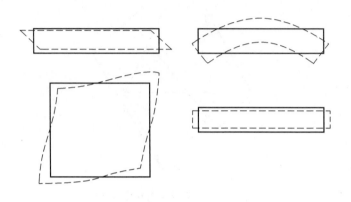

图 4.5　石英晶体片不同的应力形变

为覆盖 1kHz~100MHz 的频率范围,石英棒或石英片可能采用外延力、剪应力或者弯曲力等振荡模式。石英棒弹性振荡模式对应的最大频率为 100kHz,在外延力作用下振荡频率可扩展到 300kHz,表面剪应力作用下的振荡频率可覆盖 300kHz~1MHz 的频率范围,在厚度面上的剪应力作用下振荡频率可扩展到 30MHz 甚至更高。为产生更高的频率,通常采用更高的奇次谐波,比如 3 次或 5 次谐波,从而避免使用太薄的石英片,降低石英片的加工难度。精度最高的振荡是利用厚度方向剪应力的五次谐波模式,生成频率 5MHz 或者 2.5MHz。

为了有效、有选择性地激发不同的振荡模式,电场方向必须与晶体轴保持适当的角度和方向。电场方向不仅可以有效地激发期望的振动模式,还与共振频率的温度系数相关,这是因为晶体的弹性性能和尺寸都受温度影响。相对应晶体轴的不同方向,晶体材料的特性也不同,因此晶体棒或晶体片必须以特定的方向切割。石英晶体常见的切割方式如图 4.6 所示:x 轴,y 轴的两个旋转方向。x 轴切割方式有两个切面垂直于 x 轴,电场沿着 x 轴振荡,纵向压力在 x 轴方向产生电场,且在 x 轴上只有一个纵向波传播,因此 x 轴是纵向波的单模轴。y 轴的两个旋转方向的切面在 $y-z$ 平面,与 z 轴夹角为 $-59°$ 和 $31°$。这三种切割方式对剪应力波都是单一纯模式:沿这些方向的电场只能激发切向波,不能激发其他模式波。

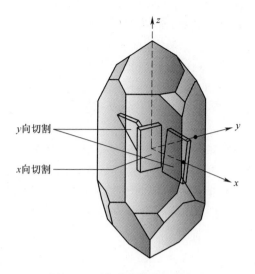

图 4.6 石英片的几种切割方式

4.4 X-射线晶体学

晶体学家为了在晶体中找出相对外部参考(表面的几何结构)的晶体轴方向,发明了标识晶体及其光特性的方法,这其中,最强大最有用的工具,就是 X-射线衍射技术:X-射线能产生明显的晶体衍射图案。

这里,我们详细地介绍一下 X-射线技术,该技术不仅可用于确定晶体方向,更重要的是还可以分析晶体结构。1912 年,马克思·冯·劳厄(Max von Laue)参与了他的两个年轻助手弗里德里奇(Friedrich)和克尼平(Knipping)的实验:利用合适的光栅来分析研究光谱,在他们的实验中,光栅由表面刻蚀了许多平行且间距精确相等的条形槽的镜子(或透射镜)构成,由于光的波动特性,光线在光栅上产生了明暗不等的衍射条纹。平行槽的间距与波长成一定的比例关系,波长间距比的典型值约为 1/2000。由于波长的原因,利用 X-射线并不能直接重复上述实验。冯·劳厄认为晶体中原子规则分布的结构可视为三维的光栅"槽",该想法随后被威廉·亨利·布拉格(W. H. Bragg)和威廉·劳伦斯·布拉格(W. L. Bragg)父子俩成功证实,探测到了典型的"冯·劳厄"X-射线图案,证明 X-射线衍射技术确实是分析晶体结构的强有力方法,威廉·亨利·布拉格提出了一套简单的计算方法,确定了 X-射线是如何被晶体的离散结构所散射,该分析方法先假设晶体中所有原子都规则地排布在平行的几何平面上,即原子面(或晶面),将惠更斯结构应用于二次 X-射线中,当 X-射线穿透晶体时,被连续晶面上的原子所散射,晶面的距离 d 满足下式时,散射波相位增强,产生最大的衍射峰:

$$2d \cdot \sin\theta = n \cdot \lambda \tag{4.1}$$

式中:θ 为 X-射线的入射角;n 为任意正整数。为了确定晶体轴的方向,还需要测角仪进行辅助,测角仪由晶体材料和旋转臂上的射线探测器构成。利用公式,基于已知的晶体结构及对称性,根据衍射数据,即可精确计算并确定晶面的方向。

利用 X-射线衍射技术也可研究石英晶体的振荡,探测晶片在激励条件下的振荡幅度和变形情况,X-射线经过晶面后会形成固定的反射图案,当原子发生相对位移时,虽然位移量很小,但 X-射线仍能精确地感应到反射光强的变化,这是研究高 Q 值谐振器非常有用的工具,可以探测到一些并不希望出现的损耗模式,后期再通过一定的技术手段进行抑制。

4.5　石英谐振器的加工

石英晶体片的制作工艺和环境控制技术,决定了谐振器的实际性能。加工工艺过程为:首先将晶体按照特定的方向切割成晶片,然后再将晶片切割成更小的晶片,厚度稍微大于期望值,通过几次反复研磨,使晶片厚度减小到接近期望的精确厚度,进行清洗和刻蚀,通过烘烤或真空沉积法在晶片上镀金属薄膜电极,最后将晶片密封。有时也会对晶体适当加热,以加速长期老化过程,提高晶片的稳定度。

人造石英晶体已经出现了很多年,也很容易在市场上买到。我们知道,目前只能生产出很小颗粒的钻石,并且石英和蓝宝石(氧化铝晶体)也不同,通过高温熔融法,可以生长出相当大体积的几近完美的石英单晶体,选择合适的单晶部位,工程师们甚至可以切割出无任何杂质缺陷的晶片。

为了提高人造石英谐振器的 Q 值,研究人员开展了大量研究工作。众所周知,Q 值受石英晶体振动能量损耗的限制,在 $-223\,\mathrm{℃}$ 时能量损耗出现最大值,这主要是由于晶体中存在杂质钠元素所致,且每个晶体杂质含量不固定,杂质也不相同。通过电解的方法,可以分离出 SiO_2 中的钠离子,即在熔融的硅石中,插入电极,可实现钠离子的电解分离,有效地降低内部能量损耗。还有一种效率比较低的方法,即在成型的晶片电极上加电压,并加热到高温状态,也能够电解出钠离子。杂质离子引起晶体内部能量损耗,电解钠离子方法可有效地提高人造石英的纯度,提高石英谐振器的 Q 值。在生产过程中,利用红外光谱吸收技术,测量晶体中声学能量损耗等指标,有助于评价晶体的性能和品质。

4.6 频率稳定度

4.6.1 老化

石英晶振会出现谐振频率的长期漂移现象,称为老化,例如:用于高精度时钟的石英谐振器,采用厚度方向切割,并处于高频振荡模式,其老化率已经达到了相当低的水平,金属封装晶振的典型老化率最大为 $10^{-6}/$月,使用前一至两年的老化率降至 $10^{-6}/$年。晶振的金属封装技术,可有效地降低老化率,首先高温烘烤去除杂质气体,然后在真空环境下冷焊密封。总之,谐振器的实际老化率主要由几个因素决定:制作工艺、安装时受力情况、温度梯度产生的热应力、晶体表面吸附和释放气体的能力、晶体内部缺陷等。

4.6.2 环境

晶体表面吸附的气体,厚度大概只有一个分子层,但却导致谐振器的共振频率发生明显变化。当然,并不是气体吸附层产生的压力有多大,而是频率测量精度已达到了这么高的水平。经过半个世纪努力,随着真空管电子管技术、材料表面尤其是金属表面处理技术、真空技术、高温下除气技术等迅猛发展,晶片工艺环境因素的影响在逐渐降低。除气其实并没有真正实现过,因为气体能够在材料表面层向内扩散。在真空管工业中,通过吸气剂可以保持长期的高真空,典型吸气剂利用纯金属钡或钛,从受热镍源中蒸发,在真空电子管玻璃壳内表面镀一层银白金属层,除了惰性气体,钡能与绝大多数气体发生化学反应,在表面生成稳定的化合物,保持真空电子管内的高真空。

4.6.3 温度

温度是影响石英谐振器频率的最重要因素,选择合适的晶体切割方向,可找到合适的晶体谐振频率温度系数,进而选择常温下的最小值。图 4.7 所示为不同切割方式石英谐振器的频率温度特性,从图中可以看出,在 25℃ 的室温情况下,标识为 DT、BT、CT 的切割方向,其频率温度系数最小,标识为 AT 和 GT 的曲线具有拐点而不是最值,Δv 表示温度改变 1℃ 的频率变化量,图中存在一个温度区域,此区域的石英晶体频率温度系数几乎为 0。将晶体放入恒温箱内,严格控制晶体的温度,这种温度补偿技术可使频率偏差接近最小值。高精度温补晶振的重点不是频率修正,而是温度稳定性精确控制,不仅要求温度在长时间内保持恒定,还要求晶体的温度梯度恒定。实际上,晶振的工作温度要高于室温,且温差要适当,以扩展温度范围,降低高温应用的难度。温度的比例控制技术要优于常用的开关控制技术,开关控制技术在房间调温器中比较常见,比例控制意味着加热功率与实际温度偏离设定温度的偏差量成正比,为实现比例控制技术需要一些电子学器件,而在开关控制技术中只需水银开关和双金属条即可。

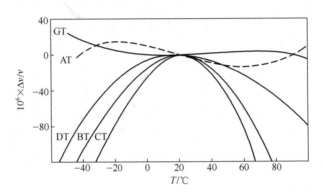

图 4.7 不同切割方式中的晶体共振频率温度特性(Gerber, 1966)

4.6.4 激励

影响频率稳定度的另一个因素,与放大器、耦合电路驱动晶体的功率有关,功率大小决定了晶体的机械振荡强度。另外,功率大小也会影响晶体散热速率,引起频率漂移,这其中晶体弹性能的改变可能是背后原因。根据经验,高精度晶体元件应由较低功率驱动,为保证晶体振荡幅度低且恒定,一般使用自动增益控制放大器(AGC amplifier),该电路本质上是一个反馈控制环路,对晶体振荡幅度采样并转化为等比例的电压信号,与恒定参考电压比较,输出误差信号。在反馈控制环路中,利用误差信号调节电路驱动功率,维持晶体振荡幅度恒定。

4.6.5 实际指标

航天级石英振荡器的频率阿伦方差曲线如图 4.8 所示,在 10s 取样间隔的阿伦方差值最小,为 10^{-13} 量级。

根据长期研究发现,存在一些决定晶振频率稳定度的主要因素。晶振的行为看似随机无规,其实并非如此,为帮助我们定量分析问题,现在回顾一下高精度晶振,五次谐波产生 5MHz 振荡频率,Q 值为 10^6,在 1 小时取样时间的频率稳定度要优于 10^{-11},换一种表述方式,晶振每秒振荡 5×10^6 个周期,至少需要 5.5 个小时,

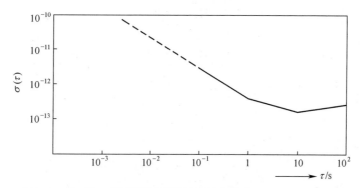

图 4.8　航天级石英晶体振荡器的阿伦方差曲线（Norton，1994）

晶振才会增加或减小 1 个振荡周期。实际上，晶振的短期频率稳定度和频谱纯度十分优异，输出不失真信号具有极低的噪声。如此优异的特性，使晶振在很多领域具有重要应用价值，比如多普勒雷达，由于探测目标的移动导致反射波频率的多普勒效应，频率的变化可用于区分地面物体的反射波，由于地面固定物体的反射波是不变的，通过反射波变化来探测移动目标的速度和距离，最终探测精度与发射波的频率稳定度密切相关。利用 100MHz 高稳晶振，通过倍频技术合成期望的微波频率，由于频谱中的杂散频率和频谱线宽都会被倍频电路以相同倍数放大，因此在多普勒雷达中对晶振短期稳定度和频谱纯度提出严格要求。

4.7　石英谐振器电路

4.7.1　等效电路

为实现石英晶振要求的电路，需要先了解晶振的等效电路。等效电路由电感、电容和电阻的基本元器件构成，用于精确模拟所有频率下晶体的电压-电流关系。晶体的机械振荡本质上是弹性势能和动能之间的能量振荡，服从二阶微分方程，预先推测等效电路的结构是很难做到的，因此可以合理地将晶体等效为电容-电感相似的电路。根据石英谐振器的机械振荡分析，将结果应用于压电效应，可以导出图 4.9 所示的等效电路。

图中电容 C_1 表示晶体两端金属电极间的电容值，电阻 R 用于计算晶体自身的能量损耗，电感 L 和电容 C_2 表示晶体的动能和弹性势能间转换，决定了晶体的谐振频率。一般情况下，R 值很小，$C_1 \gg C_2$，L 值非常大，相当于直径 1m 导线绕几千匝线圈的电感值，C_1 与 C_2 比值大，意味着晶体与驱动电路之间耦合弱。

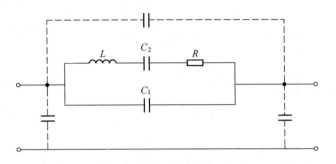

图 4.9 石英晶体片的等效电路

4.7.2 频率响应

与其他类型的反馈振荡器一样,晶体振荡频率也由高 Q 值的电路控制,石英晶体是放大反馈环路中的一部分,放大器为晶体振荡提供足够大的增益。理想晶振需要高 Q 值谐振器完成自然振荡,谐振器与放大器保持最小耦合,放大器的工作环境可能会出现波动,Q 值越高,反馈放大环路所能承受的相移量越大,而且对于高精度石英晶振,Q 值达到 10^6 已经不是很难的事情,在高 Q 值电路中相移可以通过频率的微小偏差补偿。

尽管石英晶体只有两个电极,我们仍然可以认为晶体在电极与地之间有一个输入,在另一电极与地之间有一个输出,接口原理图如图 4.9 中所示。假设在一个电极和地之间施加频率可调的电压信号,并测试另一端电极输出电压信号的相位,发现相位通过共振频率前后的相位变化非常大,可从 $-90°$ 迅速上升到 $90°$,在共振频率处恰好等于 0,相频响应曲线如图 4.10 所示。几乎整个相变过程发生在共振频率的线宽内,对于 $Q=10^6$ 的 1MHz 振荡电路,相变发生在 1Hz 线宽内。

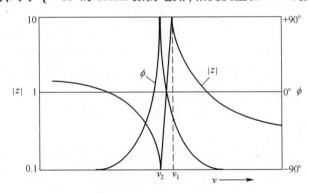

图 4.10 石英晶体的振荡幅度、相位与频率失谐关系曲线

4.8 频率测量和时间测量

4.8.1 时间间隔测量

这里,我们简要地介绍一些钟表的基本功能,了解其电子特性如何像齿轮一样工作。首先假设时钟采用稳定的晶振来测量两个事件的时间间隔。相对于商用的时间参考,晶振频率已被精确校准,其频率可溯源到国家标准,后面会介绍国家频率标准是如何建立的。秒表从第一事件开始计时,至第二个事件结束时停止,可以测量出时间间隔,而振荡器要求非常高的稳定性,必须连续不间断地测试,这是通过门电路与振荡计数器相连,门电路被两个事件打开或关闭,实现时间间隔的精确标定。为简化测量过程,这里只假设整个过程中只计算整数振荡次数,振荡器保持着足够高的精度,若要计算不完整振荡周期的时间,则需采用其他技术。

4.8.2 数字电路

在数字电子学时代,门电路和计数器是构成复杂数字电路的基本模块,数字电路用于处理二进制信号,在此信号中,只有两个离散的电压,用 0 和 1 表示,代表数字信号的电压幅度。要使用二进制电路计算振荡周期数,必须改造信号波形符合二进制形式,有很多种方法可以实现该功能,最常用的方法是利用施密特触发器,当输入信号的幅度平滑地经过预设触发值,触发器输出的信号幅度台阶式跳变,当输入信号幅度从另一方向再次经过预设触发值时,触发器输出的信号跳回前一个电压值,比如我们将触发器的阈值设为 0,当振荡器波形通过触发器时,生成在低电平和高电平之间跳变的方波,可直接输入到数字电路。现在我们可以利用标准的二进制门电路和计数器来测量时间间隔,详细讲解数字电路不是本书的目的,但涉及数字电路部分会简单地介绍一些。

计数器基于双稳态电路,在形式上可视为连续逻辑器件,而双稳态电路的历史比数字计算机、集成电路甚至固态电子学都要早,双稳态电路也称为埃克勒斯-约旦对(Eccles - Jordan pair),现在一般称为推挽式(flip-flop)电路,第一次广泛应用是由于 1913 年原子核辐射计数器的发明,比如盖革(Geiger)计数器。flip-flop电路属于一种独特的类型,与常用的线性放大器完全不同,在线性放大电路中输入连续信号,输出的电压和电流是与输入信号相似的连续信号,而 flip-flop 电路只有两个离散的稳定态,对于物理系统而言,这是一种不常见的特性。输入信号电压改变会触发 flip-flop 电路从一个状态跳到另一个状态,当经过中间状态时,电压瞬间突变,flip-flop 电路可作为 1 个比特寄存器,与常用的电子开关具有类似机制,只有两个稳定状态:开或关。

　　flip-flop 电路由两个反向、单态的放大器构成,形成正反馈;一个放大器的输入、输出与另一个放大器的输出、输入相连,在这种情况下由于反馈的作用,放大器的电流下降导致输出急剧下降到 0。flip-flop 电路与振荡器的反馈放大电路本质差别是频率与反馈量的关系,谐振器的反馈只有在某个频率下才能达到最大值,而flip-flop 电路的反馈可以从直流延伸到开关速度决定的最大频率,其直流信号即为电压恒定的信号。flip-flop 电路的反馈影响放大器输出信号幅度,此时一个放大器处于关闭状态,另一个放大器输出最大电流,而且,反馈放大器可用于纯单频振荡器,但必须设法限制振荡幅度,否则,振荡器将在两个极值状态之间振荡,输出方波信号。这种振荡器可称为自由运行多频振荡器。

　　在目前集成电路和计算机为代表的信息时代,逻辑电路是以集成半导体器件形式出现,采用半导体材料以不同工艺、不同技术生产的元器件,不断地加入到器件的列表中,使元器件列表越来越多,一个人已经无法完全掌握所有的器件。因此,为方便设计者使用,每个元器件都有功能说明,介绍在输入端输入什么信号,在输出端可以得到什么信号。

　　图 4.11 所示为一个典型的 RS 触发器电路,由两个交叉耦合的或非门(NOR)构成。或非门可看作具有两个输入和一个输出的"黑盒子",是一种典型的逻辑门,并以 True 和 False 的逻辑值表示高电平和低电平,电平的典型值为 5V 和 0V,只有当两个输入端都为低电平时,NOR 输出才为高电平。与其他触发器一样,RS触发器也有两个稳定的状态:Q 输出高电平,Q^* 输出低电平;或 Q 输出低电平,Q^*输出高电平。若 S 端有瞬间高电平输入,RS 触发器保持之前的状态,并与当前的状态无关。相似地,若 R 端有瞬间高电平输入,RS 触发器的输出状态取反,输出状态与前一个状态无关。RS 触发器可作为二进制计数器,首先初始设置输入电路,然后改变 R 端和 S 端的输入触发电平,以实现一个输入触发电平使触发器的状态改变一次。利用两个 NOR 门构成的 D 型触发器可实现以上功能,方波信号输入,下降沿触发。当每隔一个下降沿触发时,Q^* 的输出都由低变高,并输出方波信号,而且输出信号频率为输入信号频率的一半。如果输入信号为脉冲序列,则输出为类似的脉冲序列,但每个脉冲需要两个输入脉冲。

　　如果将 24 个 D 触发器串联组成 24 位二进制异步计数器,每个触发器输出为二分频,则整个计数器需要 2^{23} 个脉冲,最后一级触发器才会有脉冲输出,从开始到返回初始状态需要 2^{24} 个脉冲。

　　在每个触发器输出端连接一个 LED 以显示触发器输出状态,如果输入方波少于 2^{23} 个周期,那么我们就可以通过 LED 的状态以二进制数读出输入的周期个数。

　　为测量两个事件的时间间隔,需要使用类似的触发器产生门信号,当第一事件发生时输出高电平并保持,直到第二事件发生时输出低电平,其他时间都保持低电

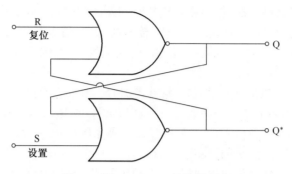

图 4.11   RS flip-flop 触发器电路

平。门信号作为与(AND)门的一个输入,振荡器输出的脉冲信号作为与门的另一输入。与门输出为有限长度的方波信号,从第一事件发生开始输出,到第二事件发生时停止。通过计数方波信号中的脉冲数,即可得到两个事件的时间间隔。

如果两个事件相互独立且时间间隔精度要求很高,那么时间间隔的测量过程明显转变为振荡器的频率测量。实际上,大部分频率计数器正是基于时间间隔测量原理,时间间隔根据内部参考频率测量得到。

4.8.3   频率合成器

通过以上讨论,我们可能会产生这样的印象:振荡频率只能以 2 的幂级数分频,不能输出显示秒、分钟和小时的信息,其实实际情况并非如此,我们可以合成任意频率,且与振荡器保持相干的信号。

合成任意频率的正弦信号常用方法有两种:一是锁相环(PLL)方法;另一种是直接数字合成(DDS)方法。

除了参考频率源外,锁相环电路还包括其他 3 个模块:压控振荡器(VCO)、相位/频率比较器(PFD)、分频器。

VCO 振荡器通过电压控制变容二极管,实现振荡器的频率调节。数字 PLL 电路中 PFD 由两个 D 触发器构成,用于测量两个输入信号的相位/频率相对偏差,并输出纠偏误差信号,以最终控制 VCO 频率。对于基本的 PLL 电路,在输入相位/频率比较器之前,会对参考频率进行 N 次分频,VCO 频率进行 M 次分频,且 M 值可调,PFD 输出误差信号,并连接到 VCO 的压控输入端。环路闭环必然导致 PFD 两个输入信号相位锁定,在锁定条件下,输出频率满足 $f_{out}/M = f_{ref}/N$。基本 PLL 电路输出的频率分辨率为 f_{ref}/N。

基本 PLL 电路面临的重要问题是提高分辨率,要提高分辨率,必然增大 N 值,导致相位噪声增加。实际上,在反馈中常采用小数分频就可以解决分辨率低的问题,当然也可以采用更高的参考频率,输出频率仍能保持很好的分辨率。其实小数分频的频率合成器已存在,但还需要较长时间才能应用于专用通信电子领域①。

频率合成的另一种方法是直接频率合成法,并在最近几年随着集成电路的发展应用越来越普遍,通过存储数字形式的正弦函数,连续读取存储数据,直接合成期望的频率。

在相位累加器中相位变量以数字形式保存,以有序增加步长,保持时间一致性,相位累加器本质上是一个计数器,每次以预设值增加,直到计数溢出为止,输出完整的振荡周期。相位值存储在大容量寄存器 ROM 中,并以精确增量描述正弦函数,读取相位值并输出到数模转换器(DAC),利用低通滤波器平滑,从而输出正弦波形。从累加器中读取波形数据,通过修改相位增量调节频率。在二进制计数器位数确定后,相位增量个数就确定了,比如 24 位计数器约有 16×10^6 个相位增量,输出频率的分辨率基本确定,如果采用 10MHz 参考频率,最小频率分辨率为0.7Hz。由离散点构成的正弦波并不是一个,而是出现了混叠现象,这是数模转换过程中普遍存在的问题。描绘正弦波轮廓的离散点集合,不仅可以由所有连接点的曲线拟合,还可以由高频正弦波拟合。正弦波频率作为最终输入的参考频率,幅度由合成信号调制,在频谱中会出现两条频率谱线。

4.8.4　石英表

简要总结本章内容,从 19 世纪 70 年代以来,什么越来越普遍,石英表绝对是其中之一。随着微电子技术革命性发展,小型化的晶振成为可能,且变得物美价廉,价格还不到高精度机械手表的 10%。守时精度可达到 10^{-6} 量级,相当于一个月时间误差只有几秒。

石英表迅速取代了价格昂贵的、基于声学振荡原理的高品质电子模式:音叉。音叉的精度曾经优于最好的机械游丝表,但是音叉的性能改进与高成本不匹配,很快被石英表取代。图 4.12 为一种典型的石英表结构,石英晶体常以较低的频率振荡,安装在小型电路板上,集成电路中包括分频器和步进电机驱动器,每接收一个电子脉冲,马达会转动一个固定角度(这里为 6°)。

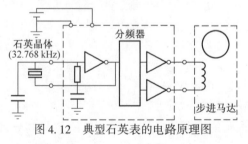

图 4.12　典型石英表的电路原理图

---

① 译者注:经过近几年的发展,小数分频技术目前已非常成熟,广泛应用于通信电子学领域。

第5章
电子、原子和量子

5.1 经典洛伦兹理论

利用钟摆振荡来确定时间的方法,有着悠久的历史,但近年来,运用原子的光频振荡及放大方法,获得了超乎想像的高精度时间标准。基于牛顿运动法则和麦克斯韦电磁波经典理论,并不能很好地解释原子和分子模型,新的量子理论也就应运而生。在某些特定情况下,以经典理论为基础加入了新的量子思想,发展了半经典的方法,来研究原子分子物理。历史上,半经典理论发展了早期的原子分子辐射理论和光学色散理论,表征了它们的普遍特性,这里的"色散"表示介质对不同波长的折射率不同,例如,白光通过一个棱镜色散成彩虹的颜色。

在20世纪量子理论出现之前,洛伦兹(H. A. Lorentz)的电子理论首先研究了物质与辐射场间的相互作用,物质对电磁波响应表现为"原子振荡",即波的电场分量驱动原子中的电子作被迫振荡。在电子与波相互作用的过程中,电子从电磁波中连续不断地吸收能量(与短暂吸收相对应,波第一次与电子相互作用),假定被驱动的电子振荡经历有效的阻尼作用,该阻力不是通常意义上的摩擦力,而是由振荡电子辐射能量所引起的,称为辐射反作用力,该作用力很小,并不能引起辐射吸收。同时,洛伦兹认为原子间的碰撞作用会使电子振荡被不断干扰,并导致振荡相位随机变化。如果忽略上述作用,周期电子速度与磁力正交,并且在电磁场振荡的一个周期内均值为零,没有净吸收发生。通过碰撞相位随机化,能量连续地转移给电子,使得碰撞原子动能随机地产生热能,且连续不断地从电磁场吸收能量。

同理,通过与其他原子碰撞或热振动,也可以产生原子振荡辐射。基于麦克斯韦方程的经典理论,可确立振荡的电荷辐射电磁波的性质,在这种情况下,要考虑负电荷(电子)以及同等正电荷的振荡,波由振荡的电偶极产生。这种振荡具有特定的辐射类型,在不同的分布方向上类似于简单的射频传输天线,辐射电磁波的频率与经典原子振荡频率相同,通过非线性作用引起原子振荡,激发二次或者更高次的谐振,辐射也包含这些谐波成分。然而,经典理论的致命缺陷之一是,无法解释所观测到的原子辐射频率并不是简单的谐振频率。

5.2　黑体辐射

经典辐射的理论失败促进了新理论的发现,最终普朗克(Planck)通过假设能量的量子化,首度解释了热平衡状态下物质辐射的光谱特性,即解释了黑体辐射问题。

黑体辐射的光谱由平衡温度表征,不依赖于物质的特性。在理想情况下,物质与辐射场相互作用时,应该对所有频率全部吸收和重新发射,才能够观测到黑体辐射现象。实验上,可以通过一个有小孔的密闭腔,来观测上述现象,该小孔允许部分辐射发射出腔外,以用于实验测试,如图 5.1 所示为实验所观测到的连续光谱,可以看出,辐射强度分布在一个较小的频带范围内,是该频带中心频率的函数。对应于经典理论预言,图中频率在较大和较小值处都应趋于零,而在中间频率处辐射强度最大。最大强度对应的频率值与温度有一定的依赖关系,这与一般人的经验相吻合:随着温度的增加,中心频率的波长颜色从红色变为蓝色。这就是维恩位移定律(Wien's displacement law):随着温度的增加,最大辐射强度对应的频率随着温度升高而逐渐增加。维恩基于经典的理论和实验结果得到了维恩定律,早于普朗克定律。太阳的光谱近似于"黑体辐射",在温度约为 6000℃ 时,最大的辐射强度发生在波长 0.5μm 处,在电磁波光谱的可见光频率范围内。

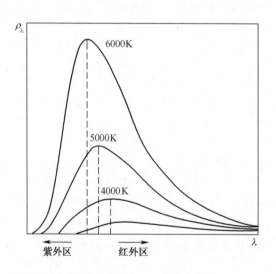

图 5.1　黑体辐射谱线最大值随温度变化情况

5.3　量子辐射:光子

基于物质和电磁辐射的能量交换法则,经典的热平衡理论不能完全解释实测光谱数据。1901 年马克斯·普朗克(Max Planck)提出了一种全新的量子化理论,成功解释了该光谱特性,与实验观测几乎完全吻合。这种理论假设物质包含无穷多数目的电磁振荡子,能够与辐射场交换能量,这种交换能量的方式不是以任意小份进行连续的交换,而是以分立的单位量子来交换,每一份能量与频率成正比:$E = h\nu$,其中 h 是自然界普适的常数,后来称为普朗克常数,其数值和单位为 6.6×10^{-34} J · s。

爱因斯坦对黑体辐射的物理过程进行了深入研究,对其物理本质作了进一步解释,他引入了另一个电磁辐射的量子概念,即光子。光子具有粒子性质,并以此为基础,爱因斯坦认为,黑体辐射中原子通过不断地吸收和发射光子达到平衡,运用这个模型来推导普朗克公式,发现了著名的自发辐射进程,即原子通过辐射光子从激发态跃迁到基态。然而,仅考虑自发辐射不能使普朗克公式达到平衡,爱因斯坦发现原子受激吸收光子后不仅有自发辐射,而且有受激辐射光子,受激辐射的概率依赖于光子数的数目,当一组原子或者分子经历自发辐射时,这些自发辐射彼此并不相关,因此,它们辐射的相位之间没有关联性。相比之下,由于存在光子诱导的辐射,受激辐射的相位由场的相位决定,所有受场影响的原子辐射将有类似的相位,因此,在辐射场中受激辐射谱的相位是相干的,并且辐射强度的增加或者减少依赖于发射率是大于还是小于吸收率。

5.4　玻尔氢原子理论

普朗克提出的量子化思想,很快地被用于解释原子的光谱,解决了经典理论无法解释的谱线分立问题。原子光谱由许多波长的谱线组成,实验中已经积累了大量的精确测量数据,每个化学元素都有其对应的特征谱线,大部分元素的特征谱线还很复杂。在量子理论出现之前,已经有大量的科学家在研究关注这些光谱,并试图寻找规律,也确实找到了一些经验性的规则,对实际系统给出一定程度的解释。

重大理论突破源于原子核的模型,该模型解释了卢瑟福(Rutherford)在 1911年所做的实验,即:高速 α 粒子(天然放射性元素)被金箔靶中的原子散射后,产生大角度的偏转现象。在随后的几年内,他所在研究室进一步证实了原子核模型,并宣称这一壮举甚至比世界大战的结果更重要,卢瑟福因此获得了诺贝尔奖,并被授予尼尔森卢瑟福勋爵(他的出生地新西兰)称号。在卢瑟福之前,原子内电子和质子等基本粒子是如何分布的？这吸引了许多科学家，然而要解释全部实验现象并非易事，卢瑟福之后，大家都知道了，原子内部排列方式依据原子模型，即原子几乎把所有质量都集中在一个带正电的原子核上，核周围被带负电的电子云所包围。

大约在 1913 年，丹麦物理学家尼尔斯·玻尔（Niels Bohr）将量子化概念引入了氢原子，类似于经典行星模型，成功地解释了氢原子光谱中一系列高精度的波长值，与实验观测非常吻合。玻尔最基本的假设，是电子在特定轨道上运行时，不会辐射能量，这与经典理论完全不同，经典理论认为：轨道电荷通过辐射损失能量，并最终进行螺旋运动而陷落到原子核。这些量子轨道称为稳态轨道，假设这些轨道是经典理论允许的所有轨道，满足下面的角动量方程：

$$L = \frac{nh}{2\pi} \tag{5.1}$$

式中：n 为整数；h 为普朗克常数，用来定义能量量子化。对于一个直径为 r 的圆形轨道，$L = mVr$，其中 m 是电子质量，V 是电子速度。玻尔进一步假设，原子的辐射频率不是经典意义上电子的旋转频率和振荡，而是由普朗克公式推导而来的频率。因此，当一个原子从一个定态能量 E_2 转变到另一个能量 E_1 时，量子辐射频率为

$$\nu = \frac{(E_2 - E_1)}{h} \tag{5.2}$$

当然，这些基本而简单的假设蕴含了深刻的智慧，它的提出并非易事，该模型出现之前，原子的线光谱展示了奇特规律，一系列线型谱具有特定模式，很自然会使人联想到经典振荡的复杂结构，并且将振荡谱作为这些光谱的基础，然而，所有精确实验数据和一些经验公式发现，光谱波长都与经典谐振振荡的特征频率不一致，直到玻尔上述假设的出现，才彻底解释了原子光谱。

玻尔假设确立了原子的稳定轨道模型，1924 年，德布罗意（de Broglie）的理论则展示了更完备的量子理论体系。德布罗意提出了粒子的波粒二相性，即粒子具有两重性，并由此展开了许多思考和论战，玻尔理论表明电子具有波的性质，包括波的干涉特性，以及整数倍的振荡模式等。德布罗意理论发现了物质和辐射场的粒子和波的本质联系，假设德布罗意粒子的质量为 m，移动速度为 V，具有波的属性与其运动相关，波长为德布罗意波长，即：$\lambda = h/mV$，其中 h 是普朗克常数。使用玻尔稳态轨道的角动量方程，我们可得到：$(h/\lambda) r = nh/2\pi$，即：$2\pi r = n\lambda$。以上推导精确地给出了环形轨道的振荡共振模和波长 λ，也预示着其他半径的振荡模式不能运动到该轨道上。

玻尔理论由索莫菲（Sommerfeld）详细阐述，被称为"旧量子论"，仅解释了稳定的量子态和量子数，很少提到非稳态现象，例如：粒子在各态间的跃迁，以及粒子间的碰撞等。随着量子力学的继续发展，逐渐理解了这些现象的物理机制。

5.5 薛定谔方程

薛定谔(Schrödinger)量子理论拓展了德布罗意波粒二相性的思想,薛定谔提出了粒子运动的基本方程,用波函数来描述粒子的运动,其波幅是坐标的函数,表征粒子在空间出现的概率,与经典理论相比,薛定谔方程认为:粒子不具有点质量,不会占据空间中特定的固定位置。在物理上理解波函数,仍用传统希腊字母 ψ 表示,表明物质的运动由波来支配。这里,波函数并不是传统意义上的电磁波,而是概率波,波函数 $|\psi(x,y,z)|^2$ 可以理解为粒子在坐标 x,y,z 处的空间概率密度,因而,粒子在小范围 dx、dy 和 dz 的中心点处 (x,y,z) 发现粒子的概率,可以表示为 $|\psi(x,y,z)|^2 dxdydz$,同时,由于粒子是完全确定存在的,波函数必须满足归一化条件:

$$\int_{-\infty}^{+\infty}\int_{-\infty}^{+\infty}\int_{-\infty}^{+\infty} |\Psi|^2 dxdydz = 1 \tag{5.3}$$

这个条件表明波函数的积分必须是有限值。

相比经典力学,量子力学的运动方程是一个微分方程,称为薛定谔方程。因此,波动力学是量子力学的基础,用于求解粒子的波函数,在一维系统里,能量为 E 的 自由电子的薛定谔方程为:

$$\frac{d^2\Psi}{dx^2} + \frac{8\pi^2 mE}{h^2}\Psi = 0 \tag{5.4}$$

薛定谔方程的解是物理系统的稳态解,称为本征函数(德语表示恰当的函数),这些函数需满足归一化条件和系统的特定边界条件,例如:如果一个电子满足以上方程,并且被"不可穿透的壁垒"边界所限制,即在 $x = 0$ 和 $x = L$ 边界处形成开边界条件 $\psi(0) = 0$ 和 $\psi(L) = 0$,电子在边界上的概率为零,由上述方程和约束条件,我们容易得到以下的解:

$$\Psi_n = N\sin(k_n x) \tag{5.5}$$

其中,

$$k_n = n\frac{\pi}{L}; \quad E_n = n^2\frac{h^2}{8L^2 m} \tag{5.6}$$

式中:$n = 1,2,3,\cdots$,如果不考虑边界条件,$\Psi = N\sin(kx)$ 满足薛定谔方程,并且能量 E 和 k 是连续变量,而并非像以 n 为整数变量的 E_n 和 k_n 一样量子化。上述量子系统的稳态波函数为 $N\sin(k_n x)$,作为薛定谔方程的本征函数。这些本征模式类似于经典系统的振荡模式。

对于限制在三维矩形盒子里的某个粒子,边界分别为 L_1,L_2,L_3,本征函数有如下形式:

$$\Psi_{l,m,n} = \sqrt{\frac{8}{L_1 L_2 L_3}} \sin(k_l x) \, \sin(k_m y) \, \sin(k_n z) \qquad (5.7)$$

其中,

$$k_l = \frac{l\pi}{L_1}; \quad k_m = \frac{m\pi}{L_2}; \quad k_n = \frac{n\pi}{L_3} \qquad (5.8)$$

且量子能级为

$$E_{l,m,n} = \frac{h^2}{8\pi^2 m}(k_l^2 + k_m^2 + k_n^2) \qquad (5.9)$$

现在用三个量子数 l,m 和 n 来表征不同的稳态,作为波矢 $\mathbf{k}$ 在三个坐标轴的量子化分量。回顾德布罗意波长的公式,我们发现 $k = (2\pi/h) mV$ 且线性动量是量子化的,常数因子 $\sqrt{8(L_1 L_2 L_3)}$ 保证了波函数满足归一化条件。

在开边界条件下,上述粒子在一个盒子里的稳态解,区别于点粒子在边界内来回运动的经典图像,粒子在盒子里的来回运动表示为一个时间依赖的波函数,任意时刻粒子所处位置的波函数幅度都最大,粒子位置附近外的幅度都很小,这样的波函数用波包来表示,由上述本征函数叠加而成,遵从傅里叶变换理论。每一个本征函数对应于一个特定的能量和频率(普朗克公式 $E = h\nu$ 仍有效),因此时间依赖的波包运动反映了粒子的运动。

5.6 原子态的量子数

受到中心力场作用,粒子会围绕一个固定点运动,例如:静电库仑力使电子围绕原子的原子核运动,该系统的稳态由三个量子数表征。在球对称情况下,运动方程的解以球坐标系 r,θ,ϕ 为函数,通常采用三个量子数 n,l,m 作为球型振荡模的特征值,量子数 l 表示波函数的角坐标部分,反映角动量的量子化,量子数 m 为极化轴的角动量分量。这些量子数受到以下约束条件:当 $n = 1, 2, 3\cdots$ 时,$l \leqslant (n-1)$ 且 $m = l, (l-1), (l-2), \cdots, -(l-2), -(l-1), -l$。按照光谱的经典理论,原子的量子数为 $l = 0,1,2,3\cdots$ 的电子分别对应为 s-、p-、d-、f-…轨道电子。波函数的径向坐标 r 部分包含 $(n-l-1)$ 个节点,和一个角坐标 θ 包含 $(l-m)$ 个节点。图 5.2 展示了一个粒子在 $n = 3,l = 2,m = 0$ 的量子态概率分布。按照上述理论,系统轨道量子数为 l 的角动量为 $\sqrt{l(l+1)}$,并以 $h/2\pi$ 为单位,最大分量的量子数为 l(除需要数值计算外通常我们省略掉 $h/2\pi$)。理论预言角动量的最大分量沿极化轴方向,小于最大值的分量沿着其他特定轴向。相比经典角动量可沿任意轴向,上述粒子沿分立的轴向必须符合量子效应,由于轴向角度的量子不确定性导致了角动量的量子化。从数学上讲,因为薛定谔方程中角度 φ 是周期变化,即每 360° 重复一周,使得角动量分量量子化,对系统角动量的解施加了类似于玻尔圆形轨道的条件。相比经典力学,上述量子效应是极其重要的突破:沿一个给定的极化轴,系统的角动量分量只能沿特定的方向,该效应称为空间量子化,对原子受到外磁场作用的量子理论具有极其深远的影响,能级随磁场的移动称为塞曼效应(Zeeman Effect)。

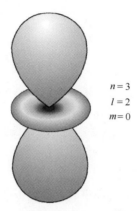

$n = 3$
$l = 2$
$m = 0$

图 5.2　粒子在中心场中的概率分布

原子角动量(电子的轨道运动及其自旋运动)与磁矩作用,由磁场产生的能级移动依赖于总角动量沿磁场的分量,因此选择磁场方向为轴向,量子数为 m,m 为磁量子数,对于总角动量(包括自旋)为 J(可能是整数或者半整数),磁量子数为 m_J 的一个态,有 $(2J + 1)$ 个 m_J 的离散值:$J,(J - 1),(J - 2),\cdots,-(J - 2),$ $-(J - 1),-J$,例如一个角动量 $J = 5/2$ 的态,沿着给定轴的分量可能是以下值: $+5/2,+3/2,+1/2,-1/2,-3/2,-5/2$。

5.7　矢量模型

在量子力学中,使用量子数可以表征特定的物理量,例如:角动量,仅当涉及非常大的量子数时,动力学测量的物理量才接近于经典值,角动量采用经典矢量的形式,同时赋予量子属性,称为矢量模型。其中,量子属性之一是角动量沿一个给定的方向具有不确定性,另一个属性是不同角动量的叠加具有量子特性,例如:从经典的角度,当 $J_2 < J_1$ 时,角动量 J_1 和 J_2 的组合可以取 $(J_1 - J_2)$ 到 $(J_1 + J_2)$ 之间的任意值,具体依赖于两个角动量之间的夹角,然而量子力学中合成的总角动量为一系列分立的值,最小值为 $(J_1 - J_2)$,最大值 $(J_1 + J_2)$,步长为 1 个量子单位。假定系统的两个角动量量子态相互作用,量子数分别为 $J_1 = 3$ 和 $J_2 = 1$,最终将耦合为总角动量的稳态,这个系统的总角量子数分别为 2,3,4,按照矢量模型,两个角动量叠加的总角动量矢量沿着分立的角度,如图 5.3 所示。

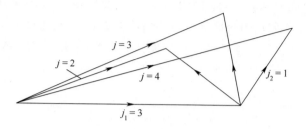

图 5.3   角动量叠加矢量图

要表征电子的一个完整量子态,不仅依赖于空间坐标波函数,而且也依赖于电子的另一个本征属性:自旋。电子自旋角动量为 $1/2(h/2\pi)$,是电子的固有属性。自旋由狄拉克(Dirac)提出,最初用于解释原子光谱,随后成为相对论量子力学的一个重要组成部分。对于一个自由电子,自旋分量沿着任意给定的轴为 $+1/2$ 或 $-1/2$,对应两个自旋方向。

在原子系统中,电子自旋与绕原子核运动的电子角动量 l 耦合,总角动量可能大于 $1/2$,其中 l 为整数,电子轨道运动产生的磁场能够对它的自旋旋转产生扭矩,称为自旋轨道相互作用,该相互作用对理解原子能谱至关重要。这两种角动量不受其他作用时,例如不受外强磁场作用时,角动量相互作用所得到的总角动量守恒,总角动量用 j 来表示,其空间方向和幅度大小是离散的。例如:一个电子的轨道角动量 $l=2$ 与自旋 $1/2$ 耦合,将得到 $2+1/2$ 或者 $2-1/2$ 的总角动量,即,$5/2$ 或者 $3/2$,这些量子数为沿着任意给定轴所能观测到的最大值,单位为 $h/2\pi$。

5.8   电子壳层结构

当有大量电子在不同轨道上时,角动量的合成变得非常复杂,不仅要考虑自旋-轨道耦合,而且也存在自旋与不同电子轨道之间的相互作用。幸运的是,电子在原子中是分壳层填充的,每个原子壳层只能包含固定的最大电子数,当某个壳层填满后,总角动量变为零,所以,只在未填满的电子壳层结构中,才需要考虑原子角动量。

量子理论对理解原子和分子基本结构和动力学过程至关重要,原子结构中带正电的原子核体积很小,但却占有了原子的大部分质量,负电子云围绕在正电原子核周围,占据有效的量子态,每个量子态可通过三个量子数来标记,另外再加上第四个特别的自旋量子态。对于一个给定的量子数 l,不同的 m 共有 $(2l+1)$ 个态,如果再考虑自旋具有两个方向,这个数量将加倍。需要注意的是,自旋-轨道耦合采用总量子数描述系统状态时,不会影响量子态的总数目 $2(2l+1)$,这些态对应于不同轨道方向的动量,和参考相对轴的不同自旋角动量。在无外磁场时,在空间所有方向上是全同的,而且电子的能量也相同,它们都在同一个能级上,称为简并态。此外,对于一个纯粹的库仑静电场(平方反比定律),例如在氢原子中,薛定谔方程的能量解只依赖于主量子数 n,不同量子数 l 的能量是简并的。对于每一个 n 值,量子数 l 可以取任何的 $(n-1)$ 值,我们将看到,每一个 l 值都有 $2(2l+1)$ 个简并态。相同 n 的简并态总数目为

$$\sum_{0}^{n-1} 2(2l+1) = 4\frac{n(n-1)}{2} + 2n = 2n^2 \tag{5.10}$$

这些态的简并能量为

$$E_n = -\left(\frac{2\pi^2 m Z^2 e^4}{h^2}\right)\left(\frac{1}{n^2}\right) \tag{5.11}$$

上述结果与玻尔量子理论结论完全一致,且与实验结果高度吻合,其中,n 可以从 $1 \sim \infty$,相应于无穷多个能级数目,图 5.4(a) 展示了氢原子较低的能态。这里,与玻尔理论不同之处在于,电子不是完全位于某个特定的轨道上,而是以径向密度函数表示,其值由 $4\pi r^2 |\psi|^2$ 计算得到,图 5.4(b) 中所示为氢原子低能级波函数的径向分布情况,最外面的电子具有最大的 n 值,随着 n 的增加,其束缚能会越来越小。

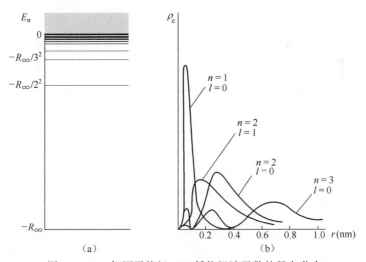

图 5.4　(a)氢原子能级,(b)低能级波函数的径向分布

核电荷数大的原子,具有更多的外层电子,精确求解薛定谔方程变得非常困难,因而逐渐发展了数值方法,近似求解上述量子模型。由于满壳层的电子平均作用为球对称分布,可以假设每个独立的电子在核电荷的静电场中移动,采用这种近似场的方法求解薛定谔方程,从计算的波函数中可以得到每个电子的电荷分布,电荷的叠加分布保持与初始假定波函数一致。如果场在电子上的作用是球对称的,那么量子数 n, l, m 具有相同的意义;如果电子的径向分布不再是类氢模型,并且能

量不仅是主量子数 n 的函数,而且依赖于 l 的值,那么 l 简并被破除。当然,除了一些特别大 l 值的情况之外,能量依赖于 l 要远弱于依赖于 n。同时,对于不同的 l 值,系统仍具有 m 简并,这些能级符合上述提到的壳层结构。量子理论的早期成就之一,就是能够预测各壳层量子态的数目,例如:$n = 4$ 和 $l = 2$ 的态属于 $4d$ 壳层,数目为 $2(2 \times 2 + 1) = 10$ 个态;$n = 5, l = 0$ 是在 $5s$ 壳层;仅有 $2(2 \times 0 + 1) = 2$ 个量子态。

5.9 泡利不相容原理

对于某个具体给定质子数的原子核,外层有与质子数目相同的电子,保持着原子的电中性。电子从最低能级开始排列填充,逐渐到更高能级的量子态。电子轨道占据的基本原则是:两个相同的电子不能占据同一量子态相同量子数的状态,即:泡利不相容原理,这是研究原子结构和光谱的一个基本原理。上述原理可以从波函数的对称性推导出来,表征电子和其他粒子系统的基本性质。由于不能区分单个电子,我们无法识别单个电子占据的位置和自旋态,然而,交换任意两个电子需满足物理观察量 $|\psi|^2$ 值不发生变化,因此,交换电子必须满足 ψ 不变(对称波函数),或最多改变它的符号(反对称波函数)。这里提示一点:光子具有对称性,而电子具有反对称性。该性质解释了相同状态下发现两个电子的概率为零,因为两个电子的交换一方面要求波函数不变,同时要求符号相反,只有当此状态的概率为零时才能同时满足。电子只要占据一个量子态,则认为该状态被填充,因此在构建一个原子基态时,低能态先被填满,才能填下一个更高的能态。分配电子到不同的量子状态,类似于安排乘客入住游轮的不同舱位,每一个舱位有一个号码,票价取决于舱位甲板的位置,在一个甲板内位置不同也略微差别,对于在原子内部的电子,"甲板"是"壳层","票价"是"能量",当然,与游轮不同之处在于,一个原子的电子都处于稳定基态时,它们的总能量("票价")是最小的。

我们在第 4 章中已经解释了石英晶体(SiO_2),这里以氧和硅元素为例,它们分别有 8 个和 14 个正的核电荷,氧的壳层 $1s$ 和 $2s$ 被填满后,剩下电子填充在 $2p$ 壳层,而硅原子在填满 $1s$、$2s$、$2p$ 壳层后,剩下四个电子中两两被填充在外层的 $3s$ 和 $3p$ 轨道上。

一个原子的最外层电子,决定了它的化学性质及与辐射场的相互作用,因为当所有内层电子的相邻能态都被填满后,将不再参与较小的能量交换,当然,如果涉及足够大的能量,例如在 X 射线管的电子轰击下,内层电子也会发挥作用,但普通的化学反应和光跃迁仅涉及相对小的能量。化学元素的门捷列夫周期表,就是以壳层填充的形式组成一个完备系统,在这里,可用来解释电荷的排布法则,最外壳层完全填满的是惰性气体:它们是 $Z = 2 (He)$,$Z = 2 + 8 (Ne)$,$Z = 2 + 8 + 8 (Ar)$

等;最外层只有一个电子的是碱金属元素:它们是 $Z = 1(H)$, $Z = 2 + 1(Li)$, $Z = 2 + 8 + 1(Na)$, $Z = 2 + 8 + 8 + 1(K)$ 等;最外层有两个电子的是碱土金属,有铍 Be、镁 Mg、钙 Ca、锶 Sr 等,并可依此类推。但也有例外,当能量变的更"容易"获得时,这样简单的递增方式并未延续下去,而是先填充更高的 n 值,不是增加更大的 l 值壳层,这里指的是过渡族元素,例如:锰 Mn、铁 Fe、钴 Co、镍 Ni 等,先填满 4s 壳层后,才轮到 3d 壳层。

所有元素的原子核和内部封闭壳层,形成一个紧密的内核,具有正电荷,电荷数与最外层电子数相等。在化学键中,最外电子称为价电子,例如:硅具有四个外层电子是四价,氧缺乏两个电子来填满,因此是负二价。按照原子之间的化学键合,形成的化合物可以由以下特征来区分,按照价电子的范围:原子间交叠(共价键特性),或者从一个原子换位到另一个原子,形成正负离子间相互吸引(离子键特性)。一对原子间是共价键还是离子键,主要取决于排布电子时的能量"损失",共价键可涉及一个价电子,如石英中硅和氧之间的键,或一个以上的电子,如二氧化碳中 C 和 O 之间的键,其中碳原子与每个氧原子形成双键。

共价键的主要特征是重叠的价电子同时属于两个原子(回顾电子作为波,存在于所有的空间,依赖于波函数的幅度),核周围的价电子,分布函数决定了该键的方向性。

5.10　光谱符号

量子力学关注的其中一个核心问题,是在保持原子稳态的能量和角动量时,理解粒子间角动量是如何耦合的。当粒子间具有磁相互作用时,单个粒子不再具有"稳定"的量子态,在由许多相互作用粒子组成的系统中,粒子间的角动量将耦合成总的角动量,同时,由于总角动量是守恒的,它的幅度和方向保持不变,整个系统像一个理想的陀螺仪。依据守恒角动量的幅度及其沿某个任意轴的分量,可以定义一个稳定的量子态,在复杂原子系统里,电子的角动量耦合机制被称为 Russell-Saunders 耦合,电子轨道角动量先耦合成总的轨道角动量,然后再与总的自旋角动量相互耦合,得到最终的总角动量。

使用矢量模型研究耦合角动量的量子理论中,规定了需要遵守的特殊量化规则,这里,仅考虑原子钟应用最广泛的两种粒子:碱金属铷原子和铯原子,它们的基态只有一个最外层电子,考虑到基态电子没有轨道角动量,仅有自旋角动量 1/2 时,沿某个给定轴有两个可能的分量:+ 1/2 或 – 1/2,且 $g = 2$。如果外层电子占据下一个较高的能量状态,包括自旋外还有一个单元的轨道角动量,即 $l = 1$,此时的角动量不守恒,但总的角动量是守恒的,根据量子排列规则,总的角动量为 $J = 1/2$ 或 $J = 3/2$。由于磁相互作用相比原子核的静电力较弱,这两个状态之间的能量差要远小于轨道变化引起的能量改变,因此该劈裂称为精细结构分裂,这就是本章前面提到的自旋轨道相互作用。

光谱学家将碱金属原子的这两种状态分别标记为$^2P_{1/2}$和$^2P_{3/2}$,字母 P 表示轨道角动量 $l = 1$,上标 2 表示 $2S + 1$ 值,其中 S 表示自旋角动量(例如 $S = 1/2$),下标 1/2 和 3/2 分别是两个总角动量的 J 值。同样道理,基态可标记为$^2S_{1/2}$。

5.11 超精细相互作用

电子不是唯一具有内禀自旋和磁矩的基本粒子,质子和中子组成的原子核,同样也具有这种特性,这些粒子像电子一样具有相同幅度的自旋,但由于它们的荷质比大约为 2000 倍,经典的来说其磁矩也是等于或略小于该比例。尽管磁矩的经典理论已不再适用,但同电子一样,我们仍采用传统的磁矩单位来表征,电子磁矩为玻尔磁子,这里核磁矩为核磁子。质子和中子的磁矩也用 g 因子来表示,如:$\mu = g_n I \mu_n$,其中 μ_n 是质子的磁矩,与质子的电荷和质量相关,以角动量 $h/2\pi$ 为单位,质子磁矩约为 $g_p = 5.586$,中子磁矩约为 $g_n = -3.82$。这里强调一点,经典理论是无法解释中子具有磁矩这一现象。原子核内包含大量相互作用的质子和中子,它们的核自旋和磁矩表现出非常复杂的特征。正如电子总的角动量一样,非零核自旋是整数或半整数的有限值,核磁矩与外层电子间的相互作用,使得原子的角动量态更加复杂。按照上述分析,电子和核之间的相互作用称为超精细相互作用,原子频标中正是利用超精细能级间的共振跃迁,实现标准频率的输出。另外,涉及原子和辐射场间的角动量交换时,分配量子态的角动量量子数受到附加核自旋的影响。

碱金属原子的基态是$^2S_{1/2}$,电子具有零轨道角动量,经典解释为电子轨道逐步塌缩至核子,量子图像为电子分布成一个球对称的形态,在核位置处将有电子出现的概率。在这里,为什么没有表现出电子与核粒子间的反作用力?答案是电子可能被捕获在某些原子核上,最有可能涉及到是原子最内层电子,称为 K-捕获过程,原子最内壳称为 K 层。与 s 电子不同,所有其他 $l = 1,2,3\cdots$ 轨道角动量态在原子核处的概率几乎为零,电子球对称分布在$^2S_{1/2}$态,它在原子核处出现有一定的概率值,影响着原子核磁矩和电子磁矩间相互作用,在计算时,不能以两个分离的磁偶极来处理,比如像两个简单磁极间的相互作用,而应该看作是一个球对称分布的磁化磁偶极子,如图 5.5 所示。

在计算磁势能过程中,存在的主要问题是怎样移除磁介质中心的磁体。经典上反转磁体和磁化介质的相对方向,仅仅改变能量符号,从吸引相互作用变为排斥相互作用,然而这违背了量子力学原理。简单来说,两种可能的角动量为 $I + 1/2$ 和 $I - 1/2$,不能简单地认为仅是反转了核与电子自旋的相对方向。图 5.6 示出了根据矢量模型叠加的角动量 5/2 和 1/2,角动量矢量模分别为 $\sqrt{5/2}$ 和 $\sqrt{1/2}$,总

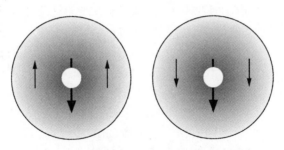

图 5.5　核磁矩与周围的电子云相互作用

角动量矢量为 5/2 + 1/2 和 5/2 - 1/2，两者并不是角动量 1/2 与角动量 5/2 同向或反向，如图 5.6 所示。

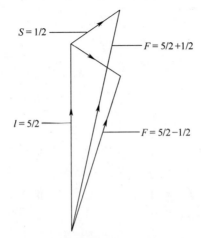

图 5.6　按照矢量模型角动量 5/2 和 1/2 的量子态叠加

　　量子力学解决了磁耦合问题，得到核磁矩与费米电子分布之间的相互作用，根据核磁矩和电子在核处的概率密度，得到的耦合能表达式为

$$E = \left(\frac{8\pi}{3I}\right)\mu_e\mu_n \mid \Psi(0) \mid^2 [F(F+1) - I(I+1) - J(J+1)] \quad (5.12)$$

式中：$\mid \Psi(0) \mid^2$ 为电子在核位置处的概率密度。对于零轨道角动量态，且电子总角动量 J 相同，我们可以写出相邻 F 值之间的能隙为

$$E(F) - E(F-1) = \frac{16\pi}{3}\mu_e\mu_n \mid \Psi(0) \mid^2 \left(\frac{F}{I}\right) \quad (5.13)$$

　　这些公式应用于复杂的原子（如铷、铯）中，并不能得到非常精确的结果，上述方法采用了许多简化假设，其中影响较大的假设有：假设原子核是一个点磁偶极子，像一个未受扰动的单个电子一样。这些假设即使对氢原子也并不能完全成立，为了获得理论上更高精度的基态超精细分裂值，计算过程中需引入更加复杂的高

阶修正。在物理学上,由于氢原子钟的出现,氢原子的超精细分裂能级测量值无疑是最精准的,精确到12位数以上。该领域的一个早期成功之处是发现电子磁矩的"反常"特性,实验测试推导出的数值,与当时最先进的电子相对论理论并不一致,狄拉克理论预测电子 g 因子应该是完全等于2,而事实上发现,g 因子为 $g = 2(1.00114\cdots)$,这个值已经被 Dehmelt 等人详细精确地研究(Dehmelt,1981)。

铷原子存在两种天然同位素,即原子具有相同的电子结构(将其标定为铷),具有相同的核电荷,但有不同的核内中子数(见图5.7)。天然 Rb^{85} 约占72%,核自旋为 $I = 5/2$,天然 Rb^{87} 约占28%,具有非常弱的放射性,核自旋为 $I = 3/2$。如果按照总角动量的量子组合规则,我们发现 Rb^{85} 分裂成角量子数等于 $(5/2 - 1/2)$ 和 $(5/2 + 1/2)$ 的两能级,即 $F = 2$ 和 $F = 3$。角动量耦合为 $J = L + S$ 和 $F = J + I$,分别表示轨道和自旋角动量的叠加,以及叠加核磁矩 I 后,获得总的守恒角动量 F。

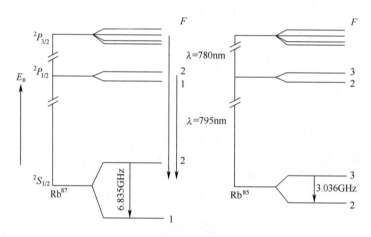

图 5.7　原子 Rb^{85} 和 Rb^{87} 低能级超精细结构图

Rb^{85} 的第一激发态角动量量子数更为复杂,除了基态 $I = 5/2$ 和 $J = 1/2$ 的耦合外,第一激发态 $J = 3/2$ 和 $I = 5/2$ 态也相互耦合,一般地,我们简单地写做 $I + J$ 和 $I - J$,即 $F = 4,3,2,1$。

同理,我们也可以研究铯 Cs 原子的基态和第一激发态(见图5.8),铯只有一个稳定的同位素,质量数为133,核自旋 $I = 7/2$,因此电子的基态有 $J = 1/2$,可能的总角动量为 $F = 4$ 和 $F = 3$。对于第一激发电子态,具有两个电子角动量态 $J = 1/2$ 和 $J = 3/2$,与核自旋耦合后,其中一个态的总角动量值为 $F = 4,3$,另一态的总角动量值为 $F = 5,4,3,2$。

核磁矩与电子磁相互作用相比于其他相互作用要小得多,然而众所周知,原子钟恰恰是以铷或铯的基态磁性超精细分裂为基准量,作为时间频率标准。

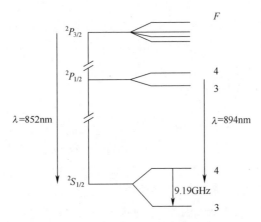

图 5.8　原子 Cs^{133} 低能级超精细结构图

5.12　固体中电子:能带理论

5.12.1　能带起源

　　为了理解半导体激光器的运行原理,这里简单地回顾一下晶体中的电导理论和概念。除一些特别情况外(如电池的导电),电导表现为电子的流动,因此,在施加外电场作用下,物质的导电程度是由电子能够多大程度地自由移动所决定的。

　　晶体是由原子(或离子)在三维空间规则重复排列组成,电子运动及其量子态不仅由静电力确定,尤其最外层价电子,而且由晶体里所有原子或者离子与之相互作用程度决定。这里不再讨论原子中电子被吸引到一个核中心的问题,现在重点研究具有中心吸引力的三维规则排列结构。电子量子态的分布,需首先考虑最初远离的两个原子,逐渐接近到晶体实际原子距离的情况,既然两个中心系统相对于交换中心位置是对称的,当两个中心的电子坐标不变时,量子理论表明:两原子系统的波函数必须是对称的(不变)或反对称的(仅改变符号)。当原子相隔很远时,基于两个对称态计算的能级是相同的,对于孤立原子这些能级当然是相同的,也有可能出现每个能级属于两个量子态的情况,这里不再讨论。当原子彼此接近时,能量对这两种对称情况不再相同,能级被劈裂为两个非常接近的能级,如果现在有第三个原子从遥远的距离移动到关联位置,将导致三重交换对称性,并且出现三能级劈裂,推而广之,如果有 N 个原子从遥远距离移动到较近位置形成晶体,该能级将被分裂成 N 个能级,最大的劈裂源于最近邻相互作用。由于近邻原子决定了最大的分裂,即使是最小可见的晶体,原子数目 N 也是非常大的,可能达到 10^{19} 量级,结果形成连续的能带,而不再是一个个分立的多重态能级。在此能带结构的基础上,我们可以大致区分出导体、绝缘体和半导体之间的本质区别。

5.12.2 导体和绝缘体

系统处于最低能量状态时,电子将填充所有可能的状态,原子最外层电子将从最低态填充到最高态的能带。如果电子态的最高能带仅部分填充,则电子从外场获得动能后,可不断进入更高能态,此类晶体称为导体。由于这个原因,部分填充的能带称为导带,例如,一个钠原子最外层仅有一个电子,位于 3s 壳层,根据泡利原则,该壳层可容纳两个电子,因此,这种状态的能带可容纳 $2N$ 个电子,而目前仅有 N 个钠原子,即一半的数目填充,因此钠是良好的电导体。金属或者类金属晶体基本是良导体。另一方面,如果遵守泡利原理的所有能带一直到最高带都被填满,该能带称为价带,因为空带与价带能量间隙较大,热振动不能使电子激发到更高的能带,则晶体为绝缘体,在这种情况下,电子无法响应外界电场转移到邻近的空带,所以电子速度没有变化,没有电流产生,晶体是一种绝缘体。

所谓的半导体,如纯硅、锗、砷化镓等,其价带如绝缘体一样被填满,比价带高的能带为空,该空带与价带最高能态非常接近,在常温下有大量的电子热振动激发到高能级态上。在绝对零度下导带为空,除此之外,当电子具有热分布时,半导体高能级态导带内一直有电子。随着电子被激发到导带,价带内有空缺的"空穴"出现,有如正电子一样。这里,以剧院为例说明,当一排座位仅有一个没被占有,类似于空穴,如果邻近的人起身坐在了空缺的位置上,对应的效应就是空缺的位置移动了,与此人移动的方向相反。显然,价带内空穴的数目必然与导带内电子数目相同,空穴数量多少依赖于温度的高低,类似于麦克斯韦-玻耳兹曼分布(Maxwell - Boltzmann distribution),满足系统中电子热平衡状态下的费米分布(Fermi distribution),如果一个电子在间隔 dE 内占据能量态的概率为 $F(E)dE$,分布函数 $F(E)$ 是温度的函数,表达式为

$$F(E) = \frac{1}{\exp\left(\dfrac{E - E_F}{kT}\right) + 1} \tag{5.14}$$

式中:E_F 为费米能,分布函数 $F(E)$ 在绝对零度时陡峭地变为零,且 $E = E_F$,费米能 E_F 是最高能级,当所有电子占满最低能态时可达到该能量。从图 5.9 中可以看出,导带电子的数量等于价带中留下空穴的数量,为了将电子激发到导带内,费米能量必须假定在导带和价带的中间位置。费米能级的重要性表现在两类半导体中形成的交汇区,费米能级同时位于 p 型和 n 型半导体的导带与价带之间。

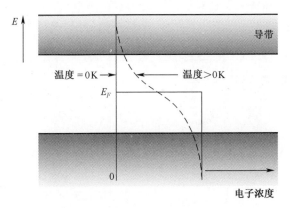

图 5.9　半导体内电子的费米分布

5.12.3　p 型和 n 型半导体

我们讨论了理想的纯半导体晶体,即所谓的内禀半导体,仅有远低于百万分之几的杂质,而事实上,精确控制这些材料的纯度和掺杂技术,实现了晶体管并且带来了电子学革命性变化。通过在半导体生长过程中融入微量可控的"杂质"元素,这一过程称为掺杂,半导体导电性可能发生根本上的改变。掺杂的结果即是所谓的非本征半导体,电子数量超过空穴数量的半导体称为 n 型半导体,掺杂后空穴数目多于电子数目的半导体称为 p 型半导体。

为了更好地理解掺杂效果,我们首先讨论具有四价的硅和锗,它们的晶体为菱形结构,每一个价电子与四个近邻原子共享一个共价键,这些共价键占据了所有价电子,因此在 $T \to 0$ 时价带被完全填满,导带是完全空的。掺杂后,一些晶体中晶格位置没有被主元素原子占据,而是被掺杂的五价原子占据,例如:砷,5 个价电子中的 4 个形成共价键,第 5 个电子在离子场中运动,这种未成对的电子,与掺杂原子的其他电子相比,它们与晶体中的离子结合能更弱,在离散状态下非常接近自由连续的电子态。这些离散状态称为施主能态,温度在绝对零度以上时,这些电子被激发到导带中,使得晶体呈 n 型半导体特性,具有高电导率,存在的附加施主电子使得费米能级更接近导带。

假设硅或锗晶体掺杂三价的杂质,如铝、镓等,如果杂质原子占据晶格位置,四个共价键将会缺少一个电子,在这种情况下,价带顶部缺少电子将形成正离子,价带中的空穴有如一个正电子,像一个正离子中镜像的电子,这些负电子态略高于价带顶部,被称为受主能级,因为它们从价带中接受电子,留下正电荷的空穴载体,这样的半导体称为 p 型半导体,负责导电的是正电荷载体。在电子较少的价带,费米分布变得更低,E_F 接近于价带的顶部,遵从费米电子数分布。图 5.10 给出了掺杂半导体的杂质能级和费米面相对两个能带边界的位置。

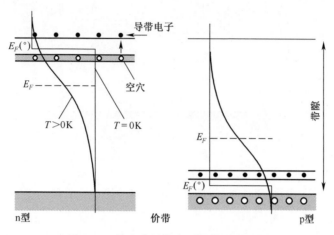

图 5.10　掺杂半导体内的能带和杂质能级

5.12.4　能量-动量关系

以上讨论了晶体中电子可能的能量状态,而一个完整的动力学描述必须包括它们的动量。如果要处理电子与辐射场相互作用的吸收或辐射跃迁,在辐射过程中,需考虑守恒法则下的特定选择定则,哪些跃迁是允许的,哪些是禁戒的。电子之间的动量守恒决定了电子跃迁和光子吸收或辐射,对晶体性质产生一定的约束。

在晶体中,我们需考虑电子受到原子或离子空间周期力作用的量子问题。它们的行为可以通过波的性质来描述,而不仅仅是一个电子的动量方程,采用更有普遍意义的德布罗意波矢量来描述 $k = mV/(h/2\pi)$,幅度定义为 $k = 2\pi/\lambda$。动能 $E = (1/2)m V^2$ 和自由粒子的波矢量间的(非相对论)关系如下:

$$E = \frac{1}{2m}\left(\frac{kh}{2\pi}\right)^2 \tag{5.15}$$

在周期晶格场影响下,电子的运动完全不同,事实上,即使是一个粒子的最本质属性,即它的质量,也不再恒定。电子的动能在力作用下发生变化,它的"惯性"取决于量子态,而"有效质量"的概念被引入到该框架内。在一个理想的晶体里,一个自由粒子的 $E-k$ 关系被修正为原子间距为 a 的晶格内 $E-k$ 关系,如图 5.11 所示。带结构在 $k = n\pi/a$ 点附近出现"禁"带能隙,其中 n 为整数。这些现象能够由电子波来解释,具有特定波数的电子波与这些格子的相干反射,破坏了相干性而无法通过晶体。

在实际晶体中,详细的 $E-k$ 关系要复杂得多,图 5.12 比较了两种半导体的 $E-k$ 关系,针对大家关心的硅和砷化镓,相对于晶轴电子波矢量沿特定方向,下

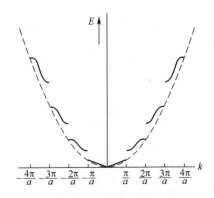

图 5.11 简单晶体模型中电子在一维周期场内的 $E-k$ 图

标(100)和(111)表示相对于晶轴的方向,晶体的大多数物理性质沿晶体的不同方向而不同。需要特别强调的是,砷化镓价带的上边界具有最大值,在相同的 k 值导带具有下边界的最小值,而对于硅则不是如此。砷化镓半导体有一个直接带隙,而其他为间接带隙。我们将在后面看到,为了使电子在带间辐射跃迁,具有直接带隙的半导体,使得光子有更高的概率发射或吸收。

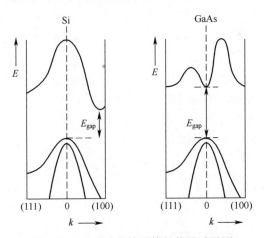

图 5.12 硅和砷化镓晶体的能量动量图

第6章
磁共振

6.1 引言

基于多年的技术进步和不断优化,时钟从最初需要精心设计建造的大水钟,发展到小巧的钟摆,继而演绎成石英控制的便携式时钟,从易受到环境影响,误差较大,发展到根据材料固有特性,制造出环境适应性强、计时精准的时钟。这样一代代的技术沉淀积累,也促使基于原子谐振的时钟精度越来越高。

在使用单晶材料的石英晶振中,原子或分子与微波场或光场发生电磁相互作用,产生单晶的宏观谐振运动。当共振存在于磁场中运动粒子时,即发生所谓的磁共振现象,该技术最初应用于测试原子以及原子核的磁性能,但是,作为一个重要的实验室仪器,它同时也在医学上和分析化学上有重要的应用价值,尤其是当下的核磁共振成像技术,已成为一种强大的医疗诊断手段。

虽然外场作用下的磁共振现象并不能作为时钟参考,然而,由于原子振荡以及原子内部的磁耦合现象,都与外部磁场紧密相关,与原子钟的振荡相似,所以,本章将介绍磁共振及相关的实现技术。

6.2 原子磁性

物质的磁性是构成物质的基本粒子平均磁化的外在表现,其中电子由内部角动量表征,自旋为 $1/2(h/2\pi)$。与经典预言一样,一个微小的电荷像陀螺一样旋转,旋转电荷产生磁场,电子像小磁铁一样,称为具有磁偶极矩。然而,电子的磁距并不等于依据电子电荷和质量根据经典(非量子)计算所预测的强度,事实上,它几乎是其2倍以上的数值。具有电子质量和电荷的经典磁矩,通过以角动量 $h/2\pi$ 为单位的玻尔磁子 μ_B,可以表示为 $\mu = g\mu_B/2$,其中 g 是常数。我们注意到,自旋为 $(1/2)h/2\pi$ 经典粒子采用 μ_B 表示时,当 $g=1$,磁矩为 $\mu = \mu_B/2$。然而,对于相同的自旋电子 $(1/2)h/2\pi$,磁矩是 μ_B 而不是 $\mu_B/2$,此时 $g \approx 2$,也体现了经典预测的不合理性。另一方面,当电子在一个封闭的轨道面内运动时,会产生一个磁场,像经典粒子运动一样,此时有 $g = 1$。

通常原子外层有大量电子,原子核内有许多核子(质子和中子),电子间有显著的排斥作用,而电子与核间具有吸引力,核间有相互作用的核力。核静电引力决定了原子的总能量结构,电子-电子相互作用以及自旋轨道相互作用,决定着电子的自旋和轨道运动,也决定了电子结构和稳定角动量态的精细结构。粒子间的磁偶极相互作用非常微弱,然而,正是超精细结构,在原子钟中发挥重要作用。

在第 5 章中已经讨论,一个原子最外壳层未被电子填满时,电子的角动量耦合结果可能使原子产生一个净的总角动量,使原子具有永久磁矩,成为顺磁性原子。

6.3 塞曼效应

当原子位于均匀外磁场时,稳态下具有永久磁矩,从经典角度来看,原子与场相互作用获得势能,磁场可以使原子磁矩旋转向场的方向。在转过一个任意角度 θ 后,我们可以计算该势能为:

$$E_m = -\mu B_0 \cos\theta \tag{6.1}$$

式中:μ 为磁矩,该能量正比于沿外场方向偶极矩矢量的分量,如果方向取量子化轴的方向,那么能量取决于磁矩的分量。

上述能量表达式适用于外磁场比电子相互作用弱的情况(场强即使再强,上述能量也弱于自旋轨道相互作用的情况),量子态仍具有相同的量子数;角动量态沿着该磁场轴向的不同分量,将具有不同的能量,也就是说 $(2J + 1)$ 的次能级有:$m_J = -J, -(J - 1), -(J - 2) \cdots +(J - 2), +(J - 1), +J$。在没有磁场的情况下,这些能量态重叠(称为简并)。对于特定的量子态,能量的分裂程度依赖于磁矩和角动量的比值,称为旋磁比 γ,这个比率可以写成有效的 g-因子形式,对于某一个原子态,称为朗德因子(Landé factor)。一个原子的总角动量由自旋和轨道耦合而成,此时 g-因子不同,取决于给定态的角动量量子数。根据朗德因子 $g(L, S, J)$,具有不同分量 m_J 总电子角动量 J 的子态能量,表示如下:

$$E_m = -m_J g(L, S, J) \mu_B B_0 \tag{6.2}$$

对于特定的磁量子数 m_J,由于能量正比于 m_J,所以,会以相同的能量间隔递增,磁场作用在一个原子上的能级被等间隔地劈裂为 $2J + 1$ 个磁能级。

考虑磁场后,一个角动量的简并能级会变为复杂的多磁能级系统,如图 6.1 所示,对于碱金属铷原子来说,电子可能会跃迁到其他类似的复杂低能级上。大多数物质所发射的原子光谱,是几条紧密间隔的谱线,大约在 1896 年,塞曼(Zeeman)首先注意到钠的火焰,在置于磁极中时,光谱线有加宽的现象。加宽效应最终被证实为一系列分离的光谱线,现在称为塞曼效应。洛伦兹应用电子的经典理论解释了这个效应,有一些参考价值;对于所有电子态,唯一经典值 $J=1$ 将分裂成三个谱线,相应于 $m_J=+1$、-1 或者 0。事实上,原子光谱表现出许多经典理论难以解释的复杂形式,因此,为了解释这些"反常"行为,最终发现了电子自旋,并计算出 g 因子为 2,与经典值并不一样。

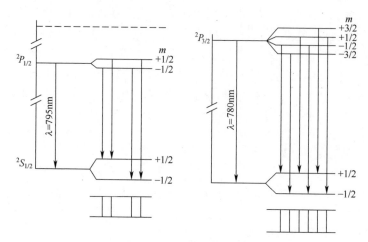

图 6.1　铷原子的塞曼效应

原子在稳态磁能级间跃迁时,会发生光子的辐射与吸收,然而仅某些特定的能级之间,才会有比较大的跃迁概率,它们的量子数变化需要满足特定的规则,被称为选择定则。在原子或分子中,选择定则依赖于振荡模产生的辐射发射,我们将这些辐射称为电偶极辐射,可以理解为相对于正核子的负电荷线性振荡。一个原子从能量为 E_1、角动量为 (L_1,S_1,J_1,m_1) 的能态,跃迁到另一个能量为 E_2、角量子数为 (L_2,S_2,J_2,m_2) 的态,量子辐射的频率为 $\nu=(E_1-E_2)/h$,必须满足以下的选择定则:

$$L_1-L_2=\pm1;S_1-S_2=0;J_1-J_2=0,\ \pm1;m_1-m_2=0,\ \pm1 \qquad (6.3)$$

唯有遵循选择定则,原子能级间的跃迁概率才不会为零。更复杂原子能级之间的跃迁不一定满足这些选择定则,这是因为复杂结构中量子数可能是近似值。这些选择定则是从跃迁概率计算而来,更准确地说,是单位时间内一个给定原子经历电偶极转变的概率,是初始态与终态量子波函数的函数。轨道量子数 L 间的跃迁,与原子初始态与终态的对称性有关,自旋角动量 S 发生辐射的条件是总自旋不能改变。在原子光子相互作用的系统内,J 和 m 的跃迁条件与角动量守恒相关;辐射光子带走一个单位 $(h/2\pi)$ 的角动量,最终 J 值应等于初始 J 值叠加光子的角动量。类似地,角动量分量沿着指定轴向守恒,最终值等于初始值与光子角动量分量的叠加。最后,塞曼能级的选择定则有:$m_1-m_2=0$,±1;选择定则限制了两个态之间发生跃迁的数目。

两个磁能级 $m_1-m_2=0$ 间的跃迁,产生类似于无线电广播天线发射的辐射信号,由一根垂直杆承载高频电流。另一方面,跃迁辐射 $m_1 - m_2 = \pm 1$ 类似于一个环状发射天线,内部包含高频电流。图 6.2 示出了这两种辐射类型,通过极坐标系下的角度与强度关系来表征。

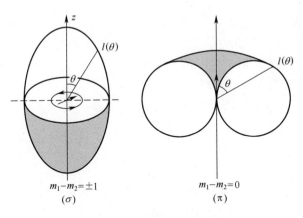

$$m_1 - m_2 = \pm 1$$
$$(\sigma)$$

$$m_1 - m_2 = 0$$
$$(\pi)$$

图 6.2　σ -和 π -辐射模式

6.4　磁场中的进动运动

继续讨论自由原子系统的顺磁共振现象,由于与凝聚态物理中的核磁共振原理基本相似,这里对核磁共振不再累赘。假定顺磁原子位于均匀的静磁场中,原子可自由移动,也不与其他粒子发生碰撞。

使用矢量模型能有效地描述自由原子在磁场中的运动,再采用恰当的量子处理方法获得相应的结果。原子偶极矩在给定的磁场中像指南针一样,会经历磁矩转向磁场方向的一个过程。

如果原子的角动量与磁矩相关,那么它们将像磁罗盘上的指针一样来回摆动,这样的扭矩作用在具有自旋的粒子上会产生陀螺运动,原子绕磁场方向发生进动,它们的角动量沿轴线方向进动成锥形,如图 6.3 所示。在这种情况下,扭矩正比于场强、磁矩和角动量。根据牛顿运动定律,产生特定速率的扭矩量正比于角动量,进动速率取决于磁场强度,而不是角动量。数学上可以更清晰地解释上述关系,使用传统的符号,B_0 表示静态均匀磁场,μ 表示磁偶极矩,J 表示总角动量,Γ 表示扭矩,那么,磁场作用的磁矩矢量符号为 $\Gamma = \mu \times B_0$,由牛顿定律得 $dJ/dt = \Gamma$。综合上述方程可以得到

$$\frac{dJ}{dt} = \mu \times B_0 \tag{6.4}$$

由于 μ 正比于 J,因此 $\mu = -\gamma J$,式中引入负号表示电子带有负电荷,μ 和 J

具有相反方向,γ 为旋磁比,满足矢量乘积关系 $-\gamma \boldsymbol{J} \times \boldsymbol{B}_0 = \gamma \boldsymbol{B}_0 \times \boldsymbol{J}$,得到以下方程:

$$\frac{\mathrm{d}\boldsymbol{J}}{\mathrm{d}t} = \gamma \boldsymbol{B}_0 \times J \tag{6.5}$$

式中:$\mathrm{d}\boldsymbol{J}/\mathrm{d}t$ 为角动量绕某给定轴以常数角速度 ω 进动,可以简单地写为 $\omega \times \boldsymbol{J}$,这样的进动过程满足牛顿运动方程 $\omega = \gamma \boldsymbol{B}_0$,因此,磁场效应导致具有相同 γ 值的系统,沿着磁场轴线方向以相同的角速度进动,与它们的具体结构或者初始方向无关。对于全同的粒子系统,磁场中运动的粒子是不可分辨的,沿着坐标轴以角速度 $-\gamma \boldsymbol{B}_0$ 均匀旋转,这就是经典的拉莫尔理论(Larmor's theorem)。

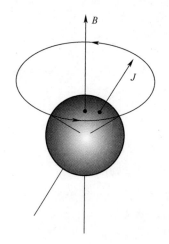

图 6.3　矢量模型的原子磁矩进动

6.5　诱导跃迁

在磁共振现象研究过程中,最简单情况莫过于均匀磁场中的自由顺磁原子,假定此时原子的角动量为 $J = 1/2$,沿磁场方向的分量为 $m_J = +1/2$ 和 $m_J = -1/2$,设定原子初始态处于 $m_J = +1/2$ 态,该条件是故意设置的物理态,实际的孤立原子随机地"自然态"分布,且可能是两个态之一或者它们的叠加态。然后,将弱振荡磁场作用于原子,原子可能发生反转,从 $m_J = +1/2$ 态变为 $m_J = -1/2$ 态,上述操作是基于原子的进动思想和拉莫尔经典理论,与量子理论基本相符。

这里,我们先讨论振荡场作用下的原子跃迁,以及跃迁过程中的振荡场偏振问题。如果场矢量沿着给定的线方向振荡,称为线偏振;如果磁场是常数但是方向以给定的角速度旋转,称为圆偏振。圆偏振有两种可能的旋转(顺时针和逆时针)方式,定义左旋还是右旋,是以波传播的方向为参考方向。如图 6.4(a)所示,对于右旋圆偏振,是绕着波行进的相反方向,场矢量顺时针方向旋转。有趣的是,电磁波不仅具有线性动量,而且圆偏振还具有角动量,在随后章节中将展开介绍。以量子辐射的观点来看,光子的角动量以 $h/2\pi$ 为单位,具有此自旋的粒子会沿给定轴有三种可能的分量,具有两种圆偏振类型,包括右圆偏振($-h/2\pi$)和左圆偏振($+h/2\pi$)。

如图 6.4(b)所示为三种偏振的相互关系,如果是相同频率和相干相位,但是方向相反的两旋转圆偏振场叠加,结果会得到一个线性的偏振场,同样道理,一个线性偏振场也能够分解成两个旋转方向相反的相同圆偏振场。

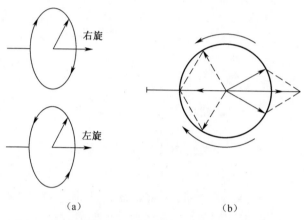

图 6.4　(a)圆偏振,(b)方向相反的两个圆偏振态叠加

下面,我们来考虑诱导 $m_J = +1/2$ 到 $m_J = -1/2$ 跃迁的基本条件。由于两个自旋态与磁场方向相同或者相反,实现自旋翻转需要有扭矩作用,垂直于均匀场的弱磁场能够产生这样的扭矩效果。静态垂直场与均匀场共同作用仅有一个稍微倾斜的自旋进动,而不能引起自旋态反转,即静态垂直场不能引起自旋反转,而只能引起缓慢进动;相反,如果磁场突然发生反转,就可以产生自旋态间的跃迁,但此时可能没有共振。

如果存在一个弱磁场,进动方向与自旋方向相同,变化频率与自旋频率一致,那么,磁场与自旋将保证固定夹角绕主场同步进动。圆偏振场与进动保持同步旋转,成为产生线性偏振的场分量之一,而旋转方向相反的场,将在自旋上产生次要影响,可以忽略。假定一个振荡场垂直于主磁场,磁场分量为 $\boldsymbol{B}_1$,以频率 ω 旋转,参考旋转坐标系可认为 $\boldsymbol{B}_1$ 场是稳定的,这样可大大简化场绕轴旋转的矢量分析。按照拉莫尔理论,系统受到磁场 $B_r = -\omega/\gamma$ 作用,因此在旋转坐标系中总的轴向场为 $B_0 - \omega/\gamma$,加入恒定场 B_1,可得有效磁场为

$$B_{\text{eff}} = \sqrt{\left[B_0 - \frac{\omega}{\gamma} \right]^2 + B_1^2} \tag{6.6}$$

如图 6.5 所示,自旋沿着该轴进动,角速度为 $\omega_{\text{eff}} = \gamma B_{\text{eff}}$。如果频率 ω 等于 γB_0,自旋将沿着 B_1 方向进动。此时,自旋连续地沿着 B_1 方向从 $m_J = +1/2$ 转变到 $m_J = -1/2$,或者完成方向相反的进程。在实验室参考系下,自旋矢量为锥形旋转,顶角逐渐增加直至锥形中央扩大为一个平面,然后继续朝相反的方向作锥形缩小运动。

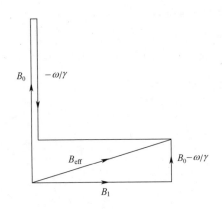

图 6.5　旋转坐标系下的磁场

在量子体系中,频率为 γB_0 的恒定场 引起自旋从 $m_J = +1/2$ 的态 演化到两个自旋为 $m_J = +1/2$ 和 $m_J = -1/2$ 的线性叠加态,这反映了量子的特性,即一个系统中同时包含着多个态。两个模间来回振荡跃迁过程中,自旋态为两个模式的叠加,不能单由其中的任意一个振荡模表示。从 $+1/2$ 跃迁到 $-1/2$ 后,自旋进动不会停止。然而,如果存在一种机制使得系统弛豫到热平衡态,例如与其他粒子的随机碰撞,系统将最终会趋于一个稳定态。频率 $\omega = \gamma B_0$ 称为磁共振频率,但与该频率有偏差时,将引起自旋方向沿着与垂直方向有一定夹角的轴旋转成一个锥形(在旋转框架下),而不能实现自旋反转。

对应于经典理论,为了找到自旋在两个态上的量子概率,沿主磁场方向自旋的平均分量,与经典计算分量过程相同,在给定时间内,如果自旋和主磁场间的角度为 θ,沿磁场分量为 $(1/2)\cos\theta$;另外,如果 $P(1/2)$ 和 $P(-1/2)$ 是自旋在 $+1/2$ 和 $-1/2$ 态的概率,则必须有

$$(+1/2)\,P(+1/2) + (-1/2)\,P(-1/2) = (1/2)\cos\theta \qquad (6.7)$$

因为自旋是确定地在一个态或者其他态上,满足归一化条件:

$$P(+1/2) + P(-1/2) = 1 \qquad (6.8)$$

最终找到自旋在 $-1/2$ 态的概率为

$$P(-1/2) = (1/2)\,(1 - \cos\theta) \qquad (6.9)$$

共振条件下,θ 从 $0 \sim 180°$ 振荡,因此,自旋在 $-1/2$ 态的振荡概率位于 $0 \sim 1$ 之间。非共振情况下,θ 不能达到 $180°$,因此,$P(-1/2) < 1$。

6.6　总磁矩运动：布洛赫理论

6.5 节所述的诱导跃迁基本特征，是基于量子跃迁计算所得。跃迁的初始态和终态间具有一定的对称性，跃迁到其他态概率是相同的。更一般来说，如果发生在一个跃迁的概率很高，那么该跃迁的逆向反应也有同样高的概率，因此才能观察到大量原子发生宏观的诱导跃迁。假定原子团内每个原子的磁化状态都等同，则诱导转变不会改变每一个态的数目，而仅仅交换特定的原子态。为了探测一组原子间的态转变，必须首先将其制备成原子的某一个态，这样的一组原子称为极化原子，当两个自旋态上的概率分别为 $P(1/2)$ 和 $P(-1/2)$ 时，则原子团表现出的总磁矩为

$$M = N\mu \left[P(+1/2) - P(-1/2) \right] \tag{6.10}$$

式中：N 为这组原子的总数目。$NP(1/2)$ 和 $NP(-1/2)$ 分别是两个态的原子平均数目，这两个态的磁矩与磁场方向相同或者相反。

当有共振磁场时，原子的一致响应使得一组原子的总极化矢量与单个原子的效应不同。布洛赫（F. Bloch）提出了相应的理论，解释了固体经历磁共振后的磁矩动力学行为，通过量子理论来理解该系统的相关现象，提出了总平均磁矩的运动方程，类似于之前得到的自由原子的回转运动方程。该理论是现象层面的，阐明了直接可观测的磁化总平均值，其中弛豫项表示由于随机微扰矢量各分量随时间的衰减。该理论中的"弛豫"项最早应用于核磁共振，在强外场作用下，系统通过热平衡后达到核磁极化。理论定义了两个特征弛豫时间，用 T_1 和 T_2 表示，其中 T_1 为纵向弛豫时间，是总极化矢量在碰撞等特定物理机制下的衰减时间；T_2 称为横向弛豫时间，是原子总极化进动的平均衰减时间，例如由一个振荡场共振诱导的频率进动。在外场作用下，每一个原子的磁矩趋于一致，由共同磁场所驱动，产生总的进动磁矩。引起原子的随机相位波动或者原子数目的减少，意味着 T_2 减小。

在布洛赫理论中，矢量模型描述的进动磁矩适用于量子系统，磁矩的转变等同于量子态之间的跃迁。如果系统仅引入两个态之间的转变，相应于一个自旋为1/2的粒子的态间变化。

6.7　全极化

实际中有多种技术可以观察到气体或者凝聚态物质中的磁共振现象，实现极化和共振跃迁的探测。一般通过频率范围或样品浓度等因素来进一步区分这些技术。

6.7.1 强磁场中的热弛豫

产生极化的方法与凝聚态中的磁共振有些类似,固体或者液体中不论核或者电子共振都可通过强磁场来产生。不同磁子能级相对于外磁场有不同的方向,通过热振动和原子态之间的相互作用产生能量交换,按照玻耳兹曼统计,最终获得一个平衡态(不考虑初始条件),由温度 T 表征,原子数目的比例与能量 E_1 和能量 E_2 关系为:

$$\frac{N(E_1)}{N(E_2)} = \exp\left[-\frac{(E_1 - E_2)}{kT}\right] \tag{6.11}$$

式中:k 是玻耳兹曼常数,在国际单位制中数值为 1.38×10^{-23}。即使是在大型实验室,通过电磁铁产生的强磁场,代入上述方程后,常温下依然 $(E_1 - E_2)/kT \ll 1$,这意味着,系统中占据两个磁能级的数目接近相同,也就是在室温下原子布居数差特别小。采用强场使样品极化,其方法仅适用于凝聚态物质,在共振检测时需要包含大量原子的一定体积样品,增加场强及改变共振频率,可以改善磁共振的灵敏度。传统的电磁场通过铜线圈产生,线圈具有一定的电阻,这限制了场强的进一步增大,目前采用超导磁体,解决高场强的问题,但也因此带来了低温费用和相关的一些技术问题。

在凝聚态物质中,一般采用两种方法来探测磁共振信号:共振吸收和自由感应。对于前者,探测能量的共振吸收,由快速调谐电路中的振荡衰减程度决定,例如庞式(Pound)振荡电路。

对于后者,引入垂直于诱导线圈的脉冲横向射频磁场,作用于样品,诱导样品的横向磁矩,最终由射频线圈来探测共振信号。即使在包含大量原子的固体中,相应共振信噪比也很小,因此后来逐步发展了许多增强信号的专门技术,这其中就包含锁相放大器。

样品中近邻自旋间的磁偶极相互作用,制约了进动过程中的相位相干时间 T_2,使相位随机化,甚至可能引起自旋的跃变,拓宽了共振频率的响应范围。另外,实际的实验室磁场,在空间上的分布并不均匀,诱导跃迁的振荡横向磁场不能与所有原子自旋发生共振。这种环境效应很容易被预测,固体样品中粒子位置是固定的,当畸变的磁场扫过原子时,将引起共振谱线的非均匀展宽。要预测自旋相互作用引起的跃迁则会变得更加困难,需要扣除热平衡导致的布居数重新分配影响,抵消共振场的退极化作用。显然,如果振荡场诱导布居数差变大,那么就会与振荡"信号"叠加,趋向于与热退化效应竞争。因为振荡相干的时间有限,必然得到一定宽度的共振谱线,意味着即使振荡场的频率与进动频率略微不同,仍可能引起跃迁。相互作用的相干时间越长,且频率越接近,越可以减小甚至避免这段时间内的相位变化。

6.7.2　原子束偏转

态分离是实现原子极化的第二种重要技术,适用于气体或者能够通过适当方法蒸发的固态原子,原子或分子通过一个或一束微细管道组成的准直器,形成束流,穿过特定的磁极,按照各自不同的磁化状态产生运动偏转,然后使用束栅将特定磁化态的原子分离出来。

原子束技术起源可追溯至 1911 年,早于真空技术时期,Dunoyer 设计了如图 6.6 所示的实验装置,加热贮存器中储存的金属钠,钠蒸气会通过一个小孔溢出,该小孔与玻璃真空系统冷却端相对,这样,钠原子会沉积在冷端表面上,在足够高的真空条件下,钠原子会像光束一样沿直线运动。早期制备原子束,主要研究多普勒效应的展宽影响,原子束在一个窄小的圆锥体内穿行,光波垂直作用于钠原子束,产生吸收或者辐射效应,多普勒频移在一阶近似中被忽略。

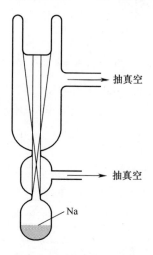

图 6.6　由 Dunoyer 设计的研究原子束装置

原子束更为重要的应用案例是经典的 Stern-Gerlach 实验,如图 6.7 所示,在此装置中,粒子束向右通过特定的磁体,磁极形状特殊设计,可提供较大磁场梯度,该场强作用于粒子束后,不同的磁化状态的粒子受到不同磁势能梯度作用,这种作用可类比于岩石位于不同坡度的斜坡一样。最终不同磁量子态的粒子沿束流方向发生偏转。实验中为获得更好的分离效果,原子束须具有较窄的发散角。该量子态分离的方法,首先被 Stern 和 Gerlach 在 1923 年实验设计证实,这是物理学史上一个里程碑式的实验。通过该装置,与量子理论所预言的一样,可以把银原子束分离为两个方向,银原子的基态为 $2S_{1/2}$,当 $J = 1/2$,考虑到场的轴向,仅有两个可能的方向对应于 $m_J = +1/2$ 和 $m_J = -1/2$。经典理论认为,原子磁矩可以是相对于场的任何方向,原子束可沿任意方向运动,而实验中却发现仅有两个分离的状态,这是第一次展示空间量子化的量子现象,在相对于给定轴的方向上观察到分立的角动量。

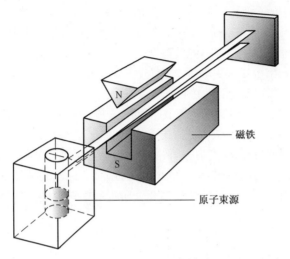

图 6.7　银原子束在 Stern-Gerlach 装置作用下分离为两束

　　第二次世界大战之前,拉比(Rabi)实验室已将磁共振技术应用于原子束探测,战争结束之后不久,拉姆齐(Ramsey)等人就利用粒子束在束方向上引入两个振荡场,产生了原子与微波的分离相干,并通过该技术实现了最终的铯原子钟,成为目前的时间频率标准。

　　在一个拉比型的磁共振装置里,粒子束从一个梯度磁场中穿过,此时具有不同塞曼能级的原子会发生分离,偏向不同的方向,通过特定设置的通道,选择特定子能级的原子,产生极化的原子束。原子进入共振跃迁区域,区域中包含均匀磁场和高频电磁场,激励共振转变(跃迁)。为了探测过渡区域内的粒子能级跃迁,一般让粒子束再次通过另一个大梯度的磁场,作为"分析器",用两种方法分析粒子数量,一是使用磁体和其后的探测器探测已跃迁的粒子(跃入型 flop-in type),另一方法是探测未跃迁的粒子(跃出型 flop-out type)。

6.7.3　光抽运

　　最后一种磁共振技术是基于光与原子相互作用产生极化转变,是共振产生荧光的过程,这种技术最早起源于法国光谱学家卡斯特勒(Kastler)实验室,具有广泛的应用前景,在各领域产生了丰富的成果,它不仅可用于原子守时,而且可用于磁强计测磁。为了理解这种技术的基本原理,这里首先简单介绍极化光与原子的相互作用。

当原子与高速运动的电子发生碰撞时,例如在氖气管或与另一种原子密封的荧光灯内,原子可能被激发到高于基态的量子激发态上。此时原子处于亚稳态,会在高能级上保持一段时间,一般高能态的原子寿命小于微秒量级,最终会以级联的方式自发地辐射到较低的基态能级上。我们一般认为在孤立的原子系统中,辐射过程是自发辐射。根据量子理论,即使是在"真空"的电磁及非绝对零度情况下,也会存在零点振荡诱导原子辐射,使电子跃迁到更低的能态上。在此辐射过程中,原子系统会发出多个波长的辐射光谱,包含多条原子特定的分立谱线。在化学研究中,该光谱可用来分析原子的内部结构。如前所述,如果激光器能发出特定原子跃迁波长的激光,在"正常"条件下可忽略的受激发射,则在此时会明显增强,但这里必须强调在特定的激光器振荡模式。

下面,重点解释使用光学的方法来观察磁共振现象,在物理学中涉及的极化,一般指电子自旋相对于外磁场方向产生不相等的布居数分布。这同样适用于电场情况下,正电荷相对于负电荷的移动也会产生极性,例如:电磁作用于介电材料玻璃的情况,当然大家最熟悉的情况是太阳镜,它就是一种偏振滤光片。电磁场分量在光束方向上是相干的,在自由空间中,光场分量垂直于光束传播方向,可以在垂直平面内取任意角度,光波是横波,具有偏振特性。一个非偏振的光束,例如从普通灯泡中发出的光,在随意振荡,如果场分解为任意两个垂直分量,这些分量强度相同。光子具有两种基本偏振态:右旋圆偏振及左旋圆偏振,其他常见的偏振还包括线偏振或面偏振,线偏振是由相干的右旋和左旋圆偏振叠加而成。当然,任意两个相反的极化光束不一定能够产生线偏振光,仅当它们振荡波有明确的相位关系时才能相干叠加。

两种圆偏振光,分别对应于光子的内在角动量 $h/2\pi$ 指向或反向于光束的传播方向。在量子理论发展的早期阶段,实验上就通过了光作用于精密悬挂的石英偏振片,测试了力学转矩现象,证实了该理论的正确性。显然,电子在发生 $m_1 - m_2 = \pm 1$ 跃迁时,会伴随着辐射圆偏振态的光子,符合角动量守恒法则。

目前为止,我们提到了两种原子与光子的相互作用:光子的自发辐射和受激辐射,辐射过程中,原子同步从一个更高的能态跃迁到一个低的能态。受激辐射是受激吸收的逆过程,受激吸收过程中光子消失,伴随着电子从低能级跃迁到高能级。由于能量守恒定律,当光子能量 $h\nu$ 满足 $h\nu = E_1 - E_2$ 条件时,原子受激吸收"真正地"转变到一个更高的能级,这是光频振荡的最基本条件。科学研究发现,在共振吸收进程中,会产生尖锐的跃迁谱线,满足共振条件。另外,由量子态跃迁过程中引起的量子态有限辐射寿命,会导致谱线具有基本的宽度,称为自然线宽。

我们多次提到的"跃迁概率",在使用时要尤为谨慎,考虑到磁矩在共振磁场中的进动,磁矩不是每次都能同步响应两个态间的跃迁,而是以一定速率在两个态之间交替变换,交替时间依赖于共振场的强度。尽管磁偶极转变同电偶极转变不一样,然而在相似的条件下仍会导致相同的行为。受到强的单频相干光束作用,相比于这些态的辐射寿命,在更短时间内,原子在两个态之间交替占据。直到激光器出现后,才实现了上述测试,如今 Ramsey 的光学跃迁操控已经变得很普遍,而其他科学家在激光出现前的几十年内,一直应用磁共振的方法得到强相干的共振 RF 场。然而目前仍需解决的问题是:弱场激发时原子如何响应? 场不是单频而是有具有一定宽度光谱时会如何? 在这些情况下,原子从初始态到激发态的跃迁概率小于1,正比于与激发场作用的时间。然而,实际测量原子处于哪个量子态时,会发现原子可能处于两个态的任一态,而不是在两者之间的叠加态! 如果在相同条件下测量大量的原子,能够得到跃迁概率,并且会发现随着它与共振场作用时间增加而增大。

"宽带激发"在单位时间内吸收光子的概率恒定,对于受激辐射情况也类似,这涉及到微观尺度上更深奥的细致平衡原理。自发辐射的概率也与受激发射有一个固定的关系,该比例不依赖于任何原子的特定性质,而很大程度上依赖于光子的频率,按照爱因斯坦的关系式:

$$\frac{A_{nm}}{B_{nm}} = \frac{8\pi h\nu^3}{c^3} \tag{6.12}$$

式中: A_{nm} 和 B_{nm} 分别为爱因斯坦 A-系数和 B-系数,相应于自发辐射和受激辐射,$(A_{nm} + \rho_\nu B_{nm})$ 定义为单位体积向更低能级激发跃迁的总概率;ρ_ν 是频率为 ν 的光子数。自发辐射与受激辐射的比例与频率的三次方 ν^3 相关,这解释了为什么自发辐射在低频区可以忽略不计,而在光频区却成为主导因素。式(6.12)的结果表明:选择规则决定了量子数电偶极跃迁的初态和终态,同样适用于受激吸收。原子受到具有共振频率的圆偏振光作用后,仅当磁量子数 m 满足选择规则 $m_1 - m_2 = \pm 1$ 时才能发生跃迁。如果光是线性偏振光,则需满足 $m_1 - m_2 = 0$ 的跃迁条件。

Kastler 发展的磁共振技术,依据选择定则,通过光学方式使特定的原子发生极化,特别是对碱金属(钠、铷、铯原子),成功地通过光抽运的方式调节子能级的布居数,它的工作原理为:假定自由钠原子初始制备在一个量子态,与共振圆偏振平行光束作用辐照,在发明激光之前,钠蒸气灯可以提供共振光束,光谱在共振波长处得到较大强度。选择定则应用于磁量子数,具有空间量化特性:仅当 $m_1 - m_2 = +1$ 时,而不是 $m_1 - m_2 = -1$ 或 0 时,发生受激吸收。从图 6.8 看出,原子在基态 $m = +1/2$ 时不能跃迁到其他能级,排除碰撞微扰情况,然而原子在 $m = -1/2$ 态能够跃迁到 $m = +1/2$ 的激发态中,通过自发辐射再回到任一基态上,这个过程即为"泵浦循环",其效果是使原子从基态 $m = -1/2$ 转移至基态 $m = +1/2$,理想情况下全部原子都会发生相应跃迁。在原子全部发生跃迁后,最外层电子的自旋与光偏振方向相同,自旋极化完全由纯光学手段得到,这里没有考虑任何外磁场的作用。同理,上述方法也可用来探测原子的极化程度,光子被吸收和重新散射的速率取决于原子在 $m = -1/2$ 吸收子能级上的数目,在理想情况下,如果获得了100%极化,就没有原子位于该吸收子能级上,从而不会再与光束发生相互作用,原子样品相对该光束变得透明。如果再增加一个共振的高频磁场,诱导两个原子能级间跃迁,使原子在两个子能级上均匀分布,那么原子就会继续吸收抽运光,而使荧光强度减大,从而可探测是否发生了跃迁,以及在发生跃迁时测试磁共振频率的一种非常好方式。

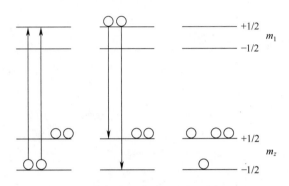

图 6.8　磁能级布居数的光抽运过程示意图

本技术的最大优点在于取消了强磁场,在零磁场情况下电子自旋就能够沿着光束偏振的方向极化。相比于其他技术,它能在最大程度上发生极化,不仅使电子发生自旋极化,而且也可使核发生极化。在惰性气体的原子同位素中,例如 He^3 和 Xe^{129} 具有核矩,而电子态角动量为零,采用吸收光抽运 He^3 气体的 NMRI(核磁共振成像)方法,应用于医疗器械中诊断肺部疾病。

光抽运技术要求原子自旋不受碰撞影响,同时具有所需的偏振态和光谱性质。第一个要求非常难实现,与容器表面的碰撞会影响电子自旋方向,且原子的热化速度通常都很高,原子自旋方向在短时间内会随机分布,当然,可以通过特殊表面涂层来减少随机碰撞的影响,这在氢原子钟和较重的碱金属原子钟取得了巨大成功,我们将在后续章节中继续讨论。

在 Kastler 实验室,首先实现了原子束的光抽运,初始粒子数密度较小,使得相应的原子间碰撞时间间隔较长,近似地认为粒子是孤立的。然而,这种情况仅有有限的原子数目对共振信号做贡献,稀疏的原子分布使得光学共振探测非常困难。尽管面临诸多困难,早期实验仍然是成功的,发明了光抽运这项新技术。该技术先期应用受到一定的限制,直到 Dehmelt 等人引入碱金属蒸气扩散泡,才使得该项技术在实际中得到大量推广,碱金属泡内充入惰性气体:氦、氖、氩、氪、氙等,这些气体具有封闭的电子壳层结构,也没有总自旋或者磁矩,因而碱金属原子与惰性气体原子碰撞时不发生自旋反转,如果玻璃泡内有足够多的惰性气体作为缓冲时,可以增加原子扩散到泡壁的时间,使得光抽运技术产生显著的原子自旋极化效果。

第7章
原子共振频率的修正

所有原子频标都是基于原子或者离子的共振跃迁而实现的,利用量子能级间跃迁的标准频率。在不受外界环境干扰情况下,我们可以精确地测定原子内部的共振光谱,或更恰当地说是原子的响应频率。然而,外界微扰会使共振光谱改变或加宽,这在一定程度上限制了原子本征跃迁频率的测量精度。

可能有人认为,即使频率响应曲线具有一定的线宽,在理论上也能够得到确切的共振频率,但事实并非如此,任何系统都不可避免地存在噪声,一些噪声是自身固有的,一些噪声来自仪器,因此,观测到的响应曲线总有一定的不确定度。响应曲线越尖锐,表明噪声影响越小,对于一个洛伦兹线型的响应曲线,其表示式为:

$$\frac{\varepsilon}{\Delta\nu} \approx 0.77 \frac{A_n}{A_0} \tag{7.1}$$

式中:ε 为谱线中心的测量误差;$\Delta\nu$ 为线宽;并且 A_0,A_n 分别为共振信号和噪声的平均幅度,数值 0.77 来源于实际经验。共振线中心位置在两拐点之间,即在两边曲线几乎为直线的中间点位置。按照惯例,0.77 可忽略。

实验上应尽可能地减少影响共振线型和共振位置的物理和环境效应,同时修正它们所引起的频率移动。频率标准的稳定性和复现性取决于如何成功地完成以上要求。理论上已经详细讨论了引起共振频率加宽或者移动的物理机制,现今在实验上也已实现令人难以置信的高分辨率光谱测量,许多微小的影响成为关注的重点,这其中就包括量子理论微弱的效应,以及爱因斯坦相对论效应等,我们在本章中详细讨论相关内容。

7.1 谐振频率展宽

总光谱反映了原子的频率分布,共振频率加宽可分为对所有原子都相同,和对每个原子都略有不同两种情况,其中,前者称为均匀加宽,例如:对所有原子都一样的有限辐射寿命加宽;后者称为非均匀加宽,如:处于不同环境下每个原子有略微不同的频率。

7.1.1 均匀加宽

均匀加宽主要源于原子与激励场的相互作用,量子跃迁受量子态的有限辐射寿命和随机相位碰撞影响,在电子学理论中,洛伦兹运用碰撞原理解释了光学的色散现象,然而,碰撞不能独自地解释光共振谱线的线宽问题。排除极端高压的情况,原子跃迁引起的辐射寿命相对于碰撞间平均时间要短许多,因此"自然"辐射寿命主导了谱线的线宽。然而,在射频和微波区域,辐射寿命就比较长,此时,均匀加宽主要由碰撞作用主导,通过减少碰撞就有可能得到比极窄的共振谱线。

由于有限辐射寿命或者碰撞的作用,这里引入阻尼谐振因子,如图 7.1 所示,光谱线型由洛伦兹函数 $L(\nu)$ 表示为

$$L(\nu) = \frac{1}{2\pi} \frac{\gamma}{(\nu_0 - \nu)^2 + \left(\dfrac{\gamma}{2}\right)^2} \tag{7.2}$$

式中:系数 $1/2\pi$ 使函数能满足归一化条件 $\int L(\nu)\,d\nu = 1$,令相位随机碰撞间的平均时间为 $\Delta\tau$,γ 与之前得到的近似结果相一致,即 $\Delta\tau\gamma \approx 1$。如前所述,在频率和时间的测量中普遍适用,量子态辐射寿命导致的线宽被称为自然线宽,一般在兆赫兹范围。对于外场驱动的振荡,随机相位碰撞导致能量耗散,产生阻尼作用。弹性碰撞导致连续相位被中断,净效果产生阻尼力,洛伦兹将其表示为 $\gamma = 2/\Delta\tau$。在没有碰撞作用的情况下,会产生无阻尼振荡,平均来看,该振荡从一个驱动场既不会持续地吸收能量,也不耗散能量。

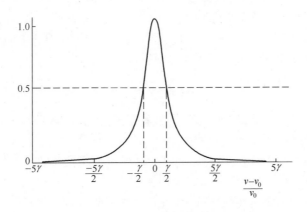

图 7.1 洛伦兹共振线型

7.1.2　非均匀加宽

非均匀加宽时,大量原子或者离子系统的共振频率不同,例如,可能由不均匀场作用所引起。在固体核磁共振中,非均匀加宽的一个重要误差来源是所施加的磁场强度不均匀,从微观角度分析,固体中每一个核子被限制在固定格子内的小范围振荡,所感受的磁场各不相同,使得所施加的磁场在空间上发生了变化。然而,对于气态原子,准自由的粒子远离约束中心,当热运动下与其他粒子碰撞次数较少时,最重要的非均匀加宽误差来源于运动源的多普勒频移(Doppler shift),需在相对运动坐标参考系下研究。

7.2　热运动的多普勒展宽

7.2.1　短波极限

多普勒效应被广泛用于高速公路车辆的速度测定,一般来说,任何波的观测频率会随着观测者和波源的相对运动而发生改变。在1842年,多普勒详细地论述了该原理,在相对运动参考系下所观测到的频率具有频移现象,称为多普勒效应,同时适用于声波和光波。该效应对高分辨光谱测量尤为重要,因为原子和分子不断地热扰动,使得原子和分子具有一定的热速度,影响光谱的测量。

假设波源静止,当观测者以速度 V 朝波源方向运动时,考虑上述多普勒效应的影响,此时,观测者感受的频率为 $V = (1 + V/C)\nu_0$,增加了 V/C;当观测者远离波源时,测试得到频率为 $\nu = (1 - V/c)\nu_0$,更一般地,如果相对速度矢量方向与波传输方向夹角为 θ,经典的多普勒频移表达式为

$$\nu - \nu_0 = \frac{Vk\cos\theta}{2\pi} \tag{7.3}$$

式中:波矢 $k = 2\pi/\lambda$。如果参考系中观察者是静止的,波源朝观察者方向运动的速度为 V,那么观察频率 $\nu = \nu_0/(1 - V/c)$。

任意类型的波动中都存在多普勒效应,这里只关注光波的多普勒效应,光速为 c,选择不同的参考系,可以假设光源是静止或者观察者是静止的,得到不同的结果。如果以直观的水波来作类比解释,当观测者在水面上运动时,将水中波源作为唯一参考,将得到与岸上观察者不同的频率。涉及光波时,爱因斯坦的相对论否定了"绝对"参考系的存在,可从以上两种参考系推出完全相同的结果,如果忽略 $(V/c)^2$ 和更高阶项时,与经典理论完全一致。

谱线的多普勒展宽成为获得高分辨率光谱的重要限制因素之一,且这一影响因素普遍存在。每个原子共振频率的多普勒移动,与原子的速度密切相关。当谱线波长远小于两次碰撞间粒子所经过的平均自由程时,整个系统的光谱波包反映了原子频率移动的分布以及速度的分布,上述条件一般适用于光波,例如,当波长为 0.5μm,压力低于 100Pa 时,平均自由程约是光波长的 100 倍。如果考虑碰撞相互作用,线型波包将更加复杂;本节中忽略碰撞作用,在下一节我们将考虑相反的条件,即波长远大于原子平均自由程的情况。

在温度为 T 的热平衡条件下,设速度沿 z 轴方向,按照麦克斯韦–玻耳兹曼分布表示,原子的数目在沿 z 分量的无穷小范围 V_z 和 $(V_z + dV_z)$ 内为 $f(V_z)dV_z$,其中 $f(V_z)$ 表示为

$$f(V_z) = N\sqrt{\frac{M}{2\pi kT}}\exp\left(-\frac{MV_z^2}{2kT}\right) \tag{7.4}$$

式中:M 为原子质量;k 为玻耳兹曼常数。假定单色光的频率为 ν,在参考系中原子系统共振频率为 ν_0,速度分量为 V_z 的原子,将受到多普勒频移(一阶近似为 V_z/c)影响,频率为 $\nu = \nu_0/(1 - V_z/c)$,一阶近似下我们假定 $\nu_0 \approx \nu(1 + V_z/c)$。因此,整体原子的谱线表现为具有一定宽度的共振线型谱。将速度分布函数表示为频率分布函数,沿 z 分量速度在 dV_z 范围内的原子等同于具有转移的频率 $d\nu = (\nu_0/c)dV_z$,令 $g(\nu)$ 表示频率分布函数,则有:

$$g(\nu)d\nu = \sqrt{\frac{\alpha}{\pi}}\exp\left[-\alpha\left(\frac{\nu - \nu_0}{\nu_0}\right)^2\right]\frac{d\nu}{\nu_0}; \quad \alpha = \frac{Mc^2}{2kT} \tag{7.5}$$

此函数的形式为 $\exp(-x^2)$,具有高斯线型,如图 7.2 所示,当铷蒸气温度在 300K 时,频率函数显示为著名的钟型。

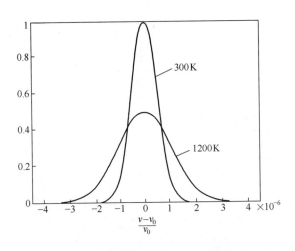

图 7.2 原子热平衡状态下的高斯线型

7.2.2　长波极限:Dicke 效应

当热扰动的原子受缓冲气体散射作用后,可在微波频率下观测到极窄的共振谱线,远小于上述推导的多普勒宽度,这种缓冲气体效应称为 Dicke 效应(Dicke, 1953)。考虑到多普勒移动,频移为 $\nu - \nu_0 = (V/c)\,\nu_0$。通过惰性缓冲气体的扩散作用,铷原子的平均热速度为 $10^4\,\mathrm{m/s}$,共振频率为 $6.8\,\mathrm{GHz}$,微波多普勒频移约为 $200\,\mathrm{kHz}$,比实际观测到的共振频率宽约 10000 倍。显然,"正常的"多普勒加宽条件未被满足。

1953 年,Dicke 发表了通过惰性气体碰撞来压窄多普勒线宽的理论,为理解该理论的重要性,首先让我们回顾多普勒频移公式的假设条件,该公式假设观测者与光源相对运动,观测者感受到不同频率的光波作用,考虑观测者以有限幅度来回振荡做谐振运动,需要强调的是:对于观测者来说,需知道磁场分量是如何随时间变化的,并由此从傅里叶分析得到所述光谱。假定观测者以一个简单的频率振荡,多普勒效应将引起观测者看到的频率以固定值来回振荡,产生一个频率调制波。理论分析类似于通常的无线电广播,具有不受静电干扰产生高品质声音的优点。表征频率调制有三个物理量,首先是平均频率,其次是调制频率,第三是频率调制的最大偏差,即调制深度。这里不再重复傅里叶光谱的推导,而仅说明一些重要结果,其中一些结果可能与直觉相反。首先,光谱是离散的,而不是连续的;其次,谱线中包含了一个未调制的中心频率,以及两边等间隔分布的边带,且幅度逐渐减小,并延伸到无穷远处,如图 7.3 所示。

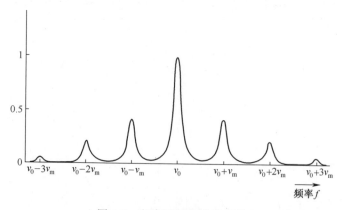

图 7.3　频率调制的傅里叶谱

谱线峰值间保持恒定的间距,每一条谱线以调制频率的倍数远离中心峰,因此,光谱应该包含所有这些频率。不仅如此,当"瞬时"频率值超出了极限范围,边带幅度是非零的。如果调制无穷慢,边带相互接近并最终形成连续谱,这种连续光谱的幅度分布,反映了在调制极限间不同时间频率的相对幅度值。

这里定义调制频率的最大频率偏离为调制指数,反映了边带幅度远离中心峰的程度。如果偏离值相对于调制频率小,即调制指数较小,那么边带较弱且中心谱线起主导作用。

对于振荡的观测者,我们可从多普勒公式计算调制指数,表述为

$$\Delta \nu = \frac{V_{max}}{c} \nu_0 = \frac{2\pi \nu_m a}{c} \nu_0 \tag{7.6}$$

式中:ν_m 为振荡频率;a 为运动的最大距离,调制指标定义为 $\Delta\nu/\nu_m$,表示如下

$$\frac{\Delta \nu}{\nu_m} = \frac{2\pi a}{c} \nu_0 = 2\pi \frac{a}{\lambda_0} \tag{7.7}$$

式中:λ_0 为未调制波的波长。通过缓冲气体的碰撞作用来压窄谱线,原子运动的平均距离小于波长,调制指数较小,且主要集中在中心频率附近,有较弱的边带分布,其幅度和空间分布由运动参数来确定。

定量化分析,频率为 $(\nu \pm n\nu_m)$ 的边带幅度正比于 $J_n(2\pi a/\lambda_0)$,一般地 J_n 表示阶数为 n 的贝塞尔函数(Bessel Function)。如果粒子的振荡幅度小于波长,即 $a/\lambda_0 < 1$,阶数 $n>0$ 时,幅度将振荡趋于零,如图 7.4 所示,此时,光功率主要集中在中心频率上,不受一阶多普勒效应限制。当观测者的连续运动距离远大于波长,Dicke 从数学上进一步表明,在更广的条件下严格量子分析也得到相同结果:即不论观测者具体运动如何,只要观测者运动连续不被中断,平均自由程远大于波长,多普勒光谱就会出现一个尖锐的中心线,叠加在观测者的运动谱上。铷原子扩散时受到惰性气体缓冲影响,铷原子与气体原子频繁地随机碰撞,使得原子偏离原始路径,且对内部量子态的干扰较少,因此,原子是在三维空间"随机游走",在任意方向上的平均自由程是时间的函数,受统计规律约束。

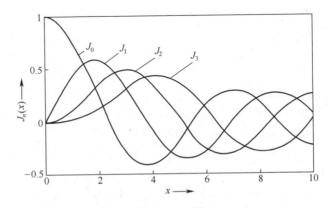

图 7.4 贝塞尔函数 $J_n(x)$,其中 $n = 0,1,2,3$

图 7.5 表示气体原子在热平衡状态下测试的平均光谱,为单频波,一个稳态粒

子的光谱具有单个中心峰,谱线的基线可理解为粒子自由地穿越多个波长的共振波,为"典型"的多普勒线型。粒子的热速度随着温度升高而增加,多普勒基底也随之变宽,但中心峰保持不变。

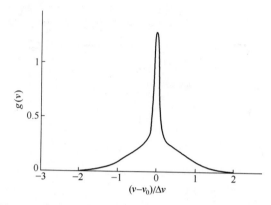

图 7.5　Dicke 效应,原子在缓冲气体中扩散的共振线型

7.3　相对论效应

7.3.1　爱因斯坦狭义相对论

原子与观测者的相对运动是原子系统共振频率频移和展宽的主要因素之一,在 20 世纪初,相对论的出现使得该理论获得了革命性新突破。经典麦克斯韦电磁场理论,成功地统一了光学、电学和磁学,是 19 世纪最伟大的成就之一。在 1905 年,爱因斯坦发表了相对论理论,试图去统一经典电磁学和经典力学,在经典坐标变换 ($x \to x + v_x t$,等等) 下,从一个参考系变换到另一个参考系的运动形式是不同的。经典力学认为,不同的观测者运动状态取决于自然的基本规律,可定义一个特定的观察者为"绝对静止",而否定了运动的相对性,当坐标变换时,经典力学的方程(牛顿运动法则)很容易保持不变。牛顿力学的影响力极其深远,最初麦克斯韦理论被认为是错误的,或者认为电磁现象不是对所有观测者都相同,甚至认为存在有一个绝对静止的参考系,以为光是在被称为"以太"的介质里传播。如果上述理论是正确的,当地球以常数运动时,那么光波在地球表面将经历以太流,因此在不同方向上,光波的速度应该是不同的,这种认识可以与河流中的水波进行类比,水波的速度与流体相对于岸的方向相关。迈克逊–莫利(Michelson – Morley)设计了著名的实验,来探测以太流是否真实存在,当然大家知道,以太流并未被发现,这样修正麦克斯韦理论的学说未获得成功。闵可夫斯基(Minkowski)和洛伦兹

（Lorentz）发明了坐标变换方法（洛伦兹变换），解释了不同坐标系下麦克斯韦方程保持不变的原因，闵可夫斯基以坐标轴为轴向作角变换，提出了四维空间的变换。爱因斯坦提出修正坐标系的方法，采用洛伦兹变换，统一了牛顿理论和麦克斯韦理论，这个理论涉及了所有基本的概念，包括空间、时间、能量、质量等。与我们最相关的结果是时间变量 t 的变换，如果一个坐标系沿着另一个系 x 轴方向以常速 V 运动，两系统空间和时间坐标系的洛伦兹变换为：

$$\begin{cases} x' = \dfrac{x - Vt}{\sqrt{1 - V^2/c^2}} \\ y' = y \\ z' = z \\ t' = \dfrac{t - Vx/c^2}{\sqrt{1 - V^2/c^2}} \end{cases} \tag{7.8}$$

式中：分母项出现了 $\sqrt{1 - V^2/c^2}$ ，相对论与经典理论（通常的经验）的根本差别，是时间刻度随着参考系改变发生了变化：钟将确切地存在不同的运行速率。对于固定的空间坐标 x，时间显示为 t' 的时钟将先于时间是 t 的钟，后面的钟运行更慢一些，因此该效应被称为时间膨胀。一个运动原子的共振频率"只出现"更低的值，所以，我们必须接受一个事实，即时间不是绝对的，定义时间的钟或者原子振荡是相对于观察者来说的。爱因斯坦对经典时间概念的根本性突破，并不能被轻易接受，所以，科学家们一直在试图从实验上来验证相对论理论的正确性。

光速（$2.99797×10^8$ m/s）远大于普通实验室所能实现的速度，导致探测时间尺度的膨胀变得非常困难。对于普通物体的运动速度，$V/c \ll 1$，满足经典的 $t' = t$，利用牛顿力学公式计算，可得到接近于真实的情况。然而，洛伦兹变换从根本上突破了经典的时空概念，已经成为现代物理中的一个重要组成部分，实验上已被多方证实，而光速不变也已应用于一个基本的定义：标准"米"单位，定义为真空中光在标准"秒"时间内所走的距离。尽管相对论效应除极端高速外影响极其小，但对于精度已经很高的原子钟来说，该效应的影响已经变得不可忽略。

起初，相对论结果产生很大的争议，并且提出了著名的"悖论"，所谓的双悖论（图7.6），对于这个"悖论"，科学家用了很长时间来解释：想像假设有一对双胞胎，其中一人以高速"脱离地球的束缚（羁绊）"，乘坐飞船运动到太空中很远的某个点，然后再重新返回地球，与另一个双胞胎相聚，在许多年后，如相对论所预言，返回地球的人就会发现，呆在地球上的双胞胎弟弟年龄更大。这将得出一个悖论，当所有条件不变时，根据等价性前提，得出了相互矛盾的结论（如果以上事实存在，将意味着相对论有致命的缺陷）。从宇航员哥哥的角度来看，呆在地球上的双胞胎弟弟高速后退，从开始点沿着与宇航员运行相反的轨道后退，由于轨道对称性，宇航员会发现地球上的弟弟比他年龄小！要不，两人在若干年相遇时，年龄一样大。然而,上述与相对论假设的基本逻辑相矛盾,目前这个悖论已经被成功解决,是因为这两个双胞胎所处的环境是不对称的:一个双胞胎实际有火箭引擎,而另一个没有。

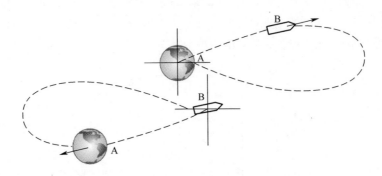

图 7.6 "钟悖论":双胞胎 A 和 B 的视角

7.3.2 相对论多普勒效应

对于原子频标,当原子速度相对较低时,共振频率的重要修正之一是相对论的多普勒效应,这意味着二阶相对论修正项以 V/c 多普勒展开:

$$\omega' = \frac{1 - \dfrac{V}{c}\cos\theta}{\sqrt{1 - \dfrac{V^2}{c^2}}}\omega \tag{7.9}$$

当 $V/c \ll 1$ 时,以 V/c 幂次展开仅保留二阶项,这就是所谓的"相对论多普勒效应":

$$\omega' = \omega\left(1 - \frac{V}{c}\cos\theta + \frac{1}{2}\frac{V^2}{c^2} + \cdots\right) \tag{7.10}$$

该理论早期建立时,曾激发众多实验学家尝试验证这一结果,具有影响力的最早实验之一,是艾夫斯(Ives)发表于 1938 年的实验,揭示了从(经典的)线性多普勒效应到二阶偏离的相对论多普勒效应,实验观察一个高速氢原子的光谱辐射线,同时记录直接看到的氢原子和通过平面镜反射具有相反速度原子的光谱。在相同的基底上,记录了慢氢原子的光谱并提供基准波长,对比两个氢原子多普勒光谱的移动。与经典预期相对应,氢原子速度相反导致大小相同符号相反的多普勒移动,同时发现了相对论的多普勒效应,多普勒移动线不是关于中心对称,而是皆存在微弱红移(更低频率)①。

7.3.3 引力红移:Pound–Rebka 实验

爱因斯坦的广义相对论定义了更普适的参考系,预测了物体在静态重力场作用下的时间标度,例如:在地球特定的势场中且忽略相对缓慢旋转运动,意味着在重力场的不同势 Φ 中,两个相同的振荡将具有不同的频率。对于一阶近似,理论预言了该频率差为

$$\nu_1 - \nu_2 = \frac{(\Phi_1 - \Phi_2)}{c^2}\nu_2 \tag{7.11}$$

如果振荡分别处于高度为 L 和接近地球表面的位置,它们间的频率差近似为

$$\nu_1 - \nu_2 = \frac{gL}{c^2}\nu_2 \qquad (L \ll R_E) \tag{7.12}$$

式中:g 为在地球表面的重力加速度;R_E 为地球半径。接近重力质量时,重力势是负值,接近这个质量时的振荡频率低于比该质量小时的频率,因此称为重力红移。这种效应很小,对于太阳的重力场,分数频移仅为 $2×10^{-6}$。实验观察到的孤立光谱线移动小于理论预言的值,这是因为在太阳和地球的环境和重力场存在显著差别。

比较地球外高轨卫星与地面站的两个时钟,就需考虑地球的重力场效应,例如:典型的 GPS 卫星上的钟,在一个半径为 26000km 的圆形轨道上运行时,将比地面钟(陆基时钟)走的更快,两者之差通过下面公式给出:

$$\frac{\nu - \nu_0}{\nu_0} = \frac{GM_E}{c^2 R} \tag{7.13}$$

式中:G 为重力常数;M_E 为地球质量;R 为卫星轨道半径,代入相应数值,会发现分数频差为 $1.7×10^{-10}$,对守时原子钟已经是很大的数值。

对于在陆地上的相关实验,这个效应要远远小于上述值,当 $L = 30m$ 时,仅为 $3×10^{-15}$!幸运的是,1958 年穆斯堡尔(Mössbauer)实现了关于 γ 射线光谱的突破性实验进展,光谱探测实现了超高的分辨率,可满足陆地红移实验的测试要求,在光谱的 γ 射线区,核跃迁具有较长的辐射寿命和较窄的自然线宽,核子辐射出光子的能量,部分来自核反作用力,动量很高,光子能量转移后再通过其他相同的核子,不太容易被有效地吸收。穆斯堡尔发现在恰当的温度范围内,如果核子限制在一个适当的晶格中,弹力将有效地存在于晶体的整个质量中,在无弹力辐射和无吸收作用时,可获得超高的光谱分辨率。γ 射线的光谱分辨率极高,缓慢地线性移动引

---

① 译者注:在第9章中,有相似式(9.3)及进一步解释。

起的多普勒效应,已足够提供扫描所需的能量。

在陆地实验室内,Pound 和 Rebka 设计了经典的实验,测量了光子从一个重力场点辐射到另一个重力场中时,被相同核子吸收时的频率移动,起初,实验很难得出希望的结果,直到设计了发射端和吸收端的温度差,使得温度稳定可记录,才最终测试得到二阶多普勒移动效应,温度波动小于 ±1℃ 时引起的频率移动接近于重力移动大小。利用穆斯堡尔效应,共振吸收 Fe^{57} 辐射 14.4keV 的 γ 射线,为了得到实验要求的分辨率,哈佛大学将实验装置放置于高 20m 的物理实验塔上,才观测到 Fe 源的共振吸收效应。

针对理论的实验验证,设计实验时需要考虑两个基本问题:首先是一个积极的结果对理论的重要性有多少,二是什么样的积极结论能够排除其他理论? 回答第二个不确定性问题时,需要说明实验上的约束条件。这绝不是简单容易的事,实验要求去掉无法在测试中证实的所有假设。爱因斯坦广义相对论具有优雅的数学结构,这个特别的测试证明了等价性原则,表明了坐标系变换下重力场是相同的,同样适用于光子系统。在重力作用下,当参考系朝上加速或下落运动时是等价的,考虑由 $(V/c)\nu$ 给定的加速参考系当 $V = gL/c$,光子的多普勒移动将得到如前相同的结果。

7.3.4　Sagnac 效应

在时间的精密测量中,地球旋转引入一个有趣的相对论效应,地球上的坐标系是非惯性的,考虑到“固定星”的旋转会产生一个加速运动(不是速度,而是方向),将涉及广义相对论理论。按照这个理论,如果有两个相同的精确时钟位于地球赤道上的相同点,其中一个保持位置不变,另一个缓慢地(考虑到地球运动)沿着赤道移动,直至环形一周后回到开始点,此时两个时钟的时间是不一致的,时间差由 $\Delta\tau$ 给定:

$$\Delta\tau = \pm \frac{2\Omega}{c^2}S \tag{7.14}$$

式中:Ω 为地球的角速度(7.3×10^{-5} rad/s);S 为移动钟路径的封闭区域($\pi R_E^2 = 1.3 \times 10^{14} m^2$),这个公式产生了一个显著的时间偏差,约为 $\pm 1/5\mu s$,正负号依赖于钟在赤道上的移动方向,这个效应即为 Sagnac 效应,由法国人 G. Sagnac 命名,他在 1911 年探测到光波的光学相干时间差,实验装置如图 7.7 所示,通过镜面组反射使两个方向上的光围绕环路运行。

因为光速在自由空间是常数,通常可理解为有效光程差是由于光波从一个镜面到另一个镜面所经历的运动时间,在镜面本身的参考系下,必须理解为时间本身从一个镜面到另一个镜面行进时的变化率。

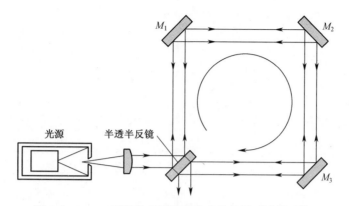

图 7.7　Sagnac 研究光在旋转系统中的传播干涉镜面装置

7.4　小结

　　还存在多种其他物理机理影响着微波和光波频段内的原子共振谱线,然而相对论多普勒效应和重力红移对原子共振具有普适性影响。针对不同类型的原子钟,原子共振的频谱宽度和中心峰位置有不同程度的影响因素,在后面的章节中可以看到,对于铷原子频标,与缓冲气体原子碰撞,以及用于观测共振的光产生的光移,是其最主要的影响因素;而对于氢原子钟,原子与泡壁碰撞的"壁移"是主要影响因素,等等,我们将在后续章节中更详细地讨论这些效应,以及讨论在特定原子钟里的其他影响因素。这里需要特别强调的是,针对超高分辨率的光钟,一些极其微弱但在光钟中不可忽略的物理效应需要被考虑,例如:原子吸收或者辐射一个共振光子时引起的原子或者离子反弹导致的频率移动,激光冷却原子时穆斯堡尔效应等。在冷原子系统中,光子携带的动量和线性动量守恒使得原子受到反弹力,单个光子的动量极其小,一个原子获得的弹性动能也极小,这些都接近了观测极限。

107

第8章
铷原子钟

8.1 超精细能级跃迁

　　原子钟,或更准确地说,是时间频率标准,具有准确度高、结构复杂、成本价格高等特点,远远超出普通人的使用范围。铷原子钟相比于其他原子钟,具有结构紧凑、易于携带、易于工程化等优点,已大量应用于舰船、战术武器、导弹等系统中。

　　铷原子钟是一种微波频率标准,基于铷原子的基态超精细能级间跃迁频率作为标准,内部使用铷蒸气吸收泡,泡内填充惰性气体作为缓冲气体,整钟结构非常紧凑。这种缓冲气体方法可以有效地延长原子与微波的相互作用时间,但是,由于原子之间、原子与泡壁、原子与缓冲气体等的碰撞频移,以及包括光频移等,导致铷原子钟不能成为一级频标,只能作为二级频标使用。

　　铷原子基态存在大量跃迁谱线,其共振频率是由两个量子态间的能量差决定,为了更好地理解铷原子钟标准参考跃迁的选择过程,我们首先来关注铷原子的能级结构。在不同的外磁场作用下,超精细能级会劈裂为一系列次能级,这些超精细次能级存在明显的磁场依赖性。由于地球磁场和周围环境设备引入的各类人造磁场等影响,要求铷原子钟要设计高效的屏蔽系统,以降低这些静态和动态磁场的影响。对于铷原子钟的钟跃迁,比较幸运的是,一个特别的共振跃迁能级可以被选择出来,其跃迁频率对磁场不是那么的敏感。要明白这其中的真正含义,我们首先来说明原子超精细能级随外磁场强度的变化规律。Rb^{87}原子的核自旋数为 $I=3/2$,基态电子角动量为 $J=1/2$,最终基态超精细能级角动量为 $F=2$ 和 $F=1$。在外磁场作用下,铷原子的两个超精细能级劈裂为一系列次能级,即角动量在磁场方向上的投影(分量),用磁量子数标识为 $m_F=2,1,0,-1,-2$ 和 $m_F=1,0,-1$。在外磁场的作用下,以上只是近似表述方法,事实上角动量 F 在量值和方向上不再是严格的常数,外磁场会对粒子产生附加扭矩。为了得到电子的自旋随外磁场进动的相对耦合强度,一个比较好的测试方式,是存在外磁场的情况下,测量电子自旋反转所需的能量值。

在零磁场环境下,自旋与超精细量子态 $F=2$ 和 $F=1$ 的耦合强度不同,正是这两种能级状态的跃迁,产生尖锐的微波共振吸收峰,用于频率的钟参考。自旋与外磁场相互耦合能称为塞曼能,表达式为 $E_m = -\mu_{||}B$,其中 $\mu_{||}$ 为电子磁矩沿着磁场方向上的分量。现在,通过 F 和 m_F 符号近似地表述原子钟的共振条件,其中要求 $E_{F=2} - E_{F=1} >> \mu_{||}B$。

只有当外磁场非常弱时,才能满足以上条件。电子自旋和核自旋组合为一个单角动量 F 绕外磁场的进动,可是,磁矩相对电极距,仅有很小的一部分来源于原子核的作用。这样,近似为单粒子,磁量子数比自由电子角动量(1/2)更小,对应于更慢的进动速度。这样,当限定于一个微小的外磁场,磁能级变化可简单表述为 $E_m = (m/F)\mu B$,图 8.1 所示为 E_m 随 B 变化曲线,对应每一个 m 值,有不同的曲线斜率。

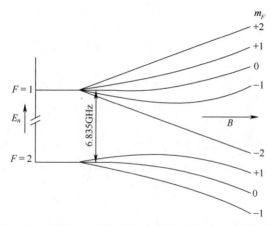

图 8.1 Rb⁸⁷基态超精细能级在外磁场作用下的塞曼劈裂

8.2 Breit-Rabi 公式

更准确的 E_m 随外磁场变化规律,使用 Breit-Rabi 公式表述:

$$E(m_F) = -\frac{E_{hfs}}{2(2I+1)} - \frac{\mu_I B_0}{I}m_F \pm \frac{E_{hfs}}{2}\sqrt{1 + \frac{4m_F}{2I+1}x + x^2} \qquad (8.1)$$

式中:正号和负号分别代表上能级和下能级,$x \approx g_J\mu_B B_0/E_{hfs}$ 为塞曼劈裂的程度;B_0 为外磁场强度。

要实现铷原子频标,这里有两个关键点,首先,对于原子的($F=2$, $m_F=0$)和($F=1$, $m_F=0$)能级,当外磁场很小时,开始时能级为水平方向,后随着磁场增强,曲线才发生轻微弯曲,这意味着如果磁场从零开展变化时,在恰当的微小值,曲线

109

满足 x 的一级近似关系;其次,当外磁场接近于零时,两塞曼次能级间的能量差与磁场强度成正比。

实际上要完全屏蔽磁场扰动是非常困难的,要保证铷原子吸收泡的磁场均匀性也比较困难,所以,铷原子钟会选择相对磁场不敏感的 $F=1$ 和 $F=2$ 的两个 m_F $=0$ 能级作为标准钟跃迁频率。即使存在一点磁场不均匀,铷原子在运动中感受一点变化的磁场,也仅导致微小的谱线展宽。但是,对于其他的相对磁场比较敏感的能级,就不能这么简单地近似。这样,两个共振的 $m_F=0$ 能级共振谱线比其他能级更尖锐,这一点对实现高精度量子频标非常重要。

磁场在接近于零的微小范围内,$m_F=0$ 能级随磁场呈一级线性变化,当超出该区域时,其能级间的跃迁频率就需要通过 Breit - Rabi 进行精确计算,二级近似时的频率偏移公式为:

$$\nu = \nu_0 + \frac{(g_J\mu_B - g_I\mu_n)^2}{2h^2\nu_0}B^2 \tag{8.2}$$

式中:g_J 和 g_I 分别为电子和核的 g 因子,可通过测试给定能态上的磁矩强度来得到精确值,表示为一定玻尔磁子 μ_B 的倍数;类似核磁矩表示为 μ_n,定义为具有一定电荷和质量的粒子具有的磁矩。这里提供了一种比较精密调节频标的方法,即变化磁场线圈中的电流。作为一个二级频标,铷原子钟必须设定一个磁场值,使其产生的时间刻度与一级频标定义的原子时刻度一致。即使经过了一级频标的计量校准,铷原子钟在出厂前也是必须进行一定的调节,测试确定其长期频率漂移率。另外,如果要评估测试某个外磁场的大小,可以利用这里的频率与 B^2 正比关系,使用塞曼能级 $m_2-m_1=\pm1$ 间的跃迁,通过测定跃迁频率值来得到磁场的大小。

8.3 光抽运:改变超精细能级布居数

回想一下,在第 6 章磁共振的讨论中,我们认为,为了观察两能级间的磁跃迁,必须要求这两个能级有较大的布居差,这是因为在原子的微波基态,单位时间内吸收和受激辐射的量子跃迁概率基本相同,这与光频段有区别,光频自发跃迁到上能级的概率非常小,其结果是,在微波区不能观察到能量的净交换,除非上下能级的原子数存在差异。这里,我们希望在接近零磁场下观察($F=1$,$m_F=0$)和($F=2$,$m_F=0$)两能级间的跃迁,有许多光共振的方法可以实现以上观察。目前普遍采用的方式,实际上反映了商业上实现的可行性,不可避免地要最终指向性能指标和成本间的平衡。在详细描述目前广泛商业应用的方案之前,我们首先扩大视野,看看其他可替换但更复杂的方法。

首先是 Kastler 提出的简单光抽运方法,可以实现原子布居数反转,这里采用圆极化的激光,光的传播方向沿着磁场轴方向,由于激光圆极化的方向不同,可以理想地把所有的原子都被抽运到 $m_F = +2$ 态或者 $m_F = -2$ 态上。这里，我们假设把抽运光的波长限制在可实现原子共振跃迁的频率范围，实现 $P_{1/2}$ 能级抽运。当然，如果频谱足够宽，也可以在满足角动量选择定则的前提下，实现所有的其他超精细能级跃迁抽运。当达到大比例 $m_F = +2$ 态原子数量时，我们就可以应用高频电磁场，实现原子 $F = 2$ 超精细磁能级间的共振跃迁。在合适的条件下，要实现期望的超精细磁能级 $m_F = 0$ 布居数差，首先要原子能自由运动，不受扰动；其次要有高频微波场，且场强均匀；最后要保证静磁场非常均匀一致。原子的整体效应可通过经典力学描述，近似于一个磁学陀螺仪，轴线绕着静磁场进动，扫过一个宽的锥形空间。如果高频电磁场脉冲非常短，可使进动的锥角达 90°，即所谓的 90° 脉冲，陀螺轴线将在垂直于静磁场的面内进动，其角动量在磁场方向上投影为零。量子力学描述为原子处在一个不同的 m_F 次能级的叠加态，$m_F = 0$ 有最大的幅度，大部分原子处于 ($F = 2$, $m_F = 0$) 次能级，远远多于 ($F = 1$, $m_F = 0$) 次能级，满足能级跃迁的要求。

原子跃迁的探测同样重要，在原理上，可通过反相位的 90° 脉冲测量，产生相反的进动过程，也可用 270° 脉冲产生一个整圆的同相位脉冲实现，最终使整体磁矩回到静磁场的排列方向。如果在两个脉冲间隔中原子没有被扰动，则将会理想地返回到初始状态，也就是，非吸收的 $m_F = 2$ 态继续被抽运，吸收或散射光将不会变化。但是，如果在两脉冲间隔时，有微波共振跃迁存在，即电子转移到 ($F = 1$, $m_F = 0$) 超精细能级上，则将不能全部返回到它们的非吸收态，抽运光或散射光的量将会增加。这种原子与抽运激光相互作用变化特性，可以应用于超精细能级间微波共振跃迁的探测。

为了降低脉冲光抽运在实际实现操作过程中的复杂性，另一种可选择的 Kastler 光抽运方法，是横向光抽运法。圆极化光传播方向不再沿着静磁场方向，而是垂直于静磁场。这里做一简化技术上的解释，假设横向光束包含一系列规则的能量包络，当外磁场非常微弱时，在光束方向上每一个能量包络将引起原子发生磁偏振，方向垂直于磁场，绕磁场轴连续进动，且周期性地回到其初始方向。现在，调节每个能量包络的间隔时间，且与极化矢量通过其初始方向的周期相对应一致，则极化会被叠加增强。更进一步，极化原子的进动方向垂直于磁场，意味着在 $m_F = 0$ 态上的布居数增多，这与前面讲到的 90° 脉冲光抽运在本质上是一致的。在工程实现上，横向光抽运技术不必要求光源直接产生脉冲，而是通过一个高速的电光调制器实现，产生一个谐波振荡，频率与给定磁场中原子的进动频率相一致。在抽运过程中，如果有微波场引起 $m_F = 0$ 超精细能级间的共振跃迁，也就改变了原子在不同 m_F 态上的布居数，使 $F = 1$ 态上的原子数量增加。光抽运过程会导致某个原子态数量占优，由于选择定则不能同时再吸收光子，因此当与一个微波共振场相干时，原子的散射荧光也会增加，这实际上提供了一种探测共振的方法。像前面提到的技术，在微波频率扫过共振区，当吸收泡发生共振时，同时可以探测原子共振散射光和透射光的强度变化,散射荧光增强,投射光减弱。非常有趣地指出,当初第一次使用垂直于磁场方向圆极化光的是 Hans Dehmelt(Dehmelt,1957),采用调制光束强度,使用90°脉冲,使激光与高频磁场起的全极化进动原子相互作用,这种调制产生的进动频率,可以用于直接测试静磁场,由于频率本身测试的精度非常高,这种方法用于磁强计的商业开发,可大幅提高其敏感度和精度。

8.4 光抽运:同位素滤光

现在,让我们把注意力转回到商业化的铷原子钟上,在工程化实现时,技术上也称为超精细抽运,是基于能量守恒的原理来实现量子态的跃迁,而不再依赖于量子不同角动量能级间的选态定则决定。我们这里只需关注抽运光的光谱而不是它的极化,当一束光的波长等于铷原子两能级间的能量差时,就会发生跃迁。因此,这种方法需要抽运光源的一根谱线与铷原子两超精细跃迁能级的一个能级相叠加即可,而这个跃迁能级是由初始超精细 $F=1$ 或 $F=2$ 能级间的跃迁引起。当光谱与其中一个超精细能级跃迁谱线相叠加时,光源的光就会被原子相应能级吸收。当然,一旦产生光激发态,原子会自发地重新散射光子,电子回落到两个超精细基态能级上,这与激发态能级无关,因此,在理想状况下,铷原子应该会全部被抽运到非吸收的超精细能级上。

像上面提到的 Kastler 光抽运方法,理想状态下要求保持激光光源的相对稳定,这意味着不能增加光源的复杂性。但对于铷光谱灯,我们也可能认为只需简单地利用一个滤光片滤出希望的超精细共振谱线,但铷原子的两根谱线相距很近,利用简单的滤光片滤掉其中一条谱线非常困难。当然也不是不可能,可以使用最灵敏的干涉滤光器,在不太损失强度的前提下可能把它们分开。

在利用激光方法开展光抽运实验之前,早期的光源是利用 Rb85 和 Rb87 同位素原子,这纯粹巧合,它们有一条非常相近的超精细结构光共振谱线。由于原子核结构和原子质量的不同,导致这两同位素的谱线发生了相对轻微的变化,称为同位素频移。碰巧,一条 Rb85 的超精细谱线与一条 Rb87 的谱线相接近,而其他谱线则非常明显地分开,如图 8.2 所示。因此,当铷泡中填充入 Rb87 元素时,会输出两条超精细谱线,然后可通过一个富含 Rb85 同位素的滤光泡,吸收掉 Rb87 波长相近的这一谱线。在工程实践中,可通过一些手段使两条相近谱线尽量匹配。然而,这种光谱灯抽运的方法对于频标的长期稳定度非常不利,这其中主要是由于谱灯内铷原子间碰撞,会引起谱线发生频移,以及铷原子与惰性气体间的碰撞,会导致谱线由于压力变化而展宽。谱线的频移方向,变高或变低,主要取决于惰性气体总量及相对比例的使用,同时需要考虑温度敏感性。实际中可通过混合两种频移方向相反的惰性气体,来调节 Rb85 吸收泡中各组分的相对比例,降低温度依赖性,提高波长稳定性和匹配性。

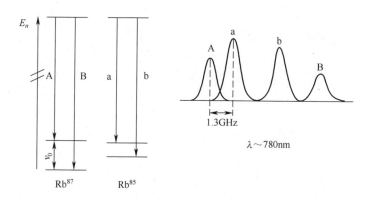

图 8.2　同位素 Rb^{85} 和 Rb^{87} 的超精细光谱

早在 1958 年，已经通过光学的方法，成功地观察到碱金属原子的超精细能级共振跃迁，当然，这一年也具有其他的特别意义，Bender 等人利用铷的同位素作为滤光泡，开发出了商业化的铷原子钟（Bender et al.，1958），其实验装置如图 8.3 所示。铷光谱灯作为超精细能级抽运的光源，其最强的两条共振谱线波长分别为 $\lambda = 780nm$ 和 $\lambda = 795nm$（$1nm = 1nm = 10^{-9}m$），为红光区域的谱线，相应的碱金属钠原子最强散射谱线显示为黄色谱线。这些铷原子谱线，来源于第一激发态与基态能级间的辐射跃迁，形成一个双吸收峰型的结构。对于 $F = 1$ 和 $F = 2$ 两个超精细能级，其第一激发态间劈裂的能量差比基态劈裂的能量更接近，所以，对常规的分辨率，谱线一般只显示基态超精细能级间的双态劈裂，而不是 4 个峰。对于普通的铷蒸气灯，包含了自然混合的铷同位素，也即会放射出四条超精细谱线，对应于每种同位素的双态跃迁。Rb^{85} 的基态超精细劈裂大约是 Rb^{87} 的一半，低频的两谱线更加接近，而高频谱线分开程度比较大，对照图 8.2 可以更清楚地理解这一点。在实际的实验装置中，富含 Rb^{87} 的光谱灯发出的光，通过富含 Rb^{85} 的滤光泡，在滤光泡内同时填充有 10^4Pa 氩气作为缓冲气体，滤光泡存在谱线加宽和一点中心频移效应，这可以提高 Rb^{87} 谱线的吸收程度。理想情况下，如果滤光泡内仅含有 Rb^{85} 元素，对于 Rb^{87} 灯发出的高频超精细谱线几乎是全透明的，而同时非常强地吸收散射其他谱线成分，以至于最终的透射光可以满足原子钟基态超精细能级跃迁所需的抽运光要求。在共振吸收泡内，抽运光与 Rb^{87} 原子的吸收和散射在重复循环进行，导致原子源源不断地被抽运到基态超精细能级的上能级，降低了下能级吸收态的数量，同时也导致抽运量的逐渐降低。如果在共振区施加一微波电磁场，产生基态超精细能级间的跃迁，使低能态数量增加，使两超精细能级的布居数接近，此时，散射光增强透射光减弱，意味着原子钟发生了共振跃迁。

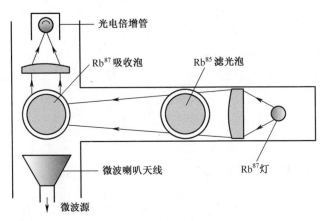

图 8.3　一种 Rb^{87} 超精细光抽运实验装置(Bender,Beaty 和 Chi 实验)

8.5　缓冲气体

在那些早期的实验中,吸收泡和滤光泡使用特硬耐热玻璃制备,体积比较大($\approx 500mL$),根据标准真空的要求,须进行前期清洗和烘烤,然后再通过蒸发的方法把少量金属铷原子充入每个玻璃泡。像其他碱金属一样,铷元素也具有非常活泼的化学活性,可以与空气和水发生反应,所以,必须在惰性气体或真空环境下操作处理。在玻璃泡封装之前,需要填充惰性气体对铷元素进行保护。

通过在不同气体压力下的实验研究发现,超精细频移系数与气压成正比,对于质量比较轻的气体,如氦气、氢气、氖气、氮气等,随着气体压力增加,其频率会升高;而对于质量数比较大的气体,如氩气、氪气、氙气、甲烷等,超精细频率会随气压增加而降低。在某一固定温度,如果频移仅仅是由于原子间的碰撞引起,那么基本上可以认为频移与气压成线性相关。但是,由于温度的影响,实际情况要复杂的多,根据实验摸索,一些气体随着温度的增加,其频率也会增加,而另一些气体则刚好相反,这样,我们可以填充合适的混合气体比例,来降低频率对温度的依赖程度,例如:当气泡内总气压固定在 $5.320 \times 10^3 Pa$（$1mm\ Hg \approx 133Pa$）,混合 12% 氖气和 88% 氩气时,整个泡的温度系数约为 $-10Hz/℃$,可观察到原子基态超精细能级跃迁的中心峰值频率为 $6.8347\cdots GHz$（$1GHz = 10^9 Hz$）,线宽仅为 20Hz! 此时 Q 值可达到约 3×10^8,与之相比,目前最好的石英晶体振荡器 Q 值仅为 1×10^6。

缓冲气体对谱线线型和中心频率的影响,主要表现为大量铷原子与惰性气体的平均碰撞效应,在铷原子与惰性气体碰撞过程中,我们可以认为是形成了瞬态的铷-气体"大分子"。在稀薄气体环境下,这种碰撞可近似地假设为二元系碰撞。除了在分子维度上非常短暂接触外,所有颗粒间的相互作用可以被忽略。这种假设可从根本上简化缓冲气体的影响,将问题简化为两方面:第一是仅仅两个粒子间的碰撞;第二是可统计平均所有这些碰撞。另外,碰撞过程可简化分析的原因,是在所考虑温度下,与原子外层电子运动相比,铷及惰性气体原子自身的相对运动速度非常小,意味着碰撞对在一定距离内可认为是准静态的,在计算两原子系统的量子电子态能量变化时仅考虑势能的变化。铷原子–惰性气体原子间碰撞的势能,以及更普遍的针对其他两原子碰撞系统中,当粒子间相互靠近时,存在相互吸引力,但是,当它们的电子结构相互接触,则转变为排斥力,进而相互远离。结果在轨迹的初始吸引阶段,铷原子电子态的畸变伴随着电子与核相互作用而降低,也就是会发生超精细频率的红移(频率降低),而在相互排斥阶段,会发生相反的蓝移效应。对于重原子的惰性气体,由于长程吸引力导致了净红移,而对于较轻的气体(He 和 Ne)会发生蓝移(频率升高),是由于短程排斥力占主导地位。粒子间典型碰撞所持续时间非常短,非常容易估算,例如:以上所述粒子由于热噪声导致的相对平均速度在 10^4 m/s 量级,而原子间相互作用力的范围约 10^{-8} m,所以相互作用时间很短,约为 $t = d/V = 10^{-12}$ s。另一方面,当气压为 1000Pa 时,发生一次碰撞的平均时间约为 10^{-7} s,这个时间段是原子间碰撞持续时间的 100000 倍,这证实了碰撞近似假设条件下的合理性。当然,如果在更高缓冲气体的气压下,这种近似可能不再适用,要预测压力导致的频移会非常困难。频移的温度依赖性与粒子间在碰撞过程中的相互渗透程度有关,越高的热动能产生越剧烈的碰撞。

对于原子钟的谐振频率,温度、压力、缓冲气体性质等都会影响频率准确度和复现性。当然,缓冲气体的好处也非常明显,不仅可以延长原子与微波谐振场的相干时间,而且也限制了由于多普勒效应导致的共振谱线展宽。

铷原子光学共振频率的谱线半高宽约为 700MHz,约为基态超精细劈裂频率值的 1/10。另一方面,我们也可容易地证明,微波跃迁条件可以很好地满足 Dicke 效应,频率为 6.8GHz 的微波共振波长约为 $\lambda = c/\nu$,或 $\lambda \approx 4.3$cm,在 10^4 Pa 气压下原子的平均碰撞距离不会超过 0.01cm,这大约是 1/400 个波长。最后,关于多普勒效应,像前面提到的 Bender、Beaty 和 Chi 搭建的实验系统,在共振微波场的作用下,会形成微小的多普勒频移效应,铷原子相对于吸收泡发生整体移动,这是由于铷原子与玻璃泡壁发生化学反应时,原子会从铷液滴持续地扩散到泡壁所致。一个比较好的改进方向,是在泡内壁涂覆一层化学性质相对稳定的材料,减小铷原子的化学反应,同时也利于缓冲气体的稳定。目前,一种经特别处理的硅铝酸盐釉料被成功地开发,用于工业钠灯的内表面保护,钠灯的工作温度要比铷灯高出很多,已经大量用于街道照明,其内涂层材料可以很好地保护钠蒸气与玻璃发生化学反应,防止钠灯变黑失效。理想的玻璃泡内表面应该不与铷原子发生任何化学反应,同时也不允许存在液滴来维持蒸气浓度,但是这种精确的"干填充"从来没有实现。尽管如此,在 1957 年左右,H. Robinson 等人照样开展了相关实验研究,采用高分子烷烃的蜡涂层,成功地阻止了铷原子与泡壁碰撞时的自旋方向改变。涂层的使用也会导致频率漂移,它们并不能替代缓冲气体,不能增加铷原子与微波振荡场的相互作用时间,优势并不明显。不管玻璃内表面涂覆与否,都会与铷原子发生长期的化学反应,会引起铷气体的缓慢变化,以及导致谐振频率的长期偏移。目前,也有团队正在开展利用蓝宝石或其他新型材料制作玻璃泡的相关研究工作。

8.6 光频移

抽运光本身会影响微波共振的频率,这种复杂效应称为光频移。这种现象在1961 年被首先发现,由 Cohen-Tannoudji 和 Barrat 在理论上进行了计算,随后被Kastler 实验室在 Hg^{199} 射频谱中首次观察到。同一年,Arditi 和 Carver 也首次在铷和铯原子的微波共振中观察到光频移并同时发表。虽然这种频移量非常小,它的发现也并不代表多么重大的成就,但是对于原子频率标准来说,则意义重大。这种光频移效应,除了对光强度变化有明显的依赖性外,也同时依赖于详细的光谱,特别是光谱与铷原子吸收峰的相对位置。为了理解光频移的物理起源,我们必须区别光抽运过程中的两种量子跃迁:真正的跃迁和所谓的虚拟跃迁。当抽运光去除后,如果原子激发态的概率变为零,则这种跃迁为虚拟跃迁,反之,如有电子呆在激发态上,则为真正的跃迁。在铷原子光抽运的过程中,真正的跃迁将把原子抽运到第一激发态,然后通过自发辐射,重新散射光子后恢复到基态。同时,这个过程中也存在虚拟跃迁,抽运光的电场分量使电子云发生畸变,只要光场存在,在铷未受干扰的静止状态条件下,原子可描述为一种线性叠加态。一旦干扰电场被去除,原子则返回到初始态。这种电场导致的电子云畸变会使光谱位置发生偏移,称为交流斯塔克(Stark)效应,与 E^2 相关,其中 E 是光波电场幅度。由于对 E 的二次方依赖性,当振荡光场对称地正负变化时,这种效应也不能被平均掉。但是,跃迁频率的光频移会引起原子钟微波超精细跃迁的能量发生变化。因为这种频移来源于许多复杂的因素,影响了光源的光谱和原子的吸收谱,严重制约铷原子钟指标的进一步提高。

8.7 频率控制

现在,我们来考虑铷原子钟振荡的电子学控制系统,有两种微波共振模式,其一是被动模式,作为一个谐振器或鉴频器;其二是主动模式,作为一个振荡器(脉泽),可直接产生标准的频率信号。被动型铷原子频标已经被商业开发为通用的产品,这里详细来讨论,而主动型铷脉泽将留到下一章讨论。

像其他被动型原子频率标准一样,铷原子对外场的共振响应需要精确探测。

具体地说,必须识别微波频率是否低于、超过或恰好处于共振曲线的中心？这可以通过微波场缓慢周期性地扫过共振曲线方式,来实现频率或相位的调制,原理如图8.4所示。调制频率从共振曲线的一侧正斜率变为另一侧的负斜率时,光信号也会同步发生变化。如果调制信号对称性地位于共振曲线中心附近,那么在曲线的正负两边扫频时,光信号总是下降的,但光信号的振荡频率会变为调制频率的两倍。如果刚好位于共振曲线的峰值,光信号将在调制频率上不会出现傅里叶分量,而只有两倍的调制频率信号。

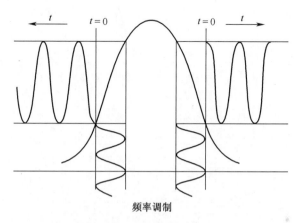

频率调制

图8.4　探测信号的相位在微波共振频率附件发生反转

　　微波控制是实现光信号转变为电信号,作为误差信号,将频率锁定到共振峰上。要求电路能够选择性地放大调制频率信号,并针对这些信号的相对相位变化灵敏反馈,这样的相位敏感放大器称为锁相放大器。在某种意义上讲,就是使输入信号与参考信号相干,如果两信号同相位则输出正电压,如果两信号反相位则输出负电压。另外,如果这两个信号不同频,输出信号会随着相位的变化而振荡,长时间平均后输出电压为零。有了这样的锁相放大器,我们就可以得到控制电路所需的误差信号,简单地使用调制的微波信号作为频率参考,结合输入锁相放大器的光信号,非常缓慢地扫过共振频率,如图8.5所示,称为色散曲线,也可通过积分变换为吸收曲线。从图中可以看出,当频率高时,输出电压为负值,而频率低时,输出电压为正值,在中心峰位置,电压为零。这正是我们所需要的反馈控制回路中的误差信号,旨在通过控制场的中心频率,使误差变为零。

　　微波频率来源于一个高品质的受控石英振荡器,输出典型的 5MHz 信号(图8.6),通过倍频链路,合成所需的微波共振频率。其中,5MHz 作为参考频率,通过倍频和分频产生其他频率信号,最终得到频率输出信号,可以将输出接口预设在铷原子钟的前面板上。

　　频率信号的处理可通过谐波发生器和频率综合器等非线性固体器件完成,处

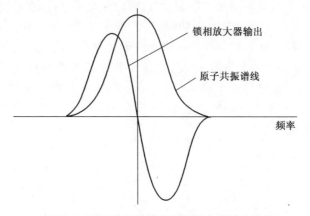

图 8.5　原子共振谱线和锁相放大器输出波形

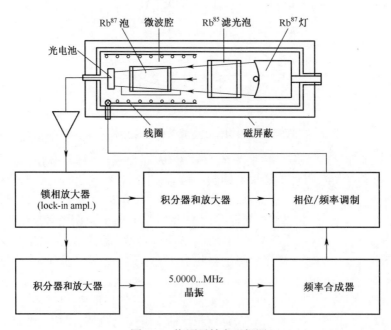

图 8.6　铷原子钟实现框图

理过程中频率信号的相位关系被保留下来,以至于输出信号的相位与 **5MHz** 参考信号的相位相关,这里相位关联仅仅意味着两个频率合成器的输出在共享相同的参考信号,可以设置生成不同的频率信号,产生稳定的"差拍",也就是这两路输出频率之差生成了一个干净的信号。明显地,如果参考频率改变,合成器输出的频率也会同步变化。石英晶体振荡电路中的压控敏感元件实现频率精确控制,提供原子振荡频率,如果这个频率太低,就会产生正的误差信号,必然引起振荡器频率稳

118

步上升,以减小误差。这就需要压控晶体振荡器电压来自于锁相放大器的输出,在恰当方向上稳定地增大压控幅度。电路中积分器将直流电压转换成线性增加电压,它被连接在稳定运行的反馈环路中。当误差信号在共振峰附近接近零时,积分器的输出趋于恒定。积分器工作电压的稳定性至关重要,直流电平的任何漂移都可能引起频率偏移,从而影响原子频标的指标。当然,很多因素会影响原子钟共振频率,其中一些是物理上的本质原因,而另一些则归咎于测试设备和控制电路。

8.8 频率稳定度

前面提到的很多物理现象,皆会影响原子钟的共振频率和稳定性,这些都是已知的系统误差来源,当然,还存在不可控的随机波动误差,这里随机误差由各类电子器件噪声引入。从晶振的 5MHz 输出经过多次倍频后,得到 6800MHz 的频率信号,石英振荡器的任何残留相位波动都会被放大,因此,石英晶体振荡器最终微波的相位稳定性和谱线纯度起决定性作用,高 Q 值低噪声的晶振是原子钟研制成功与否的关键之一。

这里要讨论标准或基准的准确度和稳定度,并不会在普通仪器中碰到,假设我们有一块普通的电压表,在使用前校准即可,其准确度溯源到上一级标准。但是,如果这个上一级标准的准确性被怀疑了怎么办? 这个问题就与铯原子频标密切相关了,目前铯原子频标已经成为一级标准,同样利用原子共振原理实现的铷原子频标,虽然被大量应用,但被认定为二级频标,它的频率准备度不是被评估出来的,而是溯源到上一级频标。但是,怎么知道上一级频标的频率是否发生漂移了呢? 这个问题其实是时间频率领域的一个核心问题,即基准被假设不漂移,实际的实现过程是要求研制一批一级标准,同时来定义时间单位,在一定程度上,只要这些标准是一致的,我们才有信心认它们是准确的和稳定的。

像我们前面章节提到的,在评定频率标准的稳定度时,尤其在特别关注长期稳定度时,使用不同取样时间内的相位或频率阿伦方差方法非常有效。这种分析方法假定满足稳态条件,数据的长期漂移会被分离出来。同时,前面也提到,一些基本的噪声类型也可以被精确地建模,在傅里叶谱中呈简单的频率指数关系,这些指数定律可以简单地被转换为取样时间间隔 τ 对阿伦方差 $\sigma(\tau)$ 的关系,用于频率稳定度的测试比较。因此,对于重要的闪变噪声,其 σ 值与取样时间间隔无关,对于白频率噪声,呈 $1/\tau^{1/2}$ 规律变化。目前大部分的原子钟,射频电路工作在室温之下,其热噪声(约翰逊噪声)接近“白”(在所有频率范围内服从相同的指幂数规律),成为一种普遍的噪声源,阿伦方差 σ 与取样时间 τ 呈 $1/\tau^{1/2}$ 曲线关系,直到某一个取样时间点后,闪变噪声才成为主导因素,阿伦方差曲线变平。

图 8.7 显示了铷原子钟的典型阿伦方差曲线,为了比较起见,这里把后面几章

中涉及的其他几类原子钟阿伦方差曲线也放在一起。这里,铷原子钟在大约100s时出现阿伦方差的底,约为10^{-12}量级,系统性的漂移已经显示出来了,这代表铷原子钟在大约一年内有$30\mu s$的误差。

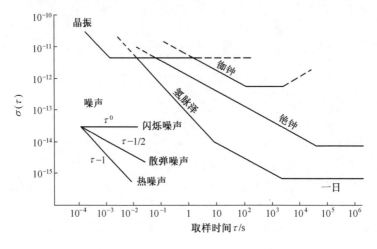

图 8.7 不同频率标准的阿伦方差曲线

8.9 铷原子钟小型化

随着半导体激光器的发明和发展,在室温下可获得铷原子或铯原子的光抽运波长,且激光长期稳定可靠运行,使光抽运气泡型原子钟的小型化成为可能,再结合微电子集成电路技术,现代的铷原子钟体积已大为缩小,如图8.8所示。这些技术进步替代了传统的超高频铷灯和同位素滤光泡等器件。

图 8.8 瑞士纳沙泰尔天文台研制的小型工业级铷原子钟

尺寸减小的直接物理影响,是泡壁碰撞频移的增加,以及对应于更高的缓冲气体气压。在任何情况下,我们都不希望看到钟参考跃迁频率的恶化,以及长期频率稳定度的变差。在小型化过程中,另一个需要考虑的因素是共振微波腔的尺寸,对于 Rb^{87} 原子钟,其钟跃迁波长为 4.4cm,而 Cs^{133} 原子钟,其钟跃迁波长为 3.3cm。铷原子相对于铯原子,因为更少的基态磁能级,所以有更大比例的铷原子参与钟跃迁,跃迁信号也会更强。另外,这两种小型化的原子钟,其微波腔可使用低介电损耗材料,继续缩小体积,有实验表明(I. Liberman, 1992):使用一个铯气泡,其直径为 4mm,长度为 18mm,在相对高的蒸气压下工作,此时铯-铯原子间碰撞占主导,其限制因素变为铯原子态的自由运行寿命,理论上短期频率稳定度 $\sigma(\tau)$ 可实现 $5 \times 10^{-12} \tau^{-1/2}$,其中取样时间 τ 在秒量级。

第9章
传统铯原子频标

9.1　时间单位的定义

我们下面要讨论的铯原子钟,已经被提升为时间频率计量基准,用于定义国际标准时间单位,来取代天文观测时间单位定义中的历史作用。在 1967 年第 13 届国际计量大会上,来自 40 多个国家的代表,共同签署了米制公约,决定采用秒长的国际单位新定义。在那次大会上,以压倒性的优势,支持采用原子时取代原有的地球公转天文时。新的时间单位定义为:1 秒是 Cs-133 原子基态两超精细能级间跃迁辐射 9192631770 周期所持续的时间。原子时秒长与当时的历书时秒长在前 10 位保持一致。历书秒是 1956 年开始采用的一种国际标准时间单位,是基于地球的一个回归年而定义,即地球绕太阳完成一个周期,其自转轴与地球太阳连线又一次呈相同的角度,重复一个四季轮回。历书秒定义的一个明显缺点是在实际应用中面临的问题,它必须同时配备一台稳定的时钟,联合计时,一定的时间段利用地球公转校准时钟。更重要的是,经过 10 余年的发展,原子钟准确度在不断地提高,在实际中已逐渐替换历书时,成为事实上的时间标准,并最终取代了天文观测的时间定义。

9.2　时间单位的实现:铯原子频标

这种新定义的实现,与前面铷原子频标微波共振原理相类似,但是由于某些优势,最终选择了质量更重的碱金属铯原子共振来定义时间。可是,这里应该指出的是,我们平时提到的铷原子频标和铯原子频标,并不仅仅指原子的类型,而有时也暗示原子与微波场的相互作用方式。在传统的铷原子频标,使用了惰性气体作为缓冲气体,阻止铷原子与泡壁间发生碰撞,增加相干时间,避免相干中断及谱线增宽。与之相对比,在铯原子频标中,铯原子在真空腔室内形成一束铯原子流,自由地飞行(束流是一种比喻,相近于光束形成一束光子流一样)。当然,没有物理理论说铯原子不能使用扩散泡及光抽运方法,也没有理论说铷原子不能采用束流的方法,事实上,这些可能性以及相关实验已在历史上被详细研究。

在原子频标研制的早期阶段,不仅关注原子的相干存储方式,而且也研究量子态的制备方法,以及微波共振探测方法。铷原子频标通过光的超精细抽运方法,使用常规的超高频激发铷灯作为光谱源,铯原子频标使用磁偏转的方式,完成量子态的制备,这种磁学方法第一次在 Stern – Gerlach 的实验中实现并应用。在这一章中,我们将只描述铯原子束的这种磁偏转方法,在后面的章节中,再接着介绍铯原子的光抽运方法。

在铯原子频标中,当铯原子自由飞行时,要确保没有受到外部杂散场的扰动,也没有来自其他粒子的碰撞作用,仅与馈入的微波场发生相干,并尽可能地减少共振频移的发生。其实正是这种不受干扰的特性,使得铯原子频标成为目前唯一合适的一级标准。在理想情况下,这种频标可得到尖锐的共振谱线,最佳的谱线信噪比,同时设备对外界环境的影响也不太敏感。事实上,第 7 章中已经讲过,作为频率标准,共振时中心频率的不确定度正比于 $\Delta v/(\text{S}/\text{N})$,这里 Δv 是共振线宽,S/N 是信噪比。通过定义一个指数 $F = (\text{S}/\text{N})(v_0/\Delta v)$,当不确定度降低时,该指数相应增加。对于铯原子频标,S/N 最终由散弹噪声决定,主要由铯原子的本质特性决定,其 $\text{S}/\text{N} = \sqrt{n}$,其中 n 是参与共振的原子数量。

对于传统的铯原子频标,热原子在真空环境中发生共振跃迁,此过程中外界仅施加微弱的均匀磁场和微波辐射场。为了推论出铯原子在零磁场下"真正的"跃迁频率,确保仅与微波辐射场相互作用,需要在理论上进行各系统级误差来源项的修正。有一点我们必须确信的是,铯原子仅是一个原子,不管它出处在哪里,都可以制备出可重复普适的标准。当然,科学家也一直在测试推导,原子的基本属性在宇宙进化过程中是否在慢慢地发生变化,但这不是我们现实中建立频标所关注的内容。

图 9.1 是铯原子两基态超精细能级示意图,该两能级间的共振跃迁频率用于定义秒长,图中显示在外磁场作用下,超精细能级会继续劈裂为一系列的次能级。对于铯原子,只存在一个稳定的同位素,质量数为 133,核自旋为 $I = (7/2)h/2\pi$,外层电子自旋为 $J = (1/2)h/2\pi$,两者相互作用相互耦合,根据量子力学定则,铯原子总的角动量为 $F = 4$ 或 $F = 3$,单位为 $h/2\pi$。当外磁场强度接近于零时,原子在这两个超精细能级上可想象为一块微小的磁体,服从空间量子化定则,也就是说,顺着外磁场轴会呈现出一系列整数值的分量(单位 $h/2\pi$)。对于铯原子的 $F = 4$ 能级,外磁场作用会使量子态进一步劈裂,角动量呈一系列分立的整数值,用磁量子数 m_F 表示为:+4,+3,+2,+1,0,-1,-2,-3,-4;对于 $F = 3$ 能级,也会得到相似的能级劈裂结构。当外磁场接近于零时,不同 m_F 能态能量会随着磁场呈线性函数变化,表现为不同的斜率。尤其是 $m_F = 0$ 磁能级斜率接近于零,它们间的跃迁被称为"0-0 跃迁",此时,微弱的不均匀磁场并不会导致谱线展宽,因此可用来严

格定义秒长。在图9.1中,当外磁场逐渐增强时,除了以上两能级外,其他能级不再呈线性函数关系,在较大的磁场作用下,图中各曲线明显弯曲,分成近乎平行的两组曲线。总的角动量矢量不再是时间的常数(由于磁场的扭矩作用),图中用量子数标示了不同的磁能级。在强外磁场的极限情况下,分开的电子磁矩和核磁矩变为常数值,通过恰当的整数或半整数分量可描述沿磁场轴方向分开的量子态,就目前的铯原子,相应地 $I = 7/2$ 有 8 个可能的分量,分别为:m_I = +7/2,+5/2,+3/2,+1/2,−1/2,−3/2,−5/2,−7/2,以及 $J = 1/2$ 有两个可能的分量,分别为:m_J = +1/2 和 m_J = −1/2,m_I 和 m_J 有 8×2 = 16 个可能的组合,这与 F 和 m_F 所表述的量子态数目一致,即对于 $F = 4$ 有 9 个磁能级,对于 $F = 3$ 有 7 个磁能级,9 + 7 = 16。这并不奇怪,因为场强的增加并不会产生新的量子态,而仅是改变它们的能量大小。

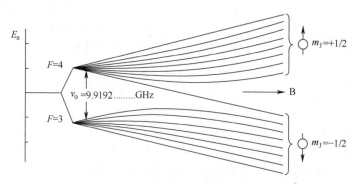

图 9.1　铯−133 原子超精细能级对外磁场的依赖关系

　　原子磁能级随外磁场的变化趋势值得特别关注,势能变化梯度决定了原子在外磁场作用下的运动轨迹。磁能级的能量在外磁场下增加,则原子受到场强降低方向的力作用,反之,原子将倾向于朝场强增加的方向运动。这样,原子在非均匀磁场作用下,不仅存在自身进动,而且也由于外力作用而发生整体运动。更重要的一点,对于铯原子钟,一束铯原子只要在平滑的磁场中运动,就会保持相同的量子态,确保在任何时候,原子感受到随时间变化的磁场梯度,进动频率的傅里叶频谱幅度可以忽略不计。这种利用不同量子态偏转原子的方法,被多种原子钟用于原子的选态。

　　在研究自由原子或分子磁共振过程中,原子束共振技术逐渐发展并应用,在Ramsey 发明分离振荡场方法之后(Ramsey,1949),相关技术逐渐趋于成熟,最终被应用于铯原子频标,演变成为一级频标。铯原子频标的结构如图9.2所示,其中包含了必要的磁选态器系统和微波腔系统,这种典型结构最初由德国物理技术研究院(PTB)设计研制(Physikalisch−Technische Bundesanstalt,PTB),并成功研制出第一代基准钟 CS1。在这种典型的铯原子频标结构中,原子从铯源溢出,首先进入极化磁场,即选态器 A,它具有陡峭的横向磁力线梯度变化,可以使不同量子态的原子沿相反方向偏转分离;原子束经过选态器 A 后,理想情况下是 $F = 3$ 态上的原子全部被移除,仅留下 $F = 4$ 态的原子进入微波腔。但在工程频标实现过程中,经过选态器后,$(F = 4, m_F = 0)$ 态上的原子数量会多于 $(F = 3, m_F = 0)$ 态上原子的数量,但不是 100% 的 $F = 4$ 态;然后保持相应量子态的铯原子再通过微弱均匀的 C 场区,如果此时在 Ramsey 腔内没有加微波振荡场,那么原子在此区域就不会发生共振跃迁,再通过分析 B 磁铁后,会沿着与 A 磁铁相同的方向偏转,远离探测器。当然,如果高能态原子在 C 场区与振荡场发生共振跃迁,原子会从 $(F = 4, m_F = 0)$ 态跃迁转变为 $(F = 3, m_F = 0)$ 态,就会在 B 磁场作用后沿相反的方向偏转,最终进入探测器。这种探测已跃迁原子的设计模式;称为"跃入(flop-in)"模式;反之,如果跃迁的原子被设计为偏离探测器,则是另一种"跃出(flop-out)"模式。当然,铯原子频标可能还有其他不同的实现方案,但最终会通过信噪比来决定采用哪种结构。

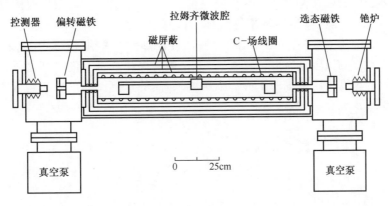

图 9.2　德国 PTB 设计的铯原子频标结构示意图(A. Bauch, et al. 2000)

9.3　物理系统设计

9.3.1　真空系统

在铯原子频标物理系统中,内部铯原子运动通过的区域必须保持超高真空,结构上包括真空封装系统、合适的真空泵,以及真空测试传感器等。对于铯元素,作为一种碱金属,其熔点较低,仅为 28.5℃,在室温 24℃ 时平衡蒸气压为 10^{-3}Pa,蒸气浓度会明显影响束流,所以在设计上意味着必须有一种手段能去除背底铯蒸气。

125

在实验室样机的研究过程中,曾使用过"冷囚禁"的方法,利用了一种冷凝系统,并作为真空壳层的一部分,灌注-196℃的液氮,这样可以去除背底铯原子。目前更普遍的方法,尤其是对于结构紧凑型的便携式铯原子钟,其内部一般采用吸气剂方案,吸铯剂材料粘贴于铯束管内表面,通过物理吸附或化学反应的方式,实现背底高真空。吸气剂材料一般使用高吸附能力的石墨,或称为沸石的一种碱金属硅铝酸盐材料。因为铯是一种化学性质特别活泼的元素,所以很多种物质都可以作为吸气剂材料,但是,在考虑蒸汽压、温度稳定性、成本等综合因素后,最终一般选择石墨碳材料,放置于铯束管内不希望铯原子出现的地方。

在元素周期表中,钛是一种性质比较特殊的元素,可以用于制作高效的真空吸气剂,利用钛丝蒸气沉积膜或直接使用钛板,来作为真空泵的电离阴极。在使用钛板做阴极材料时,高真空环境下,通过电极放电,电子会在外磁场作用下呈洛伦兹运动,穿过特殊设计的阳极结构,来回振荡运动,在此过程中,电子与颗粒物分子发生碰撞,使其形成阳离子,最终在电场作用下加速撞向钛板表面,完成吸气过程,实现真空系统的微颗粒捕获。经典离子泵的结构如图9.3所示,可以吸附几乎所有的气体分子,当然也包括各种惰性气体。该真空泵由瓦里安联合公司在19世纪50年代研制成功,该真空泵的研制成功,代表着真空技术领域革命性成果,可实现比拟于外太空的极限真空度,目前已成为铯束管保持高真空的必备部件。高真空下铯束管的长度决定了铯原子钟的准确度,超高的真空极限也意味着可实现更高的铯原子钟指标。

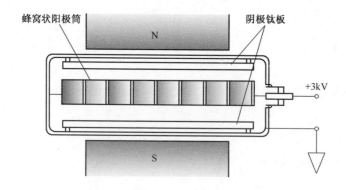

图9.3 钛离子泵内部结构示意图

9.3.2 原子束源

铯原子被密封在一个恒温的玻璃泡内,通过铯炉金属丝加热泡内微量的银色铯金属,温度至大约100℃,在此加热过程中,泡内铯原子浓度逐步升高,炉内铯原子扩散泻出,接着通过一个准直器,最终进入微波腔。其中,准直器由一束毛细管组成,或者由褶皱的金属箔制成的多通道管路,使原子渗出通道尽可能地变窄。铯炉的工作温度必须确保铯原子的蒸气浓度低于某个临界点,原子在准直器内发生多次碰撞,通过准直器的运动状态称为稳态热扩散,与蒸气浓度非常高时的湍流扩散机理有明显区别。铯源最关键的部件是准直器,需要在工程实践中精心设计制作,要避免铯原子在准直器内凝聚,避免引起铯原子流的强度波动。这就要求准直器本身要保持较高的温度,铯原子在其内表面扩散汇聚而成束流。由于这些原因,这种类型的铯源一般称为亮壁炉,以区别于使用泻流管和吸铯剂方法的暗壁炉。

虽然在设计铯炉准直器的过程中一直在考虑使铯束变窄变细,但是不可避免地在实现过程中会出现铯源喷射的现象,造成铯原子大量浪费,降低铯炉的使用寿命。为了克服这种缺陷,在工艺上可借鉴回流炉或再循环炉的设计经验,在准直器管路上引入下降的温度梯度,在准直器出口处温度刚刚达到铯金属熔点。这样,液态铯会聚集在准直器内,当然这在传统亮壁炉是无法容忍的,相当于发射出去的铯原子又被拉了回来。在新的设计中,铯原子会首先聚集在海绵钨内,作为缓冲池,然后再逐步发射,巧妙地利用了毛细管效应,图9.4所示为一种再循环铯炉的结构示意图。

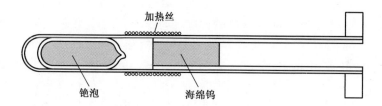

图9.4 一种再循环铯炉的结构示意图(Drullinger, et al. 1981)

9.3.3 磁选态器

强磁场选态器 A 磁铁,两极被设计为特定的形状,极间产生陡峭的磁场梯度。此磁铁的用途,是使具有原子磁矩的运动原子在磁场作用下发生偏转分离,实现量子态的选择。实际上,有两种类型的选态磁铁,一种是聚焦型的,另一种是非聚焦型的。最初 Stern - Gerlach 设计的磁铁以及其后的改进型,都是非聚焦型的两极磁铁,磁极面形状经过特殊设计,在两极尖间产生陡峭的场强梯度变化,由于原子具有不同的运动轨迹,并不是所有原子都能进入磁铁选态区,所以,在梯度场作用下,每个原子受到不一样的作用力,形成特定形状的原子束,其截面分布受磁场形状影响。磁铁设计的主要目的,是在产生一定磁场梯度的同时,让铯原子束缚在整个散射区内,形状不发生扭曲变形。图9.5为一种改进型的 Stern-Gerlach 磁铁。

上面提到的聚焦型选态器有两种:一种是具有二重轴对称的四极选态器;另一

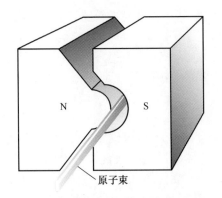

图 9.5 能保证一定磁场梯度的选态磁铁

种为具有三重轴对称的六极选态器。首先我们来分析比较简单的四极选态磁铁，这种选态器在实验中多用于聚焦离子束，而不是聚焦中性原子束。在相邻的磁尖之间，磁场分量近似可表述为 $H_x = kx$ 和 $H_y = -ky$，其中 x 和 y 为直角坐标系中的某个点，X 和 Y 为坐标轴，指向分别为磁铁的 N 极和 S 极。合成磁场为 $H = k(H_x^2 + H_y^2)^{1/2} = k(x^2 + y^2)^{1/2} = kr$，其中 r 为中心轴到测试点的径向距离，k 为磁铁磁尖处的最大磁场强度。铯原子在这样的梯度磁场作用下，运动状态非常复杂，类似于物体在重力势能作用下的运动，不是简单地与磁场强度成正比，在条形磁铁非线性场的作用下，根据 Breit–Rabi 公式，原子在每个点上受到的磁场作用力是不一样的，本身磁矩也在变化，当场强足够强时，原子磁矩大小与外场成线性关系，电子磁矩和核磁矩会与外场方向保持恒定的角度。强场作用下，原子受到的力简单地与外磁场梯度成正比，铯原子从铯源溢出后，高能态的原子能量随外场增强而增大，运动方向趋于轴向收敛；反之，低能态的原子，受力向外，最终发散后远离轴线。在垂直于轴线的平面上，粒子的运动轨迹与地球重力场作用下的自由落体运动相类似。

六级选态器的聚焦作用如图 9.6 所示，临近磁尖间的磁场分布为 $H_x = k(x^2 - y^2)$ 和 $H_y = -2kxy$，合成磁场为 $H = k(x^2 + y^2) = kr^2$，受力为径向方向，收敛或发散情况与四极选态器对应的量子态一样。磁场梯度即受力大小，与中心轴线的距离成正比，这种情况与物体受弹簧力作用有些类似。事实上，收敛原子会沿径向以轴为中心作简谐振荡，低能态地发散原子则指数加速地远离轴线。在第 10 章介绍氢脉泽原子钟时，将会应用并继续展开讨论六极选态器。

以上介绍的这两种选态器，其中心轴线处的场强趋于零，所以需要考虑阻挡中心轴附近的速流，以避免铯原子径直运动通过选态器，失去选态的作用。但不幸的是，从束源准直器出来的原子，其中心部分的束流强度最大，如果在中心处设置挡板，会明显降低铯原子的使用效率，另一种解决方法是使用环形束源，但一般应用较少。

128

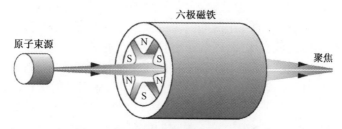

图 9.6　六极选态器聚焦原子束示意图

四极选态器和六极选态器也存在另一个不能忽视的局限性,当应用于铯原子钟时,具有 $F = 4$ 能级的原子将一直收敛,而具有 $F = 3$ 能级的原子总是发散,这将不可能通过 A 磁铁和 B 磁铁方案,实现"跃入"方法探测,所以一般铯原子钟利用的是两极选态器,在此情况下,铯原子只发生偏转,而不是发散或收敛,是可以满足铯原子钟选态的方案要求。

9.3.4　均匀 C 场

当原子离开选态磁铁 A 后,磁场强度将从强磁场逐步降低到弱的均匀 C 场,在此过程中,量子态保持不变,要求原子在运动过程中感受到的磁场对量子跃迁傅里叶频谱的幅度影响可忽略。如果不能满足这个要求,可能会导致其他磁量子能级间的辐射跃迁,即所谓的 Majorana 跃迁,会发生 $m_F = 0$ 磁能级间的弛豫效应,降低选态效率,同样的情况也会出现在从 C 场 Ramsey 腔到 B 磁铁的磁场强度增大过程中。

在均匀的 C 场区,原子与共振磁场发生相互作用,两基态超精细能级间发生共振跃迁。C 场区域的磁场要保持均匀,磁场强度接近于零,不能太强,以确保 $m_F = 0$ 次能级在弱场区对磁场强度的一次方不敏感。同时,磁场也不能太弱,其强度要能保证 $m_F = 0$、1、2、3 等 m 磁能级间充分分开,以致共振场不产生依赖磁场的 $\Delta m_F = \pm 1$ 跃迁,否则磁场变化会加宽跃迁谱线。不管怎么说,C 场必须尽可能地均匀稳定,因此要求使用高磁导率的金属或合金,制备多层封闭的磁屏蔽系统,以屏蔽掉外部的磁场影响。通常使用一对矩形线圈来产生均匀 C 场,电流在通过线圈时即产生磁场,磁场方向保持与原子束流方向平行,确保铯原子钟分离振荡的两端磁场均匀一致。另外,原则上也可使用一对精密加工的电磁铁产生 C 场,但是一般性的线圈系统就可满足均匀性要求。

9.3.5　跃迁场

如前所述,精心设计的铯原子频标共振装置,连续振荡微波腔,由 Ramsey 在 1949 年首次提出,精确检测原子的共振相干。为了深入理解该微波腔的创新意义,让我们首先回到拉比振荡时代。当原子以 250m/s 的热速度运动时(大约每小时 600 英里),原子与微波的相干时间就由微波辐射场的长度决定,当相干时间减小时,共振频率的线宽就会增加,因此在实验中我们都尽可能地增加相互作用区的长度。事实上,只有达到 1~2m 长度量级时,共振线宽才能满足频标的要求。假设 L 代表漂移区的长度,V 代表原子的平均热运动速度,那么辐射跃迁的相干时间为 L/V,共振线宽大致为 $\Delta\nu \approx 1/\left[2\left(L/V\right)\right] = V/(2L)$。当 $L = 1\mathrm{m}$ 和 $V = 250\mathrm{m/s}$ 时,算出来的线宽 $\Delta\nu \approx 125\mathrm{Hz}$。这一基本的谱线宽度,也可以简单地从有限时间内的振荡傅里叶谱推导出来。当原子处于漂移区时,在有限的作用时间 L/V 内,振荡曲线会逐步从零升高到一定的振荡幅度,然后再降为零,其傅里叶谱如图 9.7 所示。

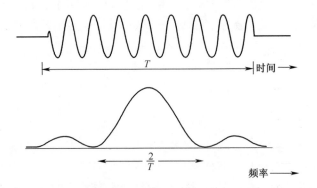

图 9.7　有限长度的振荡场及其傅里叶(功率)谱

在相互作用区,多普勒频移是一个严重的问题,这主要是由于通过振荡区的原子运动速度不同所造成。大家可能认为在相互作用区,只要使用驻波就可简单地解决这个问题,但实际上,难点就是必须有这样可满足要求的驻波,另外即使在共振频率不发生净偏移的情况下,仍会发生谱线加宽,具体原因可归结为:微波波长约 3cm,原子通过振荡场时幅度和相位会沿着其运动路径发生周期性变化,也就是说,原子在运动中会感受到一个调制的微波辐射场,其调制频率依赖于原子的运动速度,得到一个调制的傅里叶谱,在中心频率两边各包含一个相同的边带,多普勒频移量为 $(V/c)\nu_0$。当然也可认为驻波是沿相反方向移动的两个波的叠加,就像水面波纹一样,当被墙壁反弹回来后,每个波纹相对于另一个波就会出现多普勒频移现象。由于原子具有不同的运动速度,在较宽的范围内服从统计规律,所以,共振谱线必然会被多普勒效应所展宽。

9.3.6　Ramsey 分离振荡场

以上问题的解决,归功于 Ramsey 的贡献,他发明了所谓的分离相干共振振荡

130

场技术(相干即具有明确的相位关系),两个分离的狭窄相互作用区域,一端为原子入口,另一端为原子出口,中间为 C 场漂移区,如图 9.8 所示。虽然,原子与振荡场的相互作用时间明显减小,但可以证明,由于两个作用区的微波辐射场具有相同的相位,实际原子通过整个漂移区的纯频率响应宽度,还是由原子通过整个漂移区的时间决定。为了使两个相互作用区的微波辐射场保持恒定的相位关系,一般都使用同一个微波辐射源,微波场对称且平均地分配到微波腔的两端。这样,在原子束截面方向的狭窄区域内,微波辐射场就可以被限制为相对单一的相位和几乎恒定的幅度。

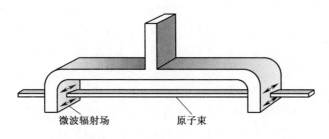

图 9.8　Ramsey 分离场原子共振腔

　　该微波共振腔类似于一个回音室,一段矩形波导在两端部各自弯曲为 90°,且开有小孔隙,铯原子束通过小孔进入微波腔一端,与腔内驻波发生相互作用,该微波腔截止于两短路端面,原子通过的是腔内驻波的波腹位置。为了防止原子通过时发生微波泄漏,在腔的原子通过孔隙处需要另外增加一小段附加波导,安装面与原子束方向平行。谐振腔的特征频率和微波场模式,由谐振频率相关的微波腔维度公式决定,公式包含 3 个整数,即 3 个模数。对于给定的 TE_{10n} 模式微波腔,TE代表横向电场模,电磁波的电场分量垂直于微波腔的长轴方向,指数 1,0,n 分别代表电场沿波导三个主轴方向的振荡次数。这样,波导的横截面呈矩形,边长定义为 A 和 B,且 $A > B$,波导长度为 C,那么,这三个整数就意味着在这段特定的波导中,维度 A 方向上会出现一个振荡峰值,B 方向上无极值(保持常量),在 C 方向上会出现 n 个最大值。为了在 A,B,C 三个维度上兼容同一种振荡模式,必须满足的条件是:$C = n\lambda_g/2$,其中 $\lambda_g = \lambda_0/(1 - \lambda_0^2/4B^2)^{1/2}$,$\lambda_0$ 是微波在自由空间中的波长。例如:对于铯原子的超精细共振跃迁波长 $\lambda_0 = 3.26\text{cm}$,如果设计 $B = 2.5\text{cm}$,那么 $\lambda_g = 4.3\text{cm}$,选择 $n = 48$,结果波导腔的长度结果计算为 103.2cm,这就是普通铯原子钟的微波腔设计尺寸。为高效地诱导铯原子从 $F = 4$,$m_F = 0$ 能级到 $F = 3$,$m_F = 0$ 能级间的辐射跃迁,微波频率不仅要满足能量守恒条件 $h\nu = \Delta E_{hfs}$(其中,ΔE_{hfs} 代表两基态超精细能级间的能量差),同时也要考虑微波的方向性,也就是极性。在前几章介绍 Zeeman 次能级间的磁共振时,我们知道,当 m_F 值增加或减少时,微波导致的辐射跃迁需满足角动量守恒定律。在原子和微波的组合系统,当原子角动量发生变化时,微波场也必须有一个分量沿对应某个固定轴旋转变化。相似地,对于铯原子钟,由于 m_F 值为零,跃迁前后也为零,保持不变,在只有一个辐射场与之相关的情况下,微波沿 C 场方向的总角动量保持不变,只是在前后振荡,这也决定了微波辐射场和微波腔的相对方向性,以及 C 场线圈的绕制方向。

　　为了更透彻地理解分离振荡场技术,这里有必要介绍一个相似的应用案例,射电天文学中为提高远距离目标观测的角分辨率,会采用分离天线技术,如图 9.9 所示,通过保持两个天线接收机相同的相位参考,系统的分辨能力会大幅增强,即使一个天线的直径达到两个小天线的距离那么大,也没有两分离天线的分辨力高。到这里,我们必须知道,即使一个天线具有完美的抛物面,光线平行于主光轴,在几何意义上会聚于焦点,但是在物理实现过程上,反射波的波形并不真正会聚于一点,只有天线的直径远远大于无线电波长时,才会满足理想的几何会聚条件。毕竟天线的直径有限,外边缘各点的入射波会发生干涉,在几何焦点附件形成一系列最大值和最小值交替出现的波形图案。这些衍射图案的角分辨宽度由天线孔径内的入射波相位差决定,当相位差接近 360° 量级时,图形会出现最小值。越大的天线孔径,产生相同相位差所要求的入射微波越小,也会呈现更强的分辨能力。现在我们看到,在图 9.9 中,由于两个长基线的天线放大了入射波的相位差,信号到达两个远距离天线的分辨力也就会显著提高。

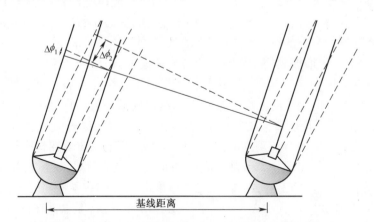

图 9.9　射电天文中使用分离式天线方法来提高观测分辨率

　　古老的"恒星干涉仪"也应用了相似的原理,该仪器由迈克逊(A. A. Michelson)发明,同时他也由于测定了光速而名载史册。在这种干涉仪中,使用了两个光学平面镜,安装在一定远的距离,当同时接收星光时,通过精确光学调节使星光反射在同一个探测器上,其输出精度取决于两反射干涉光束的相对相位。通过这种干涉仪,迈克逊能够精确地测定恒星的直径,相较于当时的普通光学望远镜,其分辨率大幅提高,也可以发现大量更小更遥远的恒星。

132

分离振荡场方法在1949年前已经被大量应用于光谱学研究中,当它应用在测量原子和分子磁矩时,精度被大幅提高,这主要得益于拉比(I. Rabi)发明的分子束共振方法,拉比当年也同时给出了量子跃迁过程的最直观解释。

在第6章讨论磁共振时,描述了原子绕静磁场的角动量(相关的磁矩)变化规律,原子可类比为一个陀螺的进动旋转,当施加以进动频率振荡的交变弱磁场时,会发生自旋轴的倾斜,偏离原来静磁场的方向,自旋轴旋转会扫出一个锥形角。在Ramsey的方案中,原子首先通过U型腔的第一个狭窄相干区域,与振荡场发生相互作用,产生自旋轴的90°旋转进动;离开腔后,原子继续飞行,通过一段相对长的自由飞行区,这里没有振荡场,只有静磁场C场的存在,但原子仍然保持着原有的进动频率;接着,原子进入U型腔的第二个狭窄相互作用区,再次感受到与第一个相干区一样的振荡场作用,这两个相互作用区有明确的相位关系,一般设置为完全相同相位。如果第二个区域的振荡频率与原子平均进动频率一样,那么原子将继续发生相位变化,自旋轴的方向倾斜到180°,对应于角动量发生完全反转。需要特别注意的是,进动力矩相对于振荡场的相位将决定自旋倾斜程度和倾斜方向,因此,如果在C场区进动频率发生变化,假设稍微偏离微波振荡场频率,那也可能在干涉区产生明显的相位差,倾斜度显著降低。

如果所有原子都具有相同的运动速度,那么在经历两个相互作用区及一个漂移区后,振荡场会使原子的进动发生确切的360°相位变化,并且事实上,微波频率会导致任意360°倍数的相位差。然而,实际上各个热原子具有不同的运动速度,运动慢的原子要比快原子花费更多的时间穿越微波相互作用区,为了实现360°的相位差,会对微波频差要求更小,所以会产生若干个速度导致的频率"边带"。谐振频率具有独立于速度的独特性质,如果振荡场和原子进动具有相同的频率,不管原子花费多长时间到达第二个相干区,两者都不再产生相位差。此外,由于原子速度的连续分布,最终会形成以共振频率为中心峰值的一条明显包络谱线。

针对一个原子通过两个分离相干场发生的能级跃迁,Ramsey等人完成了量子跃迁概率的定量化分析研究,这里只简单地介绍一下相关的理论成果。在使用量子力学计算得到的共振谱线线型时,只有当原子受到外界"扰动"微弱时才严格有效,跃迁概率正比于跃迁频率傅里叶幅度的平方,虽然这里原子受到的扰动并不弱,但是这种理论分析仍能提供一些系统本质的理解。当然,不管怎么说,当确切的真实实验结果已经存在时,仍然会有一些风险,容易被不合理的理论近似所误导。

如图9.10所示,假定在一段时间内,存在相关的分离场及其傅里叶谱线,相比于振荡谱线延伸到整个C场区的谱线,比较发现:分离振荡情况下的中心谱线更窄,当然,这事实已经被Ramsey等人通过完整的量子力学理论所证明。

对于一个给定的原子,通过分离场时与微波相互作用的时间,与原子运动速度密切相关,对于不同速度的大量热原子来说,其共振信号是所有这些原子单个共振

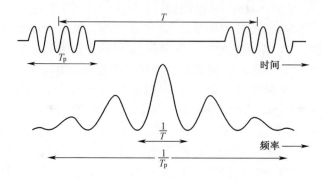

图 9.10　原子通过 Ramsey 腔时受到的微波辐射场作用及其傅里叶谱

信号的叠加,相关规律已被 Ramsey 等人详细分析研究。这样的信号也会受到两分离场相位差的影响,图 9.11 给出了在零相位差情况下的铯原子 Ramsey 共振谱线。

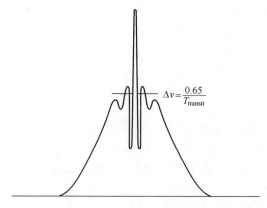

图 9.11　热原子通过 Ramsey 腔时的理论共振谱线(Ramsey,1949)

　　Ramsey 方案同时也解决了另一个问题:降低了整个 C 场空间磁场均匀性的苛刻要求,这在工程上涉及复杂的补偿线圈、严格的电参数、机械参数容忍公差、高性能的磁屏蔽系统等。幸运的是,当原子穿过漂移区时,原子磁矩和振荡场积累的相位差只与 C 场的空间平均值有关,虽然 C 场有所波动,但我们可以合理地认为,对于每一个原子来说,通过漂移区受到的波动影响,要远远小于原子路径上场强本身变化的影响。

9.4　跃迁信号检测

　　监测原子在微波辐射场作用下是否发生了量子跃迁,通常的设计是原子继续通过一个称为 B 磁铁的选态器,分析原子磁性状态的变化情况,使用探测器计算原子的数目。铯原子钟在设计上面临的最大挑战,是要求高的信噪比,考虑到散弹噪声和高的铯束流强度,这里的 A 磁铁和 B 磁铁更适合选择聚焦型选态磁铁,但是,聚焦磁铁只能聚焦相同的量子态,假设原子通过第一个选态磁铁 A 会聚,在 C 场区发生量子态转变后,将在通过另一个选态器 B 后发散,如果探测器仍放置在原子运动方向的轴线上,将暴露于未发生跃迁的原子轨迹上,只能检测未发生辐射跃迁的原子数目。如果要检测已跃迁原子的数目,将不得不在一个扩展的圆球面上布满探测器,当然这不是最优化的设计方案,首先由于大量未跃迁原子的散弹噪声,降低了信号信噪比;其次由于增大了检测区域,背景铯蒸气可能带来更大的噪底。

高效实用的低噪声铯原子探测器,是铯原子钟研制的关键部件,探测器中使用热离化丝(典型为一根薄带),基于碱金属原子表面离化现象,当铯原子撞击到某种纯金属表面时(表面保持高温以防止气体吸附),会丢失一个外层电子而变为正离子。碰撞过程遵守能量守恒定律,离化金属与外层电子的结合能(功函数)要大于铯原子对外层电子的束缚能(3.87eV)。离化丝材料一般采用金属钨 W、铌 Nb、钼 Mo 或者合金 Pt-Ir 等。在离化过程中,铯原子大概率地碰撞金属,电子在越过表面势垒后,几乎完全被离化。这种探测器早期遇到的主要问题,是离化丝中杂质原子也会被一起散射出来(主要是金属钾 K 原子),因此,为了得到尽可能高的信噪比,设计上不仅要使用高纯的金属离化丝,而且质谱仪也引入到探测器中,质谱仪呈简单的 60°扇形面(现在一般使用 Paul 射频四极质谱仪),使离子产生弧形偏转,不同离子的轨迹不同,从而选出铯离子,使其最终进入到电子倍增器中,检测铯离子的数量变化。

随着近年来材料学和固体电子学的发展,这种探测器设计方案已经被逐渐淘汰,以美国标准技术研究院 NIST 研制的 NBS-6 铯原子钟为例,探测器使用了双层的薄带 Pt-Ir 合金,以及低噪声场效应管的前置放大器,取代了质谱仪。这种新方案可以满足高束流强度下的检测要求,有效地降低薄带金属的纯度要求,减轻电子倍增器的热噪声(Johnson 噪声)压力。

9.5　锁频振荡器

同铷原子频标一样,铯原子频标也是一种被动型频率标准,即铯原子频标虽然可以作为频率参考使用,但是其本身并不能产生设备所需要的微波信号。原则上有两种方法可以产生上述参考信号,第一是尝试手动调节一个频率源,使其频率等于原子的共振频率;第二是设计同步振荡器,借助伺服环路自动地控制其输出,得到相应的频率参考信号。后一种方法需要稳定的微波源,并通过精确倍频合成到铯原子共振响应的峰值频率。

要研制高准确度的铯原子频标,需要高品质的石英晶体振荡器,其输出频率通常为 5MHz,经过频率合成与伺服控制锁定到铯原子的共振频率上。前面铷原子频标中已经详细地描述了这种控制电路的基本组成,为了得到伺服控制的误差信号,需要对馈入微波信号进行相位/频率调制(或变化 C 场),相比于原子共振谱线线宽,调制频率要小一些,同时要远离中心频率的谐波和二次谐波。早期铯原子频标一般采用正弦调制方式,现在更多地选用二进制调制方式,即馈入频率在两个值之间对称地开关转换,兼容了目前普遍使用的数字合成电路和数字处理电路。在采用模拟调制的情况下,当调制信号相对于共振频率中心对称时,检波器的输出为零,当位于中心某一侧时,输出信号相反;采用数字调制模式,当频率中心对称时,输出为零。检波器输出端连接到同步检波器上,其输出信号中包含输入信号和同频参考信号,根据参考信号产生的相位/频率调制,得到误差信号,根据误差信号电压的正负,判断馈入信号的频率相对于中心跃迁频率的高低。相关实验发现,最佳的调制深度应该是共振响应谱线频宽的一半。

对于铯原子频率标准,其相位/频率调制过程中所面临的问题不同于铷原子频标:铯原子在渡越区飞行时间内,两个相干区域的微波相位(或 C 场强度)存在一定的偏移,我们知道,这种差异会导致共振频移,但是在调制环路中,频移是以零为中心对称振荡,在共振曲线上仅仅实现有限的调制宽度和相位变化,另外,原子通过第二个相干区到达探测器过程中,也存在一定的时间延迟,这些相位偏移引起的误差信号,要求在同步检波器中通过调节参考相位来进行一定的补偿。

目前有多种电路设计方案可以实现铯原子的微波共振相干,并使该微波激励信号与 5MHz 石英晶体振荡器通过相位比较而产生某种关联,进而使 5MHz 石英晶体振荡器成为一种便捷的频率标准。电路设计方案的复杂程度,显然取决于所探测到的铯原子微波共振信号中的可容忍残余相位噪声。最近几年来,由于先进数字合成电路技术的快速发展,输出信号具有极低的相位调制(PM)噪声,进而可以合成高稳定的低噪声微波信号源,从而进一步促进了原子和离子共振器光谱分辨技术的进步。

铯原子频标目前有两种电路方案被广泛使用:一是基于精确的 5MHz 压控晶振(VCXO),通过倍频链路产生铯原子的共振探测频率;二是利用低噪声微波源(如介质振荡器 DRO)与直接数字频率合成器 DDS 合成铯原子共振频率。图 9.12 给出了一种先进的空间铯原子频标电路原理图。

在图 9.12 中,由 DRO 介质振荡器产生一个 6.4GHz 的微波信号源,其后连接到一个再生分频器上,利用其低相位噪声、低温度系数的优点,并借助双工器(图 9.12 中未有体现),可以分别得到 3.2GHz 和 6.4GHz 两路频率信号。其中 3.2GHz 信号先后通过分频器、缓冲器和滤波器产生两路 100MHz 参考频率,一路 100MHz 信号通过 1/2 分频器产生 50MHz 信号,作为 DDS 的系统时钟,使 DDS 可以输出一个分辨率为 2μHz、频率范围在 20MHz 以内的任意正弦信号,且具有相位

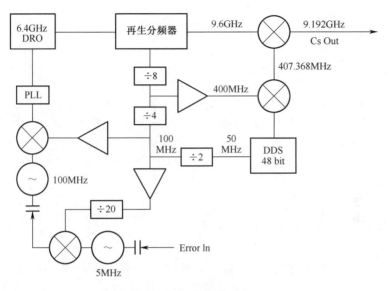

图 9.12　一种空间铯原子频标电路原理图(Gupta, et al. 2000)

连续和低瞬态效应的特点,通过设置使其输出 7.368MHz 信号并与 400MHz 信号混频产生 407.368MHz 的频率信号,然后与再生分频器产生的 9.6GHz 信号混频,最终得到铯原子频标需要的 9.192…GHz。该方案利用 DRO 介质振荡器合成信号,可以避免多次倍频,有效地降低了系统的相位噪声;同时利用 DDS 的高分辨率,可以得到非常精确的铯原子激励信号。将铯原子束探测器检测到的误差信号直接连接到同步检波器和积分器上,经伺服环路处理后对 5MHz 的 VCXO 进行纠偏。为了使 VCXO 精确调节到 5MHz 原子时标,必须考虑输入的铯原子共振频率与孤立原子的本征跃迁频率之间的频率偏差,该偏差量最终决定了 DDS 的参数设置,到底有多少误差源会影响到这种频率偏差,将在 9.6 节详细分析。

9.6　铯束频标的频率修正

在利用铯原子定义秒长单位之前,已经有大量的相关研究在分析和确定铯原子频标的系统误差来源。这些误差分析,主要针对稳定的误差来源,影响铯原子共振频率的确定性因素,而并不分析不可预知的随机波动性因素。在寻找所有可能误差源的同时,分析其物理原因,并努力去修正它。不管多少个系统误差,对于频标都是可以接受的,其前提是这些误差能被很好地理解并提前预测,当然,不可预测的误差源可能对频标造成极坏的影响。为正确评估测试结果与标准定义之间的复杂关联性,下面,我们列一些重要的误差来源项及其修正结果。

9.6.1　C场频移

铯原子在弱磁场下的跃迁频率 ν，可表示为

$$< \nu >_C = \nu_0 + 427 < B^2 >_C \tag{9.1}$$

式中：$<>_C$ 为漂移区的磁场平均值，C 场单位为高斯。当然，这个公式仅适用于铯原子频标，及其特定的铯原子超精细跃迁过程。典型地，当 B 值为 50mGauss（毫高斯）量级时，频率修正值约为 1Hz。因为实验上更容易测量 B 值而非 B^2 值，这里需要提醒的是，B 值在 C 场区不是完全均匀的，所以，如果式（9.1）中使用 $<B>_C^2$，可能会引入一些误差。

9.6.2　Ramsey 腔相位差频移

如果 Ramsey 腔中两个相互作用区的微波辐射场相位不一致，检测信号就不在共振谱线的最大值处。为了估计这种频移量，我们注意到，当两端的相位差为 180° 时，检测信号的输出值最小，对应一个共振线宽的频移。假设共振线宽为 125Hz，相位偏差为 1°，将导致频移量为 125/180 = 0.7Hz，对于铯原子频率标准来说，这个量值是不能忽略的。这种相位的不对称性，以及原子钟装置中引入的其他不对称性的来源，主要为原子受惯性力的变化、空间应用中重力场变化引起的机械形变等。对于外界环境引起的频移，在大型科学实验装置中，可以通过详细的实验研究，对这种不对称性的影响进行修正，以实现最佳的准确度。对于铯原子频标，可通过相反方向的铯束来评估这种不对称的频移量，实验中可以在铯束管的两端分别安装铯炉和探测器，让两束原子相对运动，利用波纹管或滑动密封系统在真空下精确调节并定位铯炉的相对位置，使输出信号位于共振峰值处。由于这种相反方向的铯流会引起相反方向的频移，可以得到频移量的均值，进行最终数值修正。

9.6.3　相对论多普勒频移的修正

在第 7 章中，我们讨论了原子的多普勒效应，经典电磁学理论并不能完全精确地描述多普勒效应，这里需要引入爱因斯坦理论：

$$\nu = \sqrt{\frac{1 - \dfrac{V}{c}}{1 + \dfrac{V}{c}}}\ \nu_0 \tag{9.2}$$

对应本章讨论的铯原子频率标准，其 V/c 在 10^{-6} 量级。公式进行幂级数展开后，仅留下二次指数项，其他高次项忽略，这样，相对论修正后的多普勒频移公

138

式为:

$$\nu - \nu_0 = - \frac{V}{c}\nu_0 + \frac{1}{2}\frac{V^2}{c^2}\nu_0 + \cdots \qquad (9.3)$$

公式右边第一项为线性多普勒效应,与经典电磁理论一致,是主要的影响因素,Ramsey 分离振荡场技术可以规避这种线性效应。对于不确定度在 10^{-12} 量级的铯原子频标,第二项即二次幂项必须被考虑,称为二级多普勒效应,这个效应与原子运动方向无关,主要受原子速度大小的影响,原子在运动过程中实际上感受到了更高的频率,所以在加入二次项后,实验观察到的辐射跃迁频率要低于原子的本征共振频率。

9.6.4 微波杂散场的影响

对于理想的频率标准,要求微波辐射场的谱线窄、频率单一,能很好地伺服锁定在铯原子的共振谱线峰值上。但现实中,微波振荡器和频率合成器会引入噪声,使辐射场的频率谱线增宽。在频率合成的过程中,合成器会引入各种瞬态噪声,同时在使用 60Hz 交流电源时,也会在整流的过程中残余大量的纹波,当然还包括其他无处不在的各种交流信号噪声等,都会导致最终合成的频谱不纯。边带幅度分布相对于中心频率(未调制)的不对称,也将会引入严重的误差项。当然,适当的外层屏蔽,或直接利用直流电池供电,都可能会大幅消除这种影响。目前的技术比较容易合成 9GHz 的微波频率,且具有亚 Hz 量级的分辨率,但现在的要求,是要能与原子共振谱线的分辨率相匹配。

9.6.5 相邻能级间跃迁

在铯原子跃迁过程中,除了所需的$(F = 4, m_F = 0)$到$(F = 3, m_F = 0)$跃迁外,实际还包括临近的 $m_F = \pm 1$ 能级间跃迁,并最终影响到共振信号。这主要是由于漂移区中 C 场的不均匀,导致了原子能级发生畸变所引起,产生部分原子临近能级间的跃迁。在理想情况下,跃迁信号是在中心峰值两边对称地分布,但实际上受到选态 A 磁铁的影响,原子运动轨迹发生变化,导致中心跃迁和临近能级跃迁的信号交叠,信号分布强度畸变,观察到信号的最大值相对于真正中心共振频率发生了偏移。

9.6.6 残余线性多普勒效应

理想的 Ramsey 微波腔,线性多普勒效应可以完全消除,但在工程实践中,往往达不到理想状况,会引入残余的频移,即当微波腔两端的辐射场不对称时,原子相干后的共振信号会变宽变形,因此就发生了频移;同时,在检测 Ramsey 腔两端的辐射场时,发现腔壁存在部分能量损耗,准静态的磁场存在反向运动分量;最后一点,铯原子通过辐射场时存在的横向速度分量,也会引入微弱的线性多普勒频移。由于微波腔两臂的辐射场幅度不同,多普勒频移会导致跃迁概率不相等,共振线型不对称,最大值发生移动。这些频移以及其他能量相关的各种影响,都可以通过改变微波功率大小来研究和确定。

9.6.7　结束语

列出如此多的系统误差项,可能给大家留下不好的印象,认为这种铯原子频标充满了不确定性,但实际情况恰恰相反,所有的这些误差来源以及还包括更多没有列出的其他更微弱效应,真正说明我们已经对这种频率标准进行了彻底透彻的分析和研究。作为一级频率基准,为得到更高的准确度和复现性,当然还需要持续深入地开展相关研究。

自 20 世纪 70 年代以来,经典铯束原子频标已经发展到一个很高的水准,并得到大量应用。近年来,由于激光器的快速发展,几乎从根本上改变了铯原子频标的设计,相关内容将在本书的后面章节中介绍。

第10章
原子和分子振荡器：脉泽

10.1　氨分子脉泽

分子在辐射场的作用下，也会产生量子跃迁，实现微波受激辐射放大（Microwave Amplification by Stimulated Emission of Radiation），现在一般采用这几个单词的首字母，缩写为 maser（脉泽），这种微波激射器于 1954 年由哥伦比亚大学的 Gordon、Zeiger 和 Townes（Gordon et al. , 1954）首次提出，同年，苏联 Lebedev 物理研究所的 Basov 和 Prokhorov 也独立地提出了相同的思想，所以，后来在 1964 年，Townes、Basov 和 Prokhorov 共同分享了诺贝尔物理学奖，获奖理由为：在量子电子学领域开展基础性研究工作，发明了基于脉泽（maser）和激光（laser）原理的振荡器和放大器。

脉泽最初的构想是作为微波探测的高分辨率谱仪，或者作为一个超稳的微波振荡器，通过组合分子束技术和微波吸收谱技术，来研究物质对微波辐射能量的共振吸收程度。最初实验观察的所谓氨分子反演谱（氨分子式 NH_3），就是氨分子可以在微波频段内大量共振吸收辐射场能量，相关研究在波谱学发展史上具有重要地位和意义。波谱学的大发展始于第二次世界大战结束之后，由于第二次世界大战中大量雷达的应用，促进了后期微波技术及波谱学的快速发展。早在 1948 年，美国国家标准局（U. S. National Bureau of Standards）的 Lyons 和他的助手就开展了氨分子频率标准的研究，利用氨分子的一根强吸收谱线，作为钟的稳定参考，来控制石英晶振的输出频率。相关研究的示范作用，极大地激发了研究人员的热情，并拓展研究范围，随后成功地开发出固态微波放大器和原子束脉泽振荡器等，直接推动了氢脉泽成功研制（有关氢脉泽下一章将详细介绍）。

10.2　束流脉泽基本原理

为了清楚地说明分子（或原子）束脉泽的实现原理，我们这里仍引用 Gordon、

Zeiger 和 Townes 等人当年给出的解释,图 10.1 所示为氨分子束脉泽振荡器的基本原理示意图,同铯原子一样,首先要制备氨分子束流,由于氨气在室温下是气态,所以这里另外增加了氨气源和减压系统,气压被降到 100Pa 左右,氨分子通过狭窄的准直器通道,扩散进入高真空的选态和微波腔系统。为了保持高的真空背底、降低杂质气体含量、形成稳定的氨分子束流,这里需要使用高抽速的真空泵组。相比于铯原子钟和氢原子钟,由于氨气室温下为气态(沸点−33℃),所以氨分子脉泽对真空泵的要求非常高,必须保证足够大的抽速才能维持要求的真空度,这里的真空泵组除了包括扩散泵和涡轮分子泵外,由于低温泵的凝固点可以很容易地达到−78℃(干冰温度,固态 CO_2),所以额外增加了低温吸附泵。另外,选态器的 4 个电极也要用液氮冷却(−196℃),以确保氨分子在碰到电极后被快速吸附,不再累积成背底杂质。

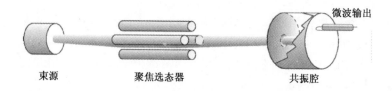

图 10.1　束流脉泽振荡器的原理示意图

　　氨分子与其他分子相似,其本身也存在大量的量子态能级,对应多原子系统的复杂旋转和振动运动。在如此多的能级中,有一对特定的能级跃迁频率刚好落在微波频段内,可以与辐射场产生强耦合,适合作为脉泽的参考频率。但是,从源及准直器出来的氨分子,室温下这两个量子态的布居数接近相等,低能级的布居数会稍微多一点点。因此,为了观察辐射场作用下净能量变化,需要减小下能级的布居数,而相应地增加上能级的布居数,这就需要研制一种适合氨分子的量子选态器,其作用与铯束频标的 A 磁铁一样。在氨分子脉泽中,选态原理利用的是电偶极矩,与铯原子钟的磁偶极矩方法有些差别,这里选态器需要产生强的静电场,具体设计方案将在 10.4 节中详细描述。这里选用四极选态器,以聚焦氨分子束流,使上能级的氨分子会聚于轴线方向,通过小孔进入共振微波腔,而下能级的氨分子则发散远离轴线,避免进入微波腔。由于微波频段内氨分子自发地从高能级跃迁到低能级的概率非常小,所以进入微波腔的上能级氨分子在数量上将在一段时间内保持明显优势。

　　外部频率信号馈入微波腔后,会产生微弱的共振辐射场,激励氨分子能级间跃迁,产生相同频率和相位的微波辐射,增加腔内微波场的振幅,放大后成为腔的输出。如果微波腔的 Q 值足够高,并且选态后进入微波腔的高能级氨分子数量超过某一阈值,将会发生自持振荡,这就形成了脉泽振荡器。

10.3 氨分子反演谱

历史上实现的第一台频率标准即为氨分子钟，所以意义非凡。并且氨分子钟在研发过程中附带产生的一批研究成果，已被广泛应用，所以，我们应当对氨分子钟有一些深入了解。

氨分子钟利用频率为 24GHz 的两个能级间的量子振荡跃迁，在这里没有相应的经典模型可以借鉴，只可以认为是两个经典态的叠加。为了有一个更清晰的物理学图谱，我们首先需要了解氨分子对称结构的量子内涵，氨分子空间结构如图 10.2 所示，化学键呈三棱锥金字塔形结构，三个氢原子位于金字塔底部等边三角形顶点，氮原子位于金字塔顶点。如果假设原子间的化学键具有弹性，我们可以通过拖拉氮–氢原子的化学键，使氮原子沿着等边三角形中心垂直线运动，通过三角形中心点后，到达镜像对称的另一边，也就相当于氨分子在空间上发生了倒置，几何形状上保持与初始态一致。虽然在宏观几何上我们可以认为这两种对称状态一样，但在量子力学微观描述中需要分开考虑。当氮原子在氢原子三角面外，位于等边三角形中心垂直轴上的某一点时，总会存在一个能量最低的状态(基态)。系统总能量是氮原子相对于氢原子面距离的函数，当氮原子接近氢原子面，到达三角形面内中心点时，系统能量达到最大值。系统总能量由分子间高速运动的电子静电相互作用引起，表现为势能，影响着氮原子相对运动速度。在反演对称的数学描述中，能量上的量子定域态也要能够反映出这种对称性，如果氮原子在能量最小值时为非对称性结构，也就不能成为能量定域态。事实上，当氮原子等概率地分布在氢面的两边时，这两种量子态可以用两种波函数来描述，一种定态用偶函数表述，相对应的反演态则为奇函数，当氨分子发生翻转时，一种情况不变号，另一种情况

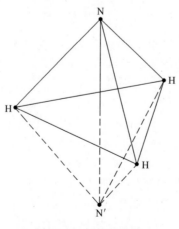

图 10.2　氨分子结构

变号。这类似于一对钟摆,当相互有微弱的激励交换时,能保持精确的同步振荡,开始时,两个定态钟摆同步或不同步,假设开始时让一个钟摆摆动,另一个静止不动,但经过一段时间交互作用后,第一个钟摆可能会静止不动,另一个钟摆持续振荡,继而相互循环,往复不断。对于氨分子中的氮原子来说,振荡发生在镜面对称的两个等能量最小值状态间,量子力学观点认为,氮原子会隧穿通过势垒(经典理论无法解释),耦合两个振荡运动,也就是说,如果开始时氨分子位于氢原子面一侧的能量最小值状态,那么经过一定时间后,它将振荡穿过势垒到达镜像另一端。

　　氨分子的两个量子反演稳态(对称与反对称),具有不同的能量,其跃迁频率在 24GHz 附件。量子理论中频率与能量的对应关系为 $\nu = E/h$,当氮原子位于氢三角面的一侧时,存在相应频率的两种波函数,随着时间的推移,同相位和异相位交替变化,周期性地拍频。如图 10.3 所示,首先,当氮原子在氢三角面一侧时,这两个相位条件下的总波函数产生振幅较大,除此之外,当分布在两侧时,氮原子会以振荡模式前后隧穿氢原子面,其跃迁频率为 $\nu = \nu_1 - \nu_2$,其中 $\nu = (E_1 - E_2)/h$,E_1 和 E_2 是两定态能量,也就是说,当微波频率等于量子拍频的共振跃迁频率时,氮原子就会穿过氢原子面,来回振荡。

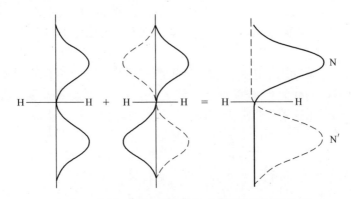

图 10.3　氨分子反演态对应的波函数相对相位变化

　　当然,氮原子顺着对称轴来回振荡时,并不像经典模型理解的那样只有这么一个自由度,事实上它同时还包括电子轨道角动量、原子核自旋以及分子沿对称轴转动等。分子总角动量是量子化的,用量子数 J 表示(不考虑核自旋),在任意一个固定的观察轴上,投影分量为整数值 M_J,单位为 $h/2\pi$,其中,$M_J = -J, -(J-1), \cdots, +(J-1), +J$。另外,分子沿对称轴的角动量用量子数 K 表示,是总角动量的一个分量,显然 K 不能超过 J。这样,要描述分子量子态的转动分量,在忽略振动和电子激励等情况下,可以用量子数 (J, K) 表示。

　　氨分子脉泽是基于分子的受激辐射,实现上能级到下能级的跃迁,为了使受激跃迁的概率足够大,要求存在尽可能大的量子布居数差。对于铯原子钟来说,原子与辐射场本质上是磁耦合,但对于氨分子钟,其耦合变为电偶极相互作用,这就涉及辐射场的电场分量。在氨分子内部,氮原子和氢原子间的化学键存在一定极化,意味着电子负电荷中心位置相对于原子核正电荷发生了轻微偏移,这种极性产生了电偶极矩,氨分子的量子态在外电场作用下会发生变化,这种电场作用称为斯塔克效应(Stark Effect)。能量随电场强度变化的研究可以证实氨分子反演对称的量子本质,假设一个分子具有永久不变的电偶极矩,那么可以通过经典理论计算,得到斯塔克效应,经典计算得到分子能量随外电场强度线性变化。但事实上,情况并非如此,量子力学在计算过程中恰当地考虑了分子的对称性结构,当关注分子特定能级的能量随外电场强度变化规律,同时分析分子与辐射场的耦合强度,研究发现,氨分子的反演谱线中,$(J = 3, K = 3)$量子态具有最大的有效电偶极矩,且与共振微波场耦合也最强。

10.4 静电选态器

氨分子从束源射出后,分子速度服从热平衡分布,同时内部的量子态也服从相似的分布规律。根据玻耳兹曼理论,一定能量状态分布的分子,不管其初始状态如何,在经过多次随机碰撞后,最终都会达到一致的分布形式。当然,对于某一个分子来说,其能态将随时间不断地发生变化,但是,对于大量的分子统计,其能态波动将保持在一个常数值。如果用 E_n 表示一个分子态的能量,指数 n 代表不同量子态的数量,其中包括 J、M_J、K、氢原子核自旋 I,以及振动量子数等,那么玻耳兹曼平衡分布表达式为

$$p_n \sim \exp\left(-\frac{E_n}{kT}\right) \tag{10.1}$$

式中:p_n 是一个分子在能量状态为 E_n 时的概率;k 为玻耳兹曼常数;T 为绝对温度。在通常情况下,量子态可能会形成相同能量状态的简并态团簇,这样,在没有外部辐射场的作用下,所有量子态仅仅 M_J 值不同,具有 $(2J + 1)$ 个状态,此时如果使用指数 q 来区分能量,那么玻耳兹曼分布为

$$p_q \sim g_q \exp\left(-\frac{E_q}{kT}\right) \tag{10.2}$$

式中:g_q 为具有相同能态 E_q 时的状态数,为一个统计权重。对于布居数 N_1/N_2 的分布比率,与对应的能量 E_1 和 E_2 关系为

$$\frac{N_1}{N_2} = \frac{g_1}{g_2} \exp\left(\frac{E_2 - E_1}{kT}\right) \tag{10.3}$$

这里有两个重要的物理结论:首先,在室温下,在微波区劈裂的能级,其布居数几乎是相等的,$(E_2 - E_1)/kT$ 值仅为 0.001;其次,如果 $E_2 > E_1$,那么 $N_2 < N_1$,也就是低能级具有更大的布居数。第二个结论也意味着,在热平衡状态下,气体是不能发生

脉泽(或激光)振荡的,所以要实现脉泽放大,必须首先要实现布居数的反转,破坏本来的热平衡分布状态,这就是为什么要研制选态器,确使上能级有更大的布居数,减少下能级状态的分子数量。

聚焦型静电选态器是基于斯塔克效应而设计,在外加电场作用下,来改变分子的能级状态,实现量子态的选择。这里给出氨分子的二阶斯塔克效应,二阶效应主要是由分子的旋转–振动(反演)引起,其近似表达式为

$$E = E_0 \pm \sqrt{\left(\frac{h\nu_0}{2}\right)^2 + \left(\mu \cdot E \frac{MK}{J(J+1)}\right)^2} \tag{10.4}$$

式中:ν_0 为反演频率;μ 为给定氨原子的电偶极矩;E 为电场强度;(M, K, J) 为氨分子的角动量量子数,式中正号和负号分别对应于一对高低能量的量子反演态。基于量子态对静电力的依赖关系,当氨分子在通过一个静电梯度场时,具有高能级的氨分子将会从强场区向弱场区偏转,而低能级的氨分子会从弱场区向强场区偏转。随着外电场强度的增加,上能级能量增加,下能级能量减小,这就是电场选态器的物理学基础。这样,上能级的分子会被选出来,进入微波腔,完成与辐射场相互作用。

聚焦型静电场选态器需要 4 个电极,几何结构要求完美对称,柱形电极最好具有双曲线型横截面,如图 10.4 所示,通过在两对平行电极间施加高压(几十 kV 范围),产生所需的极间电场分布,空间电场强度为

$$E_x = -\frac{V_0}{r_0^2}x; \quad E_y = +\frac{V_0}{r_0^2}y \tag{10.5}$$

式中:V_0 为临近电极间的电压;r_0 为 4 个电极所包围圆的半径。从公式可以看出,随着半径增加,电场强度从零线性地增加到最大值 $E_{max} = V_0/r_0$(当 $r = r_0$)。

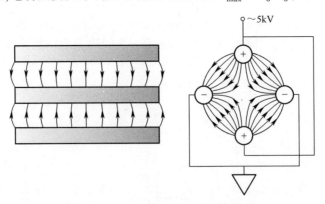

图 10.4　氨分子脉泽的静电四极选态器

为了预测氨分子在选态器中的运动轨迹,首先需要计算知道斯塔克效应的能量梯度,这关系到分子运动所受到的势能大小。引用上面的能量函数,在适度的电

场强度下,可近似地认为只有二阶斯塔克效应,梯度力随半径线性变化。在此近似下,类似于质量物体受到弹簧作用,具有上反演态的氨分子会被拖曳朝轴向运动。对于氨分子钟,当氨气从束源扩散出来后,由于热运动存在一定的发散角,后在选态器作用下会汇聚返回到轴线上的某一点,运动轨迹与所加电压密切相关。可通过调节电压的大小,来使这些被选出来的氨分子刚好进入微波腔,而具有下反演态的氨分子则在电场力作用下,沿着远离轴线的轨迹发散。束源扩散出来的氨分子,发散角大小直接决定了原子的初始方向和运动轨迹,当分子的发散角大于某临界值时,氨分子就不能被收敛,将直接撞击在电极上,这样会大量失去可用氨分子。所以必须要保证分子的发散角小于临界角,才可能在电场梯度场作用下聚焦于轴线上。这个临界角(可接受的最大发散角)与热动能径向分量密切相关,对应于最大电场位置处的斯塔克能量。超过临界发散角的氨分子,会大量轰击电极,明显增加周围环境的背底气体。氨分子的径向运动,类似于一个质量体悬挂于弹簧之下,质量体具有一定的动能后,将会拉伸弹簧,当弹性势能等于初始动能时,质量体到达运动的最大位移处。

束源扩散出来的氨分子,存在各种量子态,这些量子态具有不同的斯塔克能量,且由于温度的影响,分子会分散在一个很宽的动能范围内,所以,要精确分析评估选态器的选态效率,是相当复杂的。站在实用的角度考虑,只要选态器可以从各种量子态中,挑选出脉泽振荡所需的$(J = 3, K = 3)$量子态,且能保证单位时间内足够多选态分子进入微波腔,这就足够了。进入微波腔的氨分子速率,可以根据束源温度(典型值可假设20℃),以及氨分子的热平衡分布状态等数据,进行评估计算。

对于顶端对称的氨分子来说,要确定其退简并因子g_q,首先要明确分子对称性相关的各种量子态,这已远远超出了本书要讨论的范围。但这里,我们还是希望在量子力学相关理论指导下,对氨分子给出一些简单的分析:三个氢原子中每个原子核(质子)都具有本征的1/2自旋,这是氨分子波函数的一个约束条件,根据泡利不相容原理(适用于质子和电子),任意两个氢原子的位置和自旋态发生交换,都会引起波函数符合的改变,经过两次交换后,则符合保持不变。如果我们给三个氢原子分别数字标记为1,2,3,经过两次连续交换,例如从$1 \rightarrow 2$,接着从$2 \rightarrow 3$,最终分子相当于转动了120°,其角坐标相对于对称轴也变化了120°。根据量子理论,波函数与旋转角度密切相关,同一轴线角动量的变化,由"共轭"变量K值决定。这个K值倍3后,旋转结果使波函数回复到初始状态,符号保持不变。通过3倍K值的波函数,利用恰当的对称性,即交换一对氢原子改变波函数K值的符合,可以构建出对称的能量反演态,这就是氨分子钟振荡跃迁所需的两个量子态。当所有对称的容许函数可以计算,能量已知,我们就可以得到热平衡状态下各分子量子态的正确比例。对于氨分子,3倍K值的量子态是其他态的两倍统计权重。当测试氨分子量子态间跃迁时,在电偶极矩耦合作用下,微波共振吸收系数为$\gamma = 8 \times 10^{-4}\text{cm}^{-1}$时,可得到氨分子微波反演谱线的最大共振值。

10.5　微波腔内受激辐射

经过四极选态器选态后,高能态的氨分子进入微波腔,在合适的微波模式下发生 3-3 反演跃迁,共振频率约 23870MHz。共振微波腔的尺寸由微波场自由空间的波长决定,这里 $\lambda = 1.25$cm,腔呈柱形,底面为圆形或矩形截面,上下底盖密封,上底盖留有氨分子进出的小孔,同时,有一小段波导耦合到微波腔上,用来输出脉泽振荡净能量。微波腔设计要遵循两个基本标准,其一是氨分子要通过腔内电磁场最强的区域,确保产生尽可能强的相互作用;其二是要延长腔的长度,尽可能地增加相互作用时间,减小共振线宽。第一个条件意味着微波腔直径与分子束直径密切相关,第二个条件要求设计时接近微波腔的截止频率。微波腔可认为是一段波导,也就是说,波导直径等于微波的自由空间波长,波导长度在保证波型的情况下尽量延长。下面来介绍 Townes 课题组的相关工作,首先定义一个最优指数:$M = LQ_0/A$,其中 L 是微波腔长度,A 为腔横截面积,Q_0 是无载品质因子。另外,Q_0 定义为 $Q_0 = 2\pi E/\Delta E$,这里 E 为微波腔储存的能量,ΔE 为经过一次微波循环后损失的能量,损失的能量主要变为腔壁热能。如图 10.5 所示,在所有可能的共振模式中,TM_{010} 模式对应的特征场,具有更高的指数 M。

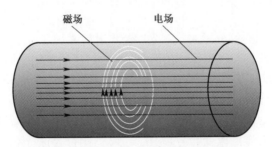

图 10.5　氨分子脉泽原子钟的 TM_{010} 模微波腔

为了维持腔内持续振荡,必须保证微波腔的损耗能量要小于氨分子上下能级跃迁所释放的能量。这里对氨分子辐射过程深奥的量子理论不再作介绍,仅给出一些近似解释,但会保证结果的真实性。我们可以想象分子电偶极矩受到共振电场的支配,经过上下反演态量子跃迁后辐射能量。与时间相关的跃迁过程,可表述为偶极子以速率 $2\pi\mu E/h$ 旋转过程,其中 E 为电场幅度,μ 为电偶极矩。如果 θ 定义为分子通过微波腔的旋转角度,那么为了模拟与量子理论相一致的物理过程,这里必须假设:

$$p_1 + p_2 = 1; \quad p_1 - p_2 = \cos\theta \tag{10.6}$$

式中:p_1 和 p_2 分别为氨分子占据上下反演态的概率。第一个假设容易理解,可认为分子处于上下能态的概率和为 100%；第二个假设好像有点随意，但至少在 $\theta = 0°$，$90°$，$180°$三种情况下，分别对应于量子理论的三种状态，即：所有分子处于高能态、上下能态数量相等、所有分子处于低能态，这也与期望值相一致。如果大家接受这种解释，可以很容易地发现，当分子通过微波腔后，辐射一个单位的量子能量，从高能态跃迁到低能态，其概率将从零增加到 $(1/2)(1-\cos\theta)$，即 $\sin^2\theta$。

10.6 自持振荡的阈值

现在来推导腔内分子辐射出的微波能量，假设每秒有 n 个分子通过微波腔，当考虑自振荡的临界条件（阈值）时，假设初始 E 和 θ 值非常小，此时 $\sin\theta$ 和 θ（弧度）近似相等，分子在历经一次跃迁后，辐射的能量为 $h\nu$，总的辐射能量可近似表示为

$$p_{\mathrm{rad}} = h\nu n \left(\pi \frac{\mu E}{h} \frac{L}{V} \right)^2 \tag{10.7}$$

现在接着考虑腔内能量的损耗，这与电磁场振荡幅度和微波腔品质因子 Q 密切相关，腔内微波场的能量密度为 $E^2/2$，因此，储存在腔内的总电磁能量为 $V_0 E^2/2$，其中 V_0 为腔的容积，等于 AL，A 为横截面积。最终，结合前面的 Q 值定义，我们可以得到微波腔内能量损耗为

$$p_{\mathrm{loss}} = \pi \frac{AL}{Q} \nu E^2 \tag{10.8}$$

系统要维持自振荡，阈值为辐射能量等于损耗能量，根据式（10.7）和式（10.8），可得到临界束流强度，其简化后的表达式为：

$$n_{th} = \left(\frac{h}{\pi} \right) \cdot \left(\frac{A}{QL} \right) \cdot \left(\frac{V}{\mu} \right)^2 \tag{10.9}$$

要维持氨分子脉泽的自持振荡，只需要氨分子的束流大于临界束流即可。以上公式中，概率 p_2 采用了 θ^2 近似，如果采用精确的 $\sin^2\theta$，则公式变为：

$$\frac{n}{n_{th}} = \frac{\theta^2}{\sin^2\theta} \tag{10.10}$$

这里需要注意的是，θ 值范围是从 $0\sim\pi$（弧度），而 n 的范围是从 n_{th} 到无穷大，根据这个理论，θ 和腔内电场不能超过某个限定值，即满足 $\theta = \pi$，所以，微波场的振荡幅度不可能随束流强度增加而无限增大，实际上存在一个饱和的最佳值。

为了有一个理性定量化的认识，这里给出 Townes 课题组早期发表的一些实验对比结果，微波腔分别采用 TE_{011} 和 TM_{010} 振荡模式，对于 TE_{011} 模，腔 $Q = 12000$，开始振荡时，四极选态器最小极间电压为 11kV，束源气压为 800Pa；对于 TM_{010} 模，腔 $Q = 10000$，选态器最小极间电压为 6.9kV，束源气压为 800Pa。比较以上数值

发现,对于给定的束源参数,分子进入微波腔的数量近似与选态器电压平方成正比,如果氨分子每秒进入微波腔的临界数量为 n_{th},则 TM_{010} 腔仅是 TE_{011} 腔的 1/3。在实际的氨分子脉泽实验装置中,通常束源压力为 800Pa,选态器电压为 15kV,分子束流 $n = 5×10^{13}/s$。

10.7　频率稳定度影响因素

10.7.1　腔牵引

从以上氨分子脉泽自持振荡的阈值可以看出,越高的腔 Q 值,单位时间内所需的氨分子数量也越少,但是,如果微波腔没有被精确地调节到氨分子的跃迁频率上,那么腔内的辐射场与氨分子将不发生相干共振,这就是腔频牵引效应,腔内实际频率牵引程度取决于腔的 Q 值和分子共振谱线的线宽。

要理解这种腔牵引效应的背后原因,需要回忆本书第 2 章的一些内容,对于谐振系统,一些因素会决定振荡器的输出频率,首先,当一个临近共振频率的信号被注入微波腔时,虽然最终输出频率相同,但相位发生了变化,范围可从 0 变化至 180°(图 2.2)。在中心频率附近,相位近似呈线性变化,在其最大值和最小值之间,此时的频率范围可认为是共振线宽 $\Delta\nu$。输出信号中心频移量与相位偏移量 $\Delta\phi$ 的关系为 $180° \times (\nu-\nu_0)/\Delta\nu$。

在振荡器章节中,还提到另一个重要的决定振荡器频率因素,即反馈环路引起的相位变化,在氨分子脉泽中,假设由腔和氨分子信号放大过程引起的相位总变化为零。这里除了腔 Q_C 外,引入另一个等价的 Q 因子,即分子共振线 Q_L,通过频率共振宽度 $\Delta\nu/\nu$ 来定义,即:$1/Q_L = \Delta\nu/\nu$。如果假设微波腔被调节至分子共振谱线线宽之内,同时 $Q_L/Q_C \gg 1$,那么,可以得到频率牵引更严格的关系式:

$$\nu - \nu_0 = A\frac{Q_C}{Q_L}(\nu_C - \nu_0) \qquad (10.11)$$

式中:A 为常数,取决于振荡程度;$(\nu-\nu_0)$ 为与分子共振频率的偏差;$(\nu_C-\nu_0)$ 为腔的失谐量。这是一个比较普适的结果,但对氨分子脉泽和氢原子脉泽尤其适用。如果线 Q 相对于腔 Q 不是特别大,则频率牵引效应对这类频标影响不太明显。反之,如果一些频标的实现方案中使用了腔调制,脉泽输出频率就必须考虑更多的影响因素,例如:温度等。对于氨分子频标,由于其稳定度可达到 10^{-12} 量级,所以必须考虑腔牵引效应。

要检测微波腔频率是否已经调节到分子共振线宽范围之内,需要在调节微波腔频率的过程中,同时监控脉泽振荡输出频率的变化情况,因为当 $(\nu_C-\nu_0) = 0$

时,$(\nu-\nu_0)=0$,此时频率与线 Q 大小无关,所以,当线 Q 变化,而脉泽输出频率保持不变,则说明微波腔频率已调节合适。

在 1961 年,美国国家标准局的 Barnes、Allan 和 Wainwright 等人研制成功氨分子脉泽(Barnes,1972),微波腔采用了自动调谐系统,通过塞曼效应改变分子的共振线宽,如图 10.6 所示,当对氨分子施加一微弱外磁场时,会导致共振谱线的劈裂及展宽,对该磁场进行低频调制,当微波腔失谐时,会导致脉泽调制频率是场调制频率的两倍,这个两倍量来源于正反两个方向磁场的塞曼展宽。自动腔调谐技术的目的,是利用高稳晶振的优越短稳特性,提供脉泽频率调制的参考信号。在实际的氨分子脉泽中,脉泽振荡频率并不与晶振合成的频率直接对比,而是通过一个中间速调管,锁相到晶振频率上。伺服控制系统调节腔的频率,是通过激活马达驱动端,使腔频率精确地调节到分子共振频率上,没有调制脉泽输出频率。在研制超稳频率标准的过程中,总是希望有一个相似稳定度的参考信号来探测腔的牵引效应,但实际上,腔自动调节的频率参考信号仅仅要求短期频率稳定度(亚秒量级的稳定性),在如此短的时间内,石英晶振稳定度要明显优于其他类型的频率标准,当然,脉泽振荡器不仅要关注短期频率稳定度,作为时间标准,也同时关注长期频率稳定度(年量级)。

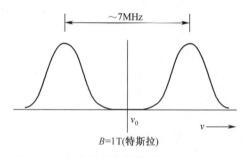

图 10.6　氨分子的塞曼劈裂(Barnes,1961)

10.7.2　多普勒频移

氨分子束脉泽存在许多系统级误差,这其中就包括多普勒频移的影响,在腔内微波振荡过程中,不稳定的杂散波会传递到耦合输出位置,使输出的信号功率发生波动。另外一个更具欺骗性的影响因素是分子束流,在与微波相互作用过程中,束流的不稳定性会导致频率发生偏移波动。这两个效应的影响程度在同一个量级。如果再进一步分析,分子在束流方向的分布波动,与微波腔的饱和振荡密切相关。对于接近阈值时的弱振荡,分子汇聚位置更接近腔的底部处;对于高饱和振荡,分子会聚的地方更接近腔的入口处,因此,不稳定的振荡行波,与氨分子束流大小以及相应的微波腔功率密切相关,而分子的流量又取决于源的氨气压和四极选态器的电压。最终，为了去减小这种频移，可以采用双束氨脉泽方案，即在微波腔内设计两束方向相反的氨分子，共同振荡。

10.7.3 分子间碰撞

另一个影响频移的因素是氨分子间的碰撞，包括束内氨分子间碰撞，以及氨分子与背底气体间的碰撞。与其他分子碰撞和原子系统一样，碰撞会导致谱线增宽以及中心偏移，这可能需要考虑影响到束流密度和腔内真空度的各类因素。当然，相似的碰撞效应也存在于铯束原子钟，但铯钟束流强度相对较小，无需考虑振荡阈值。

10.7.4 外部电场和磁场的影响

另外，与所有原子和分子谱线相似，氨分子的反演谱也受到外电场和外磁场的影响。氨分子的斯塔克效应不仅导致反演态的能量偏移，而且也导致核自旋与分子旋转的耦合程度变化，核自旋对上下反演能级的影响是一样的，并不改变跃迁频率。对于电场的二阶斯塔克效应$(E\mu/h\nu_0)^2$，其中 E 为电场强度，μ 为电偶极矩，ν_0 为反演频率，虽然量级比较小，但仍需要考虑，在几伏每米的电场强度下，频移值在 10^{-12} 量级。在设计微波腔时，需要考虑电场的屏蔽。对于塞曼效应，一级塞曼效应产生对称的能级劈裂，并不影响中心频率，只会导致谱线增宽，但对于二阶多普勒效应，中心谱线的频移量与磁场强度的二次方成正比，其值比铯原子小 10^6 量级，所以一般被忽略。

由于氨分子振荡器是第一个研制成功的脉泽原子钟，所以当时大量的研制工作集中在功能的实现上。氨脉泽原子钟不能作为一级频标，因为它的频率输出会受到大量参数的影响，还不能找到恰当的方法提前定义和设定这些参数值，例如：束源气压和选态器电压之于频率的依赖关系，根本没有方法提前去设定，如果随意地设定一个值，则需要规定严格的使用条件和环境。不管怎么说，氨分子钟开创了一个时代，稳定的原子和分子振荡器可以实现 10^{-12} 长期频率稳定度水平。

10.8　铷原子脉泽

在 20 世纪 60 年代，有一批科学家在从事主动型铷原子脉泽振荡器的开发研制，并且于 1966 年宣布研制成功，这其中就包括巴黎高师的 F. Hartmann，哥伦比亚大学的 P. Davidovitts 和 R. Novick 等人。后来，从事铷脉泽研制的科学家，还包括拉瓦尔大学的 J. Vanier，以及苏联的 E. N. Bazarov 等人。

主动型铷脉泽原子钟与被动铷气泡型原子钟相比,其不同之处在于,主动型需要设计高 Q 值的微波腔,原子在腔内是受激辐射,其超精细跃迁频率直接作为钟的参考频率。与氨分子脉泽原子钟相比,主动铷原子钟是微波辐射场作用下的磁耦合跃迁,不是电偶极相互作用,在设计时,要提高振荡阈值,必须设法增加微波腔内的振荡原子数量,以及提高原子与微波的相互作用时间。

铷原子有两种同位素,其中 Rb^{85} 的跃迁波长更长,约 10cm,更容易在谐振腔中得到高的 Q 值。其中微波腔尺寸和 Q 值的关系,将在下一章中详细讨论。

图 10.7 为一种光抽运、气泡型的铷脉泽原子钟基本结构。早期还没有发明激光之前,实验中面临的最大挑战是研制一个具有足够光强的抽运光源,以及合适的光谱分布,来完成快速有效的光抽运,从而实现超精细能级布居数反转。但是,由于对原子浓度的阈值要求非常高,导致铷-铷原子间的频繁碰撞,自旋交换作用使超精细布居数快速弛豫,大量抵消了光抽运的作用。相关自旋交换碰撞的内容,将在第 11 章中详细介绍。另一个需要解决的难题,是抽运光导致的参考频率光频移现象,这种现象比被动型铷原子钟更严重,为了满足铷原子高阈值要求,被迫使用高强度的光源。

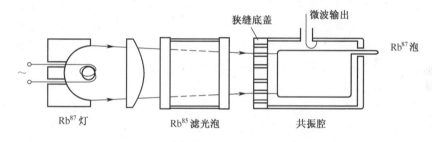

图 10.7　光抽运铷脉泽原子钟内部结构示意图

光抽运碱金属脉泽的阶段性进展,是使用激光器作为抽运光源,并且在设计中使抽运区和微波谐振区相互分离,这样可以基本克制光频移现象。这种双泡型设计方案最早在 1994 年被提出,方案中还采用泡内壁涂覆工艺,利用涂覆长链分子来取代填充的缓冲气体,有效地避免了泡壁碰撞导致的超精细布居数弛豫现象。通过一根短管相连,原子在两个泡内自由飞行,在其中一个泡内完成光抽运,在另一个泡内进行谐振辐射。

原子与泡壁相互作用,会产生残余的碰撞频移,由于频移量与泡内壁的表面环境密切相关,所以主动型铷脉泽原子钟仍不能作为一级频率标准。但是不管怎么说,它具有相对高的信噪比,可以实现极佳的短期频率稳定度。

第11章
氢脉泽

11.1 引　言

现在让我们回忆一下,在研究原子共振谱线分辨率的过程中,取得的最大成果是什么? 那应该就是研制成功了氢脉泽原子钟,它被认为是目前最稳定的原子频率标准,还没有其他任何微波量子设备可以超越其中长期频率稳定度。从概念上讲,氢脉泽原子钟正是在不断追求工艺完美、不断延长原子与辐射场相互作用时间、不断降低共振谱线线宽的过程中,得到的精密设备。在激光冷却原子技术发明之前,氢原子钟就利用了囚禁原子技术,实现了相干时间的延长,其中使用的玻璃泡,内壁涂敷一种名为特氟纶的聚四氟乙烯化合物,这种惰性分子内壁可以大幅降低对振荡原子的扰动。

我们记得在原子束共振技术中,典型如铯束原子钟技术中,原子是在自由飞行时发生受激跃迁,其共振线宽由原子与辐射场相干时间长短决定。在理论上,这样的自然线宽小到可以忽略,因为相干时间可以随意延长到以年为单位,但实际上,仪器作用区长度直接决定了相干时间的长短,仪器设备不可能无限长。所以,需要找到一些其他的方法,要么减慢原子,要么在无干扰的情况下弯曲原子的运动路径,在一个有限的封闭空间内延长响应时间。在第 12 章中,我们将介绍激光冷却操纵原子及离子技术,这将深远影响原子频标技术的发展。在本章中,还是基于"传统"的方法,通过与惰性原子或分子间弹性碰撞,实现原子的囚禁限制。

在 1958 年前后,哈佛大学的 Ramsey 实验室开展了大量实验研究,基于铯原子束仪器装置,研究各类表面涂敷材料对共振谱线的影响。由于铯原子与辐射场之间是磁耦合作用下的量子跃迁,所以表面涂敷材料不能携带任何磁性粒子,不能与跃迁原子有磁相互作用,这就排除了几乎所有的金属表面材料,以及包含"自由基"和不饱和化学键的材料。像前面已经讨论的光抽运铷原子钟,吸收泡表面涂敷的是长链石蜡分子,这是一种不错的备选材料。同时大量实验也发现,有一种硅树脂化合物(二甲基−二氯硅烷)也是不错的涂敷材料。但是,研究发现,铯原子是一种重碱金属原子,具有大的极性,也就是说,原子最外层电子在基态时围绕原子实呈球形对称分布,但是在碰撞后,容易发生非球形畸变。在这种状态下,原子角动量相关的磁场将与电子自旋相互作用,导致磁耦合跃迁。但对于氢原子来说,虽然也属于碱金属一族,外层有单个未成对电子,但其极化率非常小,需要非常大的能量才能获得非球形的量子态;另外,氢原子与表面材料是范德瓦尔斯力碰撞作用,对磁超精细能级的扰动很小;很少有人能预测意识到,氢原子事实上与特殊处理的特氟纶表面碰撞 100000 以上,才会丢失相干性,这就意味着,氢原子在室温下,在一个普通的泡内,可以维持 1s 以上的存储时间,在此期间内保持其内部量子态不受扰动。这在原子量级是一个非常长的时间,可以在实验室中观察到尖锐的共振吸收谱线,同时也可在共振辐射场相对弱的磁耦合作用下,实现自持脉泽振荡。对比于前面提到的氨分子钟,是基于非常强的电偶极跃迁实现自持脉泽振荡。

我们知道,任何量子振荡器的短期频率稳定度,主要由原子或分子共振谱线的信噪比决定,但当存在背底热噪声时,则会引起随机波形起伏,带来幅度和相位噪声,以上事实已被 Townes 等人所证实(Townes,1962)。在理想情况下,当振荡器只受背底热噪声影响时,频率的分数标准偏差表达式为:

$$\frac{\sqrt{<\delta\nu^2>_t}}{\nu_0} = \frac{1}{2Q_L}\sqrt{\frac{kT}{P\tau}} \tag{11.1}$$

式中:P 为超过阈值原子的辐射功率;τ 为平均取样时间;符号 <> 为平均;Q_L 为原子的线 Q;kT 乘积为热能大小。从公式可以看出,虽然氨分子脉泽比氢原子脉泽辐射的功率更大,但氢脉泽的 Q_L 值要大几千倍,所以最终仍能保持较小的频率波动值。在实际实验过程中,很难达到理想的热噪声极限,设备中还会引入大量的其他噪声和不稳定性,但总体来说,氢脉泽的表现堪称完美,后面将详细论述。

11.2　氢原子基态超精细结构

氢脉泽原子钟使用的是氢原子,而不是氢气中已成键的稳态氢分子。氢是元素周期表中最简单的元素,它包括原子核和一个核外电子,原子核内仅有一个质子,当然,氢同位素还包括稳态的氘,核内有一个质子和一个中子,但这不在本书的讨论范围之内。当氢原子只考虑核与电子的静电库仑相互作用,以及它们间磁相互作用时,就可以通过精确计算,得到各量子态的能量。这里的磁相互作用,主要由质子和电子的自旋磁矩引起。静电相互作用决定了原子能级结构的总体特征,电子自旋磁矩和轨道磁矩间的相互作用决定了原子精细能级结构,电子与核之间的弱磁相互作用导致了超精细能级结构。一般使用不同的符号对氢原子的量子态进行标识分类,进而推广到其他复杂的原子。原子的主量子数用 n 表示,与角动量密切相关,在无外场作用下,原子总角动量守恒。顺着某一固定轴向的分量遵守空间量子化准则,电子自旋角动量为 1/2(单位为 $h/2\pi$),质子自旋角动量为 1/2,氢原子基态($L = 0$)角动量存在两个可能值:$F = 1/2 + 1/2 = 1$ 和 $F = 1/2-1/2 = 0$,在外磁场作用下,能级发生劈裂,分裂的磁能级分别表示为:$m_F = +1$,0,-1 和 $m_F = 0$。

对于氢原子的两个基态超精细能级 $F = 1$ 和 $F = 0$,其能量存在一定的差异,氢脉泽原子钟正是利用这两个能级间的跃迁作为标准频率。两个能级间的能量差,主要是由核自旋磁矩和电子自旋磁矩的方向不同所致,当两者平行时,能量低(对应 $F = 0$ 态),反平行时,能量高(对应 $F = 1$ 态)。这里需要指出的是,由于质子与电子所带电荷相反,所以平行自旋态时两者磁矩方向相反,而反平行自旋态时磁矩方向相同。经典力学可能认为,只要把一块条形磁铁,放入球对称的磁介质中,其磁化方向或者与条形磁铁方向相同,或者方向相反,但实际上这里的量子态情形完全不同。在前一章已经提到过,约在 1930 年前后,费米已经详细地推导了各种类氢原子的基态超精细能级量子化公式,当均匀磁介质放置于磁场时,所受磁场表达式应为 $\boldsymbol{B} = (2\mu_0/3)\boldsymbol{M}$,式中 μ_0 为比例因子(即真空磁导率 $4\pi\times10^{-7}$),$\boldsymbol{B}$ 为磁场强度(在一个想象的微小球体腔内测试),$\boldsymbol{M}$ 为磁化强度(定义为单位体积内的磁(偶极)矩)。电子磁矩为一个玻尔磁子 μ_B,那么:

$$M = g_e\mu_B \mid \Psi(0) \mid^2 s \tag{11.2}$$

式中:s 为电子自旋量子数(为 1/2);$\mid \Psi \mid^2$ 为电子概率密度,在这里电子被描述为一个连续(磁化)的电荷云,绕核的密度分布可根据电子基态的概率密度来表述。这样,就可以推导出作用于质子的磁场强度为:假设在一个极小的球形空腔内,包围着一个质子,其原子核最近邻的电子云密度被认为是均匀的,表述为 $\mid \Psi(0) \mid^2$,这样:

$$B = \left(\frac{2\mu_0}{3}\right) g_e\mu_B \mid \Psi(0) \mid^2 s \tag{11.3}$$

此时,代入磁偶极子在外场作用下的经典势能公式 $E = -\mu\boldsymbol{B}\cos\theta$,其中 θ 为偶极子与外场的夹角,那么:

$$E(F) = \left(\frac{2\mu_0}{3}\right) g_p g_e\mu_n\mu_B \mid \Psi(0) \mid^2 \frac{(F^2 - I^2 - S^2)}{2} \tag{11.4}$$

这里除了量子数之外,就是正确的费米表达式,公式中描述了电子-核间"接触"相互作用所引起的基态磁超精细能级劈裂程度。同时,为了校正对角动量量子数的依赖性,采用矢量模型,把 F^2 替换为 $F(F + 1)$,以此类推。

根据公式一级近似,可计算得到氢原子基态超精细跃迁频率为 1420MHz,对应于自由空间的波长为 21cm。在氢脉泽原子钟研制成功后,实际实验测试结果要比理论值更加精确,基态超精细结构能级间的跃迁频率已经可以精确到一万亿分之一,这样的实验结果反过来又促进了理论的发展,不断在细化计算模型,当然也通过实验结果严格证明了理论模型的正确性。所以,量子电动力学相关理论,可以被证实为当代人类最伟大的智力成果之一。

　　氢脉泽利用的是电子与核之间的基态超精细磁偶极相互作用,所以,必须考虑外界磁场对跃迁频率和跃迁线宽的影响。图 11.1 为氢原子基态超精细能级随外磁场的变化情况,能级分裂成一系列次能级 $F = 1$, $m_F = +1$, 0, -1 和 $F = 0$, $m_F = 0$。从图中可以看出,与铯原子相类似,在 $B = 0$ 附近,$m_F = 0$ 能级所对应的曲线,开始处于水平方向,意味着其能量相对稳定,也就是当外磁场微小变化时,该能级的能量变化很小,对共振谱线的影响也很小。铷原子频标和铯原子频标也是利用这个特征。反之,对于 $m_F = \pm 1$ 能级间的跃迁,能量变化与外场成正比,谱线对外界环境非常敏感。所以,脉泽一般工作在 $F = 1$, $m_F = 0 \rightarrow F = 0$, $m_F = 0$ 跃迁的外磁场不敏感区域。

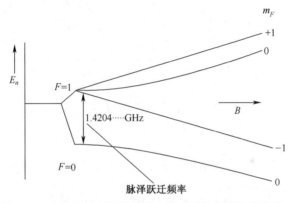

图 11.1　氢原子基态超精细能级能量对外磁场的依赖关系

　　值得注意的是,与铯原子一样,氢原子在外磁场作用下要保持其特定的量子状态,前提条件是原子所受的场强变化要尽可能地小,不能出现磁场在时间上或空间上的突变。另外,从图中也可以看出,随着磁场的增强,曲线形成斜率相反的两对平行线,这是由于电子和原子核分别平行或反平行于外磁场所致。在高场强区,电子-原子核间的相互作用力与它们各自和外磁场的相互作用力相比,基本可以忽略。另外,与铯原子钟所用选态原理一样,当氢原子通过一个特定的磁场梯度区,如果能量随磁场增加,那么原子将在磁场作用下偏向弱场区运动,相反,当能量随磁场增加减弱时,原子将偏向强场区。这就是磁选态器的工作原理,可以实现氢原子 $F = 1$ 上能级和 $F = 0$ 下能级的分离。

11.3　氢脉泽基本原理

　　与氨分子脉泽结构相似,氢原子的量子系统主要组成部分如图 11.2 所示,其中,第一部分为氢源,用于电离氢分子为氢原子,且准直为氢原子束流;第二部分为量子选态器,用于筛除绝大多数低能级的氢原子;第三个关键部件为谐振腔,使数量占优的高能态原子发生受激跃迁。氢脉泽自持振荡的条件是原子散射的能量要大于微波腔损耗的能量,这主要反映在腔的有载 Q 值上。

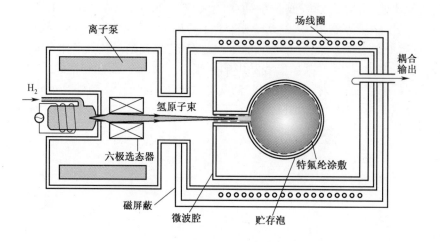

图 11.2　氢脉泽量子系统基本组件

对氢脉泽振荡条件的分析研究,主要是基于前期 Shimoda、Wang 和 Townes 等人对氨分子脉泽理论研究的基础上,衍生而发展起来的。在 1962 年,哈佛大学的 Kleppner、Goldenberg 和 Ramsey 等人发表了第一篇关于氢脉泽的研究论文,随后在 1965 年,Vessot、Peters 和 Vanier 等人又发表了另一篇相关文章(Kleppner et al., 1965),对氢脉泽实验和理论进行了深入系统地讨论和分析。

与直觉相反的是,氢脉泽自持振荡的束流强度不仅有阈值下限,而且也存在一个临界上限的要求,超过某个上限值,振荡也会停止。

11.3.1　泡内原子寿命

原子在贮存泡内与微波场发生相互作用,主要有几个基本过程在缩短相干作用时间,第一是腔内原子的逃逸,显然会降低原子在辐射场内的时间,主要反映在布洛赫理论中的弛豫时间 T_1 和 T_2(见第 6 章)。当讨论原子通过泡口在单位时间内的逃逸概率时,首先需要假设氢原子已经与泡壁发生了多次随机碰撞,原子等概率地分布在整个贮存泡内。氢脉泽贮存泡在低气压条件下振荡,原子可以相对自由地相互碰撞,所以这里进一步假设单位时间内进入泡内的原子与逃逸的原子数量相等。如果泡口的横截面积为 S,那么,为了使原子能穿越泡口,单位时间内原子必须位于泡口某一位置,如泡口采用圆柱形,则圆柱深度等于原子单位时间内的平均位移距离,也即 $V_{ave}/4$,其中 V_{ave} 是

158

原子空间平均速度。如果 V_b 定义为贮存泡的容积，那么，氢原子的逃逸概率为 $SV_{ave}/4V_b$，原子在贮存泡内的衰减指数为

$$p(t) = \exp\left(-\frac{t}{T_b}\right); \quad T_b = \frac{4V_b}{SV_{ave}} \tag{11.5}$$

泡内绝对温度为 T，原子平均速度为 $V_{ave} = \sqrt{8kT/(\pi M)}$，实验取 $T = 300K$ 时，计算得热平均速度为 $2.5 \times 10^3 m/s$，如果贮存泡的直径设计为 $0.25m$，泡口直径为 $4mm$，那么计算所得特征衰减时间约为 $1s$。顺便提一句，在此情况下，原子与泡壁的碰撞次数大约为 20000 次。虽然泡壁涂敷的聚四氟乙烯材料可以满足计算近似要求，但由于实际系统要复杂很多，泡壁上会发生原子吸附及分子重组，也存在一些原子没有发生相干就被弹出泡口等情况。

11.3.2　自旋交换碰撞

第二种影响谱线增宽的因素是原子间相互碰撞，其碰撞概率与原子浓度密切相关。碰撞过程中会导致原子相位的随机波动，增加了无辐射跃迁的概率，降低了相干原子的相对数量。在氢脉泽中，原子碰撞类型主要为电子自旋的相互交换，当两个相反态原子靠近时，电子间的自旋会发生转换，用符合表述为

$$A(\uparrow) + B(\downarrow) \rightarrow A(\downarrow) + B(\uparrow) \tag{11.6}$$

自旋交换所需时间非常短，远小于原子间碰撞的平均时间。事实上，在如此短的时间内，原子核基本不受影响，也就是说，要研究此时原子的状态，可以认为电子和原子核之间没有超精细相互作用，整个碰撞过程应该是严格意义上的量子力学效应，但由于电子间磁偶极的相互作用非常弱，所以不能完全解释原子自旋交换过程中有如此大的横截面积。解释电荷间相互作用，最终需引入静电库仑力，这虽然不是自旋本身，但是仍间接体现出自旋相关性，这主要是由于两电子波函数有明确的对称性要求，必须满足 Pauli 不相容原理。一个原子是否会发生自旋交换，可以通过有效横截面积来表示，当原子运动通过原子气团时，单位时间内会扫过一定的体积，包含在体积内所有原子都会与之发生碰撞。假设贮存泡内氢原子的浓度为 n，横截面积为 σ_{ex}，相对平均速度为 V_r，那么一个氢原子每秒扫过的体积为 $\sigma_{ex}V_r$，该体积内的原子数量为 $n\sigma_{ex}V_r$，这也代表了单位时间内发生自旋交换碰撞的原子平均数量，每次碰撞的平均时间为

$$T_x = \frac{1}{\sigma_{ex}nV_r} \tag{11.7}$$

式中明确给出了 T_x 与泡内原子浓度的关系，可对应推导出原子进入贮存泡的速率。另外，在自旋交换过程中，一般存在两种类型的弛豫机制，但贡献程度明显不同，弛豫时间用符号表示为 $T_1 = T_x$ 和 $T_2 = 2T_x$。

11.3.3 自持振荡阈值

现在,我们开始考虑腔内原子的辐射功率,根据 Ramsey 等人的相关理论,结合布洛赫方程,可以分析研究原子团宏观磁矩随外磁场的变化规律。氢原子对外磁场的谐振响应,可以通过原子磁偶极相互作用完成,最终会诱导超精细能级间的跃迁。从某种意义上讲,对于自旋为 1/2 的粒子,可以认为仅在这两个量子态之间发生跃迁,其推导结果也是合理自恰的。这样,假设进入微波腔原子的净辐射功耗为 P,微波场辐射场强为 B_z,具有上下能级的原子数量差为 ΔI,相互作用后功率公式可推导为

$$P = \frac{1}{2}\Delta I h\nu \frac{x^2}{\frac{1}{T_1 T_2} + x^2 + \left(\frac{T_2}{T_1}\right)[2\pi(\nu - \nu_0)]^2} \tag{11.8}$$

式中:$x = 2\pi\mu_A B_z/h$;ν_0 为氢原子的基态超精细跃迁频率;μ_A 为原子磁矩。式中分母项出现了 x^2,这意味着当微波场强 B_z 增加时,x^2 项会逐渐成为主要影响因素,直到 P 值达到饱和,此时微波腔功率不再随场强增加而增大。在输出功率 P 曲线上,当 $\nu = \nu_0$ 时,会出现一个典型的共振峰值,其半高宽为

$$\Delta\nu = \frac{1}{\pi}\sqrt{\frac{1}{T_2^2} + \left(\frac{T_1}{T_2}\right)x^2} \tag{11.9}$$

式中也存在 x^2 项,对应与 B_z^2 值成正比,这即为磁场导致的共振展宽,理论上一般认为随着场强增加,每个辐射原子的跃迁时间相对应地缩短。

如果我们假设有过量的原子进入微波腔,参与了相干谐振,那么,原子间会发生大量碰撞,加速弛豫。为简化问题,一般考虑两种基本的弛豫过程,对应弛豫时间为

$$\begin{cases} \dfrac{1}{T_1} = \dfrac{1}{T_b} + \dfrac{1}{T_x} \\[2mm] \dfrac{1}{T_2} = \dfrac{1}{T_b} + \dfrac{1}{2T_x} \end{cases} \tag{11.10}$$

弛豫时间的这种计算方法有一定的理论依据,例如:对于 $1/T_1$,可理解为某一事件在单位时间内发生的平均概率,假设现在有两件独立的事件发生,如果我们希望知道总的发生概率,那么应该把每个事件发生的概率都考虑进来。对于氢原子频标,由于 $1/T_x$ 与 n 成正比,与原子进入贮存泡的流量 I_{tot} 相关,在稳态情况下,由泡内原子的总数量 N 决定,用公式表述为

$$\frac{dN}{dt} = I_{tot} - \frac{N}{T_b} = 0 \tag{11.11}$$

因此,弛豫时间 T_x 与 I_{tot} 的关系为

$$\frac{1}{T_x} = \frac{\sigma_{ex} V_r T_b}{V_b} I_{tot}$$ (11.12)

原子经过选态器进入贮存泡,其($F=1$, $m_F=1$)和($F=1$, $m_F=0$)量子态的数量相等,理想情况下不再存在其他量子态。在此理想状况下,原子进入贮存泡的高能级原子流量为 $I_{tot}/2$。

自持振荡的条件可简单表述为:原子辐射的总功率等于微波腔损耗功率加上原子钟的输出功率,结合微波腔有载 Q 值,用公式表示为

$$P_{rad} = 2\pi\nu \frac{E}{Q}$$ (11.13)

式中:P_{rad} 为原子在共振时辐射的功率;E 为腔内电磁场储存的能量,微波场的能量可以通过经典理论的幅度 B 表示为(国际单位制):

$$E = \frac{1}{2\mu_0} \langle B^2 \rangle_c V_c$$ (11.14)

式中:符号 $\langle\ \rangle_c$ 定义为微波腔容积内的平均值,等价于相同权重下的体积因子。这里需要考虑 $\langle B^2 \rangle_c$ 的恰当平均问题,在整个贮存泡内,B_z 分量负责激发原子跃迁,需引入一个填充因子 η,定义为

$$\eta = \frac{\langle B_z \rangle_b^2 V_b}{\langle B^2 \rangle_c V_c}$$ (11.15)

式中:V_b 为贮存泡的容积;符号 $\langle\ \rangle_b$ 表示物理量在整个贮存泡内的平均值。比率 η 对于分析脉泽振荡非常重要,这不足为奇,因为公式中分子部分事实上代表原子受激辐射的能量,分母部分与腔内贮存的能量成正比。这个定义中需要注意的是:分子部分平均值取 $<B_z>_b^2$ 而不是 $<B_z^2>_b$,对于确定的氢原子来说,必须使用这样表述方式。原子在进入贮存泡后,会快速地在泡内多次往复运动,来回碰撞。在受激辐射过程中,如果在泡内空间随机取样,会发现原子在局部区域内只感受到磁场幅度变化,而相位几乎保持不变。在此条件下,我们希望通过原子共振谱线来观察Dicke 效应的影响,在谱线中存在一个中心尖峰,以及多普勒加宽的底部平台。

根据填充因子以及微波腔有载 Q 值的定义,联系相关的功率损耗 $<B_z>^2$ 及 x^2,可以得到一个简单的比例关系:$P_{loss} = \alpha x^2$,这里 α 是常数,该公式与脉泽的各物理参数密切相关。同时,在共振($\nu-\nu_0$) $= 0$ 时,原子辐射功率的公式也可以根据 x^2 得到,因此,当能量损耗等于能量辐射时,自持振荡程度的公式表示为

$$P = \frac{1}{2}\Delta I h\nu - \frac{1}{\alpha T_b^2}\left(1 + \frac{3}{2}\frac{T_b}{T_x} + \frac{1}{2}\frac{T_b^2}{T_x^2}\right)$$ (11.16)

公式中通过 T_x 和 T_b 替代了 T_1 和 T_2,前面讲过 T_x 与 I_{tot} 成正比,这里存在一个 $(T_b/T_x)^2$ 的二次方项,因此,当设置 $P=0$ 时,可能存在 I_{tot} 的两个解,也意味着,一

个 I_{tot} 值为振荡开始点,另一个 I_{tot} 值为振荡结束点,这与实验结果完全一致。振荡原子的流量范围与公式中二次方项的系数密切相关,这个系数非常有用,为一个无量纲的数,为此,这里定义一个重要的虚构参量 q:

$$q = \frac{\sigma_x V_r}{4\pi\mu_0} \frac{h}{\mu_A^2} \frac{1}{\eta Q} \frac{I_{tot}}{\Delta I} \tag{11.17}$$

然后,可以推导出功耗 P 的一个非常有用公式[①]:

$$\frac{2P/h\nu}{\Delta I_{th}} = \frac{\Delta I}{\Delta I_{th}} - \left[1 + 3q\frac{\Delta I}{\Delta I_{th}} + 2q^2\left(\frac{\Delta I}{\Delta I_{th}}\right)^2\right] \tag{11.18}$$

其中 ΔI_{th} 为无自旋交换情况下两个脉泽状态的阈值流量差:

$$\Delta I_{th} = \frac{1}{2\pi\mu_0} \frac{h}{\mu_A^2} \frac{V_b}{Q\eta T_b^2} \tag{11.19}$$

这代表了一个理论极限值,实际的阈值应该会更高,这是因为原子间自旋交换会导致谱线的展宽效应。以上公式中,需要注意另一个重要的参量,即脉泽实现振荡时泡内无扰动贮存时间 T_b,相对于微小的 μ_A 值,这个量比较大。式(11.18)中如果让 q 值满足下面条件,其解是实数:

$$q < 3 - 2\sqrt{2} \tag{11.20}$$

图 11.3 中给出一组数据,当振荡持续时,显示 I_{tot} 范围随 q 值的变化规律,其中当 q 值接近 $3 - 2\sqrt{2}$(≈ 0.171)时,I_{tot} 变化范围趋近于零。

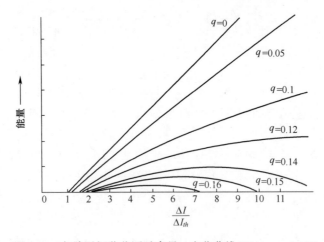

图 11.3 氢脉泽振荡范围随参量 q 变化曲线(Kleppner,1965)

---

① 译者注:原文公式为 $\frac{2P/h\nu}{\Delta I_{th}} = \frac{\Delta I}{\Delta I_{th}} - \left[1 + 3q\frac{\Delta I}{\Delta I_{th}} 2q^2\left(\frac{\Delta I}{\Delta I_{th}}\right)^2\right]$,有误。

11.4 氢脉泽物理系统设计

11.4.1 氢源

下面对氢脉泽原子钟的物理系统进行详细描述。首先来介绍氢源,氢气在自然界是以氢分子 H_2 的形态存在,所以,氢原子钟研制的第一个任务是离解氢分子成为两个独立的氢原子,离解过程大约需要 4.4eV 的能量打断氢键,这其中有两个办法,一个办法是在电离状态下让电子自由碰撞,第二个办法是在高温下让分子相互碰撞。

高温方法在设计上相对容易,在电离效率上也可预测,历史上的一些经典实验,例如:拉姆(Lamb)和雷瑟福(Retherford)在测试氢原子的光谱时,就利用了高温的方法,使炉温在钨丝的加热作用下达到 2220℃,当氢气压为 10^2 Pa 时,电离效率可达到64%。钨的熔点可达3370℃,但即使在如此高的温度下,氢分子的平均碰撞动能也仅为 0.5eV。在给定温度下的热平衡状态,气体分子动能(等价于热速度)分布服从麦克斯韦-玻耳兹曼方程,表达式为

$$\frac{\mathrm{d}N}{N} = \frac{2}{\sqrt{\pi}} \frac{1}{kT} \sqrt{\frac{E}{kT}} \exp\left(-\frac{E}{kT}\right) \mathrm{d}E \qquad (11.21)$$

式中: $\mathrm{d}N/N$ 为单位能量间隔 $\mathrm{d}E$ 内的分子数量变化率; E 为中心能量; T 为绝对温度;玻耳兹曼常数为 $k = 1.38 \times 10^{-23} \mathrm{J/K}$。当 $E = kT/2$ 时曲线达到峰值,随着温度继续升高,能量也会同步增加,但在实际系统中,氢分子的离解不仅与炉温相关,而且也要同时考虑氢分子的离解与氢原子重新组合的相对比率,以及氢气的流量等因素。

在历史上的某一段时间内,科学家曾一直致力于发展高温炉的方法来离解氢气,并深入地研究解决了高温炉的稳定性和电离源的老化等问题。但是,一些明显的弊端最终导致了高温方法的淘汰,发展了后来的高频电离源,且在当今氢脉泽原子钟中大量使用。

最早应用电离方法产生氢原子,可追溯到 1920 年,R. W. Wood 曾专门设计了一种放电管,后来以其命名为 Wood 管,系统主要包含一根窄长的玻璃管,管内两端安装金属电极,通入低压氢气流,典型压力为 10^2 Pa,电极间施加一定的直流电压,产生辉光放电,其工作原理与现在的氖虹灯有些相似。在电离过程中,除了负极附件的一小段区域外,管内其他大部分区域存在激烈的碰撞反应,可统称为阳极区,混合着自由电子、阳离子、惰性气体粒子等。由于相反电荷间的长程库仑力作用,混合区内的阳离子和电子存在强烈的"耦合",像一般的流体形态,所以称为等离子体。等离子体中的阳离子服从麦克斯韦能量分布,但电子此时具有更大的

能量,可以通过碰撞使气体继续发生电离。当然,在此过程中,电子有足够的能量导致氢气分子 H_2 离解,碰撞的反应方程式为:

$$H_2 + e \rightarrow H + H + e$$

由此产生的氢原子,很容易在固体表面重新组合成氢分子,但在空中飞行的两个分离氢原子并不能直接成键,如果直接形成氢分子将违背物理学的动量守恒定律。同时,通过第三个颗粒使两个氢原子重新组合的概率也非常低,多数情况下是在金属、玻璃表面再结合成氢分子,借助于表面吸附的气体层或其他杂质物,使原子重新结合成分子形态。因此,在氢原子钟内部,氢气电离玻璃管的内表面需要专门抛光清洁处理,以降低原子重新组合的速率。

早期的 Wood 管后来被逐渐优化,使用了新型的无极高频电离源,这样电离效率会更高,且体积更紧凑,电离泡体积降至 $1 \sim 2 cm^3$,周围环绕高频的线圈,频率一般设定在 $100 \sim 200 MHz$ 范围。这种无极电离方法与早期相比,主要优点是可确保等离子体内电子数量的相对稳定,不像早期那样会由于大量泡壁碰撞而出现热损耗问题。电离泡内壁必须精心处理,根据标准的真空方法清洗及排气。氢气通过一根钯银合金的毛细管进入电离泡,这种毛细管像一个漏气阀,通过温度控制调节氢气的流量,当毛细管被加热时,金属晶格间距增大,氢气渗透进入电离泡,这种毛细管同时也起到过滤器的作用,过滤掉氢气以外的其他气体杂质。合金毛细管可随时调节电离泡内气体的压力,进而影响微波腔内速流的强度,电离时典型气压为 $10 \sim 100 Pa$,UHF 输入功率一般控制在 $10 \sim 20 W$ 范围。这种利用提纯器的方法,可快速改变速流流量,非常利于后期的腔自动调节。电离线圈的绕制形状、安装方式及 UHF 功率耦合匹配等,对稳定电离状态非常重要,这些因素相互依赖,相互影响,最终决定了激励程度、电离泡温度、泡内等离子态的电离特征等,任何一个参数的设置不合理,都可能导致氢原子钟运行不稳定。可是,这么重要的影响因素,却完全没有理论可借鉴,只能通过长期实验观察,通过一些实验数据的分析来找出些许规律。在氢原子开始电离的初始阶段,发射的光显示白颜色,这种状态并不正常;待电离稳定正常后,散射出来的光颜色变为鲜艳的红色,此时的红光由氢原子的谱线发出;当电离效率不高时,等离子体中会存在部分氢分子,所以会显示出浅蓝色光。长期运行的氢原子钟,其电离泡内壁会发黄,不透色,这主要是由于氢原子与耐热玻璃发生化学反应导致,一般不会影响氢气的电离效率。

氢源出口处连接一个准直器管道,起氢原子会聚的作用,一般有单孔和多孔准直器两种,单孔仅含一根毛细管,多孔则包含一捆毛细管,准直器的孔径和长度有一定的比例关系,在选择尺寸时要充分考虑氢原子与准直器内壁多次碰撞后,重新合成氢分子的概率。

一般情况下,束源准直器的发射角要远远大于磁选态器的最大截获角,以至于氢原子的利用率非常低,不会超过 0.01%。这也意味着,氢原子钟需要安装高抽速的真空泵,抽取多余的杂散氢原子或氢分子,维持背底真空在 $10^{-4} Pa$ 水平。幸

164

运的是,背底氢分子并不参与原子钟的量子跃迁,在谐振腔内不贡献布居数反转,仅仅可能与氢原子发生小概率的碰撞事件,使部分原子运动轨迹发生变化,产生少量的超精细碰撞频移,所以,系统内氢分子的存在不会对氢原子钟产生太大的不良影响。这里,唯一的代价就是要求大抽率且连续工作的真空泵,长期维持共振泡与氢源之间稳定的压力差。氢原子钟一般都使用到离子泵,主要是这种真空泵对抽附氢原子非常有效,缺点是这种真空泵带有磁铁,外部强磁场在一定程度上增加了整钟磁屏蔽的负担,且大大增加了钟本身的重量。

11.4.2 六极选态器

磁选态器非常适合应用在氢脉泽上,目前已经成为一种标配。这种技术最初于1951 年由 Friedburg 和诺贝尔奖得主 W. Paul 提出,应用在磁共振实验上。其实六极聚焦磁铁已经在铯原子钟提到过(见 9.3.3 节),另外,四极磁铁也在氢原子钟上应用,与六极选态器有一点差异,但总体功能相同,它们的主要目的是分离量子态,选择具有能级 $F=1$ 的原子进入谐振腔,受激辐射 1420MHz 的钟跃迁频率。

六极选态器的内磁场分布为 3 重轴对称形,在极坐标 r, θ 下,其磁场分量可表示为

$$B_r = kr^2\cos3\theta \ ; \quad B_\theta = -\ kr^2\sin3\theta \quad\quad (11.22)$$

对于某一给定的半径,当沿角度 θ 旋转一周时,磁场分量将会周期性地变化三次,总磁场简化为 $B = kr^2$,仅与半径相关。如果用 B_m 和 r_m 分别表示磁极处的磁场强度和半径,那么,在 $r < r_m$ 内的磁场区任意一点,磁感应强度为 $B = (B_m/r_m^2)r^2$。由于实际选态器的磁场非常强,氢原子能级会在如此强大的外磁场作用下,发生如图 11.1 所示的劈裂。在高场区,原子 $F=1$, $m_F=0$ 和 $F=0$, $m_F=0$ 能态随外磁场线性变化,能级能量为 $+\mu_0 B$ 和 $-\mu_0 B$,其中 μ_0 为有效磁矩,代入以上 B 的关系式,能量随半径的变化量为 $\pm\mu(B_m/r_m^2)r^2$。选态磁场作为空间的势能场,直接决定了原子的运动轨迹,根据能量守恒定律,当上能级的原子满足能量方程 $(1/2)mV_r^2 = \mu_0 B_m$ 时,运动的原子会恰好地擦过选态器的磁尖,然后偏转返回且会聚于中心轴线,其轨迹如图 11.4 所示。

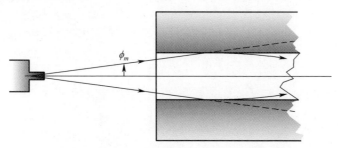

图 11.4 氢原子在六极选态器中的最大截获角

超过最大截获角的原子,六极选态器就失去了会聚捕获能力,原子可能撞击磁极,或直接丢失在背底真空中。经过准直器后的氢原子,假设此时发散角为ϕ(弧度),原子具有径向速度分量为$V_r \approx V\phi$,选态器的最大平面截获角为

$$\frac{1}{2}MV^2\phi_m^2 = \mu_0 B_m \tag{11.23}$$

决定原子流量的一个更有用指标为立体角,定义为半顶角ϕ_m的一个圆锥体,假设以氢源为中心画一个单位球面,立体角就是圆锥与球面所包围的区域,对于氢原子钟,这里$\phi_m \ll 1$,立体角可简化为$\Omega_m \approx \pi\phi_m^2$,即

$$\Omega_m = \frac{2\pi\mu_0 B_m}{MV^2} \tag{11.24}$$

这种最大截获角的定义,特别适用目前普遍使用的选态器结构,即极尖围成圆柱形几何结构,平行中心轴线的磁场保持不变。可是,在原理上,选态器可以被设计成圆锥形结构,即内径顺着轴线方向逐渐变大,相应地磁场强度也会沿着轴线发生变化,这样的选态器结构可以明显增加截获角,但是,这样的设计对加工和装配工艺提出了太高的要求,制作这种锥形选态器非常困难,所以在现实中,也就放弃了锥形选态器,而仍采用圆柱形结构的选态器。选态器的极尖采用高饱和磁化强度的软磁材料,饱和磁感B_m一般为$0.5 \sim 1.0$T。氢原子通过准直器后,流量每秒约为10^{16}个,但是经过选态器后,每秒仅有约5×10^{12}个上能级原子最终进入谐振腔,所占比例很小。

原子在选态器内受到磁场的梯度力作用,其值为$\pm 2\mu_0(B_m/r_m^2)r$,正负号分别对应上能级和下能级的原子。在磁场作用下,上能级$F = 1$, $m_F = 0$的氢原子会沿着轴线方向作简谐运动,受力大小与所处位置的半径成正比。同时,下能级的原子在磁场作用下,远离轴线中心,从束流中分离出来,变为背底杂质气体。当然,这里仍然存在一个关键的问题,就是从束源中以锥形射出的上能级原子,经选态后,真的能聚焦于轴线上某个共同点吗?这里,我们不再详细推导严格的数学过程,而只是针对六极选态聚焦磁铁,指出一些需要注意的地方:首先,选态器可捕获的空间最大截获角实际上非常小,相比于原子热动能,原子所受磁势能很小;第二,这里假设的是原子都是从点源发出,而实际上是一个面源,且以上分析中忽略了歪斜轴线的影响,只考虑粒子的理想径向运动轨迹。

对于给定速度的氢原子,从束源发出后,在六极选态器的作用下,如果能聚焦于中心轴线上的某一点,则运动轨迹如图11.5所示,其瞬时位置与速度方程为

$$r = r_0\sin\left(\Omega\frac{z}{V} + \alpha\right); \quad V_r = \Omega r_0\cos\left(\Omega\frac{z}{V} + \alpha\right) \tag{11.25}$$

式中:r_0和α是常数,由粒子初始位置和初始速度决定,Ω表达式为

$$\Omega = \sqrt{\frac{2\mu_0 B_m}{Mr_m^2}} \tag{11.26}$$

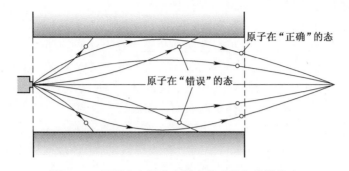

图 11.5 原子在六极选态器内的会聚和发散轨迹

假设氢源是点发射源,所有粒子从某一点发出,公式中初始点设为 $z = 0$,以及同时假设 $\alpha = 0$,粒子具有相同的出射速度 V,对于 $r_0 < r_m$ 的所有粒子,经过选态后,在满足 $\Omega z/V = \pi$ 条件时,可以会聚于轴线上的同一点。当然为了实际应用的需要,粒子必须会聚于六极选态器之外的某一个点,满足 $\Omega L/V < \pi$ 条件,这个点可设置为微波腔贮存泡的入口处,其中 L 为选态器磁铁的长度。粒子离开选态器后,沿原速度方向近似匀速直线运动,为了在中心轴线上相交,需要满足 $r/(\,\mathrm{d}r/\mathrm{d}z)$ 为常数。以上假设所有粒子具有相同的出射速度,这实际上是不可能的,我们知道,粒子速度服从热力学统计规律,与束源温度密切相关,所以选态后的聚焦点也不可能在一个点上,这种聚焦距离依赖速度的关系在原理上类似光学透镜聚焦,由于太阳白光包含不同波长的单色光,所以聚焦会形成光学像差,光学上一般可以通过设计一对消差透镜来弥补,这里原子选态磁铁却不能利用另一组磁铁来消除色差。为了验证氢原子钟束光学系统理论计算结果,为了探索粒子束形状及强度沿轴线的变化规律,实验上设计了一种表面覆盖白色氧化钼的探测屏,当氢原子轰击探测屏幕时,与氧化钼发生氧化还原反应,屏幕上会出现蓝色的钼金属斑点,蓝色区域的大小以及颜色深浅,可以直观地反映出氢原子束流的分布和强度,通过移动屏幕位置,还可以得出氢原子束在空间上的分布规律。根据相关实验数据,反过来再指导设计束源、选态器、贮存泡三者间的最佳距离。

11.4.3 贮存泡

氢脉泽的另一个核心部件是贮存泡,它位于微波腔内的中心部位,氢原子在泡内发生基态超精细能级跃迁,激发 1420MHz 的微波谐振。为了降低腔内微波功率损耗,贮存泡材料需要使用低差损的介电材料,一般为熔融石英。贮存泡为球形,直径约 15cm,留有细长的泡口,对准准直器轴线方向,这是氢原子束流的进出通道。贮存泡内壁涂覆聚合物材料,例如:杜邦公司的 FEP 聚四氟乙烯材料等,在涂

167

覆之前,先对泡内彻底清洗,清洗一般使用高浓度的铬酸和硫酸,或有机溶剂。清洗干净之后,聚四氟乙烯悬浮液注入泡内,通过摇摆使悬浮液在泡内表面充分浸润悬挂,再通入流动的干燥空气,使贮存泡加热至 $360\sim380℃$,时间约 20min,在此过程中,聚四氟乙烯膜与石英泡内表面充分结合,形成一层保护层。在贮存泡的长颈入口处,可以使用聚四氟乙烯塞子,在塞子上钻大量小孔,或者直接在管颈内壁涂覆聚四氟乙烯薄膜。从以上所描述的表面涂覆过程中,可以看出,涂覆工艺很难用物理量来准确定义,当然,你可以使用电子显微镜来精确测定材料的表面结构形貌,但除非有一套标准程序可实现精确一致的表面分子结构,否则,氢原子脉泽将永远无法成为绝对基准。

11.4.4 微波谐振腔

在氢脉泽的微波腔内,氢原子与谐振辐射场相互作用,实现自持振荡。微波腔必须有固定的振荡模式,原子在进入微波腔后感受一致的振荡相位。这种微波腔可延长原子相干时间,但却由于多普勒效应产生频移和谱线加宽。一般的微波腔采用圆柱体的 TE_{011} 振荡模式,腔长和腔直径相等,大约为 27.6cm,电磁波沿中心轴线对称,图 11.6 中中心白色区域为贮存泡所在位置。

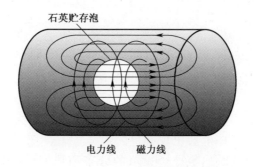

石英贮存泡

电力线　磁力线

图 11.6　氢脉泽 TE_{011} 模式谐振腔内的微波场分布

与氨分子脉泽相类似,要实现自持振荡,氢脉泽的微波腔必须具有非常高的 Q 值,但是过高的 Q 值也会引入腔牵引效应。在谐振过程中,腔内壁会发热,这增加了微波腔功率损耗,直接影响谐振 Q 值,所以,一般在腔内表面镀银。微波腔的理论 Q 值可达 87000。腔内石英贮存泡对 Q 值影响很小,但它可能会导致微波腔失谐,降低其共振频率。腔内耦合环安装在腔底端的磁场最强处,与磁场方向垂直,通过耦合 50Ω 的同轴电缆,输出微波谐振信号。

腔牵引效应反过来也影响着脉泽的频率稳定度,为了稳定腔频,需要根据外部温度变化,微调微波腔的尺寸。一般有两种方法来抵消微波腔温度波动的影响,一是采用膨胀系数小的材料制作微波腔,例如:有一种材料称为 CER-VIT,由 Owens

-Illinois 公司研制,是一种陶瓷基非晶材料,在一定的温度范围内,膨胀系数接近于零。不管使用什么样的材料来制备微波腔,都需要在腔内壁镀银或镀金,这样高频场仅仅穿透有限的金属层深度,增加表面电导的同时降低热损耗。第二种方法是直接使用金属腔,在腔上布置大量的温度监测点,快速地反馈微波腔的温度变化,通过伺服控制回路来稳定腔的温度。在实际氢脉泽中,一般采用第一种方法,使用熔融石英材料来制作微波腔,该材料热膨胀系数仅为 $0.25 \times 10^{-6}/℃$,近似是金属铝的 1/100。另外,为保证温度的稳定性,氢脉泽工作时一般放置在一个精确控温的保温箱内。

11.4.5　磁屏蔽

如前所述,磁场对氢原子超精细能级$(F=1, m_F=0) \rightarrow (F=0, m_F=0)$间跃迁频率影响较小,可以作为频率标准,所以,要使贮存泡内的磁场影响降至最低,需要在氢脉泽运行时另外施加一个静磁场(即为弱磁 C 场),C 场须满足两个前提条件:首先,C 场方向与微波场磁场分量方向一致,平行于 TE_{011} 模微波腔的轴线方向。微波场相对于磁场轴的极化方向,作为原子的量子化轴,在保证 m_F 不变的前提下完成能级跃迁。当然,跃迁区域不可避免地存在一定的磁场不均匀性,所加 C 场值必须大于磁场波动量,保证跃迁区域内不出现磁场反向现象。第二个条件更加微弱,原子在磁场中运动,可能会发生 Majorana 跃迁,电子跃迁到其他磁能级,降低了钟跃迁的概率。如果 C 场强度远远大于空间波动,那么就可以明显降低这种 Majorana 效应。为了提供一个干净的磁跃迁环境,氢脉泽原子钟需要在微波腔之外增加一套磁屏蔽系统,一般使用高磁导率的坡莫合金材料来制备,设计安装时也要保证屏蔽筒与微波腔同轴。磁屏蔽筒采用焊接工艺成形,真空或氢气气氛下退火,消除内应力,且在应用之前还需多次退磁处理,退磁一般采用交流振荡方法,正反两方向反复磁化,外磁场强度再逐渐降为零,完成退磁操作。C 场线圈使用非磁材料绕制,位于磁屏蔽筒之内。根据 Breit-Rabi 公式,氢脉泽原子钟的实际跃迁频率为

$$\nu = \nu_0 + 2.761 \times 10^{11} B^2 - 2.68 \times 10^{13} B^4 + \cdots \tag{11.27}$$

显然,当 C 场强度为 mGauss(毫高斯)时($\approx 10^{-7}$T),第三项以后可以忽略不计。为了校正零场频率值,可以使用磁量子能级间的跃迁,例如:$(F=1, m_F=+1) \rightarrow (F=1, m_F=0)$能级,在变化磁场作用下,得到相应的跃迁频率,进而反推出零场频率。在校正过程中,施加的交变外磁场,方向垂直于腔的轴线方向,外场频率在千赫兹量级,实验上可以很容易通过螺线管线圈通入交变电流而实现。由于静磁场(C 场)不可避免地存在空间上的不均匀性,所以需要指出的是,$\Delta m_F = \pm 1$磁共振跃迁谱线的中心频率由磁场平均值决定,而不是磁场平方的均值决定。当然,可以通过磁共振谱线的宽度,来反馈磁场的不均匀程度,确保满足前面的假

设条件$\langle B_0 \rangle_b^2 \approx \langle B_0^2 \rangle_b$。

11.5 自动腔调节

可以毫不夸张地说,氢脉泽原子钟能发展到如今的程度,微波腔的自动调节技术功不可没,电控系统可以精确地调节微波腔的共振频率,使其等于原子的跃迁频率,避免腔牵引效应的发生,保障氢脉泽优越的中长期频率稳定度。

氢脉泽自动调节微波腔频率的方法,与氨分子脉泽一样,是通过使用高品质的晶体振荡器,作为短稳参考,调制原子共振谱线的宽度,实时探测脉泽的输出频率变化,腔频牵引公式为

$$\nu - \nu_0 = \frac{Q_c}{Q_L}(\nu_c - \nu_0) \tag{11.28}$$

式中的原子共振谱线线宽反映在品质因子Q_L中,Q_c是微波腔的品质因子,如果原子线宽被调制,当$(\nu_c - \nu_0) = 0$时,脉泽输出频率保持常数,等于原子的共振频率,也就意味着,微波腔被调节到正确的原子频率上。

这种腔自动调节的方法,一般通过调节进入微波腔的原子束流来实现,当泡内原子的浓度改变时,会影响自旋交换时间T_x,主要是横向弛豫时间T_2,反映在原子共振谱线的线宽上。理想情况下,如果仅改变原子流量,而保持其他参数不变,那么影响的不只是原子谱线宽度,还包括中心频率的微小偏移,这是自旋交换碰撞的另一个影响结果。可喜的是,这种方法可以调节微波腔频率,而且可以补偿部分自旋交换引起的中心频移。该方法实现的主要困难之处,是要求参考振荡器频率必须足够稳定,可以探测出脉泽输出频率的微小变化。

为了解决对参考频率的过度依赖,Audoin 等人发明了一种新的方法,一个接近于谐振频率的调制信号馈入微波腔,信号来源于晶体振荡器,而该振荡器又锁相到脉泽输出信号上。这样,脉泽输出频率中会包含一个误差信号,该信号可判断出微波腔是否精确调节到原子的中心频率处。

11.6 泡壁频移

氢原子在与聚四氟乙烯表面碰撞过程中,会导致一定量的频移,形象地被称为壁移。原子囚禁在球形石英泡内,泡的内壁涂覆着聚四氟乙烯层,石英泡留有原子进出的小孔,在泡内有限的空间,原子与泡壁会发生多次碰撞。为了精确评估原子共振频率的壁移量,我们必须首先知道原子与泡壁碰撞的时间长短,以及原子两次碰撞之间自由飞行的时间。如果能正确地评估出碰撞导致的相位偏移量,也就可

170

以推导出频率的偏移量。原子自由飞行时间与石英泡的半径密切相关,两次碰撞间自由飞行的平均时间为 $\tau_c = 4R/3V_{ave}$。我们知道,聚四氟乙烯表面具有复杂的物理化学结构,还包括多种表面杂质影响,所以,要发展一套完整的壁移理论相当困难,基于理想模型也很难得到令人满意的结果,但是,可以在一定的理论基础上,定性地分析影响壁移的各种因素。当氢原子靠近聚四氟乙烯表面时,碰撞类型是多种多样的,但不管结果如何,其在表面附近逗留的时间非常有限,在碰撞过程中,原子首先会感受到势阱的吸引力,继而随着距离缩短,与壁接近,转化为排斥力,且排斥力迅速增大,整个碰撞受力过程如图 11.7 所示。

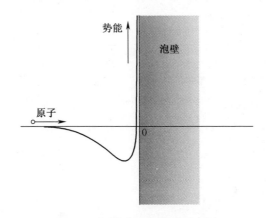

图 11.7　固体表面的势阱示意图

如果这里不考虑氢原子与泡壁的化学反应,仅关注表面静电势的影响,碰撞过程中可能导致原子核周围电子云密度发生变化,进而影响超精细能级。在碰撞过程中,原子热运动平均速度很大,所以碰撞受力时间极短,一般在 10^{-13} s 量级。现实氢脉泽中,原子表面停顿的时间可能比理论值长一些,原子在这段时间内重新获得动能,爬出势阱离开表面,这与泡壁的势阱深度,以及原子碰撞中失去动能的程度密切相关。在原子钟的振荡周期内,原子与泡壁碰撞的时间毕竟很短,它只会以尖锐脉冲的方式影响着原子能级,导致超精细能级间的非共振跃迁,比较严重的是,这种碰撞会引起相位变化,可能导致辐射原子受激过程的失相,相位偏移累积,最终导致频移,相移引起频移的原理如图 11.8 所示。

如果每次碰撞过程导致的相移平均为 $\Delta\phi$,两次碰撞中间间隔时间为 τ_c,那么,原子跃迁前后的平均相移为

$$\langle\phi\rangle = 2\pi\nu_0 t + \frac{\Delta\phi}{\tau_c}t \qquad (11.29)$$

式中:第二项表示相移量随时间线性增加,相移与频移转化关系为 $\Delta\nu = \Delta\phi/2\pi\tau_c$,如果代入氢脉泽贮存泡的尺寸,则跃迁前后最终的频移量为

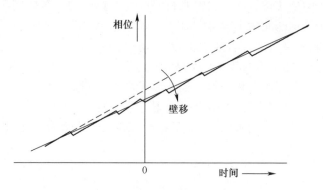

图 11.8　泡壁碰撞过程中相移累积引起频移

$$D\Delta\nu_0 = 3V_{\text{ave}}\frac{\Delta\phi}{4\pi}\qquad\qquad(11.30)$$

式中: $D = 2R$,根据仪器设备的设计实验数据,同时受温度影响,变化范围大约从 0.38Hz·cm@31.5℃ 到 0.35Hz·cm@40℃。此外,研究也发现,某些涂覆层在特定的温度下,壁移量可以降为零。

11.7　信号处理

前面已经提过,氢脉泽输出功率非常低,大约在 10^{-12}W 量级,因此,为了鉴别得到这个有用的信号,脉泽输出频率须锁定到一套频率合成电路上,该电路的标准信号由 5MHz 高稳石英晶振提供。设计锁相电路面临的最大挑战,是电路不能明显影响到脉泽的自由振荡频率,这与第 1 章介绍的机械钟擒纵机构有些类似。总之,不管脉泽输出端连接到什么地方,都要尽可能地降低其失谐量和附加噪声,这就要求脉泽附带一个低噪声的稳定电路,温度对电路原器件的影响也要尽可能地小。所以,一般首先设计一个低噪声的前置放大器,放大脉泽信号,同时隔离后续的电路噪声,这种放大器核心指标为噪声系数,即输入端信噪比除以输出端的信噪比(以分贝为单位),当工作在 1420MHz 频率时,噪声系数大约为 3dB,相当于噪声为 $10^{3/10}\approx 2$,两倍于理想值。在多路系统中,会利用脉泽的输出信号作为另一个脉泽腔的调节参考信号,这种情况下需特殊的处理方法,需隔离两路信号,避免互相拉近窜扰,避免合成一个无关的频率信号,此时一般会另外接入一个环形器,基于铁氧体特性来完成隔离功能。

最早的氢脉泽伺服控制电路,由 NASA 卫星跟踪站工作的 H. E. Peters 设计完成,原理图如 11.9 所示,接收电路和频率综合电路锁相到 5MHz 的高稳晶振上,最终由该晶振输出标准的脉泽信号。在图 11.9 中,5MHz 晶振输出的频率,首先倍频到1400MHz,然后再通过外差法与前置放大器输出的脉泽频率混频,得到中频的20.405MHz,此频率通过一个可调的中频放大器,再经过两次外差混频,分别得到405KHz和5kHz两个频率,其中5kHz信号连接到比相仪,比相仪的参考相位来源于5MHz晶振的相位,步进为0.0001Hz,这就决定了石英晶振的频率稳定度,而准确度的设置则取决于磁场和壁移的校准程度。比相仪输出信号作为伺服控制环路的误差信号,通过滤波器,闭环锁定到石英晶振的频控输入端。最终锁相5MHz石英晶振,如果实际需要,还可分频输出1MHz或100kHz等标准频率信号,以及1PPS脉冲等时间信号。

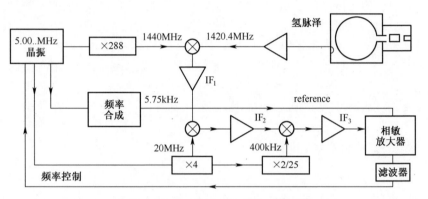

图11.9 氢脉泽接收与频率综合电路示例图(Peters, 1969)

世界上主要的几个计量标准实验室皆在研制氢脉泽原子钟,其频率稳定度到底如何呢,一般利用阿里方差曲线进行比较和分析？在前几章中,我们已经介绍了阿伦方差曲线,主要用于表征时域的频率稳定度(实际应为频率不稳定度),图11.10为主动氢脉泽不同取样时间内的典型阿伦方差曲线。

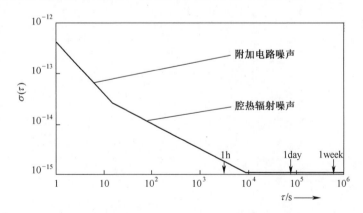

图11.10 氢脉泽原子钟典型阿伦方差曲线(Peters, 1992)

氢脉泽具有非常优越的频率稳定性,可以作为时间频率标准。测试时一般为几台氢脉泽互比,当然需要注意的是,测试过程中要隔绝两脉泽的信号窜扰,否则它们可能锁到同一个信号上,导致两信号"偏差"永远为零。再回到图 11.10 中,氢脉泽显示出无与伦比的频率稳定度,可实现 10^{-15} 量级日稳定度,相当于 3200 万年不差 1s。当所有可预期的系统误差都被修正后,例如磁场、泡壁位移、二阶多普勒效应等,我们可以得到氢原子的超精细频率,根据国际原子时标的协议,由国际时间局定义为

$$\nu_H = 1420405751.778 \pm 0.003 \text{ Hz}$$

这是目前为止可测得最精确的物理量之一。氢脉泽作为新的时间频率计量标准,不可能被轻易超越替代,然而氢脉泽也存在一些缺陷:一是它的不可携带性,二是它的壁移限制了绝对准确度。氢脉泽的体积和重量是由氢原子跃迁波长(21cm)决定的,再加上多层高性能的磁屏蔽系统,以及保证地面应用所需的高真空系统等,都导致氢脉泽整机庞大笨重。当然,在实验室环境下,体积和重量可能不是主要关注的因素,但在机动环境下,必须认真考虑。另一方面,在便携式应用中不是特别关注的壁移问题,如果作为实验室的基准,却不得不严肃考虑。非常遗憾,氢脉泽终究不能作为基准钟。

第12章
粒子囚禁

12.1 引　　言

  基于量子共振,再结合缓冲气体或惰性碰撞方式,囚禁中性原子的原子频标,已经得到迅速发展,且表现出优异的性能指标,尤其是氢脉泽已达到极佳的中长期频率稳定度。然而,在上一章也指出,对于某些应用,氢脉泽有两大缺点:一是它的体积较大,便携性差;二是泡壁碰撞频移限制了频率准确度,氢脉泽不能作为基准频标来使用。

  有一种新型的电磁场方法,可以完全隔离跃迁原子与其他物体的相互作用,不再让粒子与惰性气体或物体表面进行接触,然而,常温下我们一般不采用电磁场囚禁自由中性粒子的方法,主要是因为电磁场会严重干扰原子内部的量子态,而保持量子态的能级稳定性是研制原子频标的根本所在。电磁场囚禁中性原子的方法,在静态或低频领域都不具有实际意义。然而在光频领域,情况却大为不同,如上一章所述,激光光场可用于冷却和陷俘中性原子,结合其他相关技术,可避免基准原子能级发生光频移。

  另一方面,对于离子来说,尤其是低动能的离子,其运动状态极易被弱的电场和磁场改变,但由于离子囚禁引入的电磁场可被精确控制和测量,因此其引起的波动,可在所需准确度上进行精确计算评估。这当然不像氢脉泽,其壁移根本无法定量化描述。

  氢原子钟作为频率标准,最初的技术源于磁共振波谱学研究,为了提高设备的共振分辨率和敏感性,而逐步发展起来并应用于氢脉泽研制。同样,离子电磁囚禁的使用也是起源于射频谱的研究,致力于提高带电粒子的射频光谱分辨率和准确度。由于自发微波(磁)跃迁的比率极小,因此需要尽可能地延长粒子悬浮的观察时间,获取较高的频谱分辨率,在此过程中,需要合适的场来囚禁粒子。粒子在足够高的真空环境内运动,理想情况下可以悬浮无限长的时间,因此,粒子囚禁技术成功与否,最终取决于另一项基础性技术,那就是真空离子泵技术,关于真空泵的相关内容已在前面章节介绍。这同样也证实了一个不变的事实:技术的发展推动了科学的进步,科学的发展也促进了技术的前行。离子泵的发明,可使真空度优于10^{-10}Pa,实现超高真空环境,在此情况下,假设一个离子与真空室内壁没有发生碰撞,那么它与另外一个离子碰撞的平均自由程可达百万千米量级。

在使用电磁场囚禁离子之前,先了解一个基本的静电定理——Earnshaw 定理,该理论指出:静电场中的电荷,如果仅受到电场力的作用,那么它将不能保持在稳定的平衡状态。这个定理可以认为是静电场基本方程的一个结果:在电荷-自由空间中,被测电荷的静电势不可能在空间存在最小值点,也意味着,空间上不会存在这样的一个点,当被测电荷从这个点开始运动,其任何方向上的位移都导致势能增加。所以,至多可以保持一些方向上势能增加,另外的方向势能降低。静电势类似于一个物体受到的重力势,Earnshaw 定理规定了空间上不存在最小值,也就是说,其势能分布图不可能是碗状的,顶多是马鞍状的。在势能分布的马鞍点周围,电荷在一个方向上受到限制,但在其他方向上受排斥力。这个结论对于想利用静电场囚禁离子的研究人员来说是相当沮丧的,但事实上我们不能仅局限于使用静电场,可以考虑利用非静电场或者电场与磁场结合的方式来囚禁离子或电子。

12.2　Penning 阱

这里,首先介绍 Penning 阱的结构,尽管 Penning 阱需要强磁场,不适宜用于原子频标,但是由于 Penning 阱在很多领域已经被广泛应用,所以,在离子囚禁领域具有重要的历史意义。

Penning 阱的名字来源于 Penning 真空规(计),电极的排列和磁场的使用方式皆来源于后者。在 1936 年,Penning 第一次提出这种真空规的设计方案,其结构如图 12.1 所示。Penning 真空规的量程可扩展到更高的真空区,远高于当时其他类型的真空计,普通真空计是利用强磁场配以高压电极,保持真空区放电的方式实现

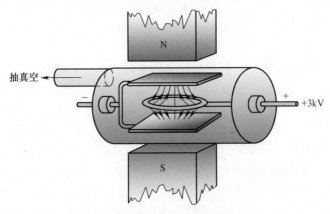

图 12.1　Penning 真空规的结构示意图

的,例如,霓虹灯管,在正常工作放电过程中,氖气的压力降低至某一临界点时,会出现中断停电。Penning真空规的磁场作用,是使等离子体中的电子螺旋式移动,这样会增加电子的行程,并在电子与电极或其他表面碰撞而丢失能量之前,增加与背景气体电离碰撞的概率。

12.2.1 场结构

用于离子囚禁的纯四极电场结构如图12.2所示,最初由贝尔电话实验室的 J. R. Pierce 提出(Pierce, 1954)。从图中可以看出,要实现带正电粒子的囚禁,需要在沙漏状的圆柱体上加负电,在碗状末端帽的电极上加正电,这样,就会在轴向产生静电场,实现最终的动态囚禁。在磁体磁极上安装电极,可在轴向实现强磁场与电场的叠加。若要囚禁带负电的粒子,只需使电极的极性反转即可,轴线上的磁场保持不变。定义圆坐标系下的 r 和 z,其中 z 轴规定为离子阱的中心对称轴,则电极间场的电势公式表述为:

$$V = \frac{V_0}{2r_0^2}(2z^2 - r^2) \tag{12.1}$$

电场等势面为沿着双曲线截面的轴线旋转而形成的曲面,因此电场可通过与等势面一致的双曲面导体表面生成。但需要注意的是,我们选择的势场是关于原点对称的,因此原点处势场为 0,电极处势场为 $\pm V_0/2$,作用在圆柱体和帽电极之间的电压为 V_0。势场沿着 z 轴($r = 0$)方向,大小随 z^2 变化,离原点越远,势场越大,在电极处达到最高值 $V_0/2$,此时 $z = \pm r_0/\sqrt{2}$ 。

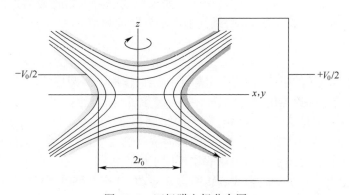

图 12.2　四极阱电场分布图

12.2.2 离子运动

如果磁场在轴线方向上完全均匀分布,那么洛伦兹力只对垂直于磁场方向有运动分量的粒子起作用,而平行于轴线运动的离子则不受磁场影响。假设粒子的电荷为 e,质量为 M,那么,在任意位置 (r, z) 的粒子运动方程为

$$\frac{d^2z}{dt^2} = -\omega_z^2 z; \quad \omega_z^2 = 2\left(\frac{e}{M}\right)\frac{V_0}{r_0^2} \tag{12.2}$$

上式为简谐运动方程,带点粒子以原点为中心,以一定振幅进行振荡,其振荡频率为 $\nu_z = \omega_z/2\pi$。为避免撞到端帽,粒子的振荡幅度要小于 z_0。离子的最大能量为 $qV_0/2$,轴向运动的势阱深度为 $V_0/2$。粒子的径向运动过程比较复杂,需要用笛卡儿坐标 x、y 来描述,在不考虑磁场因素的情况下,粒子在 x 轴和 y 轴方向的运动方程为

$$\frac{d^2x}{dt^2} = +\left(\frac{e}{M}\right)\frac{V_0}{r_0^2}x \quad (B_Z = 0) \tag{12.3}$$

粒子在 y 轴方向的运动方程与此类似。公式中右侧为正号,因此等式的解为趋于无穷大的指数函数,很显然在不考虑磁场的情况下,在 x 轴和 y 轴方向的运动速度和距离持续增加,直至粒子碰触到电极为止。如果将 V_0 的符号反向,满足粒子持续沿 x 轴和 y 轴方向来回振荡运动,那么 z 向的运动将指数发散;同理,若粒子的电荷符号反向,上述理论同样适用。可以发现 Penning 阱不能同时囚禁正负两种带电粒子。

磁场的作用是引入洛伦兹力,使运动离子在径向具有速度分量,沿着近似摆线的轨道旋转,此摆线运动是指某个点在旋转车轮边框内形成的几何图形。在轴向对称的场结构中,轮子被置于垂直轴向的平面上,该平面以轴为中心绕轴旋转。显然,这个过程包括两个运动的叠加:轮子绕中心轴旋转,同时轮子中心以同样的速度绕阱体的轴旋转。在粒子受力分析中,如果磁场引入的洛伦兹力作用超过静电场作用,则前面关于轮子的运动,绕其中心轴旋转的频率 ν_c 为

$$2\pi\nu_c = \frac{eB}{M} \tag{12.4}$$

式中没有包括电场的影响,仅为带电粒子在磁场作用下绕圆形轨道的运动频率,此频率在回旋粒子加速器的设计中是一个关键参量,称为回旋频率。回旋加速器之所以能够工作,就是基于该频率与粒子的运动速度无关(其速度远低于光速),也与粒子圆形运动轨道的尺寸无关。此时,需要外加一个振荡电场,振荡场的频率与粒子的运动同步,使粒子从场中获取能量用于轨道扩张。

另外,轮子中心绕势阱轴线旋转的慢速运动,其速率是由磁场洛伦兹力和静电场力共同作用的结果。由于电场与径向距离成正比,而要保持平衡洛伦兹力与电场变化方式相同,则需通过线性速度来保证,这意味着轮子中心绕轴线以恒定角速度运动,该运动也称为磁控管运动,其频率方程为

$$2\pi\nu_m = \frac{V_0}{Br_0^2} \tag{12.5}$$

磁控管是一种高功率微波管,常用于雷达发射机和微波炉中,场结构与Penning阱有些许差别,主要区别在于其管状电子发射阴极与同轴铜环阳极之间有放射状电场存在,强的轴向磁场使阴极发射的电子在阳极微波腔中运动,产生微波频率振荡。需要注意的是,此频率 ν_m 与粒子性质无关,仅取决于势阱的几何形状和阱内场的强度。

当 $\nu_c \gg \nu_m$ 时,粒子存在两个运动分量,一是快速的回旋运动,另外叠加慢速的磁控运动。此外,还有其他可能的运动轨迹,即围绕轴线中心的循环运动等。奇怪的是,以上粒子也存在两个可能的振荡频率,通常这两个频率的表述为

$$\nu^{\pm} = \frac{\nu_c}{2} \pm \sqrt{\left(\frac{\nu_c}{2}\right)^2 - \nu_r^2} \tag{12.6}$$

式中: ν_r 为电场单独作用时的径向频率。从上式可以看到,只有当 $\nu_c/2 > \nu_r$ 时,频率 $\nu^{\pm}$ 才有数学意义,表示振荡运动的振幅为有限值,这也确定了磁场的等效"捆绑"电压,即由磁场产生的等效于电场的势阱深度。如果满足条件 $\nu_c \gg \nu_r$,两频率 $\nu^{\pm}$ 可近似表示为

$$\nu^{+} \approx \nu_c - \nu_m;\nu^{-} \approx \nu_m \tag{12.7}$$

其中:

$$\nu_m = \frac{\nu_r^2}{\nu_c}; \quad \nu_r^2 = \frac{eV_0}{4\pi^2 M r_0^2} \tag{12.8}$$

从上式方程可以发现, ν^{+} 和 ν^{-} 是离子"正常模式"的振动频率,进一步, ν^{+} 为回旋加速器和磁控管混合运动的频率。

由于作用在囚禁粒子上的场是稳态的,在不存在碰撞的情况下,粒子系统具有保持的属性,也意味着不管粒子如何运动到达阱中的某个位置,粒子的动能都可以通过此位置的静电势来计算确定。这也可推出如下结论:一个具有动能的粒子,通过某电极或某孔进入势阱后,它不会保持在阱中,而是通过与阱体碰撞到达另一个电极,或甚至以相同的能量返回并撞击在同一个电极上。为了让粒子稳定地囚禁在势场中,粒子必须在阱中损失掉足够的能量,或者以足够小的初始动能进入势阱。这情况类似于在有凹槽光滑的表面上滚动弹珠,弹珠不会长时间停留在凹槽上的某个点,而是会滚来滚去地运动,除非在摩擦力作用下损耗掉全部动能。想要容易地囚禁离子,主要有以下两种实现途径:一是把离子注入到离子阱中,在阱中进行非弹性碰撞,把离子的动能转移到缓冲气体上;二是在非常低的压力下,先把原子或分子注入到离子阱中,然后再穿过端盖沿轴线发射电子束,通过碰撞实现电离。后一种方法更方便,但是存在两大缺点:其一,电子束会引入外电场,影响离子阱内场分布;其二,由于原子分子的碰撞,会缩短离子在阱中的寿命。实验上,可在时间上分步完成阱的填充和离子光谱的探测,从而降低电子束的干扰效应。

12.3 高频 Paul 阱

离子频标常用的离子阱是 Paul 阱,以诺贝尔奖得主 W. Paul 的名字命名,同时还有很多相应的延伸应用,如 Paul-Straubel 阱等,这将在后续章节中逐步介绍。Paul 阱利用交变的高频电场实现离子囚禁,早在 1955 年,W. Paul 和 M. Raether 首次提出了离子阱的雏形,如图 12.3 所示,通过在 4 根圆柱电极上施加高频电场,形成离子束的质量过滤器,某些质量范围内的离子会被电场会聚,而其他质量指数的离子被发散排除。

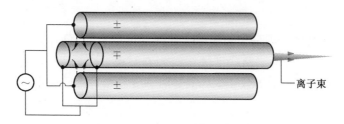

图 12.3 高频 Paul 阱离子质量过滤器

12.3.1 经典 Paul 阱

在四极过滤器发展的早期阶段,人们就认识到在 Paul 阱二维空间的聚焦作用,同时可以推广到三维空间,实现带电粒子的囚禁。1958 年,由 W. Paul、O. Osberghaus、E. Fischer(Paul et al., 1958)三人合作撰写的文献中,就详细地描述了该设备的设计方案和原理样机,在随后的 1959 年,E. Fischer 在 Zeitschrift 杂志上发表了如图 12.4 所示的装置,在德语中意思为"离子笼"。

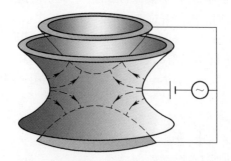

图 12.4 高频三维 Paul 离子阱示意图

电极的几何形状由双曲面及两个端帽组成,两端帽为碗状圆锥形状,工作时施加相同的电势。主驱动场为高频电流,正负电荷在阱内都可以实现囚禁,带电粒子交替受到离心力和向心力的作用,实现亚稳态平衡。如果电场强度在整个空间内均匀分布,那么粒子运动就会由两部分组成:电场驱动的振荡以及粒子初始的匀速直线运动,很显然,一个均匀的高频场并不能实现离子囚禁,不能很好地控制粒子的初始速度。

所以,经典 Paul 阱的四极场必须具有如下基本特性:它在空间上是非均匀的,中心位置处场强最小;四极场内场强的大小仅与半径成一定的比例关系,这样就可以用严格的数学方程来推导离子的运动过程。在交替变化的四极场内,沿任意给定的坐标方向,带电粒子都会受到交替变化的力,离心力和向心力的方向并不完全对称,在某个特定条件下,最终合力需指向场的中心。基于强聚焦原理:用于阐述一套静态的离子透镜,交替地聚焦和散焦实现空间定位,当粒子通过时受到一个时间调制的聚焦力和散焦力作用,这是从单个镜头通过时间调制而演化来的。可以简单地这样理解:在交替聚焦-散焦序列作用下,当靠近中心位置的场强较弱时,散焦开始作用,在散焦半周期结束时,离子距离中心较远时,此时场强较强,聚焦开始作用。

Paul 阱中离子运动分析首先从场的定义开始,在圆柱形电极之间施加直流电压,为方便区分,电极有时也分别称为环电极和帽电极。利用圆柱形的极坐标系,在势阱中心附近的电场分量为

$$E_r = (U_0 - V_0 \cos \Omega t) \frac{r}{r_0^2}; \quad E_z = -2(U_0 - V_0 \cos \Omega t) \frac{z}{r_0^2} \quad (12.9)$$

式中:U_0 为恒定直流电压,V_0 和 Ω 分别是高频电压的幅度和(角)频率。场内的等势面,是由双曲线截面绕轴线旋转形成的轮廓面。电场可通过一组与双曲面导体面相一致的等势面产生,如图 12.2 所示。需要注意的是,通过选择 $z_0 = \pm r_0 / \sqrt{2}$,可保证势场关于原点对称,在这个意义上,原点的电势变为零,电极上的电势为 $\pm V_0 / 2$,环电极与帽电极间施加的电压为 V_0。沿 z 轴方向($r = 0$),电势随着 z^2 变化,离原点越远,电势越大,在帽电极处达到最大值 $V_0 / 2$。

离子的运动满足牛顿运动方程 $\boldsymbol{F} = m\boldsymbol{a}$,在 r 坐标系中,可变换为如下方程:

$$\frac{\mathrm{d}^2 r}{\mathrm{d}\theta^2} + (a_r - 2q_r \cos 2\theta) r = 0 \quad (12.10)$$

其中,

$$a_r = \frac{4eU_0}{M\Omega^2 r_0^2}; \quad q_r = \frac{2eV_0}{M\Omega^2 r_0^2}; \quad \theta = \frac{\Omega t}{2} \quad (12.11)$$

式中:a 和 q 在 z 向的系数由下式给出:$a_z = -2a_r$;$q_z = 2q_r$。这种形式的方程称为马修方程(Mathieu equations),由法国数学家 E. Mathieu 在 1868 年提出,该方程主要讨论椭圆膜的振动。实际上,马修方程在许多领域都有重要应用,例如:参量放大器就是其中应用之一。可以看到,它就是一个简谐振荡方程,但无论如何,要确

定的势阱频率参数就是方程的时间振荡函数。当然我们目的不是钻研这个方程的数学性质及其解,而是要利用方程来设计并推导势阱的相关参数。

我们所关心的马修方程,其解稳定与否,完全取决于参数 a 与 q,解的稳定性问题,涉及离子远离中心的距离是否存在上限。所有的解都围绕中心振荡(但不一定是简单的周期),对于不稳定的解,振幅会随时间无限制地增加。若利用笛卡儿坐标系画出 a 和 q 的数值曲线,可得到稳定解和非稳定解的两个区域,如图 12.5 所示。对于某个给定的 a 和 q 值,判断其是否稳定,主要取决于该点在坐标系内是处于稳定区还是非稳定区。在离子微波频率的阱设计中,一般采用第一稳定区,实际参数 a 和 q 一般都选择小于 1。

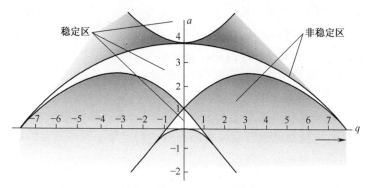

图 12.5　马修方程的 $a-q$ 稳定区

对于三维粒子囚禁,不仅要 a_r 和 q_r 位于稳定区,同样 a_z 和 q_z 也要位于稳定区。由于后者与前者的差别仅在于系数-2,所以对于 Paul 阱,很容易就可以画出 a_z 和 q_z 的稳定边界,如图 12.6 所示。若 a_r 和 q_r 同时位于 r 稳定区和 z 稳定区的重合区域,则粒子的运动就会在三个维度上同时处于稳定状态。可定量化数字说明为:假设我们选择一个位于稳定区的点 $a_r=0.01$ 及 $q_r=0.2$,势阱的半径为 1cm,电场频率为 500kHz,若囚禁的是汞离子(质量数 199),则需要的电压值 $U_0=5V$ 和 $V_0=200V$。

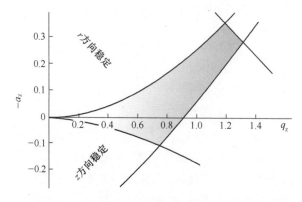

图 12.6　同时满足 r 及 z 方向稳定的第一稳定区

根据马修微分方程理论,当 a 和 q 在一个稳定区时,其通解会显示在离子运动的频谱中,包含一组离散的频率,频率值为

$$\omega_n = \left(\pm n + \frac{\beta}{2} \right) \Omega \qquad (12.12)$$

式中:n 是相对幅度,为整数;常数 β 是工作点 a 和 q 的函数。

为了说明上式解中得到的典型粒子运动轨迹,我们复现了 W. Paul 等人的工作。如图 12.7 所示,图中的势阱工作在较为特殊的一个点,其中 $a = 0$,$q = 0.631$,$\beta = 0.5$,离子的初始速度为零,图中的正负号分别表示聚焦场和散焦场的半周期。从图中可以发现,当高频场的相位为 $\pi/4$ 时,离子首先发散,然后在远离中心的一点聚集,此处场强更高,进而引起更强烈的回复摆动,导致离子进行有限的复杂形式振荡,也反映出傅里叶频谱中的许多频率分量,其中一个频率分量非常明显,其最低频率在 $\beta\Omega/2$,$\beta = 0.5$,对应于电场频率的四分之一。我们还应该注意到:离子产生时的场相位,强烈依赖于幅度值。

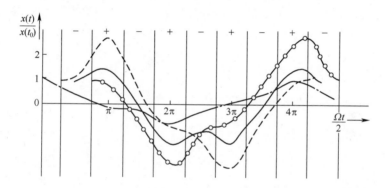

图 12.7　粒子在高频四极 Paul 阱中的振荡运动(Paul, 1958)

虽然 Paul 阱不依赖于磁场,但是对于基于超精细能级跃迁的微波频率标准来说,弱磁场也是影响其正常工作的关键因素之一。针对被囚禁的离子,沿轴向的弱磁场可通过拉莫尔定理计算推导,我们此前利用拉莫尔定理对磁共振进行过分析。拉莫尔定理指出:对于沿固定轨道运动的离子,在受到外加磁场 B 作用时,可等效为绕外磁场轴以角速度为 $eB/2M$ 做匀速旋转运动。沿磁场轴(一般为 z 轴)的运动分量不受磁场的影响,其径向分量好似受到离心力的"能量",加在 Paul 阱上的电压 U_0 与距离 r 成二次方关系。因此,恒定电压的测量参数 a_r 发生偏移,改变值为

$$\tilde{a}_r = a_r + \left(\frac{2\omega_L}{\Omega} \right)^2 \qquad (12.13)$$

式中:$\omega_L = eB/2M$,为拉莫尔频率。离子的频谱变得非常复杂,正如拉莫尔定理所指出那样,等效旋转(进动)的频率被叠加到径向频谱上。

一般来说,如果参数 a 和 q 值远小于 1,在运动谱上,随着 n 变大超过 1 时,高频

幅度迅速减小，直至小到可忽略。因此，只能保留 $n = 0$ 时和 $n = \pm 1$ 之间的相关频率进行振荡，才有合理的近似值，在此情况下，我们通过理论计算得到的近似解为

$$r(t) = A\left(1 + \frac{q_r}{2}\cos\Omega t\right)\cos\frac{\beta_r\Omega}{2}t; \quad \beta^2 = \left(a + \frac{q^2}{2}\right) \quad (12.14)$$

由上式可见其运动范围是有界限的，上限为 $A(1 + q/2)$。此式可理解为包含两种运动：一种为缓慢长期的振荡（基于 $\beta \ll 1$ 假设），频率为 $\beta\Omega/2$；第二种为微运动，其频率对应交变电场的频率，幅度与距原点的低频位移成比例。

若从开始就假定 a 和 q 值非常小，而不是求其通解，则最终结果更容易导出。要做到这一点，必须从定义上重新认识，q 等于电荷在场强为 V_0/r_0 的高频均匀场中振荡的幅度（以 r_0 为系数），并且当电荷到达阱电极时（$r = r_0$），q 值达到最大。因而 q 取值很小意味着场只引起很小的高频抖动，也就是说，离子的运动可分解为两部分运动的叠加，与交变场频率一致的快速运动与绕中心的慢速振荡运动。在一定条件下，这种运动分解方式是正确的，最早由 Kapitza 证明可得到通解，而不仅仅只针对四极场的特定情况。如果带电粒子受到高频电场 $E_0(x,y,z)\cos\Omega t$ 的作用，电场幅度随空间缓慢变化，保持粒子抖动变化不大，则场内粒子的运动方程为

$$I(t) = R(t) - \frac{eE_0(R)}{M\Omega^2}\cos\Omega t \quad (12.15)$$

其中，在某点 $R(t)$ 的高频抖动运动方程为

$$M\frac{\mathrm{d}^2R}{\mathrm{d}t^2} = -e\frac{\mathrm{d}U_0}{\mathrm{d}R} - \frac{e^2}{4M\Omega^2}\frac{\mathrm{d}(E_0^2(R))}{\mathrm{d}R} \quad (12.16)$$

由上式可见，在绝热近似情况下，离子的长期运动受静电势控制，有时也称为赝势，其表达式为

$$\varphi_p = \frac{eE_0^2}{4M\Omega^2} \quad (12.17)$$

为了获得 Paul 阱中振荡场的详细解，我们将替换 $E = V_0R/r_0^2$，其结果与先前的理论一致。在频谱中 $R(t)$ 的振荡频率是最低频率 $\beta\Omega/2$，其中 $\beta^2 = a + q^2/2$。应注意到，虽然慢速运动也许有随机相位和随机幅度，以及一些热分布，但快速微运动是由高频场驱动，是由离子位置场的数值决定。需要特别注意，这种形式的离子阱中高频电场为零处只有一个点，也就是阱中心，这意味着快速运动仅在阱中心为零，其意义在于因禁离子被冷却到最低温度时，即在因禁场内的最低量子态，理论上只有阱中心的离子位于基态。

通过多个周期内计算粒子在场中的平均动能，可准确地描述出高频场内粒子的运动特性。在以上近似计算正确的情况下，假设只有一个高频场作用在粒子上，因此 $a = 0$，可发现平均总动能在高频场的多个周期内保持不变，仅在中心处高频抖动形式的振荡变慢，当粒子在强场弱场区振荡时，同步保持两种运动形式在交替

变换。因为总能量是守恒的,所以被称为绝热近似。

在轴向弱梯度磁场作用下,粒子的不同运动形态之间会发生类似动能交换。这种情况下,轴向速度分量的带电粒子在绕轴作回旋运动,获得或失去动能,完全取决于梯度的正负。这就是磁瓶(magnetic bottle)的基础,磁瓶是一种离子囚禁装置,包含一个轴向磁场,在一定长度上均匀分布,但在两端突然变化,当离子相对于轴线沿一定角度运动时,在端点强磁处会减速,在两个端帽之间来回反射振荡。

在 Paul 阱中,到底具有怎样初始位置或初始速度的离子可以被囚禁,这个问题比较复杂,主要有两个原因:一是离子产生后,粒子的运动轨迹取决于高频场的相位;二是粒子轨迹不是单纯的周期性运动。在高频场的任意给定相位,运动幅度是离子初始位置和初始速度的函数。对于给定的初始相位,可以发现粒子轨迹会有给定的上限,已证明初始位置和速度与某二次表达式有关;如果画出初始速度和位置的相对关系图,如图 12.8 所示,其图形为椭圆形,参数取决于离子产生时的相位。对于每个相位点,落入椭圆曲线内的初始速度和位置的幅度要小于到达电极的幅度。

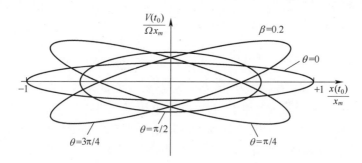

图 12.8　初始位置和速度导致的 Paul 阱囚禁(Paul,1958)

可以预料,如果改变 a-q 稳定区域的工作点,会导致椭圆形曲线明显变化。从这些曲线可以发现,不论初始速度或相位是什么,离子必然在电极限定的空间内活动,这在实际应用中可区别哪些离子能被囚禁。离子可通过电子碰撞或电离辐射作用产生,均匀地分布在阱内,由于这些过程产生的离子能量不会高于原粒子的热能,与阱内存在的数百伏电压相比可忽略,因此可假设初始速度近似为零。用速度与位置关系的椭圆形曲线表示,即所有点将位于沿着位置轴的窄带范围内,因而,可以很容易地确定多少个点落入此范围内。

12.3.2　圆柱阱

在实际实验中,势阱电极没有必要加工成早期离子阱的近双曲面形状,双曲面电极的优势是能够更简单、更精确地预测离子运动,可评估光谱和稳定性的限制因素。不难证明,任一轴线对称的电场,都会产生如 Paul 阱类似的电势马鞍面,马鞍

面上的电势按泰勒级数展开,由于马鞍点电势的梯度为零,通过给定的对称性和拉普拉斯方程,可得到

$$\phi = \phi_0 + \sum_i \frac{\partial^2 \phi}{\partial x_i^2} \xi_i^2 + \cdots; \quad \phi = \phi_0 + \frac{\partial^2 \phi}{\partial x_1^2}(\xi^2 + \eta^2 - 2\zeta^2) \quad (12.18)$$

一个鞍点可以由无限多种电极形状产生,因而几何形状的选择只要满足使用需求即可,例如:在某些应用中,能使激光束通过即可。

最早取代双曲面 Paul 阱的是圆柱阱,其几何结构由一个圆柱面和两个平面端盖组成,这比双曲面阱加工更容易,尤其此阱内的微波场模式也可非常有效地用解析式分析,这正是使用此几何形状的主要诱因。

圆柱形离子阱内离子运动的理论分析,最早由 M. N. Benilan 和 C. Audoin 完成(Benilan,1973),他们对离子阱内的离子运动进行了数值分析,设离子阱的圆柱半径为 r_0,长度为 $2z_0$,两端面位于 $z = \pm z_0$ 处。数值分析分为两种情况:一是 $r_0 = \sqrt{2} z_0$,电对称性一致;二是 $r_0 = z_0$,把阱当作微波腔来分析,此时的 Q 值也最高。计算结果发现:离子运动轨迹在小的幅度范围内与 Paul 场轨迹类似,与预期相符。计算结果关于 r 和 z 中心展开,可得下式:

$$\Phi = 2a\left(\frac{z_0}{r_0}\right)\Phi_0 - b\left(\frac{z_0}{r_0}\right)\Phi_0 \frac{(r^2 - 2z^2)}{2r_0^2} + \cdots \quad (12.19)$$

式中:Φ_0 为施加在圆柱阱的电压,系数 a 和 b 为 z_0/r_0 的函数。对于前面提到的两种情况,对应 b 分别为 1.103 和 0.712。如果电压函数进一步扩展,可得到更高阶的非线性项,包括两坐标乘积,这导致了振幅相对于频率的依赖性,以及谐振谱线的展宽。通过在圆柱体和端帽之间加入可调同轴"保护环",可以部分地补偿电压函数扩展的高阶项。

12.3.3　线性 Paul 阱

早期 Paul 阱为旋转对称双曲面结构,现在改进并简化为直线柱式版本(线性 Paul 阱),并在原子频标中得到重要应用。在囚禁离子光谱检测方面,激光共振荧光检测技术具有巨大的信噪比优势,已取代其他检测技术,这意味着电极的设计必须满足场零点处离子激光冷却和检测的需要。由于传统 Paul 阱中高频运动及伴随的微运动,场仅在中心点处为零,并且仅允许一个离子占据中心位置,因此传统 Paul 阱不适用多离子系统。在后面的章节中,我们将看到,为有效地冷却俘获离子,离子运动的傅里叶谱必须满足频率分离要求。由马修方程可见,如果 Ω 非常大,则 r_0 必须非常小,否则所需电压幅度将异常地高。激光的引进已完全改变了离子阱的设计尺寸,从而进入了微系统领域。在 Paul 线性阱中,4 个导体上的高频电压用于实现离子"聚焦"作用,用于把离子囚禁在 x-y 平面内。阱结构可采用不同几何形状的电极排列,轴向产生一个微弱的电场,实现

轴向囚禁。线性离子阱的常用设计方案如图 12.9 所示,两个同轴环状电极围绕多根直杆电极,在环电极上加直流正电压(针对正离子),或通过绝缘装置延伸杆电极,在杆电极的延伸部分加直流正电压。同轴环电极和杆电极延长部分的距离以及杆电极的直径,无疑决定了阱中心的轴电势分布。通过静电学方法精确分析电极的设计,是一个非常复杂的问题。虽然所加场不是静态的,但由于外场波长远远大于离子阱的尺寸,所以延迟效应可完全忽略。为了更好地分析单离子在线性阱中的运动,我们假设存在一个单纯的高频四极电场,其等势面与双曲线截面一致,再叠加一个直流的轴向中心对称场,在阱中心处的电压最小。即使实际电极杆的截面是圆形,不符合假定的等势面时,仍可发现在阱中心附近为近似的理想场分布,可用如下公式表示:

$$\begin{cases} E_x = \left[\dfrac{k}{2} + \dfrac{V_0}{r_0^2}\cos(\Omega t) \right] x \\[2mm] E_y = \left[\dfrac{k}{2} - \dfrac{V_0}{r_0^2}\cos(\Omega t) \right] y \\[2mm] E_z = -kz \end{cases} \tag{12.20}$$

式中:Ω 为杆电极上外电场的角频率,r_0 为电极表面到轴心的距离,每根杆电极上的电压近似为 $\Phi(x,y) = \pm V_0/2$,实际 z 轴的约束力为 $k = \omega_z^2/(e/M)$,与 Paul 阱中场在 x 轴和 y 轴的分量相比非常小,因此,一般忽略常数项 $k/2$。对于质量为 M、电荷为 e 的离子,在势阱场内的运动方程为

$$\frac{\mathrm{d}^2 x}{\mathrm{d}t^2} = \frac{eV_0}{Mr_0^2}\cos(\Omega t)x ; \frac{\mathrm{d}^2 y}{\mathrm{d}t^2} = -\frac{eV_0}{Mr_0^2}\cos(\Omega t)y ; \frac{\mathrm{d}^2 z}{\mathrm{d}t^2} = -\frac{ek}{M}z \tag{12.21}$$

当然,离子在 z 轴方向为简谐运动,在 x 和 y 方向的运动与前章所述 Paul 阱相同,把下式代入上式:

$$q_x = -q_y = \frac{2eV_0}{M\Omega^2 r_0^2} ; \theta = \frac{\Omega t}{2}$$

可得到:

$$\frac{\mathrm{d}^2 u}{\mathrm{d}\theta^2} - [2q_u \cos 2\theta]u = 0 \quad (u = x, y) \tag{12.22}$$

在实际中,$q_u \ll 1$,适用绝热近似,因此对于阱中心附近的离子,赝势函数将在径向存在中心最小值。理论上可认为高频场沿 z 轴方向为零,微运动在 z 轴方向振幅为零,正是出于这个原因,线性 Paul 阱已经在频率标准领域获得广泛关注。线性 Paul 阱允许多离子沿着 z 轴方向被激光冷却,摆脱了微运动及多普勒效应引起的光谱复杂化问题。实际装置中,z 轴方向的高频场不一定正好为零,这可能由多种不完善的因素导致,如:电极杆不平行、相对杆间的电压相位不同、直流电场与 z 轴不重合、杆表面电荷导致电极未对准等。在微观层面,主要原因是设备表面的

电荷无法完美控制。

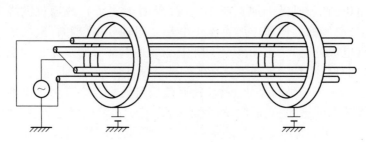

图 12.9　线性 Paul 离子阱结构示意图

12.3.4　平面 Paul 阱

随着激光操纵离子技术的发展,观察单离子变为现实,这也要求囚禁场必须严格符合 Paul 四极场的分布,存在微观的势阱马鞍点区。

为了降低经典 Paul 阱电极加工要求,同时实现离子探测激光透过率的最大化,后来衍生出一个 Paul 阱的变形阱,圆柱面和端盖设计成平行的薄片结构,如图 12.10所示。环电极为中间开圆孔的平面薄片,端盖也为两平行薄片,中心区域覆盖高透的金属网同轴孔。

当在电极上施加电压,在平面阱中心产生波动电场时,可通过标准静电场理论分析研究(Major, 2005)。场中心区域的电压函数可表示为圆柱形坐标 r 和 z 的幂级数,用下式表示:

$$\phi = \phi_0 \left[c_0 - \frac{c_2}{R^2}(2z^2 - r^2) + \frac{c_4}{R^4}\left(\frac{1}{3}z^4 - r^2 z^2 + \frac{1}{8}r^4 \right) \cdots \right] \qquad (12.23)$$

图 12.10 所示为三种典型的微小型 Paul 阱,当然还包括其他未显示的类似势阱,这些简单的形状,主要是为解决微小型尺寸的电极加工难度而衍变出来的。

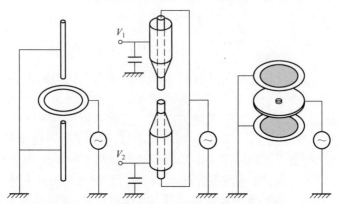

图 12.10　三种小型平面 Paul 阱的结构示意图

对于激光冷却的多离子囚禁,当能量接近绝对零度时,这种设计结构的离子阱与实际需要并不兼容。随着温度降低,所有离子必须在中心收敛。在实现单离子观测之前,一种相应的补偿方法被提出(Major, 1977),设计结构如图 12.11 所示,通过组建微小型离子阱阵列,在每个阱的中心都囚禁一个离子。由大量相同形状孔的平面平行导电薄片叠成一排,电连接交替的薄片形成同一电极,因此所有这些薄片都会与两个电极中的一个连接,然后在两个电极间施加高频电场,则在每个薄片的中心处得到所需的四极势。这种排列方式若构建成功,可在一个相当紧凑的空间内观察到大量的单个相互隔离的离子。

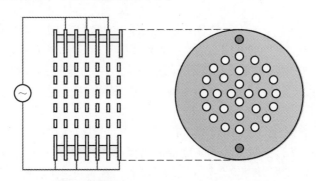

图 12.11 微型离子阱阵列结构示意图(每个阱中囚禁一个离子)

12.3.5 微小型 Paul-Straubel 阱

另一种广泛用于囚禁单离子的阱称为 Paul-Straubel 阱,其结构更为简单,如图 12.12 所示,包含一个直径约为 1mm 的微金属环,被加以高频囚禁电压,利用细

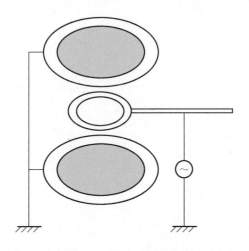

图 12.12 Paul-Straubel 离子阱结构示意图

直金属丝支撑,置于两个或多个有一定距离的平面电极之间。这些平面电极的电压可精细化调节,以得到所需的囚禁电压。对于所有微小型势阱,有同样的问题:都需要想办法抵消由电极表面电荷带来的直流场,这些直流场会导致粒子复杂多余的微运动,其能量无法通过激光冷却清除,因此影响了量子零能态的获取。Paul-Straubel 阱要达到与传统 Paul 相同的阱深,需要更大幅度的高频电场。

12.4 离子引起的场失真

在需要囚禁多离子的实际应用中,囚禁离子的数量受限于带电粒子间的库仑排斥力。在分析这种类型的问题时,主要困难在于由斥力产生的场分布依赖于电荷分布,而同时电荷分布又反过来影响场的分布。一个严谨的方程解必须是自洽,而作这样的研究已远远超出本书当前的关注点,因此,我们一直假设囚禁的离子数量很少,对场的干扰忽略不计。

在 Paul 阱中,有经验证据表明,在特定条件下,可以认为囚禁空间内的电荷是均匀分布的。相应的空间电荷场与施加的高频电场一样,是坐标点的二次方关系,因此其影响程度,要充分考虑参数 a 的增量(符号相同)。在这种近似下,a 的变化为 $\Delta a = \rho/(\varepsilon_0 M \Omega^2)$,其中 ρ 为电荷浓度。在 Paul 阱中,对 r 轴和 z 轴来说,参数的符号相反,遵循一个方向减小另一个方向增大的规律,其结果必然会导致 a 和 q 稳定符合区域变窄,如图 12.13 所示。这种近似方法的有用性,在于确定离子囚禁数目的上限,在多个离子数量时,其静电斥力可以出现与囚禁场相互竞争的态势,这种近似不是去精确预测高浓度离子的定量化运动模型。在实际中,被囚禁离子的数量远远低于此理论模型的计算结果。

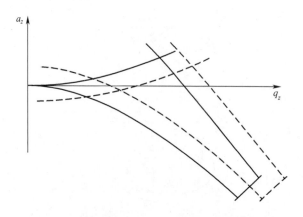

图 12.13 空间电荷对传统 Paul 阱稳定区边界的影响

激光光源的实用化,尤其是对不同离子光学谐振激光器的大量应用,使通过阱中荧光强度来确定离子浓度成为可能。甚至存储离子的非谐振激光散射也可被观察到,例如:在 1973 年,Mainz 大学的 G. Werth 等人就首次实施了 Ar^+ 离子激光实验。线性 Paul 阱内空间电荷场的影响结果近似与传统 Paul 阱类似,稳定区相对 a 轴稍有平移,阱深稍微降低。在低温极限,一组独立分开的全同离子沿 z 轴排成一列,相互之间库仑作用非常显著,被定义为沿 z 轴的坐标距离和径向位移。要实现这种离子囚禁结构的稳定,需要每个离子在 z 轴偏离平衡位置时,必须有一个净回复力重新建立平衡,这就是其他电荷提供的库仑排斥力,这个力要比 Paul 场回复力更弱。

12.5　碰撞效应

在理想情况下,阱内离子会沿着稳定轨道,连续不断地运动,然而实际系统中,由于背底气体存在,离子会间断地发生碰撞。一般来说,由于阱内离子浓度非常低,所以离子间碰撞的概率可以被忽略,但如果阱中离子是通过电子枪离化产生,那么离子最有可能与离化前的原子或分子发生碰撞,碰撞过程中,高速离子与原子或分子进行热能量交换,使离子速度降至中性粒子的初始低速。但不能认为这样必然使离子进入低能轨道,相反地,也可能进入更高幅度的轨道,这完全取决于高频场在碰撞时的相位。可以认为发生碰撞的概率与离子速度无关,如果这种假设有效,那么离子在囚禁场中所有相位出现的概率是相同的,这种情况下,长期运动相位取决于碰撞时能量是增加还是损失。显然,持续碰撞将导致长期运动能量在离子中重新分配,速度的热分布可以通过离子温度来确定。当然,离子的微运动并不符合统计学规律,而是由离子位置处的高频场幅度决定。

虽然碰撞过程中离子最可能与母颗粒发生电荷交换,但与其他气体粒子间的碰撞也不能忽略,碰撞次数取决于系统的真空度。在可能发生的碰撞类型中,弹性碰撞可保存总动能,是最有可能发生的碰撞形式。在弹性碰撞过程中,离子得到能量还是损失能量,取决于碰撞粒子对的相对质量,如果离子比碰撞粒子的质量小,它会从高频场中获得能量,基于绝热近似理论,重粒子弹性散射后基本不发生移动,这种碰撞使囚禁场的随机相位发生变化,离子动能增加。每次碰撞能量增加的平均值与初始能量成一定比例,连续碰撞导致能量持续增加的速度依赖于碰撞的频率,这就是众所周知的高频场囚禁带电粒子碰撞的加热效应,与场的均匀性无关,例如:由于电子比原子轻得多,尤其适合分析电子与原子间的碰撞,这种作用也称为射频加热效应。如果碰撞的两粒子具有同等的质量,情况则大不同,平均而言,两者的能量基本没有变化。最后,如果离子比碰撞粒子的质量大,则会出现平均动能的净损失,比较常见的情况就是通过较轻粒子的碰撞,对较重离子进行限制,例如由于空气的阻力,钟摆摆动的幅度会越来越小。正如我们将要看到的,在小型汞离子微波频标设计中,常采用较轻的缓冲气体来冷却离子,如氦气等。然而在高真空条件下,由于碰撞次数较少,不能提供足够多的统计样本,因而能量得失的平均统计规律可能不会特别有用。在某些情况下,少数碰撞可能使离子轨迹发生改变,进而离子与电极碰撞丢失。早期一些研究工作表明,离子在获得足够能量到达电极丢失之前,通常已经平均碰撞了几十次。

12.6 离子观测

离子阱应用的关键,是在观测离子时具有良好的信噪比,用于识别离子以及操纵其量子态。现在已经有几种技术可达到这一目的,Paul 等人最初的研究,推动了离子阱在质谱中的应用,这显然需要一种高分辨率方法来区别不同质量的离子(或更精确地表述为荷质比),并对离子数量进行精确测量。他们开发的方法类似于核磁共振:离子从振荡偶极电场中共振吸收射频场的能量。与谐振激光散射的方法相比,这种方法更适合用于频率标准,也是迄今为止可实现的最简单方法。射频吸收法包括如下实现过程:通过高 Q 值调谐 L-C 电路,施加在两个端盖之间,L-C 电路振荡频率较低,为 $\beta\Omega/2$,因禁离子复杂的振荡运动可以通过端盖有效地耦合到外部的 L-C 电路,其作用类似于电容板,因此主要沿 z 轴的运动部分在外部电路引起感应电流,该电流包含有沿 z 轴运动的频谱。由于每个离子的运动是不相关的,因此它们产生的净电流会像散弹噪声随机波动。但如果通过一个匹配外部发生器激励 L-C 电路产生振荡,一个连贯的全局振荡将叠加离子的随机振荡。由于离子运动的一致性,至少对外部激发场的响应,会导致检测电路中的电流大幅增加。

设计时,在 a-q 图中的第一稳定区,β 值选择 0 和 1 之间,在该区域的两个边界,β 是常数,一个是 $\beta = 0$,另一个是 $\beta = 1$。区域内其他位置的精确值和相应的检测频率,是 a 和 q 的复杂函数,其中仅在 a 和 q 取值很小的情况下,才可导出比较简单的公式。因此,实际设计时,在 a-q 图中首先确定出具有相同 β 值的点,连成 β 线,如图 12.14 所示。现在,从参数 a 和 q 的定义,可以容易地验证出 $a/q = 2U_0/V_0$,其比值与电荷或质量无关,对于固定的 U_0/V_0 比值,不同质量的离子,参数 a 对 q 的曲线必须位于通过原点的一条直线上,斜率为 $2U_0/V_0$,与 iso-β 轮廓线相交的点取决于离子的荷质比。因此,原则上如果检测场的频率是扫频的,不同质量的离子会分别与其谐振,产生质谱。此外,如果要研究离子阱中离子的详细种类和数量,也可以在保持 V_0 不变的情况下,轻微调节 U_0 值,保持 q 不变,固定质量的离子会得到其随平行于 a 轴工作点变化的 β 值。对检测电路的基本要求,主要来自于电噪声的考虑,要求尽可能地减少所有噪声源,低于基本的散弹噪声,这取决于平均的离子电流,表示如下:

$$\langle i_n^2 \rangle = 2e\langle i \rangle \Delta v \qquad (12.24)$$

式中：$\langle i \rangle$ 为平均信号电流，Δv 为频率带宽，由噪声电流平方的平均值 $< i_n^2 >$ 得到。除了环境波动的影响外，意味着最终的基本约翰逊(热)噪声必须小于散弹噪声。约翰逊噪声由下式表示：

$$\langle i_n^2 \rangle = \frac{4kT}{R} \Delta v \qquad (12.25)$$

式中：T 为绝对温度；R 为电阻。噪声电流在其中流动，理想状态下 R 值由 $R\langle i \rangle > 2kT/e$ 的条件决定，但是，$R\langle i \rangle$ 仅是当电流通过电阻 R 时产生的电压降低量，在室温条件下，$2kT/e \approx 0.05\text{V}$，这与模型近似中 10^6 个离子在 $1\text{M}\Omega$ 电阻感应电流得到的信号相一致。

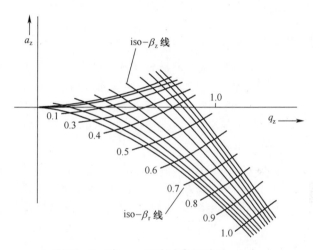

图 12.14　在 a-q 图中稳定区的 iso-β 线

如果在势阱和检测电路的研制设计中细心谨慎，保证足够的机械精细度、电气稳定性、电噪声源的隔离等，就可能实现单个离子的观测，甚至于重离子的观测。在室温下，检测电路的基本热噪声带宽约 10Hz，近似为 $3\times10^{-13}\text{A}$，振荡频率为 250kHz 的单个离子产生的电流近似为 $2\times10^{-13}\text{A}$。当然，这些数字仅代表理论上的极限，在实践中并不容易实现，所以，在早期重离子技术发展中，由 Paul 实验室的 G. Rettinghaus 发现的囚禁离子电荷离散性迹象才显得更加意义重大。迹象表面，通过分析阱中离子谐振信号强度的统计分布规律，可得到阱中离子的布居数。在噪声水平足够低的情况下，一个离子的增加都是可以辨别的，离子信号应落入泊松分布(Poisson distribution)的离散区。

这种技术重要的改进之处，是保留了离子运动的谐振激励，但不使用谐振吸收信号的强度测量离子的数目，它驱动离子到达阱的外部边界，通过强电场从阱中提取出来，然后加速到电子倍增器的阴极上。这里并不像谐振吸收信号，其幅度除了离子数目贡献外,还受许多因素的影响。电子倍增器的输出值基本能反映阱中被提取离子的数目。

12.7 激光共振荧光检测

1972 年,Major 和 Werth 第一次成功地完成了某航天器项目,即在汞离子频标中,完成囚禁离子超精细跃迁的荧光检测实验。这些技术发现于激光技术大量应用之前,同样早于激光冷却技术发明之前,因此,这里实验使用的 194.2nm 抽运光源,是一个传统的高频激励汞灯。对少量分散离子的荧光信号检测非常困难,需要自动数据处理和很长积分时间。离子囚禁在频标中的应用将会在下一章中详细描述。

目前,合成可调谐激光源已成为可能,大多数实验使用微电极结构实现离子囚禁和冷却,完成共振荧光实验。激光束具有超高的亮度和准直性,能够完全对准需要照射的离子,同时可使用广角光学系统,来收集散射光,确保系统甚至单个离子具有足够高的信噪比,阱内离子的结晶成形过程已被 CCD 摄像记录。总之,激光改变了离子囚禁场和量子态的操纵方法,也使得离子囚禁除了应用于原子钟外,在其他多个领域的应用成为可能。

由于光学谐振荧光方法需要特定的激光波长,对应不同的离子,所以必须针对每一个特定情况,对波长特殊合成方法进行详细研究。然而,无论是针对单个离子,或者是多个离子的结晶,利用激光进行离子囚禁和探测,都是基于相同的原理,这些内容将在后面章节中进一步描述。

第13章
离子微波钟

13.1 基本概念

1969 年, Major 首次提出了离子囚禁的方法, 并积极开发新型的便携式原子频率标准, 此囚禁方法可实现重量小、结构紧凑并能保持超高精度的微波离子钟, 非常适合在航空航天领域应用(Major, 1969)。此后, 随着激光技术的出现, 以及其他前沿新技术的发展, 离子囚禁方法扩展到了光频领域, 并研制成功后来的光钟。最初使用荧光方法来监测 Paul 阱中离子的微波共振, 但面临着传统抽运灯信噪比差的问题, 这严重制约着实际的应用。后来, 随着波长相匹配的激光器面世, 荧光探测也就迅速成为一种优势明显的方法。

在提出开发离子微波钟的建议后, 就有科学家预测质量数为 199 的汞元素非常适合作为钟跃迁原子, 理由如下:①汞离子在频率 40.5GHz 处会产生微波与光的双共振效应;②在真空环境无扰动情况下, 汞离子共振通常会获得几十秒的自由观察时间;③另外, 对于给定的动能统计分布, 质量数较大的汞离子产生的二阶多普勒频移较小, 后面会进一步介绍细节;④对于固定的线宽, 当谐振频率高时, 对应的 Q 值也相应较高, 并且该频率可以方便地通过常用的频率合成技术获得;⑤最后, 谐振微波场波长较短(7.4mm), 因此其微波器件的物理尺寸也相应较小。综合以上优势, 可以认为在航天领域的空间原子频标研发中, 汞离子非常适合应用于离子囚禁新技术, 预期开发出新型的汞离子微波频标。

关于囚禁离子的射频微波跃迁检测, 前期已在单电荷的氦离子(He^+)和氢分子离子(H_2^+)中成功验证, 这些实验完全是基于原子和分子领域的科学兴趣而完成的。然而, 此处第一次提出在 Paul 阱中实现离子光谱探测, 而不像在质谱中的常规应用。值得注意的是, 这里解决的问题不仅包括观察共振光谱所必需的量子布居数差异, 而且需要配合离子阱电极设计提供满意的微波场。为了获得谐振跃迁, 要有光束通过离子阱, 利用偏振光制备自旋相关散射过程。

13.2　^{199}Hg$^+$离子的超精细共振

13.2.1　基态超精细结构

1972 年末,在美国航空航天局戈达德航天飞行中心(Goddard Space Flight Center),Major 和 Werth 在 Paul 离子阱中成功应用离子光抽运技术,观察到了^{199}Hg$^+$离子的微波谐振信号,与预测的一样,信号非常尖锐,超出了当时市场上通用测试设备的测试范围(Major,1973),估测的分数线宽小于 $1/10^{10}$,优于当时的最好频率标准。但是,美国航空航天局在 1973 年停止了该项研究,直到十年后,其他研究机构才继续开展基于囚禁汞离子的微波频标研制,并取得了显著进展,同步在商业离子微波钟的开发上也成就斐然。

汞元素有多种稳定的同位素,相对质量数从 196 直至 204,已知的只有质量数为 199 和 201 两种奇数同位素,才具有与核自旋相关的非零核磁矩。在光谱研究方面,汞元素历来是一个受欢迎的元素,许多磁量子态光抽运的首次基础性实验都是基于汞同位素完成的。天然^{199}Hg$^+$同位素含量约为 16.9%,核自旋 $I = 1/2$,此离子谐振荧光波长为 194nm,位于光谱的深紫外区域。显然,汞原子及其离子态都是很复杂的系统,核外分别有 80 和 79 个电子,离子在 $n = 6$ 的最外壳层只有一个电子,在 6s 轨道上角动量为零,因此,离子的基态标记为^{2}s$_{1/2}$。与碱金属铯原子的电子结构基本相同。像这样的原子,"外层"的单电子在原子核处出现的概率非常低,而一些同位素的原子核具有磁矩,会导致基态能级的磁超精细发生劈裂,根据量子力学相关理论,电子自旋($S = 1/2$)和核自旋($I = 1/2$)相互耦合,产生一个守恒的总角动量(F),即 $F = I + 1/2$ 或 $F = I - 1/2$。正如前面微波频标理论中已经指出的,这两种可能的量子态能量不同,主要是由于核磁矩与电子磁矩两种不同取向所致。这就是常见的量子能级磁超精细劈裂,根据此能级跃迁来实现标准频率。质量为 199 的汞同位素,原子核具有较小的核自旋 $I = 1/2$,与外层电子保持相对强的磁相互作用,它具有类氢原子的量子能级结构,如图 13.1 所示,这些都是^{199}Hg$^+$离子作为工作物质的有利原因。正如大家所知道的,用作参考的跃迁就是所谓的 $m_F = 0$ 态之间的超精细能级跃迁,该离子在观察谐振跃迁所需量子态时具有较少的竞争态。

13.2.2　光抽运

为了能够观察到这些 $m_F = 0$ 态间的超精细跃迁,处于这两个量子态的离子数

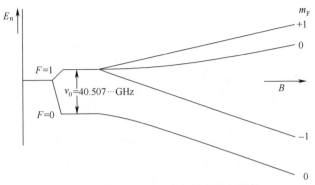

图 13.1 ^{199}Hg$^+$离子基态超精细能级结构

量需有明显差异。谐振场会以相同的概率激励离子向上或向下跃迁,只有当跃迁离子的数量有差异时,才可以观测到离子数量的净变化。从技术手段上讲,我们可以考虑使所需 $m_F = 0$ 量子态的离子数量存在差异,与极化原子自旋相关的碰撞并不能直接得到所需的布居数差。

在激光器出现之前,制备量子态的一个有效解决方案,是从 ^{202}Hg 同位素光谱中提取光抽运所需的深紫外谱线。如图 13.2(a) 所示,质量数为 199 和 202 的汞离子量子跃迁谱线,图 13.2(b) 为基态和第一激发态跃迁的深紫外谱线,这些都可以通过高分辨率的紫外光谱仪得到。当然,峰的相对高度取决于灯的特殊设计,但它们波长的相对位置比较固定。我们注意到,^{199}Hg$^+$离子由于超精细劈裂,其基态和第一激发态是成对的,第一激发态超精细能级的间隔比基态要小很多,这是因为激发态引起分裂的 p 电子,分布不像基态 s 电子与核子有一点"接触"。另一方面,基态具有约 40.5GHz 频率分裂,此数值是在最初微波实验时,间接通过深紫外光谱的数据推导出来的,该数值目前精细测定的有效位数已超过 12 位。具有偶数质量数的同位素,诸如 Hg^{202},具有零核自旋和磁矩,因此它们不发生超精细劈裂。Hg^{199}和 Hg^{202}这两类同位素之间的核结构和质量数存在差异,一个同位素相对于另一个同位素在频谱上存在同位素频移现象,S. Mrozowski 等人开展了汞同位素频移的高精度光谱研究(Mrozowski,1940),可间接推出,^{202}Hg$^+$同位素发射的深紫外谱线,波长为 194.2nm,非常接近^{199}Hg$^+$同位素的抽运光谱线。另外,虽然阱内离子在紫外线光谱线区的多普勒展宽较大,能量 2.5eV 的离子可达到 8GHz,但仍小于超精细能级。再加上同一多普勒展宽带来的交叠重合线,即可成为一个相对简单、紧凑型的光源,对所需的^{199}Hg$^+$离子超精细能级进行光抽运。

目前普遍认为:使用^{202}Hg$^+$同位素灯仍是最合适的泵浦源,可以满足便携式微波频标的需求,但是如果利用激光来产生所需的波长,则会拥有巨大的信噪比优势。激光光抽运的一个典型的办法,是将工作在黄色区域,波长为 582.6nm 的高功率稳定激光器进行三次倍频,后续章节会详细介绍离子频标中激光器的应用及最新进展。

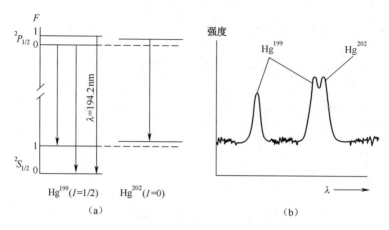

图 13.2　（a）质量数为 202 和 199 的汞离子共振跃迁；
（b）观测到的 194.2nm 谐振线的超精细成分

　　光抽运原理如图 13.3 所示。$^{199}Hg^+$ 离子被囚禁于高真空的 Paul 阱中,特别设计富含$^{202}Hg^+$的同位素汞蒸气灯,发出的光束照射阱内离子,当光子极化和能量与量子态之间的跃迁相匹配时,阱中的$^{199}Hg^+$离子被吸收辐射,由于从$^{202}Hg^+$同位素灯中发出的光是非偏振的,包含了所有偏振状态,因此不会有任何跃迁离子受此限制。然而,光子和离子之间的相互作用是谐振现象——它不仅仅是光子具有多少能量的问题,而是要"恰到好处"的能量问题,因此只有那些处于 $F = 1$ 态的$^{199}Hg^+$离子才可以吸收$^{202}Hg^+$离子灯发射的紫外光谱,跃迁至上能级,其余处于 $F = 0$ 态的离子则不受干扰。上能级离子在经过一定时间后,会辐射能量,向下跃迁至两个 $F = 1$ 和 $F = 0$ 超精细能级,离子位于 $F = 0$ 能级,它将不再响应抽运光,当最终阱中所有的离子都位于此量子态时,即产生所需的两个超精细能级之间的布居数差。

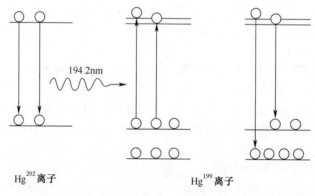

图 13.3　利用 Hg^{202} 灯进行 Hg^{199} 离子抽运过程示意图

13.2.3　Hg^{202}灯设计

为了设计满足要求的抽运汞灯,需要从以下几个方面来考虑:首先,满足离子抽运所需的光强度,需输出 194.2nm 波长及一定的光谱线宽;其次,需过滤掉其他波长的光;最后,要考虑输出光谱线的长期稳定性和短期噪声。

为了估算所需谱灯的光强度,要把抽运光的强度和单位时间内离子吸收光子的概率联系起来,这又与离子中的电子和谐振紫外光之间相互作用强度有关。当然,我们在处理 Rb 光抽运时,也考虑过相同的问题。由于离子相互作用的依赖性在两个辐射过程中是相同的,所以,可以从吸收的相反过程即辐射过程,来推导理解。

如果照射离子的共振辐射光强度为 I_ν,光量子的通量密度为 $j_\nu = I_\nu/h\nu$,通量密度即单位面积内每秒通过的光子数,那么,单位时间内离子吸收光子的概率,可以估算为

$$\frac{1}{\tau_p} = \frac{\lambda^2}{4} \Delta\nu_n j_\nu \tag{13.1}$$

式中:$\lambda^2/4$ 为离子谐振响应时出现在光束中的横截面积,此横截面反映的是辐射波长,而不是离子的物理尺寸。使用粒子束散射来探测其他粒子的量子态方法,具有重要的意义:共振散射的横截面非常大,在我们实验中,共振散射的截面 $\lambda^2 = 3.7 \times 10^{-10}$ cm^2,对比其自旋交换横截面 $\pi(2\lambda_{atom})^2$ 的量级仅为 10^{-15}cm^2。

为了获得离子的一些量化数值,这里重点关注浦灯光强的测量,假设离子吸收光子的平均时间为 $\tau_p = 0.1$s,频率变化为 $\Delta\nu_n = 3 \times 10^8$Hz,则光通量密度为 $j_\nu = 3 \times 10^6$ 光子/(m$^2 \cdot$ s $\cdot$ Hz)。当然,吸收的光仅是谱灯输出总功率的很小部分,灯的实际输出中还包含大量不需要的其他波长光,根据形成光束的光学器件"速度"和灯的效率,可估算出灯的输入功率通常在瓦量级。

光从灯的一个延伸面输出,谱线投射到囚禁区的能力有限,任何通过光学器件来减少光束直径的办法,都不可避免地造成光线角度的展宽,此即为"映射定理"造成的结果。光线以可接受的立体角进入离子阱的过程中,光束截面受到电极几何尺寸的限制,通过 Paul 阱的光总量取决于灯表面的亮度,这意味着要通过优化光学系统方法来提高光强,根本上还是受限于灯的输出亮度。此外,电极形状决定的光学立体角和光束截面越小,受到此限制的程度越低。

在早期,研究人员主要目标是克服传统光源的限制,而现在,面临的挑战则是设计一个可调谐到汞离子共振荧光波长的深紫外激光源。

13.2.4　微波共振检测

光抽运技术不仅会产生超精细能级间的布居数差,而且也可用于监测该差值

变化。微波场引起的谐振跃迁,作为频率的函数来反馈场的变化。汞离子钟使用光抽运共振检测方式,并不像铷原子频标那样关注抽运光的强度,而是通过辐射的荧光变化来反馈信噪比的大小。阱中离子的数量相对较少,意味着光束中的光子被离子吸收的概率非常小,因此,通过离子阱的光子总数对离子是否处于吸收态关系不大,即使在理想条件下,这里的噪声主要也是基本的散弹噪声。当完成超精细能级间的共振跃迁后,透射光微小的变化也会被噪声所淹没。在实验系统中,可能还会出现灯输出功率的不稳定以及其他噪声源影响等,实际情况会更差。

另一方面,各个方向上(但不一定各向同性)辐射的深紫外荧光,能够通过增强信噪比来检测,因为它不会被吸收或再发射荧光,可通过合适的光学器件进行区分,不会产生像散弹噪声或者其他起源于灯的噪声那样的影响,广角光学器件可以将辐射荧光集中到检测器上的某个有限区域。假设阱中对荧光有贡献的离子数量为 N,则 N/τ_p 为每秒进入 4π 立体角的辐射荧光光子平均数,那么,如果光学可接受的立体角为 Ω,则光子进入探测器的数量为 $N\Omega/4\pi\tau_p$。每秒辐射的荧光光子数与每秒通过阱的光子总数比值,是实验中一个重要的物理参量,利用已经得到的 $1/\tau_p$ 表达式,可得出该比值为

$$\frac{I_D}{I_0} = N\frac{\lambda^2}{4A}\frac{\Delta\nu_n}{\Delta\nu_L}\frac{\Omega}{4\pi} \tag{13.2}$$

式中: $\Delta\nu_L$ 为灯发出光的线宽, A 为光束的横截面。例如:假设 $N = 10^6$, $A = 10^{-4}\text{m}^2$, $\Delta\nu_n/\Delta\nu_L \approx 0.1$, $\Omega/4\pi \approx 0.01$,会发现该比值非常小,低于 10^{-7} 量级,所以,如果能充分降低电极或真空壳表面散射产生的干扰光,并阻止其进入探测器,可显著提高系统的信噪比。

理想情况下,主要的噪声源是散弹噪声,荧光光子计数为 n 时的信噪比为 $\sqrt{n}$,如果时间间隔 τ 以一个恒定的速率累加,则信噪比随计算时间成 $\sqrt{\tau}$ 的关系增加。但实际情况中,总会有其他类型的噪声,特别是使用传统灯泡背景辐射带来的噪声,还包括光电倍增管计数光子时的暗电流等,这些噪声可通过选择谐振谱线为深紫外区的汞离子来适当降低影响,此时再使用光电倍增管(所谓的日盲光电倍增管),其阴极工作性能高,具有较低的暗电流,仅对紫外线和短波长的光子敏感,对热阴极的光或其他环境光没有反应。

13.2.5 微波共振线型

与铯束频标以及铷气室频标一样,汞离子频标也是一个紧凑型的被动型频标,它可快速地响应外部微波场提供的特定激励频率。汞离子频标结构类似于铷谐振器,但是不存在背景气体对原子碰撞产生的扰动影响,且抽运光引起的光频移更容易消除。由于离子囚禁于共振微波波长相近的空间区域内,这种条件下,可观察到

Dicke 效应。对铷原子钟和氢原子钟来说,多普勒效应影响更加明显,我们记得,多普勒效应通常是光谱展宽的直接原因,当粒子非自由移动的距离比波长大得多时,检测到的光谱具有完全不同的效果,在这种条件下,一个振荡粒子与辐射场相互作用产生一个频率,其被多普勒效应以很小的调制指数进行调制。由于粒子的运动具有离散频谱,上述调制场的频率是离散的,因此,傅里叶频谱包含一个无移位的中心频率,以及中心两侧分立的离散频率,称为多普勒边带。观察到的微波共振谱线则为中间陡峭的曲线,无一阶多普勒展宽,但由于二阶多普勒效应,谱线形状和中心频率依赖于离子的速度分布。作一个合理的假设,即使个别离子与其他粒子发生碰撞,甚至离子在电极处变为中性原子,阱中离子分布的中心点也可以认为是固定的,所以并无一阶多普勒频移。从某种程度上讲,这也接近真实情况,微波场并不需要固定,在离子分布区域,相位也不必是常数。这大大简化了共振微波场在技术上的实现,只需利用喇叭天线通过合适的电极孔径将微波传输到阱内即可。

有趣的是,Dicke 在研究热平衡气体光谱的多普勒效应时,首先利用了这样一种简化,粒子被认为约束在两个固定点之间来回移动,速度恒定,他认为频谱仅取决于这两点间距离与波长的相对大小。在目前的情况下,其实囚禁离子更像是Dicke 介绍的例子,虽然振荡理论上包含无穷级数的频率,但实际工作条件下只有三个主要的频率。运动频谱是离散的,频率分别为:$\Omega\beta/2, \Omega-\Omega\beta/2, \Omega+\Omega\beta/2$,通常 β 不是一个有理数(表示为两个整数的比率),严格来说,运动也不是周期性的。现在,如果假设微波场可被解析为沿随机方向移动的平面波,然后通过离子振荡看到此平面波的频谱,由于一阶多普勒效应而包含:波的中心频率 ν_0,以及多普勒边带频率 $\nu_0 \pm l\omega_r; \nu_0 \pm m(\Omega-\omega_r); \nu_0 \pm n(\Omega+\omega_r)$ 等等,其中 $\omega_r = \Omega\beta_r/2$,$l$、$m$、$n$ 为整数。轴向运动也产生类似的频率分量。频带的相对幅度与离子幅度(或能量)分布和场的空间分布有关。如果离子振荡振幅小于波长,那么此时中心频率幅度与边带相比占主导地位,这当然是我们希望得到的。当边带忽略不计时,此时重点关注中心频率及线宽。影响线宽的其中一个重要因素是二阶多普勒效应,它随 $(V/c)^2$ 变化。正如我们在前面章节中所看到的,引入狭义相对论理论来正确表述,如果假定源于匀速运动的相对论多普勒公式应用于振荡离子是合理的,不难推导出中心谱线的二阶多普勒展宽。在这种情况下,假定离子以角频率 ω,幅度 A 进行振荡,场的瞬态频率公式为

$$\nu = \nu_0\left[1 - \frac{V}{c}\cos\alpha + \frac{1}{2}\left(\frac{V^2}{c^2}\right) + \cdots\right] \tag{13.3}$$

式中:速度 $V = A\omega\cos(\omega t)$;$\alpha$ 为波的传播方向与离子振荡运动的夹角。二阶多普勒频移可以表示为分数值 $\langle E_k \rangle_{ave}/Mc^2$,也就是,平均动能除以爱因斯坦的静止质量能量 Mc^2,当离子在参数为 $a = 0$、$q < 1$ 的 Paul 阱中时,平均总动能在离子整个运动过程中是恒定的,同时在高频抖动和低频振荡两种运动中交替变化。对于具有 2.5eV 平均动能的 $^{199}Hg^+$ 离子来说,此频移量大约为 1.4×10^{-11}。所以,必须采

取一定的措施来减小其影响,可行的方法有离子冷却方式,或者以线性理论作为基础找出离子详细的能量分布。第一种方法未来更有希望,这是由于激光泵浦源的实用化,可大幅提高信噪比,把离子冷却到二阶多普勒效应忽略不计的程度,这部分内容将在后面章节中详细介绍。

理论上可利用多普勒边带来推导 Paul 阱中离子的能量分布,这些边带几乎不影响中心频率。实际上,如果离子在已知模式的谐振场中移动,比如 TE_{011} 模式的圆柱阱中,谱线多普勒边带的相对幅度包含了离子幅度分布需要的信息。给定了此模式中场的空间依赖性,就有可能对假定的每个离子振荡幅度和频率的边带幅度进行计算,最终通过边带幅度得到运动幅度分布的信息。有了这些手段和方法,就可以进行二阶多普勒谐振谱线的修正。幸运的是,使用激光冷却后,以上这些工作就没有必要了。

13.2.6 磁场修正

基于磁超精细跃迁的所有频率标准,要防止磁场相关的 $m_F = \pm 1$ 次能级跃迁与 $m_F = 0$ 跃迁频率的重叠。对于离子周围的微弱均匀磁场,正如上一章所示,这种场对离子运动的影响是理论可预测的。对于如汞离子一样的大质量离子,在一个 10^{-4}T 量级磁场作用下,拉莫尔频率 $\omega_L = eB/2m$ 非常小,总计仅仅 25rad/s,影响约 4Hz,这意味着 $\omega_L/\Omega \ll 1$,对囚禁参数 a_r 的影响可忽略不计。在任何情况下,轴向磁场往往增强径向的约束,对轴向运动没有影响。此外,如果通过原子离化来产生所需的离子,那么磁场的存在将利于轴向电子束的准直聚焦。

无论如何,磁场会影响基准频率,但是对于 ^{199}Hg$^+$ 离子来说,由于跃迁频率比氢原子大得多,所以其频率的磁场修正值要小很多。根据 Breit-Rabi 公式,可得到汞离子的跃迁频率公式为

$$\nu = \nu_0 + 9.7 \times 10^9 B^2 \qquad (13.4)$$

式中:B 单位为 T(特斯拉),所施加磁场的强度刚刚超出离子所占据空间的残余不均匀磁场,修正值要小于 10^{-2}Hz 量级。像其他频标一样,磁场强度 B 的数值可以通过观测 $\Delta m_F = \pm 1$ 和 $\Delta F = 1$ 之间的能级跃迁来确定,磁能级间的跃迁频率可由下式精确计算:

$$\nu_{m = \pm 1} = \nu_0 \pm 1.4 \times 10^{10} B + 9.8 \times 10^9 B^2 \qquad (13.5)$$

对于 10^{-7} T 量级的磁场,这些磁能级跃迁频率距离零场超精细频率约 1.4kHz。

13.2.7 物理装置

在掌握了汞离子微波钟的基本原理之后,现在来考虑实际实验过程中可能存

在的一些问题。图 13.4 为美国 NASA 最初设计的汞离子微波频标示意图。在该设计中,电极使用了不锈钢材料,被精确加工成双曲面的几何形状,其中 $r_0 = 1.13\text{cm}, r_0/z_0 = \sqrt{2}$。圆筒上沿径向钻有两个孔,用于通过抽运光和谐振微波,一个端盖上开槽用于荧光检测,另一个帽端上开孔用于电子束进入。使用深紫外熔融石英或蓝宝石窗口,通过法兰盘与真空外壳密封在一起,便于抽运光和荧光的传输,离子泵可使真空系统保持在 10^{-7}Pa 的真空度,富含 $83\% \text{Hg}^{199}$ 的氧化汞可以容易地得到所需的 Hg 原子,加热氧化汞会缓慢地分解出氧气和金属汞。分解出的氧气被真空泵抽走,纯汞冷凝在炉内,然后通过调节炉温来控制汞原子的饱和蒸气压,由于室温下汞的饱和蒸汽压相对较高(10^{-1}Pa),所以可在阱中产生足够高浓度的汞原子,而现在面临的问题是要保持所需的稳定低气压。电子枪一般包含电子发射热阴极和一个简单的圆柱形 Wehnelt 静电透镜,后者可以作为一个控制电极,来改变或停止到达阱中的电子束。阴极正常工作温度约 1000℃,发出的光大多数为光电倍增管"不敏感"的波长,实验室可采取一些预防措施,避免成为背底噪声。幸运的是,只需通过静电场偏转或聚焦电子束到一个小孔,使光子沿其路径继续运动到吸收表面,就可容易地从电子中分离由阴极发射的光子。电子枪通常安装在与阱同轴的一个端电极后面,在端电极中心开有一个小孔,允许电子沿孔进入囚禁区域。

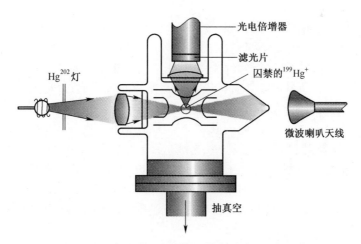

图 13.4 美国 NASA 汞离子微波频标结构示意图

在硬件方面,面临的关键问题或许是 Hg^{202} 灯的优化,需要设计合适的输出波长,利用广角光学方法抑制背景辐射,实现最终荧光检测。汞灯通常由一个直径约 1.5cm 的熔凝石英球和一个中空的圆柱管组成,圆柱管有利于灯的安装,也可通过冷凝汞的温度控制来得到合适的汞气压。富含 74% 的 Hg^{202} 同位素,与 Hg^{199} 一样,都是通过氧化物分解得到。从少数离子跃迁得到荧光,探测成功的关键取决于汞灯能否提供高强度、稳定的 194.2nm 谱线,同时滤掉中性汞原子发出的 253.7nm 高强谱线。实际上,传统汞蒸气灯发射的 253.7nm 谱线功率更高,并且根据近似,这两个谱线被光谱分类为"互组线",因此传统汞蒸气灯并不可用。通用(General Electric)等公司很早就开展高效荧光灯的设计,它是由汞引起灯内壁上的荧光粉而发出深紫外线。几乎任何背景气体的存在,不论是有意引入或来自泡壁溢出的气体,相对于所需要的 194.2nm 谱线,往往更有利于 253.7nm 谱线发射,这是非常不幸的事实。金属汞蒸气灯通常需要填充惰性气体,因为此"载体"气体的存在可使灯更加稳定,并更易于点亮。作为 194.2nm 的离子谱线源,汞灯在高真空环境下,利用弧光放电的模式来发出最强的谱线。与铷灯一样,汞灯也是被一个超高频的线圈,采用无极放电的方式来激发,但这里需要更大的功率,通常在 25W 左右。此真空灯的唯一缺点,是在几个小时连续使用后,灯的内表面上会出现浅灰色沉淀物,导致 194.2nm 谱线的输出强度降低。汞灯发射的 253.7nm 谱线,会降低囚禁离子的荧光信号,增加系统噪声。由于中性汞原子会重复吸收和重复发射 253.7nm 的谱线,相当于在泡内"关押"了该谱线,当然,高的蒸气压利于离子发射谱线,所以实际汞灯要保证内部离子浓度低于汞原子多重吸收的临界点。为了进一步减少 253.7nm 谱线的相对强度,可外加一个中性的汞蒸气吸收滤泡,该吸收泡工作于 200℃,一般为长圆柱型泡体。

13.2.8　深紫外荧光检测

为了抑制杂散的紫外抽运光,需要利用一种特制的光阑进行光束整形,整形后的光再通过一个高质量深紫外窗口进入真空室。光束在通过离子囚禁区后,为了实现光的共振吸收,经典的解决办法是利用一种"Wood 喇叭",喇叭形似一根弯曲且逐渐收缩的管子,并配有吸收的条纹。当然,任何在真空室内使用的材料都不能放气,以利于保持超高真空。一种对光和汞蒸气同时吸收的材料——"黑金"(SiC),在这里特别有用,它是在惰性气体的保护下,由块状物蒸发沉淀而形成的"云"状物,细微颗粒的薄层沉积在真空腔室内表面,高效吸收散射光,之所以看起来是黑色,就是因为材料微观表面就像一片茂密的森林,光落在里面时逃逸的机会很小。

荧光检测器通常为日盲管光电倍增器,采用铯-碲感光,半透明阴极。这种光电倍增器阴极的量子效率接近 10%,落在阴极上约十分之一的光子加速到 14 个打拿极的第一极,倍增器电极材料的选择(通常用铍-铜合金),通常会使电子在碰撞后发射更多的电子,依次被加速倍增到下一个电极。在次级电子发射的过程中,每个阶段的电子数目都会大幅增加,当然,每次电子发射的确切数量是不一致的,所以最终电流可能会出现一些波动,这并不是一个能够被淹没在小信号内的附加噪声,而是以乘法因数出现的波动。阴极发射的光电子数目越少,输出的波动会越小。光电倍增器更加重要的一个噪声来源,是暗电流和随之而来的散弹噪声,这是检测落在阴极上光子数量微小变化能力的主要限制因素,即使光电倍增管完全屏蔽了所有的外部辐射源,如果工作在有限的温度,一些来自阴极表面随机的电子难免会热"蒸发",这种情况发生的程度取决于从表面释放一个电子所需的能量。汞离子的一个重要优点,就是荧光光子在光谱的紫外区域,具有相对较高的能量,因此,阴极可以选择具有大"逸出功"的材料,溢出功表示表面释放电子的能力,所以汞离子微波钟常温下的暗电流非常低。此外,如前所示,这种阴极材料对可见光波长的光子不太敏感,这种特性在实验上极为重要,因为它可以容忍检测器在室内普通光照条件下开展实验。更特别的是,阱内的离子可以使用电子枪阴极发热的方式产生。另外,实验上一般在光电倍增管前面放置带通滤光片(中心波长约194.2nm),来有效地阻止253.7nm和其他可见光的影响。

13.3 便携式^{199}Hg$^+$离子微波频标

13.3.1 本振

汞离子微波钟作为被动型的频率标准,高稳定、低噪声的本地振荡器是最基本的组成单元,本振用于提供离子谐振的微波源信号,频率综合器利用本振作为参考,提供所需的输出频率。本振在实验室条件下可采用氢钟,在便携式条件下可采用介质谐振腔振荡器或高品质的石英晶体振荡器。

汞离子微波钟谐振曲线非常陡峭,因此对引起跃迁的频率源比传统频标要求更高。鉴于直接倍频链会出现频谱质量下降的问题,在设计时,关键在于应用第4章中所讨论的先进频率合成技术,减少各种不良影响。另外,也可采用一种替换的方案,利用耿氏二极管,对微波稳频振荡器进行优化,获得低噪声高纯度的频谱输出。

耿氏二极管是基于"耿氏效应"的一种固态电子器件,在均匀掺杂的n型砷化镓半导体中会显示此类效应,在这样的晶体上,当施加的稳定电压超过某一阈值时,会出现电流的快速跳动现象。这种奇怪的现象可以解释为:当施加电场超过阈值,该晶体传导的电子能够跃迁到量子态的高能级,表现为电子有效质量比低导带的大,这样电子会在速调管聚集:当阈值场从二极管两端通过,负电极处发生的跃迁使一些电子处于更缓慢移动的状态,而其他电子继续以高的漂移速度运动,这就造成了电子浓度迅速变化的一个狭窄区域,称为"域",前面电子较少,后面电子"堆积"。当阈值场到达正极,就会在外部电路上出现一个脉冲电流,电场在域完成后会重复以上循环过程,该循环的持续时间取决于阈值场在二极管内的传输时间,这就相当于频谱内的微波区域振荡。

13.3.2　共振信号处理

为了观测汞离子谐振峰的精确频率值,需要以下两个条件,首先:被探测的离子自由地与微波场相互作用;其次:设计最最优化方案,使荧光信号与微波频率保持相关平衡。要满足第一个条件,只需离子与微波相互作用时关闭抽运灯即可,通过调节灯的激励功率或利用电光快门实现,这里要尽可能地保持汞灯工作稳定。为了维持阱中离子的数目,电子束通过在控制电极上施加电压,来实现脉冲调制,这里首选连续的电子束,但连续电子束也存在一些缺点,可能会通过自旋交换碰撞扰动离子,或通过电子碰撞激发阱中的离子,产生背底干扰光。当循环检测开始时,电子束短暂打开,把离子"装载"至阱中,接着抽运光工作,产生超精细能级布居数差,随后关闭抽运光,使固定频率的微波场馈入阱中,激发超精细能级跃迁,最后再打开抽运光,通过光电倍增器检测荧光光子数,来反馈跃迁的程度。电子枪再次进行工作,重复上述循环。

由于荧光信号较弱,因此杂散背景辐射光增加了检测难度,需要巧妙地利用一定的"时间窗口",来比较不同时间段内的光子数,确定微波引起跃迁的程度,因此光子计数数据的统计处理尤为重要。离子数随时间的衰减以及连续电子束脉冲的变化,都会引起荧光强度的波动。抽运光的强度也存在波动,并可能影响钟的长期漂移。显然,每个工作循环过程,都必须独立地检测,光子计数器的数据在某种程度上可根据离子的共振频率进行统计,并独立于离子的数量和抽运光的强度。一种方法是通过程序使频综在中心频率附近的两个值之间扫频,频综本身被伺服控制,最终频率锁定在离子的基态超精细能级上。设定扫频的两个频率点,需根据光子计数对频率变化最敏感的点来确定,这些点在假定噪声电平不变时,频率谐振曲线具有最大的斜率值。对于这种跃迁寿命展宽产生的理想(洛伦兹)谐振曲线,最大斜率发生在 $\nu = \nu_0 \pm \nu_m$ 处,其中 $\nu_m = \Delta\nu/2\sqrt{3}$, $\Delta\nu$ 为谐振曲线半高宽,宽度约为 1Hz。在此方案中,这两个频率点在每次探测周期中都可得到。理想情况下,仅当两个频率点关于共振曲线中心对称时,光子数量才是相同的。每个检测周期通过两个频率点的光子数量相减,并多个周期进行平均,当微波频率扫过谐振曲线时,就可以得到一个从负值经过零点到正值的信号,这恰恰就是晶振锁到谐振信号的伺服误差信号,当扫描的频率正好位于谐振中心频率时,信号为零。然而,我们知道,在每个检测周期,随着离子慢慢从阱中逃逸,荧光光子数会缓慢减少,由于离子的平均寿命相对较长,因而这种减少的速率几乎是恒定的。可以通过两个周期光子数的差值,进行一定荧光衰减的校准,这要求当微波频率被切换回初始值,获得第三次循环数据后,计算可得到信号的变化量,表示为

$$S = [N_1(\nu_1) - N_2(\nu_2)] - [N_2(\nu_2) - N_3(\nu_1)] \tag{13.6}$$

由于这些数值是以相同的时间间隔累加得到的,因此离子数的线性衰减或抽运光

的漂移,甚至光电倍增管阴极的老化,都会导致 $N_3(\nu_1)$ 有 $N_1(\nu_1)$ 的两倍修正,这是由于它得到附加的延迟。从表达式中我们看到,光子计数中两者的差值,其线性变化可被自动消除。

为了考虑不同周期内离子初始数量的波动,或者在一个时间尺度接近循环周期的重复时间内,消除汞灯输出功率的变化,需要考虑对计数数据归一化处理,除以总的周期数。

由于数据是数字形式的,因此可容易地对数据进行处理:通过数学计算得到<S>值及其周期内平均值超过期望数值的算法,该平均值被转换成模拟信号,在施加到本振的控制单元之前,为了伺服控制环路稳定,必须增加一个模拟积分器,对于恒定的输入电压,此积分器在输出时可产生电压斜坡,对于恒定的正输入,坡道的坡度上升;负输入,坡度下降;零输入,坡度为平。显然,积分器要求极高的稳定性。在对于给定的输入,输出电压的任何漂移将导致频率与离子谐振频率的偏移。

当伺服控制环路闭环,光子计数器的任何误差信号都将导致电压斜坡施加到振荡器的控制元件上,在趋于减小误差的方向改变振荡频率,直到最终误差为零,积分器的输出恒定,振荡器频率被固定。在这个点上,由晶体振荡器合成的微波信号就被锁定在离子谐振曲线的中心位置。

如果计算最优指数,与前面铯原子标准所定义的一样,为 $F = (S/N)\nu_0/\Delta\nu$,假设噪声仅由光子的散弹噪声引起,那么该指数可表示为

$$F = \frac{N_r - N_0}{\sqrt{N_r - N_0}} \frac{\nu_0}{\Delta\nu} \qquad (13.7)$$

式中:N_r,N_0 分别为谐振频率中心和远离谐振频率中心时(背景计数)的光子数。这个等式非常重要,是因为实际上平均频率偏差正比于 $1/F$,因此,根据总计数时间 τ,可得下面的表述式:

$$\sigma(\tau) \approx \frac{\Delta\nu}{\nu_0} \frac{\sqrt{R_r + R_0}}{R_r - R_0} \frac{1}{\sqrt{\tau}} \qquad (13.8)$$

式中:R 为光子计数速率。

汞离子微波频标可实现谐振线宽 0.1Hz、信噪比为 1000 的潜力,如果平均采样时间为 100s,频率稳定度有望达到 2.4×10^{-15},这与目前的氢原子钟指标相当,同时拥有与铯原子钟相媲美的频率准确度。这些潜在的优势,推动美国 NASA 最早开展相关实验研究。

近年来,汞离子微波频标处于商业化开发阶段,样机已研制成功,并在美国海军天文台与其他频标进行了长期比对。商品汞离子微波频标采用四极阱,利用氦气对离子进行冷却,使离子运动速度减慢,有效地降低了二阶多普勒效应,抑制谐振谱线展宽。由于氦原子质量仅为汞离子质量的 1/50,因此汞离子在与氦原子发生碰撞时引入的运动增量很小,不是每次碰撞都会导致动能损失,在离子完整的振

荡周期内,会有一小部分(与两者的质量比相关)的离子能量转移到氦气,被降解成热能。不幸的是,氦气的使用会导致离子系统无法与外界隔离,不能成为一级频标。虽然离子冷却所需氦气的浓度很小(一般不超过 10^{-3} Pa),不过在 10^{-15} 量级的精度上仍需充分考虑,期望其引入的超精细能级频移不要太明显。也许更重要的情况,是由于碰撞速率取决于氦气的温度,使离子频率易于随外界环境改变。氦气以原子束的形式进入阱内,可通过程序实时关闭,在一个探测循环周期内,离子相干之前剩余的气体会被迅速抽离。

我们将在下一章讲到激光技术,该技术可使离子完全孤立,为汞离子频标遇到的两个实验难题带来了直接的、强大的解决方案。首先,解决了光抽运光束杂散散射导致的信噪比下降问题;其次,热离子能量分布很宽,激光技术解决了谐振曲线的二阶多普勒加宽问题。激光的两大突出特征,即方向性和光谱的纯度,正是离子共振荧光信号要达到最佳信噪比所需要的,激光源的亮度远远超过传统汞灯,激光束辐射能量的发散角很小,这些都是有利因素。

在抽运光束的光学设计上,由于激光束的强度随半径增大迅速降低,因此可极好地解决汞灯存在的问题。此外,激光器可远离离子,受电极空间影响小,光强也不会明显降低,这些都是传统光源不可比拟的。

激光技术具有无与伦比的优势,激光的出现降低了观察囚禁离子光谱的难度,或许这也印证了莎士比亚的名句"There is a tide in the affairs of men."(人生总有涨潮时),同样适用于科研过程。

第14章
光频振荡器：激光器

14.1 基本原理

14.1.1 引言

有关激光的报道，首次出现于 1959 年 6 月在美国密歇根州安娜堡举行的一次国际会议上，当时激光器称为"光脉泽"，当时会议的主要议题并不是激光器，而是运用光抽运技术探测自由原子中的磁共振现象，这种技术在此之前刚刚由巴黎的 Kastler 发现。在这次会议上，Gould，Javan 和 Schawlow 发表了有关气体放电和红宝石晶体中产生激光振荡的理论性研究成果，这些报道被收录在会议论文集的"其他议题"之中。

在随后的一段时间内，有关激光物理理论甚至于实用技术的研究逐步展开，认识逐渐深入。原子和分子的光吸收和光发射可以由量子理论来解释，波长和谱线强度等光谱数据非常丰富，光波光学理论和光干涉技术进展顺利。人们从 19 世纪开始就进行有关稀薄气体放电和晶体光学的研究，因此当激光理论首次报道后，相关研究出现了井喷爆发式增长。

激光器作为量子振荡器，其频谱可覆盖红外到紫外区域，当然也能够拓展到更广的频域。激光对微波标准(除了氢脉泽)的影响，以及其自身作为红外和可见光频域中频率标准的研究进展，将在后续章节中详细阐述。

14.1.2 光腔的谐振频率宽度

在原子和分子束微波激射器中，原子或分子的共振谱宽远小于粒子辐射场相互作用的共振腔振荡模式线宽。由于腔模彼此分立，意味着在振荡腔中只有在特定的模式下，即：一个与粒子频率谐振的模式，才可产生共振。

相比之下，光频域的共振腔是"空腔"，可以只包括两片相隔一定距离的平行镜片,相较于"活性"原子或分子,其共振模式谱宽更窄。在 1899 年,法布里-帕罗(Fabry-Pérot,FP)干涉仪面世,它是由两个具有高反射率且精确平行的表面所构成的光谐振器,作为高分辨率分光装置的鼻祖,它的出现远远领先于现代光学的发展。法布里-帕罗干涉仪能够提取透射光的共振尖峰,其分辨相邻波长临近共振峰的能力定义为细度指标,物理本质可由一个近似判据表述:假设光波在镜片之间平均往返 $2N$ 次,镜片间距使得光波以 n 阶纵模振荡,则 FP 腔的长度为 $n\lambda / 2$,光波相干时间为 $Nn\lambda / C$,相应的傅里叶谱宽为 $\Delta\nu = \nu/(nN)$,因此干涉仪的分辨力为

$$\frac{\lambda}{\Delta\lambda} = nN \tag{14.1}$$

N 作为分辨力的度量值称为细度(F),可根据镜片反射率 R 定义 :

$$F = \frac{\pi R^{1/2}}{(1 - R)} \tag{14.2}$$

据相关报道,R 的实验测试值已经高达 99.998%,对应于 $F = 157000$。FP 腔的另一个重要指标是自由光谱程(Free Spectral Range,FSR),代表了谐振频率/波长的范围,不存在 n 阶的模糊定义。FSR 的频域表达式为 $c/2n_rL$,其中 n_r 为折射率。

下面假设 $n_r = 1$,对于给定的 FP 腔长度,阶数 n 越大,谐振波长越相互靠近,显然:

$$\lambda_n - \lambda_{n+1} = \frac{\lambda_n\lambda_{n+1}}{2L} \approx \frac{\lambda^2}{2L} \tag{14.3}$$

由于法布里-帕罗干涉仪原本适用于具有有限光波相干性的传统光源,反射镜的间距通常为毫米量级,并不像气体激光腔一般为厘米或几十厘米量级。严格来说,其有别于有反射壁的全封闭腔室,这种开放式的反射镜组不能产生分立的共振频率。然而,详细计算表明,在这样的空腔中,沿着两个反射镜之间的轴线方向,光场或多或少地存在分立的模式状态。在这种模式下,腔内由于衍射而导致的光能损耗是不可避免的,但损耗量很少。根据光波理论,当一束平面波被直径为 D(D 远大于光波波长)的圆形平面镜反射时,会产生衍射效应,衍射角约为 λ/D(弧度),如图 14.1 所示。

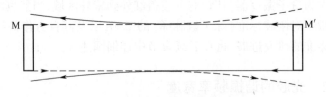

图 14.1　光腔中镜片的衍射损耗

粗略假设光束能量均匀分布,光波传输到相距 L 的另一镜面时,有部分波束从镜片边缘泄漏,能量损失为 $4\lambda L /D^2$。显然,即使镜片能实现 100% 全反射,空腔场仍将由于衍射而能量衰减,共振谱线也会增宽。光波在两片镜片之间传输,每间隔相等的时间 t($t = L/c$,c 为光速),就在其中一片镜片损失 $4\lambda L /D^2$ 的能量,因此,

每单位时间的平均能量损耗为 $4\lambda c/D^2$。假设有两束反向传输的光波,振幅相等,两束光波合成为稳态轴向模式,在腔内属于准分立模式,根据上述理论,其纵模类似于弦上的频率振荡,传输 $2L$ 距离后相位为整数周期:这意味着 $(2L/C)\nu_n = n$,其中 n 是一个整数,ν_n 是 n 阶模光场的振荡频率,那么该模式的衍射极限 Q 因子为

$$Q_n = \frac{2\pi\nu_n}{\left(\dfrac{1}{E}\dfrac{\mathrm{d}E}{\mathrm{d}t}\right)} = \frac{\pi D^2}{2\lambda_n^2} \tag{14.4}$$

式中:λ 为第 n 阶模的波长,$\lambda_n = c/\nu_n$。假定镜片直径为 $D = 2.5\mathrm{cm}$,$\lambda = 632.8\mathrm{nm}$(氦氖激光波长),对于纯轴向模式,$Q \approx 10^{10}$,明显大于一般微波腔的品质因子,甚至高于大多数原子的光跃迁谱线。但实际情况要复杂得多,因为光束横截面上的强度分布并不均匀,可以按照确定的径向模式来分析其径向分布,这种模式定义为 TEM 模(横向电磁模式),以系数表征模式阶数和强度分布的零点个数,例如:以镜片中心轴作为 z 轴,TEM_{21} 模表示场强分布在 x 轴上有两个零点,在 y 轴上有一个零点,图 14.2 所示为一些低阶径向模式光束轮廓分布,最简单的模式(TEM_{00})仅具有一个最大值,出现在轴线上,可由高斯函数 $\exp(-r^2/r_0^2)$ 表征,这种模式的激光输出称为高斯光束,光学元件(如透镜和反射镜)对高斯光束的作用原理称为高斯光学。与不考虑光波动属性的射线光学不同,高斯光学的特点是没有明确定义的焦点和光束剖面,射线光学中有关透镜和镜片的公式在高斯光学中是无效的。

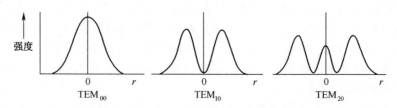

图 14.2　光腔中一些低阶径向模式的强度分布

　　光的波动理论表明,如果用共焦结构的凹面镜组取代平面镜组,衍射损耗会显著减小,两个凹面镜的焦点在它们之间的中点处重合,如图 14.3 所示。

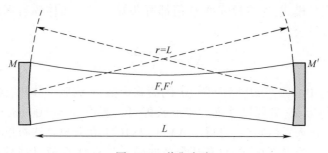

图 14.3　共焦光腔

有关双镜光腔中各种振荡的衍射损耗计算结果如图 14.4 所示,纵坐标代表衍射损耗,横坐标代表 $D^2/4\lambda L$(Boyd,1961)。

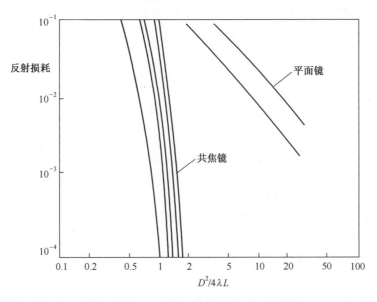

图 14.4　光学损耗与 $D^2/4\lambda L$ 的关系(Boyd,1961)

需要注意的是,根据上述近似理论,平面镜的光学损耗与 $D^2/4\lambda L$ 呈线性关系,斜率为-1。上述结果可以推断:即使使用平面镜,如果 $D^2/4\lambda L \approx 100$,损耗亦可低至 10^{-4}(假设镜片完全平行)。因此 Q 因子的限制并不在于衍射损耗,而在于反射镜的不完全反射,在实际应用中反射率很少超过 99.99%,对应的损耗为 10^{-4}。在应用实例中激光器需输出激光,因此至少有一片反射镜可以部分透射光,而导致腔内的功率损失。

光腔的尺寸远大于激光波长,具有特征稳态场分布的各种谐振模式,相互之间频率略有不同。微波腔中,腔尺寸与微波波长可以是同一数量级,并且较低模式的频率间隔相对更远,因此微波腔中的模式间隔不需要很小。如果光学腔类似于微波腔,由具有反射壁的真正封闭的腔组成,且腔尺寸远大于波长,在任一给定频带内都会存在大量模式,这些模式的 Q 值都可获知。根据黑体辐射理论,在三维情形下可得出以下公式:

$$\Delta N = \frac{8\pi V}{\lambda^3}\frac{\Delta\nu}{\nu} \tag{14.5}$$

式中:ΔN 为与中心频率 ν 频率间隔 $\Delta\nu$ 的模式模数;V 为腔的体积,经典理论表明腔可以是任何形状,只要尺寸远大于波长即可。假设 $\lambda = 500\text{nm}$,$V = 100\text{cm}^3$,$\Delta\nu/\nu = 10^{-7}$,代入式(14.5),可得出 $\Delta N \approx 2\times10^9$!在开放式法布里-帕罗谐振器内确实存在准分立高斯模式,只有几个径向模式具有高 Q 值,以限制产生原子受激发射的模式数量。在这些模式下不仅能够持续产生激光，而且输出激光的方向性极佳，通过选择适当的轴向模式，可以获得很高纯度的光谱。

14.1.3　持续振荡的条件

作为束激射器，如果原子或分子通过受激辐射产生的净增益能量场足以弥补所有损失，包括输出的光束能量，那么在共振场中就能产生持续的光频振荡。尽管微波振荡器和光频振荡器的工作原理相同，但它们在物理层面上存在重大差异。两者除了输出波长有明显差异外，原子或分子与光场的耦合方式也不尽相同：原子束激射器涉及磁偶极跃迁，而激光器是更强烈的诱导电偶极跃迁。此外，在磁偶极跃迁过程中，外场作用于永久原子磁矩，永久电偶极矩的存在不影响束缚原子的对称性质。引入外部电场后，对称性被破坏，在这种情况下，相反方向的力施加在正电性的核子和负电性的电子上，产生电偶极矩。由光场中电作用产生的跃迁，会引发原子的振荡电偶极矩。电偶极矩的振幅取决于对特定原子的动力学响应；根据拥有弹性束缚电子的原子经典模型，可以使用洛仑兹光散射理论来预测这一响应。

为了从原子或分子系统获得能量的净增益，必须在两个量子能级的粒子中制备大量的上能级粒子，这样两个能级之间才能产生受激跃迁。每个粒子在单位时间内的受激辐射概率与吸收概率相同。以下两个条件决定了要产生光学跃迁，必须实现这种上下能级粒子布居数差：

首先，光量子（光子）的能量显著高于常温下处于平衡态的粒子平均热能，根据玻耳兹曼理论，对于热平衡状态下的气态原子，处于低能态的原子数远多于高能态的原子，因此，如果上能级的粒子数为 N_1，下能级的粒子数为 N_2，在绝对温度 T 时，有公式：

$$\frac{N_1}{N_2} = e^{-\frac{h\nu}{kT}} \tag{14.6}$$

式中：$T > 0$，因此在平衡状态下，恒有 $N_1 < N_2$，例如，$T = 300K$，$\nu = 6 \times 10^{14}$ Hz，在 10^{41} 个原子中平均只有一个原子处于上能级！显然，只有在非平衡状态下才可能产生激光，要么就产生"粒子布居数反转"，要么就产生"负（绝对）温度"。

其次，由于光子能量较大，每个原子单位时间的自发辐射概率不能忽略，根据爱因斯坦的 AB 系数表达式：

$$\frac{A_{nm}}{B_{nm}} = \frac{8\pi h\nu^3}{c^3} \tag{14.7}$$

单位时间的受激辐射概率为 $B_{12}\rho_\nu$，其中 ρ_ν 是造成跃迁的光场的频谱能量密度，$\rho_\nu = I_\nu/c$，I_ν 为平行光束的频谱强度。对于普通光线，如常见的灯光，I_ν 约为 10^{-8} W/m$^2 \cdot$ Hz 量级，自发辐射的概率约为受激辐射的 2000 倍，这就解释了为什么受激辐射在灯光中不起作用;实际上,所有的常规光源,从钨灯到太阳,都是自发辐射产生的。然而在激光介质中,光场能量集中在一个窄带频谱内,这意味着更大的光谱能量密度,且受激辐射占主导地位。相对于受激辐射,自发辐射与是否存在光场无关,它是由光场"零点"量子涨落的随机相位导致的。一方面,受激辐射/吸收是由单个原子系统中的感应电偶极振荡产生,与激发光场的相位相关。在量子理论中,受激辐射和吸收是同一过程的不同结果;是辐射还是吸收仅与初始状态是低能态还是高能态有关。根据热平衡系统中粒子布居数的玻耳兹曼分布,一束光穿过介质时,其与系统产生共振跃迁的那些频谱分量将会被吸收,因此当单色光通过介质并发生共振跃迁时,它的光能会减弱。另一方面,通过某种方式如放电或强烈光抽运,会产生连续的粒子布居数反转,该单色光的能量得到增强,产生光放大现象,这一过程如图 14.5 所示。

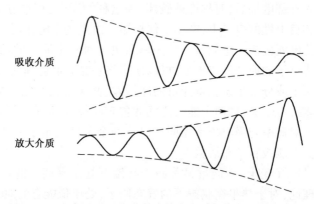

图 14.5　光束通过吸收介质或放大介质的作用示意图

为了将这些概念表述更加定量化,假设一束强度为 I_ν W/m^2 的单色平行光穿过气体/分子介质,该介质中高能态粒子数为 n_1/m^3,低能态粒子数为 n_2/m^3,频率响应(共振线型)为 $g(\nu)$,根据 B_{12} 的定义,光场在频率 ν 处单位体积单位时间内的受激辐射概率为 $n_1 B_{12}(I_\nu/c)g(\nu)$,吸收概率的表达式与之类似,将 n_1 替换成 n_2 即可。实际上由于各种光谱增宽机制,如气体中的多普勒效应等,$g(\nu)$ 函数为钟形曲线,一般比光谱宽度更宽,因此假定单色光只具有单一频率 ν 是不切实际的。每次跃迁都涉及量子能量 $h\nu$ 的交换,单位体积场的相干能量交换净速率为 $(n_1 - n_2)B_{12}(I_\nu/C)g(\nu)$,设光束沿 z 轴方向传播,根据原子激发(或吸收)的数量来平衡束流的能量,得出如下结果:

$$\frac{\mathrm{d}I_\nu}{\mathrm{d}z} = (n_1 - n_2)h\nu B_{12}g(\nu)\frac{I_\nu}{c} \tag{14.8}$$

其解为

$$I_\nu(z) = I_\nu(0)\mathrm{e}^{\gamma z} \tag{14.9}$$

其中,

$$\gamma = (n_1 - n_2) B_{12} \frac{h\nu}{c} g(\nu) \tag{14.10}$$

式中:γ 为(指数)增益常数。因此要实现光的放大,必须有 $n_1 - n_2 > 0$,即粒子数反转,上能态的粒子数多于下能态的粒子数。在热平衡系统中,必然是 $n_1 - n_2 < 0$,且强度按指数规律下降,此结果与经典实验定律一致,该定律有时称为朗伯定律(Lambert's law)。可以根据爱因斯坦 A 系数方程改写增益常数 γ,A 系数与上能态自发辐射的平均寿命有关,该寿命可以根据发射谱线自然线宽 $\Delta\nu_n$ 的经验值推导,其结果如下:

$$\gamma = \frac{1}{4}(n_1 - n_2) \lambda^2 \Delta\nu_n g(\nu) \tag{14.11}$$

线性因子 $g(\nu)$ 反映了原子对光场的频谱响应。在某些应用中需要区分两种不同的展宽机制:均匀增宽和不均匀增宽。如第 7 章所述,对于一团原子来说,如果所有原子都受到相同的增宽效应影响,如:辐射能级的自然寿命,或是导致辐射过程中断的粒子间碰撞等,都是均匀增宽,自然增宽满足洛伦兹线型分布:

$$g(\nu) = \frac{1}{\pi} \frac{\frac{\Delta\nu}{2}}{(\nu - \nu_0)^2 + \left(\frac{\Delta\nu}{2}\right)^2} \tag{14.12}$$

式中:$\Delta\nu$ 为 $g(\nu)$ 的半高宽,当 $\nu = \nu_0$ 时,$g(\nu) = 2/\pi\Delta\nu$。

另一方面,原子群中的每个原子频率可能略有不同,比如原子速度不同造成的影响,会因此产生多普勒频移,或是每个原子所处的外部环境略有不同;在这种情况下我们认为谱线增宽是不均匀的,对于热平衡气体的多普勒增宽,有:

$$g(\nu) \approx \exp\left(-4\ln2 \frac{(\nu - \nu_0)^2}{\Delta\nu^2}\right) \tag{14.13}$$

为了在光频域产生连续振荡,在光共振腔中放置放大介质和基本反馈元件,与任何其他反馈振荡器一样,产生振荡的阈值条件是再生反馈和环路增益 $G = 1$。为在特定模式下获取这两个条件的明确表达式,假定在一个法布里-帕罗腔填充了作为分布放大器的粒子数反转气体,两片腔镜的反射率分别为 R_1、R_2,和气体相互作用而产生的所有损耗,以吸收系数 α 表示,则环路增益表达式为

$$R_1 R_2 \exp[(\gamma - \alpha) 2L] = 1 \tag{14.14}$$

可从上式推断 γ 的阈值为

$$\gamma = \alpha + \frac{1}{2L} \ln\left(\frac{1}{R_1 R_2}\right) \tag{14.15}$$

相位条件有点复杂,因为光传播通过放大介质会产生色散,即光在介质中的速度取决于光波频率,光与原子相互作用会强烈影响光波速度,影响程度与光频有

关。这里定义 $c/N(\nu)$ 为介质中的光速,从腔内任意一点开始的光波在两个反射镜之间往返一次后,若要保持相位不变,需满足下述条件:

$$\frac{2L}{c/n(\nu)}\nu = m \tag{14.16}$$

式中:m 为整数。如果腔内不存在原子,$n(\nu) = 1$,$\nu = \nu_m$,会以 m 阶轴向模式在腔内产生共振。$n(\nu)$ 与吸收或受激辐射的频率有关,在相位条件下将其替换,可推导出实际振荡频率的近似结果:

$$\nu = \nu_m \left\{ 1 - \frac{(\nu_0 - \nu_m)}{\Delta\nu} \frac{\gamma}{k} \right\} \tag{14.17}$$

式中:$k = 2\pi/\lambda$ 是波矢幅度。上式表明腔内的实际振荡频率与腔的谐振模式频率 ν_m 并不完全相同,比如本书曾提及的氢脉泽腔牵引效应的影响。该结果同样表明原子共振线宽与腔谐振线宽的相对关系,不同的是,腔的谐振谱线相比于原子的谱线,更加尖锐。

14.1.4 持续输出功率

仅凭阈值条件无法得知激光腔中的光是如何产生的,能达到多大的强度。与所有反馈振荡器一样,一旦突破阈值,振荡将始于场的非相干零点激励,在这种情况下,自发辐射就产生了激光。为了进一步预测光场的产生过程,必须考虑布居数差异,以及由其引发的放大场之间的依存度。这需要引入原子与光场相互作用的更高阶的理论近似,兰姆(W. E. Lamb)发展了原子与光场相互作用的量子理论,引入三阶场振幅分量,推导了用 α_n 和 β_n 系数表示的第 n 个模式场振幅 E_n 的运动方程:

$$\frac{\mathrm{d}E_n}{\mathrm{d}t} = \alpha_n E_n - \beta_n E_n^3 \tag{14.18}$$

上式适用于环路增益 $G > 1$ 的情况(Lamb,1964)。当 $\mathrm{d}E_n/\mathrm{d}t = 0$ 时出现稳态,此时 $E_n^2 = \alpha_n/\beta_n$。在稳定场模式假定下,兰姆发现,由于多普勒增宽,作为调谐函数的线性增益因子 α_n 呈高斯型,而非线性"饱和"因子 β_n 的线型比多普勒增宽窄得多,主要表现为自然增宽。这导致激光输出功率的频率响应曲线出现所谓的兰姆凹陷,如图 14.6 所示,在多普勒线型的顶峰部分出现一个局域最小值。兰姆凹陷的谱宽反映了原子的均匀增宽,而不是多普勒增宽,已证明在红外和可见光频域可以有效利用兰姆凹陷进行稳频。

14.1.5 激光器光谱纯度的理论极限

从光学频率标准的角度来看,激光振荡器可以提供强度高、光谱纯的辐射源,

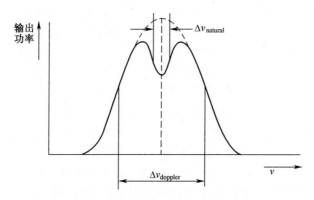

图 14.6　气体激光谱线的兰姆凹陷

就像速调管在被动铯原子微波频标中的作用一样。通过将激光频率锁定在合适的原子或分子量子跃迁谱线上，可以避免多普勒增宽和其他谱线失真，实现极佳的长期稳定性和频率复现性。对于光频标，激光的首要属性是它的光谱纯度，其他实际应用中还需关注激光腔内的光学波动和机械振动，特别是外界环境造成的影响，如温度涨落和机械振动等导致的波动。必须将"技术性"或"人为"的相位/频率起伏，与那些基本的、来源于辐射及与原子相互作用的量子属性所导致的起伏加以区分。正是由于这些量子属性，即使在一个理想的、完全稳定的腔内，也会有残余的相位/频率起伏。

要理解激光光谱纯度这一固有的基本限制，和由此而导致的激光器作为频率标准的相位稳定性限制，就必须回顾激光运行的基本过程，激光介质中的原子有两种光辐射过程：自发辐射和受激辐射。在自发辐射中，辐射产生的概率与之前是否有光子产生或湮灭无关，不同原子发射的光子之间以及同一原子在不同时刻发射的光子之间不存在相位关联。相比之下，在受激辐射中，辐射产生的概率与之前产生的相互作用的光子数目呈比例关系，不同原子发射的光子之间的相位，以及同一原子在不同时刻发射的光子之间的相位存在固定关联；也就是说，这些光子是相干的。自发辐射是必然存在的，构成激光光束输出的相干光子束流中必然存在非相干光子，从而导致了前述的光谱纯度极限。可以定量证明，相位的均方根差 $\langle\Delta\phi^2\rangle$ 满足：

$$\langle\Delta\phi^2\rangle = \frac{N_{\text{spont}}}{2N_{\text{tot}}} \tag{14.19}$$

式中：N_{spont} 是在平均时间内产生的自发辐射光子数；N_{tot} 是在给定场模式下的光子总数。光子数的比值与 $(E_{\text{spont}}/E_{\text{tot}})^2$ 成比例，E_{spont} 和 E_{tot} 分别为对应的光场幅度。从场的角度考虑，因为增加了一个（小的）相位非相干场分量（自发辐射光子），所以存在一个相位在狭窄范围内随机起伏的振荡光场矢量。简谐振动 $E\cos(\omega T+\phi)$ 的相位可以由 E 径向矢量的旋转角和恒定角速度 ω 表示，因此两个共振频率相同

217

场的合成相位可以通过它们的两个旋转矢量叠加来获得,如图 14.7 所示。在稳定振荡条件下,通过恒定速率的抽运来保持粒子数反转,即平均光场振幅 E_{tot} 保持不变,而 $E_{spont} \ll E_{tot}$。从图中可以清楚地看出,如果一个微弱矢量的相位与主光场矢量相位有 90° 的关系,则该微弱矢量的增加会导致光场相位的最大改变。根据 $\Delta\phi = E_{spont}/E_{tot}$,$E_{spont}$ 幅度的微弱起伏就能产生最大相位变化(半径方向)。自发辐射的影响会产生随机变化,有时会提前合成相位,有时会延迟合成相位。这种情况让人联想到随机游走,在前面的章节中已经给出了随机游走的一个简单的模型:不管平均波动为零,还是为正或者为负,波动平方的平均值随波动的数值线性增加。在这种情况下,每个自发辐射的光子都对应于一个新的相位起伏,由于发射发生的速率是恒定的,可以推断 $\langle\Delta\phi^2\rangle$ 随时间线性增加。这导致激光输出光谱强度分布服从洛伦兹线型,谱线宽度为:

$$\Delta\nu = \frac{\pi h\nu \ (\Delta\nu_c)^2}{P} \tag{14.20}$$

式中:$\Delta\nu_c$ 为腔被动共振线宽(腔内无激光介质),P 是空腔模式下的功率。这一表达式的基本形式首先由 Townes 和 Schawlow 于 1958 年提出,当时激光器还没有问世,但是科学家已经预测到激光光谱纯度的非凡潜力。假设有一台 633nm 的激光器,腔的理想长度为 $L = 1\text{m}$,输出境透过率为 1%,腔的共振线宽可由腔内光子的平均寿命获得,对于给定的光子,在腔内往返一次时间内,有 1% 的机会离开光腔,并且离开光腔之前平均耗时 $200L/c$,相应的腔共振谱宽(全宽)为 $\Delta\nu_c = c/\pi$ 200L,在上述假定情况下有 $\Delta\nu_c \approx 0.5\text{MHz}$。假设该激光器输出功率为 1mW,代入式(14.20),得 $\Delta\nu = 2.5\times10^{-4}\text{Hz}$。这一量子极限如此之小,以至于第一次计算出来时人们认为其不会得到实际结果的验证,然而,最近有关激光稳频的研究显示光谱纯度已接近量子极限。

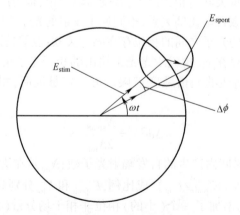

图 14.7　自发辐射光场与受激辐射光场的相位复矢量图

14.1.6 激光稳频:Pound-Drever-Hall 法

Pound-Drever-Hall 法(Drever 等人,1983)是一种非常重要的激光稳频实验技术,它利用超稳腔进行激光稳频,可以使激光的光谱纯度达到量子极限水平。这一方法包括相位调制和反馈方式,将激光频率锁定到一个高细度的超稳外腔的共振频率上。可调谐染料激光器和固体激光器等发射的激光线宽相对较宽,为了提高光谱纯度,必须采取压窄线宽和激光稳频等技术措施。Pound-Drever-Hall 法在各大标准实验室获得成功应用,首先将高细度光腔隔绝起来,以避免外界振动或温度波动的影响,再将激光频率锁定在这个高细度光腔上。这种稳频激光器可作为光学标准的本地振荡器,据报道,稳频激光器的谱宽已达到亚赫兹量级,相对线宽在10^{-16}量级,这一成果相当惊人。

该方法的原理最早可追溯到 1946 年,微波技术是当时的研究热点,R. V. Pound 是微波技术和核磁共振领域最卓越的实验学家之一。

"Pound 稳定器"(Pound,1946)的设计本意是通过将微波振荡器的输出频率参考到高 Q 值的微波腔上,实现微波振荡器的稳频。对振荡器输出的微波信号进行相位调制,然后通过"魔-T"臂将微波信号耦合进一个谐振腔。探测相位调制信号的两个边带信号的总和,并对频率源的载波信号进行取样,可以获得反馈环路所需的误差信号,将误差信号输入相敏探测器,该探测器以(相位调节的)调制信号作为参考。相敏探测器的输出即为共振腔频附近的失谐量。

14.1.7 激光稳频应用

既然可以将本地振荡器锁定在原子共振谱线上,同样也可以采用类似的方法,将激光频率锁定在稳定的、高细度的法布里-帕罗腔一个尖锐的传输峰上,这样是否可以实现激光稳频呢?事实证明这一方法能够奏效,但是调制频率及由此引发的伺服环路带宽,会限制光腔的响应时间,使得系统无法抑制激光输出频率的快速波动。

Pound-Drever-Hall 法的基本原理如图 14.8 所示,输出激光首先用法拉第(Faraday)隔离器进行隔离,然后由普克尔(Pockels)盒进行相位调制,再经过隔离器或反射器进入光腔。这里的法拉第隔离器必不可少,用于防止回射的激光干扰激光器的稳定运转。从光腔内反射出来的激光进入一个光电探测器,光电探测器接收到光强信号后转为电信号,该电信号接入混频器,调制振荡器的输出信号经过适当的相位调节后输入混频器的另一端口,混频器输出的相敏信号经过低通滤波器滤波后用于控制激光器的输出频率。这套伺服控制系统的显著特性,在于误差信号是从光腔的反射光束中来提取,因此调制频率和伺服控制带宽不受光腔带宽的限制,可以重新调整腔内光场的速度。

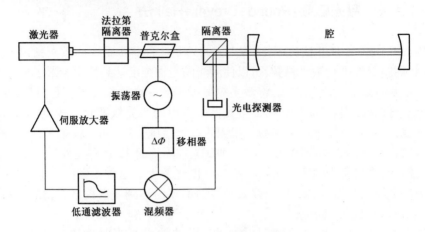

图 14.8　Pound-Drever-Hall 法基本原理框图

此处不再赘述 Pound-Drever-Hall 法的常规原理,仅讨论基于实际条件的近似结果,即光腔共振模式附近的快速调制。首先给出近共振的法布里–帕罗腔反射系数的近似表达式:

$$R(\omega) = \frac{r[\exp(\mathrm{i}\omega/\Delta\omega) - 1]}{1 - r^2\exp(\mathrm{i}\omega/\Delta\omega)} \qquad (14.21)$$

式中:$R(\omega)$ 是反射系数,$\Delta\omega$ 是自由光谱程,即 $c/2n_rL$,r 是单个腔镜的反射系数。在第 n 阶纵模附近,有

$$\frac{\omega}{\Delta\omega} = 2N\pi + \frac{\delta\omega}{\Delta\omega} \qquad (14.22)$$

式中:$\delta\omega/\Delta\omega \ll 1$,是激光频率与准确的腔谐振频率的相对偏差。将式(14.22)代入式(14.21),得到

$$R(\omega) = \frac{\mathrm{i}r\left(\dfrac{\delta\omega}{\Delta\omega}\right)}{1 - r^2} \qquad (14.23)$$

根据 $F = \pi r/(1 - r^2)$(F 为光腔细度)和 $\Delta\omega_{1/2} = \Delta\omega/F$(其中 $\omega_{1/2}$ 是共振谱线的半高宽),得到

$$R(\omega) = \frac{\mathrm{i}}{\pi}\frac{\delta\omega}{\Delta\omega_{1/2}} \qquad (14.24)$$

假设调制频率很高,以致于调制边带远离共振频率,那么边带光就被完全反射了,可得反射强度 I_r:

$$I_r \approx 2I_s - \frac{4}{\pi}\sqrt{I_cI_s}\frac{\delta\omega}{\Delta\omega_{1/2}}\sin\Omega t + (2\Omega \text{ 项}) \qquad (14.25)$$

式中：I_s 和 I_c 分别为边带和载波的强度，以 Ω 作为相敏探测器的参考频率，由相敏探测器输出的用于控制激光频率的误差信号为：

$$\varepsilon \approx \frac{4}{\pi}\sqrt{I_c I_s}\,\frac{\delta\omega}{\Delta\omega_{1/2}} \tag{14.26}$$

上式显示了误差信号与频率偏差的线性相关性。在精确的共振频率处误差信号应为零，如果误差信号为正或为负，就要求进行反向调节，使其过零点以实现精确共振。

14.2 激光光束特性

14.2.1 光束质量

激光在光学系统中的传输特性，取决于其光束横截面的强度分布和光束的空间相干性。光束质量有明确的测量标准，便于比较不同设计和不同制造工艺的激光器输出光束。光束质量测量的理论定义是将实际的光束分布和理想的最低阶高斯分布进行比较。这一比较规程由国际标准化组织(ISO)和美国国家标准技术研究院(NIST)共同制定。

光束质量一般由 M^2 因子表示，定义为实际光束束腰直径和远场束散角的乘积，与理想高斯光束束腰直径和远场束散角的乘积比值，该定义可以象征性地表示为：

$$M^2 = \frac{d_m \theta_m}{d_0 \theta_0} \tag{14.27}$$

理论上理想的 TEM_{00} 光束具有最小的 M^2 因子，$M^2 = 1$；因此实际光束的 M^2 因子值越接近于1，其光束质量越好。

另一个有用的参数是瑞利范围(Rayleigh range)，定义为光束直径最小处(即：束腰位置)到光束直径增大为束腰直径 $\sqrt{2}$ 倍处的距离。

14.2.2 锁模激光器

一方面，光频标准中的激光器必须单模运转，以保证光谱的纯度，而另一方面，光钟的"机械齿轮"需要一个频谱很宽的多模激光器，如：染料激光器或钛宝石激光器。一般情况下激光腔支持其腔镜能够反射的纵模频带，模式之间的频率间隔为 $\Delta\nu = c/2\,n_r L$。激光器能够起振的模式都落在激光介质的放大频带内，除非使用了特殊光学元件来压窄带宽，以获得单模输出。如果增益带宽反映非均匀增宽的特性,增益的频率响应取决于参与光学跃迁的不同粒子频率分布,只要有足够的增益,激光器就能同时以多个纵模振荡。在这种情况下,振荡从具有最大增益的频率开始,只有一部分粒子参与这一振荡,而增益较低的部分粒子以其他纵模振荡。

因此输出光谱包含一列等间距谱线,相邻光谱能否互相分辨,取决于腔的光学 Q 因子和光谱分析仪的分辨力等。随着时间变化,光谱强度会在某个平均值附近随机涨落,由于各个纵模之间的相位都是不相干的,相互之间会随机干扰。基于此,激光光束会产生退相干,即:两束这样的光束无法产生清晰的干涉条纹。为了产生相干光束,必须使得不同模式之间具备确定的相位关系,这一过程称为锁模。有多种方法能够实现锁模,下面将简要介绍其中的两种。

首先需要考虑锁模与输出激光强度之间的关系,为了简单起见,假设在光腔内的光场为 N 个纵模的叠加,所有纵模具有相同的相位 φ,进一步假设所有模式的振幅相同,可得如下结果:

$$E(t) = e^{i\varphi} \sum_{-(N-1)/2}^{(n-1)/2} E_n \exp[2\pi i(\nu_0 + n\Delta\nu)t] \qquad (14.28)$$

强度的含时表达式由 $E_0(t) \cdot E_0^*(t)$ 的平均值给出,平均时间约为 $1/\Delta\nu \sim 1/\nu_0$:

$$I(t) = \frac{I_0}{N} \frac{\sin^2(\pi N\Delta\nu t)}{\sin^2(\pi\Delta\nu t)} \qquad (14.29)$$

当时间 t 为 $1/N\Delta\nu$ 的整数倍,且 $t \neq 1/\Delta\nu$($t = 1/\Delta\nu$,式(14.29)的分母为 0)时,$I(t) = 0$。N 很大时,输出脉冲激光,强度为 NI_0,脉宽为 $1/N\Delta\nu$,脉冲间隔 $1/\Delta\nu = 2n_rL/c$,间隔时间为光子在腔内往返一周所需时间,如图 14.9 所示。$N\Delta\nu$ 不能超过总增益带宽,一个模式只有处于增益带宽内才能持续振荡,在实际应用中有可能接近增益带宽的极限。脉冲宽度取决于主动介质的增益带宽和激光器中的相关光学器件。Nd^{3+} 玻璃的增益带宽达到 3×10^{12} Hz,对应于 3.3×10^{-13} s 的超短脉冲,在飞秒级(10^{-15} s)范围。

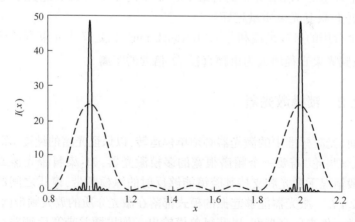

图 14.9 $N = 50$(实线,缩小 50 倍)和 $N = 5$(虚线)的 $\sin^2(N\pi x)/\sin^2(\pi x)$ 函数

到目前为止，都是假定介质具有非均匀增宽频谱，假定其中不同的粒子都只维持自身的模式。然而，在一个均匀增宽介质中，假定所有的粒子都参与维持同一模式，由于消耗了反转粒子数而抑制了其他的模式。事实上可以通过腔内相位或吸收调制技术产生多模振荡，从而产生类似于非均匀增宽介质锁模的输出结果。

锁模方式多种多样，其中最普遍的方式一是调制腔内光学增益或相位，二是在腔内使用可饱和吸收体。第一种情况下腔内吸收体的调制频率与相邻纵模的频率间隔相同，调制的作用使得每个振荡模式产生与其相邻模式相符的边带，相互之间是相位相干的，相位差值由调制器设定。如果是正弦调制，在载波的每侧都只产生一个边带，在两倍调制频率处会依次产生更多的边带，一直延续直到增益带宽内的所有模式都相位锁定。详细的锁模原理非常复杂，但锁模条件下的腔内光场可以形象地展示为：窄脉宽高振幅脉冲在腔内往复运转。如果将腔内的调制吸收体想象为垂直于轴线放置的薄平板，那么很显然，损耗最小的场结构，就是让脉冲在吸收体吸收最少的时候通过它。

还有一种锁模方式称为被动锁模：在腔内使用可饱和吸收体，当通过它的光强度超过某一给定值后吸收会变得更少。这种技术主要适用于高功率激光器。对这一物理过程可以简单解释为当随机自然起伏的光场正在建立时，一旦激光超过阈值开始起振，就产生了锁模。因为吸收体的饱和特性，强烈的能量起伏将"漂白"吸收体，吸收的减少会导致超过平均强度的更强放大。同样，这种增强脉冲会在腔内往复振荡，产生高峰值功率的脉冲输出，这里假设该吸收体在脉冲之间有足够的恢复时间。

14.3 激光光学元件

14.3.1 多层介质膜镜和滤波器

与经典光学元件相比，激光光学系统中诸如反射镜、光窗、透镜等元件，尺寸很小，且为了保持和利用激光的高相干性，其精度也很高。一个"光学平整"表面的典型光学平整度值为 $\lambda/20$，这意味着在表面上的所有点与几何平面的平均偏离小于光波长的 $1/20$。此外，激光级光学表面具有更高级别的抛光度，其性能由"划痕和凹点"参数衡量，代表抛光表面的光洁度以及划痕和凹点数。

在经典光学中，一般用化学溶液法（Rochelle process，罗切尔法），或是现在更常见的真空银蒸气沉积法，将一层银膜沉积在指定的镜面上。激光光学需要更高的反射率，必须采用完全不同的镀膜方法。激光单色性强，需要在非常窄的波长范围内实现高反射率。这种激光镜片称为多层介质镜，通过气相沉积法，在光学平面基底(通常是石英或蓝宝石)上,形成多层高度透明的介电材料薄层,这些薄层在高折射率和低折射率之间交替变换。这种镜片的基本原理在于光波叠加和干涉现象,假设有一组平行平面膜,折射率交替为 n_1 和 n_2,一束单色光垂直入射到膜系表面,根据光波在不同介质边界表面反射和折射的菲涅尔公式,可以推导出这种膜系的反射率,这些公式衍生于光的"以太振动"理论,经过重新诠释,这些公式仍然有效。给一个特例:光波从折射率为 n_1 的介质垂直入射到折射率为 n_2 的介质中,在两种介质的边界面处,(光振幅)反射比为

$$r = \frac{n_1 - n_2}{n_1 + n_2} \tag{14.30}$$

如果 $n_1 < n_2$,光波产生 180° 相变(符号反向);如果 $n_1 > n_2$,相变为零。对于多层介质膜镜,选择薄膜厚度使得光波遍历每个膜层都需要半周期的振荡时间,即

$$\frac{2d_1 n_1}{c} = \frac{2d_2 n_2}{c} = \frac{\tau}{2} \tag{14.31}$$

式中:d_1 和 d_2 为层的厚度;$\tau = 1/\nu$ 为光波周期。

如图 14.10 所示,从任一层膜边界处反射回来的光波都是同相的,因此能产生有效的干涉。可以利用边界条件来推导多层介质膜的反射率,在任一边界的两侧,光波的所有电学和磁学参数都必须满足边界条件。通过应用这些连续性的边界条件,并允许边界间的传输延迟,有可能将一个边界的光场参数与随后的边界相关联。对于理想的非吸收性介质的反射率,我们不经证明给出以下分析结果:

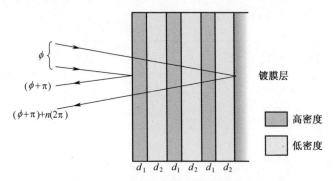

ϕ

$(\phi+\pi)$

$(\phi+\pi)+n(2\pi)$

镀膜层

高密度

低密度

d_1　d_2　d_1　d_2　d_1　d_2

图 14.10　多层介质膜高反射镜的局部结构

$$r = \frac{\left(\dfrac{n_2}{n_1}\right)^{2N} - 1}{\left(\dfrac{n_2}{n_1}\right)^{2N} + 1} \tag{14.32}$$

例如:在镜片上镀上 14 层($N = 7$)氟化镁($n = 1.35$)和硫化锌($n = 2.36$),反射率 $r^2 = 99.8\%$。必须强调的是这种高反射率只针对单一波长有效,每层膜的

224

光学厚度为这一波长的 1/4。事实上可达到的反射率不仅受限于介质的吸收,还受到边界表面及介质内不规则散射的影响。目前,市售的镜片都声称使用最先进的抛光及涂层技术制造,反射率高达 99.99%。所以少量的尘埃粒子就可以轻易地影响到小数点最后一位的数值!

如果镀膜层数较少,比如 $N = 5$,可得 $r^2 = 98.4\%$;假定吸收和散射可以忽略不计,就能制造部分透射的镜片,透射率为 $t^2 = 1 - r^2$;上述情况下 $t^2 = 1.6\%$,这种镜片可以作为激光腔中的输出镜。

啁啾镜(chirped mirror)是另一种类型的多层反射镜,它是超快激光领域的一种重要元件。啁啾镜上各个膜层的厚度是均匀变化的,单色光入射到镜片上会渗透到相位条件式(14.20)相符的膜层中。这意味着,两束波长略有不同的光束被啁啾镜反射后,传输距离会有细微的差别,这一差别也会体现在它们的相对相位上。脉冲光可以傅里叶分解为连续波的叠加,改变这些连续波的相对相位就相当于改变脉冲的形状。通过膜层的合理设计可以压窄光脉冲的脉宽。在第 16 章中将会继续讨论啁啾镜在宽带频率梳系统中的作用。

14.3.2　偏振光学

调制光谱分布必不可少的另一光学元件是干涉滤光器,它在特定波段内是一种高透射器件。最简单的带通滤波器就是一个法布里-帕罗腔,平行镜片间是光学厚度为 nL 的介电层,介电层的厚度等于设计带宽的中心波长一半。两片反射镜是普通的介质膜镜,与它们之间的介质层共同形成一个完整的滤光器。

激光光学领域另一不可或缺的光学元件是布儒斯特窗(Brewster window),它是与入射光呈布儒斯特角放置的透明平面镜。光波以布儒斯特角入射时会产生横向极化现象,比如电场沿着波平面振荡。极化效应一般与晶体如方解石相关联,仅通过反射就可使光波起偏,使用偏振镜观察阳光在水面的反射就能证实这一现象。1812 年,布儒斯特通过实验发现,光波以特定角度在电介质表面反射时会产生完全极化现象,从而以他的姓名命名这一原理。布儒斯特定律指出,当一束光波以布儒斯特角 θ_B 入射到介质表面时,电场方向平行于入射面的振幅分量完全不能反射,θ_B 满足条件:

$$\tan\theta_B = \frac{n_2}{n_1} \tag{14.33}$$

对于空气-玻璃界面,$n_2/n_1 \approx 1.5$;因此 $\theta_B \approx 56.3°$。根据斯涅耳定律,$n_1 \sin\theta_1 = n_2 \sin\theta_2$,入射角为布儒斯特角时有 $\sin\theta_1 = \cos\theta_1$,折射光与反射光互相垂直,如图 14.11 所示。根据布儒斯特定律,如果入射光束的偏振方向平行于入射面,且在边界面上以布儒斯特角入射,将不存在反射光。在低增益气体激光器中(如氦氖激光器),采用布儒斯特窗以避免反射损失,是非常重要的。在这种情况下,如果等离子体管和光腔相分离,其端部会由精确定向的布儒斯特窗密封。在激光腔中设置这样的偏振敏感元件,激光将以损耗最小的偏振方向产生振荡。

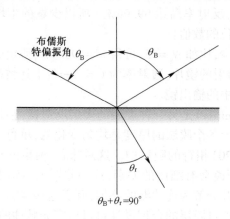

图 14.11 布儒斯特偏振角的角度关系

14.3.3 非线性晶体

应用于 30THz 以上频段的非线性器件中,包括一些缺乏对称中心的光学晶体,在这些晶体中光波电场成分引起的振荡电偶极矩对场幅度具有较小的二次依赖性。特定方向上的偶极矩不仅取决于该方向的场分量,也与其他方向上的分量有关,这反映了晶体介质的各向异性。一般来说,这种非线性效应较弱,1MW 激光的电场振幅约为 10^6V/m 量级,而晶体中原子间的场是它的 10000 倍。为了获得较大的累积效应,多个波长的光波必须与晶体产生长距离相互作用,使得晶体成为分布式装置。这就对不同频率的光波在晶体中的速度产生了要求,因为任何在输入波传输路径上产生的和频波或差频波必须加强后续产生的波,从而建立完整的混频过程。理想情况下所有频率的光波必须以相同的速度传输。实际上,在晶体中固定路径上,起点与终点处产生的混频光的相位差,小于 π rad 即可。以二次谐波为例,假定基频波和二次谐波在晶体中的折射系数分别为 n_ν 和 $n_{2\nu}$,晶体中电极化的二次谐波成分作为二次谐波源,以基波速度传输,因此在长度为 L 的晶体中必须满足以下相位条件:

$$\Delta\phi = 2\pi(2\nu)\left[\frac{n_\nu L}{c} - \frac{n_{2\nu} L}{c}\right] \leqslant \pi \tag{14.34}$$

这就是相位匹配条件。如果违反相位匹配条件,那么从基波路径上不同点产生的二次谐波会相位相反,无法产生干涉。

从光子的角度来看,二次谐波过程就是两个基频的光子变成一个频率是基频

226

两倍的光子,相位匹配条件表明了光子的动量守恒,而在量子理论中动量具有海森堡(Heisenberg)不确定性,在动量和位置之间存在测不准关系,同样在时间和频率之间也存在测不准关系。以 L 表示光子位置的不确定性,则动量的海森堡不确定性为 $h/2L$ 量级;根据动量守恒原理,有

$$2\frac{hn_\nu\nu}{c} - \frac{hn_{2\nu}2\nu}{c} \leq \frac{h}{2L} \tag{14.35}$$

显然与相位匹配条件一致。

然而所有的透明介质都具有一定程度的色散,即波速、折射率会随着频率变化而变化。对于特定的材料,在一定频带内折射率取值可能相同,这些频率就满足相位匹配条件。但这种情况很少见到,更实用的满足相位匹配的方法是利用某些晶体的双折射效应。某些晶体的光学性质相对于单个轴对称,这个对称轴称为光轴,这种晶体称为单轴晶体。这些晶体具有 3 重、4 重或 6 重的对称轴,它们的光学特性相对于这些轴都是对称的。还有一些晶体的对称性较低,是双轴晶体。在单轴晶体中,光波沿两个波前传播,其中非常光的速度取决于光波波前方向与光轴的角度,寻常光在各个方向速度相同。沿着光轴方向传播时,两个波前的速度相同。这两种类型的光波的电(磁)分量,也就是它们的极化矢量,总是相互垂直。非常光的速度与其相对于光轴角度的函数关系取决于晶体材料,如图 14.12 所示,在这样的晶体中,寻常光在某一频率处的相速与非常光在另一频率处的相速相匹配,就可满足相位匹配条件。由于寻常光与非常光之间的相速差随着激光与晶体光轴之间的角度连续变化,通过选择合适的晶体即可满足相位匹配条件。在实际应用中,要求激光发散角很小,并根据光轴方向精细调节激光入射角度。通过选择合适的晶体可以降低对激光光束的要求,在这种晶体中激光波前的速度可通过改变晶体温度来调节,激光传输方向与光轴固定成直角,前述速度差(一阶)不随角度改变,根据相位匹配方程 $(n_{2\nu} - n_\nu) \leq \lambda/4L$(其中 λ 是基频光的波长),可以估算出临界相位匹配条件(或等价的折射率)。由于非线性程度相对较小,L 约为厘米量级;对于一般可见光,折射率之差不超过 1×10^{-5}。

在众多非线性双轴晶体中,只有少数满足下列条件:非线性系数较大,在所需波段内为透明介质,破坏阈值较高。只有满足这些条件才能用于激光混频。倍频现象首先在石英晶体中产生,磷酸二氢钾(KDP)和磷酸二氢氨(ADP)晶体非线性系数更高,可用于 $1\mu m$ 红外光产生。目前广泛使用的铌酸锂($LiNbO_3$)晶体非线性系数是 KDP 的 10 倍,而铌酸钾($KNbO_3$)的非线性系数更大,可以在蓝光波段满足相位匹配条件,碘酸锂($LiIO_3$)可在紫外波段使用。

14.3.4 衍射装置

光波穿过介质时其传输特性根据光波波长在空间发生变化,这种现象称为衍

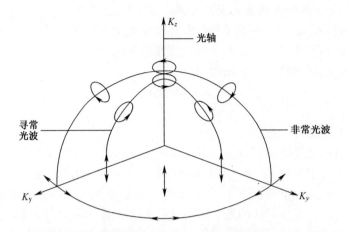

图 14. 12　单轴晶体(如石英)中寻常光与非常光的波矢和极化

射。在晶体中高频声振动会使折射率产生或高或低的变化,在两块介质的边界表面由于折射率的变化,光线会形成波纹状,就如同在衍射光栅上一样。衍射的特征表现为光能在空间重新分布,是由光在不同位置的散射波之间的干涉所引起。

经典光学单色仪中常用的波长色散元件是衍射光栅,在平面镜或凹面镜上刻出精细紧密平行排列的凹槽,从而形成周期变化的反射率。在一个平面反射光栅上,如果槽线之间的距离为 d,光沿法线方向入射,则波长为 λ 的光谱成分以 θ_n 角衍射时反射率最强,光栅的衍射方程为

$$d\sin\theta_n = n\lambda \qquad (14.36)$$

式中:n 为整数,代表衍射级数。如果入射光是单色光,那么反射强度在衍射角 θ 附近可以写作 θ 的函数,即:

$$\delta = \frac{\pi d\sin\theta}{\lambda} \qquad (14.37)$$

通过光栅衍射的所有光波的总和为(适用惠更斯原理):

$$E(t) = \mathrm{e}^{i\omega t} \sum_{n=0}^{N-1} E_n \mathrm{e}^{in\delta} \qquad (14.38)$$

由式(14.38)可推导出:

$$I(\theta) = \frac{I_0}{N} \frac{\sin^2(N\delta)}{\sin^2\delta} \qquad (14.39)$$

式中:I_0 是入射到所有 N 条刻线上的光强,不产生干涉。当 $\delta = n\pi$ 时,即满足光栅方程时, $I(\theta)$ 达到最大值 NI_0。N 越大,当 $\delta = (n+1/N)\pi$ 时, $I(\theta)$ 越接近于 0,而 $\delta = n\pi$ 时, $I(\theta)$ 达到最大值,即 N 越大,光栅的光谱分辨率越高。

声光偏转器和声光调制器是重要的光学器件。1921 年,布里渊(Brillouin)预言:在某些晶体中,光波会因声波作用而产生衍射。这种声光作用的基本原理在于

晶体中的机械应变或形变会导致介电常数变化,由介质中的声波引发的应变是空间的周期函数。将平面声波的传播方向定为 z 轴,有:

$$n(z,t) = n + \Delta n\cos(2\pi\nu_a t - k_a z) \tag{14.40}$$

式中: ν_a 和 k_a 分别是声波的频率和波矢; Δn 为由声波导致的折射率的调制幅度。对于入射激光束,相当于在介质中存在一个以声速行进的相位光栅,产生远场衍射模式。

在描述衍射行为时必须区分两种限制机制:即拉曼-奈斯机制(Raman-Nath regime)和布拉格机制(Bragg regime)。在相对较低的声频和较短的声光作用距离下,可以观察到拉曼-奈斯衍射。任一角度入射的光都受这一机制作用,产生多级衍射,衍射光束沿着入射光方向对称分布,如图 14.13 所示。当声频高于 100MHz 时可以观察到布拉格衍射,在这种衍射模式下,即使声波功率很高,也只有两个最大的衍射:零级衍射和一级衍射。只有当入射光角度接近布拉格角时才会产生布拉格衍射,布拉格方程类似于 X 射线衍射,对于各向同性介质,有:

$$2\frac{k_a}{2\pi}\sin\theta_B = \frac{\lambda}{n_r} \tag{14.41}$$

式中: n_r 为介质的折射率。

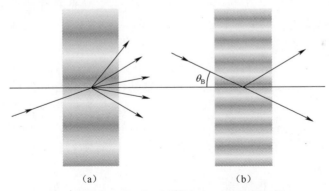

图 14.13　(a)拉曼-奈斯散射;(b)布拉格衍射

如果介质是各向异性晶体,就必须考虑该介质的双折射现象:存在两种类型的衍射。如果声光作用不改变光波的类型,不管是非常光还是寻常光都遵从式(14.41)的布拉格条件,选择合适的折射系数代入即可。如果声光作用导致了光波类型变化,使得入射光束的折射率不同于衍射光束,这种衍射在理论上更为复杂,但具有重要的实际意义。对于声光作用平面垂直于光轴的单轴晶体,布拉格角与声频间的函数关系随着入射光与衍射光的折射率比值而改变。一块声光晶体是否具备偏转、调制和滤波等功能,都取决于入射光和衍射光的相对幅值。

第15章
激光系统

15.1 气体激光器

15.1.1 氦氖激光器

本章将重点介绍几类典型的激光器。继红宝石激光器之后,出现了氦氖激光器,它的应用范围极广,作为第一台气体激光器,氦氖激光器将微波激射器的概念延伸至光频领域,这一概念主要与汤斯(Townes)、肖洛(Schawlow)和巴索夫(Basov)的工作相关联。

发出细小红色光束的氦氖气体激光器为普通大众广泛熟知,它是由贝尔电话实验室的伽万(Javan)、贝内特(Bennett)和赫里奥特(Herriott)于1960年发明(Javan,1961),这是第一台可连续工作的激光器,以氦气和氖气的混合物作为放大介质,通过放电,实现近红外波段 $\lambda = 1.1523\mu m$ 的激光输出,后来就产生了人们所熟悉的红色光束。在这一发明问世的随后几年里,涌现了大量通过其他物质产生激光的成功报道。

氦氖激光器中的工作物质是氖气,它同氦气一样,是惰性气体。氖的外层 p 态有6个电子,因此基态 $^1S_0$ 的自旋和轨道角动量均为零。较低能级的激发态上有一个电子进入下一壳层,留下一个空缺,因此它的净角动量幅值等于一个电子,由此产生的可能总角动量态和精细结构分裂十分复杂。相关的一些氖低激发态能级如图15.1所示,632.8nm 激光谱线对应 $3s \rightarrow 2p$ 间的精细能级跃迁,3.39μm 的红外激光谱线对应 $3s \rightarrow 3p$ 间的跃迁,1.15μm 激光谱线对应 $2s \rightarrow 2p$ 间的跃迁。通过放电等离子体中的电子碰撞,氖原子可以实现向上能级的激发跃迁,但这些碰撞也会引发向低能级的跃迁,因此很难产生粒子布居数反转。尽管632.8nm 激光的上能级寿命(10^{-7}s)比下能级寿命(10^{-8}s)要长,这一条件有利于产生粒子数反转,然而,对氖原子直接施加电子冲击还是无法遏制原子在低能态的累积,因此在激光器中必须加入大量氦气:它们作为激发能量的载流子,通过所谓第二类碰撞将氖原子激发到上能级。在早期的应用中,通过激发态原子与自由电子的碰撞,将能量从原子转移到电子,电子动能增加,目前碰撞作用已经广泛应用于将一个粒子的激发能转移到另一个粒子。在氦氖激光器中,氦原子首先与等离子体中的电子发生碰撞而被激发到较高的电子能态,并逐渐聚积到亚稳态。由于角动量变化遵循量子选择定则,原子亚稳态的产生概率很低,它会自发辐射到较低能态并伴随着光子的产生。通过低压放电,在离开容器器壁一定距离处,会产生大量 2^3S_1 亚稳态的氦原子,能量高于基态 19.8eV,而在另一个亚稳态 2^1S_0 的原子能量高于基态 20.5eV。

在亚稳态氦原子和氖原子这种大横截面碰撞过程中,存在能量碰撞转移的重要条件,是碰撞原子之间必须有相近的共振能级,即氦原子的激发能量必须接近所需氖原子能态的激发能量。可精选两种特定气体组合来满足这一要求,如图 15.1 所示,氦的 2^3S_1 能级与氖的激光上能级 $2s$ 相匹配,氦的 2^1S_0 能级与氖的 $3s$ 能级相互匹配。

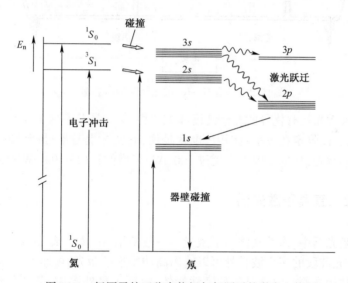

图 15.1 氦原子的亚稳态能级与氖原子的激光上能级

碰撞作用过程可表示为:

$$He * (2^1S_0) + Ne \rightarrow He + Ne * (3s) \ -0.05eV$$

能量差异是由碰撞原子质心运动的动能造成的。

并不是只有氦原子才具有亚稳态,氖原子本身就具有亚稳态 $1s$,从较低的激发态 $2p$ 上快速跃迁的原子会积累在 $1s$ 上。基态氖原子与亚稳态氦碰撞产生激发,亚稳态 $1s$ 上的氖原子只有通过与器壁碰撞产生跃迁。$1s$ 态原子妨碍循环抽运,会严重降低反转粒子数,从而减少光学增益。因此激光管中央部分的内径一般较小,为 1mm 量级,从而缩短向器壁扩散的时间,有利于 1s 态原子退激发。

图 15.2 是典型的 He-Ne 气体激光器的结构示意图,图中包括一个等离子体

管,由于实现振荡所需的功率密度相对较低,等离子体管可由普通硼硅酸盐玻璃制造。激光器的主体结构是一个圆筒状的大玻璃管,毛细等离子体管位于圆筒轴线上,圆筒中包含等离子体管的机械支撑件和阴极,还可能包含氦贮存器。因为耐热玻璃在高温下可略微渗透氦气,密封管中的压力会随时间流逝而下降,因此需要使用氦贮存器进行补充。如果使用高频激励,电极可以置于等离子体管的外部,但是这样会产生局部加热和强场效应,高频电流进入等离子体管,可能会加重氦气的损耗。大多数便携式氦氖激光器都采用光学腔和等离子体管集成化的结构,腔镜永久密封在管的端部。如果需要调节腔镜,可以将腔镜安装在波纹管上,或以光学品质的布儒斯特窗密封等离子体管,再将其安装在两片可调节的外部腔镜间。

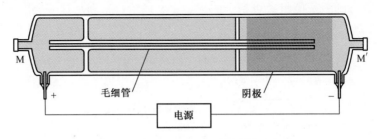

图 15.2　典型 He-Ne 激光器结构示意图

虽然氦氖激光具有优异的光谱纯度和方向性,但它还是有两个比较大的缺点:首先,输出波长被限定在极小范围内,也就是说,它实际上是不可调谐的;第二,它是一个低功率激光,功率一般不会超过 100mW,典型值在 $(1\sim10)$mW 范围。

15.1.2　氩离子激光器

在气体激光器中,惰性气体离子激光器一般使用 Ar^+ 离子或 Kr^+ 离子作为工作物质,在可见光波段的多个波长处可以输出高功率连续激光,可作为可调谐染料激光器的理想抽运光源。氩气是一种惰性气体,氩原子最外层 $3p$ 态上有 6 个电子,将其激发到第一激发态(因为它的化学惰性)上需要大约 12eV 的能量,移除一个电子使其成为 Ar^+ 离子需要 15.7eV 能量。离子基态在 $3p$ 壳层有一个空缺,因此其角动量相当于一个 p 电子(轨道角动量单位),并劈裂成两个精细能级。与产生激光跃迁相关的离子激发态($4s$)的能量高于基态($3p$)19eV。离子能态牵涉众多电子,因而频谱复杂,为实现激光振荡提供了丰富的跃迁。

氩离子激光器在绿光波段的 514.5nm 和 488.0nm 处具有最强的激光输出,光学跃迁发生在精细能级 $3p^44p(^4D^0)$ 和 $3p^44s(^2P)$ 之间。激光上能级寿命只有 9ns,下能级寿命更短,只有 1.8ns,这就要求必须将离子快速地抽运到上能级处。氩离子激光为四能级结构,首先通过电子碰撞将离子抽运到激光上能级,建立粒子数反转。激光下能级寿命很短,能态远高于基态能级,因此基态上的离子数远高于激光

232

下能级上的离子数。因此,抽运过程始于离子从基态而不是激光下能级的激发。其次由于激发由电子轰击产生,对最终能态没有特别的选择性,只需保持能量即可,因此会产生一些较低激光能级的激发,不利于建立粒子数反转。

如图 15.3 所示,在充有纯净氩气的等离子体管中通过高电流电子轰击,氩气产生弧光放电,产生氩离子并抽运至高能级。由于电子平均能量只有几个伏特量级,离子需要经过大量碰撞才能达到激发能级。氩离子激光器中所需的电子束流能量远远超过氦氖激光器,因此必须采取措施降低等离子体管壁的发热,具体可以施加一个与离子体管同轴的强磁场,以约束等离子体并减慢离子到管壁的扩散,将电流通过同轴螺线管可以产生这一强磁场。采取上述措施后仍然会有上千瓦的能量耗散为热量,需要进一步水冷,并以高温耐火材料,如铍(氧化铍)作为等离子体管的制作原料,还可在等离子体管上加工金属鳍片以提高热交换效率。为了便于点火,并保持高电流直流电弧,等离子体管具有热电子发射阴极。为了保持尽可能高的电子能量,电弧中的气体不能被从等离子体管内表面析出的分子污染,这种污染会降低电离和激发能量,使得电子能量无法达到激发所需氩离子能级的水平。在密封管中,通过添加吸气剂,如钡等,与污染物结合,从而将它们从电弧中移除。最后在直流电弧中有必要为电弧外的氩气提供返回路径,使其能从管的一端流到另一端。

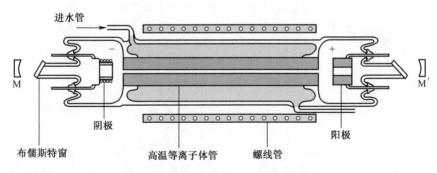

图 15.3　典型 Ar^+ 离子激光等离子体管

一般情况下,如果使用简单的光学腔,氩离子激光器会在多个跃迁频率上同时振荡;输出激光波长包括 514.5nm 和 454.5nm。为了只产生一种跃迁,可在腔内插入棱镜,通过对棱镜倾角的精细调节,可选择跃迁激光的波长。由于激光能级寿命相对较短,而高温等离子体中以大范围热速度分布的离子导致了多普勒增宽,同时,用来收缩等离子体的磁场导致了塞曼效应,因此激光增益曲线将包括多个纵模,输出带宽范围 4~12GHz;但是通过选择单一纵模振荡可以显著减少输出带宽。在腔内插入一个窄带滤波器即可实现模式选择,相对两个纵模之间的频率间隔来说,滤波器的带宽很窄,只能在一个纵模频率处实现高透射率。这种滤波器是由镀有高透过率膜的玻璃或石英的光学平片组成的法布里-帕罗结构件,也被称为"标准具"(etalon,法语衍生词,意为标准,标准具的初始应用领域为长度标准)。如果标准具厚度为 t,材料折射系数为 n,那么每间隔 $c/2nt$ 的频率,就会出现一个尖锐的透过峰;当 $t = 1cm$ 时,这一频率间隔大约为 10GHz,精确值取决于折射率以及标准具和光波之间的倾角(如果有)。这一频率间距比腔内纵模之间的频率间隔大得多,纵模间的频率间隔为 $c/2n_0L$,实际值约为 0.15GHz。通过调节系统使得标准具的最大传输值落在激光增益曲线的中心,就能从根本上减少腔内振荡的模式数量。一旦激光在某一纵模处突破阈值形成振荡,光场的快速建立会加速受激发射,减小反转粒子数,从而抑制其他相邻振荡模式的增益。这些模式非常接近,有可能产生模式竞争,一种模式中的频率振荡会消耗其他模式的增益。这就可能产生跳模现象,例如标准具的位置会产生小幅波动,从而导致振荡频率的改变。尽管受到跳模的影响,激光器输出频率波动仍低于兆赫范量级,相对于约 $6×10^{14}$ Hz 的光频仍是很低的,并且这种激光器可以产生高达几瓦的连续激光输出。

15.2　液体染料激光器

本节将介绍有机液体染料激光器,这种激光器中的工作物质是液体而不是气体,其显著特点是连续可调谐范围很宽。通过使用不同的染料,在整个可见光范围内从紫色到红色的所有光谱,都可实现覆盖。自从 1966 年有机染料激光器问世以来(Sookin,1966),这一技术和应用得到迅速发展,凭借其宽带增益的特点,在激光领域占据特殊位置。

液体染料激光器的工作物质是复杂的有机染料分子,如若丹明 6G、香豆素、芪。它们通常为结晶粉末,在一些溶剂(如水、乙醇或乙二醇)溶解后作为工作物质使用。

这些染料溶液在光谱的紫外或可见光区域具有强烈吸收。当染料分子被匹配波长的光线照射时会产生强烈吸收,并在较低的频段发射宽带荧光。在前面的章节中,荧光这一术语曾用于表述碱金属原子的共振荧光,重新发射的光与吸收的光具有相同的波长。而染料分子发出的荧光是具有较低能量的光子,通过分子吸收和耗散达到平衡。图 15.4 所示为乙醇溶解的若丹明 6G 的吸收光谱和荧光光谱。吸收和荧光的宽带特性反映了多原子染料分子的复杂性,图 15.5 所示为典型的染料分子能级结构图,每个电子态都具有复杂的转动能级和振动能级。染料分子与溶剂间的相互作用很强,碰撞使得原本相邻间隔的转动-振动子能级被均匀展宽,扩大形成一个连续体,因此吸收和荧光光谱都是宽带的。事实上所有分子的展宽都是相同的并且均匀的,在适当的条件下,所有分子都以单一频率振荡。对于给定的粒子数反转,光学增益会由于展宽而降低,但所有分子以单一频率振荡同时达到振荡阈值,不像非均匀展宽,不同分子基团可以在不同频率处达到振荡阈值。

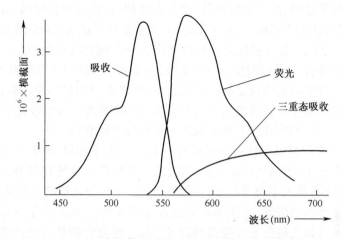

图 15.4　染料若丹明 6G 的吸收光谱和荧光光谱

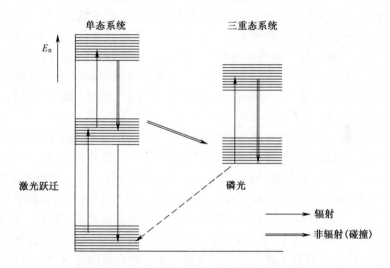

图 15.5　有机染料的量子能级结构示意图

　　染料分子的电子态分为分子单态(S_n)和三重态(T_n)两个系统,这是由分子的自旋态决定的,单态自旋为 $S = 0$,三重态自旋为 $S = 1$。系统内的辐射跃迁是量子禁戒的。然而同一系统特定能级间的跃迁并未禁止,跃迁一般会迅速发生。分子基态是单电子态 S_0,由连续的转动和振动子能级组成,基态分子在液态温度下以热平衡状态分布。基态分子吸收光能,跃迁到第一激发态 S_1 的转动-振动合成子能级上。这导致激发态分子的能量不是热平衡分布;因此通过液体环境中的热搅动,向低能级进行非辐射跃迁,重新建立热平衡。这种平衡分布的建立时间为皮秒量级,最低振动子能级上布居粒子数最多,该能级为荧光上能级,也会产生激光跃迁。在这一激光能级上能形成粒子数反转,能级寿命与荧光有关,在向基态 S_0

235

的复合子能级跃迁时,激光能级越低,能级寿命越长,约为纳秒量级。通过非辐射跃迁,分子回到基态子能级,以热平衡分布,大多数分子进入最低的振动子能级,极少留在激光下能级。这种抽运方式可以建模为一个四能级系统,这一系统将激光上能级以上的所有 S_1 子能级作为一个能级,将激光下能级以下的所有 S_0 子能级作为一个能级。对于给定能级之间的跃迁速率,可以推导出稳态粒子数反转和振荡前的光学增益。某些染料溶液的荧光量子效率(荧光光子与吸收光子的比率)可以接近 100%,这一数字很大程度上取决于染料分子和溶剂。

电子从 S_1 态的最低子能级自发跃迁到基态的上子能级,辐射荧光,能量的变化比吸收过程要小,根据吸收带宽,荧光波长发生频移。如图 15.4 所示,在某一光谱范围内,吸收下降为零而荧光依旧强烈,这就是染料激光器的工作基础。

然而除了所需的荧光,其他非辐射过程也可导致 S_1 态的分子退激,而降低荧光量子效率。这就使得分子可能返回到 S_0 基态,更糟糕的是可能产生系际交叉,分子跃迁到另一系统的 T_1 态,因为不允许向更低的能级辐射跃迁,在那里平均滞留时间更长。在抽运过程中,分子向 T_1 态积累会产生严重问题,在三能态系统中,$T_1 \rightarrow T_n$ 的部分吸收跃迁与荧光光子的波长重合,从而导致荧光效率下降。对于某些染料分子,这种损耗会阻碍连续激光的产生。最终分子会通过自旋禁戒跃迁返回 S_0 基态,可能伴有微弱发光,称为磷光。有两种方法可以消除三重态陷阱:第一是以脉冲模式运转,第二是使染料溶液流过泵浦光束,通过不断更新染料分子来实现激光的连续运转。

脉冲染料激光可由脉冲激光器(如氮分子激光器)进行泵浦,或是使用氙闪光灯进行泵浦。氮激光器是理想的泵源,其波长位于近紫外区的 337.1nm 处,脉宽很短(10ns),脉冲功率很高,峰值功率可达 100kW 量级。氮分子的量子能级结构使得较低激光能级快速实现粒子布居,从而破坏了连续振荡所需的粒子数反转,激光自然终结。为了产生激光振荡,必须采用极其快速的激励(泵浦);将瞬间高压电流横向穿过气压约为 10^4Pa 的气体,高压达到几十千伏,通过低电感电路在气体中进行电容放电。氮分子激光器的最大脉冲重复频率受限于放电过程产生的热量的耗散速率,一般为 60Hz。

氮分子激光器特别适合作为染料激光的泵浦源,它的输出波长为 337.1nm,覆盖了很多染料的吸收带,同时它的脉宽小于 T_1 态的平均建立时间。对于那些荧光量子效率相对较低,不能使用闪光灯作为泵浦源的染料,氮分子激光器的高峰值功率能够使其粒子反转数达到阈值水平。

在连续染料激光器中,染料溶液必须迅速流过与泵浦光束的作用区域,最常用的泵浦激光是氩离子激光器。由于聚焦光束功率密度很高,连续工作方式下染料池的窗口设计比较棘手。采用不封闭的快速喷射装置可以规避这个问题,在染料溶液循环系统中使用特殊设计的喷嘴产生染料细流。为了建立稳定的喷射,必须使用黏度合适的溶剂,比如乙二醇。连续泵浦光束以布儒斯特角照射到染料溶液细流上(对于乙二醇,布儒斯特角为55°),因此泵浦激光可以连续作用于不同的染料分子。由于泵浦光束能聚焦到毫米以下,染料流速为1~10m/s,染料分子经过泵浦光束的时间小于粒子布居时间。染料溶液循环系统中还包括冷却与过滤装置。

15.2.1 驻波连续染料激光器

连续染料激光器的光学设计必须适应泵浦激光器,同时还必须考虑在输出激光波长附近压窄光学增益的频率带宽。泵浦光束可以平行于腔内激光光束,也可垂直于腔内激光光束。泵浦光束必须满足以下两点:其一,泵浦光需聚焦射入染料介质;其二,激光束腰位置在染料介质中。如图15.6所示为一种商用三镜折叠腔激光器,腔内设置有可粗调的光楔和可细调的标准具。泵浦激光聚焦后斜入射进入染料池,由凹面反射镜校正像散,通过使用短焦距凹面镜缩小染料池处的激光束腰。在共焦腔内,腔中心处的光束束腰取决于$\sqrt{L}$,L为镜片之间的距离。染料激光器不同于其他激光器的特质,在于它们的量子转换效率很高,增益带宽很宽,这意味着染料激光器不仅可调谐至任意输出波长,而且调制速度很快。通过锁模技术的应用,染料激光器可输出脉冲激光,激光脉宽为皮秒量级,并可进一步缩短为飞秒量级。

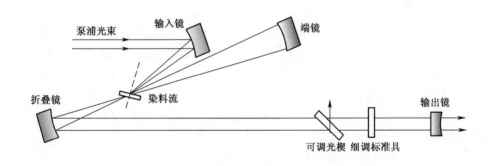

图15.6 一种典型的商业三镜折叠腔染料激光器

每种染料仅能覆盖一小段光谱,通过使用不同的染料以及与之相匹配的激光腔镜,输出激光就能覆盖不同的光谱波段。这样在整个可见光波段,从400nm到800nm,都能产生有效的激光输出。图15.7显示了不同染料激光器的输出光谱与光谱能量,可以看出,若丹明6G和恶嗪在4W氩离子激光泵浦下能输出0.5W的激光功率。

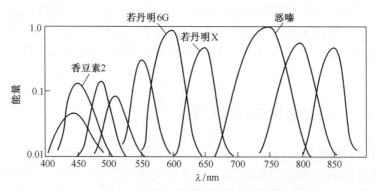

图 15.7　典型染料激光器的输出光谱与光谱能量

15.2.2　环形染料激光器

激光设计的终极挑战是实现可精细调节的大功率输出、提高激光稳定性和频谱纯度。染料激光器具有较宽的光学增益曲线,每种染料都覆盖可见光频带中一段不同的波长。为实现激光的单模振荡,使得输出光谱线宽最窄,就需要采取主动稳频措施。在腔内插入干涉式窄带调谐元件,如标准具,通过不同的精细度组合,可以从腔内选择特定的振荡模式,获得窄带的频谱输出。在某些更复杂的系统中激光输出频率的稳定性至关重要,可以采用参考外部光腔的伺服系统控制激光腔长进行主动稳频。

使用标准驻波腔的连续单模染料激光器的输出会产生空间烧孔现象,在静态光场模式达到最大值的那些位置,反转粒子数及光学增益达到饱和。在光场为零的那些位置,染料未被有效使用,保留了高增益。因此激光的振荡模式倾向于使用那些未被有效利用的增益,必须使用高损耗的频率选择元件以维持激光单模运转。目前普遍使用行波环型腔结构的激光器来克服这一缺陷,图 15.8 所示为一种商用四镜折叠腔染料激光器的结构示意图,该激光器使用高功率氩离子激光器作为泵浦源,腔内采用单向滤波器抑制反向传输的光波。

由于光波在腔内连续传播,所有的染料分子都处于相同的平均光场中,对建立激光光场的贡献相同,不会发生烧孔现象,再加上一种振荡模式建立后其他模式自然会受到抑制,就无需在腔内添加选择性的滤波器来维持单模运转,从而避免了腔内功率的损耗。环形腔染料激光器可以使输出单模激光的功率提高一个数量级。针对特定波长,商用环形腔染料激光器输出功率可以达到几瓦的连续激光,谱线宽度小于 1MHz。尽管特殊的长腔稳频气体激光器,如氦-氖激光器,可以输出更窄线宽的激光,但稳频环形腔染料激光器以其优异的波长调谐性能与高功率输出,成为应用范围最为广泛的激光源。

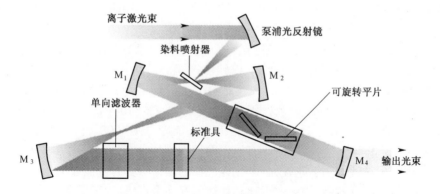

图 15.8　行波环形染料激光器的典型结构示意图

高功率可调谐染料激光器的光谱覆盖可见光波段,通过倍频和其他非线性光学技术可将激光波长扩展至紫外波段。产生紫外波段的激光具有重大意义,因为许多离子的共振波长处于紫外波段（ Hg^+ : 194.2nm, Yb^+ : 370nm, Mg^+ : 279.7nm）,而染料激光无法直接产生这一波段的激光输出。将 559.4nm 和 740nm 的染料激光分别进行倍频,就可以产生 Mg^+ 和 Yb^+ 的共振波长。 Hg^+ 的共振波长不易产生,需将两种或更多种不同频率的激光通过非线性晶体产生和频、差频等非线性频率转换,才能实现 194.2nm 的激光。和频过程又称为上变频,是产生 Hg^+ 共振波长激光的重要手段。

15.3　半导体激光器

15.3.1　p–n 结

作为红色和红外波段的可调谐相干光源,半导体激光器用途广泛,它可应用于集成光学系统作为光纤通信系统中的发射机,也可应用于微波和光学频率标准。施以外加电压将载流子注入 p 型结半导体和 n 型结半导体中,即可发光。如图 15.9(a)所示为孤立 p–n 结的能带结构图,结两侧的费米能级 E_F 相同时就可实现平衡。通过结中电子和空穴的扩散,在结型区域（或耗尽区）形成包含正施体离子和负受体离子的"偶极层",使得能带之间发生相对位移,就可实现这种平衡。在p–n 结上施加电压,p 区连接电源正极,n 区连接电源负极,即正向偏置,就会破坏平衡,两侧费米能级错位,势能差变小,如图 15.9(b)所示。正向偏置时,多数 n 区的载流子和传导电子以及 p 区的空穴可向结型区域渗透,导致电子占据靠近导带底部的高能态,空穴占据靠近价带顶部的低能态。因此,电子可以在这些能态间向下跃迁,激发辐射。这种辐射过程必须遵守能量守恒和动量守恒原理,通过辐射能量为 $h\nu$ 的光子可保证能量守恒,$h\nu = E_1 - E_2$,补偿了晶体能级跃迁带来的能量变化。根据德布罗意公式,光子动量 $\boldsymbol{p} = (h/2\pi)\boldsymbol{k}$,为满足动量守恒,跃迁电子的动量(矢量)也必须发生相应的改变。以砷化镓(GaAs)为例,其带隙约为 1.44eV,为满足动量守恒,发射光子波数 $k \approx 7.25 \times 10^6/\mathrm{m}$。而电子的波数为 π/a 量级,其中 a 是晶格间距,为 0.1nm 量级,因此电子波数 $k \approx 3 \times 10^{10}/\mathrm{m}$,约为光子波数的 4000 倍。这意味着每次跃迁电子波数的改变不能超过 1/4000。由于电子集中在导带底部,空穴集中在价带顶部,只有导带的最小值和价带的最大值都接近同一 k 值时,才能产生高效的辐射跃迁,在砷化镓这样的晶体中称为直接能隙。不满足这一条件的晶体,如硅和锗,辐射效率比砷化镓低好几个量级,为了保证动量守恒,在这些晶体中每发射一个光子必须同时伴随着发射一个声波能量量子,即所谓声子。

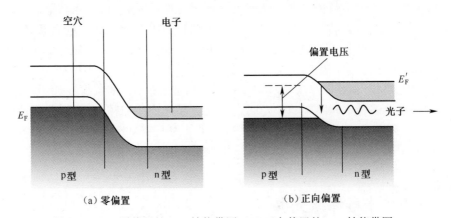

图 15.9　(a)零偏置的 p-n 结能带图,(b)正向偏置的 p-n 结能带图。

15.3.2　砷化镓激光器

如果不采取措施满足激光运转的反馈条件,仅以电流通过直接禁带半导体的 p-n 结,只能产生非相干辐射,对于砷化镓来说,会发射约 870nm 的近红外光。这类元件称为发光二极管(LED),包括 GaP 二极管、三族元素组成的 $\mathrm{GaAs}_{1-x}\mathrm{P}_x$ 二极管等,它们发射的波长互不相同。这些二极管作为光纤通信系统中的光源发挥了重要作用,还普遍应用于 LED 显示屏。

如图 15.10 所示为砷化镓半导体的基本物理结构图。由于电子-空穴对数量庞大,线性光学增益很高,因此光腔很短,只有约几微米,横截面尺寸为几百微米。此外腔的反射表面不需要具有非常高的反射率,实际上常常仅使用垂直于结平面的晶体解理(或抛光)面作为反射面,如图 15.10 所示。

GaAs 晶体在所发射光波长处的折射率 $n \approx 3.6$,使用菲涅尔公式(Fresnel's

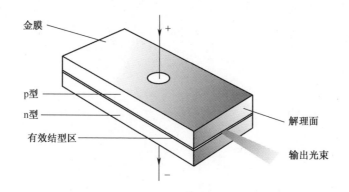

图 15.10　砷化镓二极管激光器示意图

formula)计算垂直入射时的反射率,$R \approx 32\%$,这一数字确实较小,但对于半导体激光器已经足够了。在这种同质 p-n 结中要使激光起振所需的电流密度很大;在低温下电流密度要达到 20000A·cm^{-2},在室温下需要提高两倍以上,电流产生的热量使得激光只能以脉冲模式运转。阈值电流如此之高是因为要保证粒子数反转,即结区的电子密度必须足够补偿非辐射性电子-空穴复合。结区传导电子的平均密度低于阈值,其值取决于注入电流密度、结区的厚度以及电子相对非辐射复合的平均寿命。在简单模型基础上可以得到下列关系式:

$$\rho_e = \frac{J\tau}{ed} \tag{15.1}$$

式中:τ 为电子平均寿命;d 为有源区的厚度;e 为电子电荷。τ 越大,d 越小,ρ_e 就越大。尽可能地提高晶体的纯度,降低杂质和缺陷,就可以提高 τ 值;而将电子局限在有源区的一小块空间可以减小 d 值。

15.3.3　异质结激光器

1969 年,出现了一种在室温下能大幅降低阈值电流的新型半导体激光器(Panish,1969),这种激光器被称为异质结构激光器,现在一般称为异质结激光器。这种新型半导体不是一个简单的 p-n 结构,而是在 GaAs 的两侧生长一层或多层结构,在价带和导带之间存在不同的能隙,如图 15.11 所示。带隙的跳越导致具有势垒的注入电子集中在有源区,即使升高温度也比较稳定,而且这种结构可以形成波导,减小受激辐射。一个双异质结激光器包括 4 层:n-GaAs、n-Ga_xAl_{1-x}As、薄 p-GaAs 以及 p-Ga_xAl_{1-x}As。这些层是通过外延形成的,由含三种元素的固溶物 Ga_xAl_{1-x}As 形成结晶层,其中 GaAs 为连续晶格,无明显晶格缺陷。晶格衬底和外延层要尽可能地靠近以实现匹配,避免晶格错位,这些位错点可能成为非辐射复合中心。因为 $Ga_xAl_{1-x}As$ 和 $GaAs$ 间晶格参数基本相同,应该存在这种匹配性。为了在层之间实现清晰的界面,需使用液相外延法,而不是蒸汽扩散法。异质结设计将阈值电流密度降低到 $1000A \cdot cm^{-2}$ 附近,并使得激光器能够在室温下连续运转。

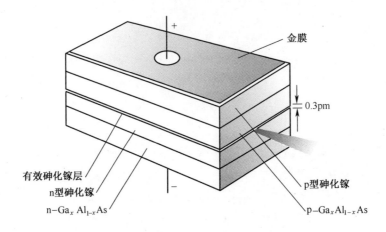

图 15.11　异质结二极管激光器层级结构

当电流接近阈值时,激光器的输出功率快速增加,这一现象称为宽谱超辐射。超过阈值后,输出频谱分解成若干频率等间隔的强度峰。这些峰对应于光学谐振腔的各个纵模,可获得激光二极管增益曲线的支持。进一步增加电流,这些模式附近的峰值强度也会增长。为了实现真正的单模运转,人们进行了多种方法研究;其中一种方法是通过分布反馈选择特定的波长,在层间界面处制作规则的波纹脊阵列,以产生类似干涉滤波器的作用,仅允许激光在窄带范围内低损耗谐振。输出激光频率对温度比较敏感,因此不适用于对频率稳定度要求很高的应用情况。然而由于激光频率可以在小范围内调谐,可以通过将频率锁定在光频标准上实现稳频。

15.4　固态激光器

15.4.1　红宝石激光器

第一篇有关激光的报道是"红宝石激射器的受激光辐射",于 1960 年 8 月发表于英国出版的《自然》(Nature)杂志(Maiman,1960),在这篇文章中梅曼描述了第一次在红宝石中产生光学频率受激辐射的实验过程。据《今日物理》(Physics Today)中的一篇文章(October,1988)报道,梅曼曾经向《物理评论快报》(Physical Review Letters)提交过一篇相同主题的简报,但这篇简报被当时的编辑 Goudsmit

拒绝了,两个月后,《自然》杂志就发表了相关文章。

图 15.12 所示为梅曼的红宝石激光器结构示意图,激光工作物质为掺铬氧化铝晶体,自然界中的氧化铝晶体以刚玉矿形式存在,不含杂质时为无色晶体。向氧化铝粉末中掺入三价的铬氧化物,并在晶体炉中生长,就能产生人造红宝石单晶,颜色深浅随掺杂铬的浓度而变化。如果将氧化铬替换成氧化钛和氧化铁,就可以得到人造蓝宝石。梅曼实验中使用的晶体掺杂浓度较低,仅为 0.035%,晶体呈粉红色;要想呈现出真正的宝石红色,需要提高铬的掺杂浓度。梅曼非常熟悉这种晶体,因为他一直活跃在固态微波激射器研究领域,在该领域人们经常将拥有永久磁偶极矩的顺磁离子,如 Cr^{3+} 掺杂到红宝石中进行相关研究。微波激射的特点是在低温、强磁场下,以微波场泵浦产生粒子数反转,在微波频域产生宽带放大激射。

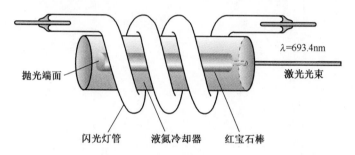

$\lambda=693.4nm$

抛光端面　　激光光束

闪光灯管　　液氮冷却器　　红宝石棒

图 15.12　第一台激光器:梅曼的红宝石激光器示意图

红宝石晶体之所以能够应用于光频"激射",与其中铬元素的原子结构密不可分,查阅元素周期表中的位置分布,这些元素称为过渡金属,从某种意义上讲,它们在元素周期表中是闯入者,打断了各族元素化学特性的变化规律。过渡元素的价电子依次充填在次外层的 d 轨道上,它们的离子,不管是在液态溶液还是在固态溶质中,都会吸收可见光,根据吸收光波段呈现不同的颜色。虽然某种程度上内壳层电子跃迁是屏蔽外界扰动的,但由于晶体场和基底晶体中热振动的影响,电子跃迁还是会产生增宽效应。

红宝石激光跃迁的相关能级如图 15.13 所示。与产生激光相关的量子跃迁能级简称为激光能级,激发态为 ^2E,基态为 $^4A_2$。实际上 ^2E 态包括两个紧邻的能级,分别为 $2\bar{A}$ 和 $\bar{E}$,它们向基态跃迁产生两条谱线,分别对应波长为 694.3nm 的 R_1 线和波长为 692.9nm 的 R_2 线。上能级 $\bar{E}$ 的辐射寿命相对较长,约为 3ms。基态 $^4A_2$ 也包括两个非常接近的能级,相隔只有 12GHz。从激光能级需获取足量反转粒子数的角度来看,这一能级结构中最重要部分就是宽能带 $^4F_1$ 和 $^4F_2$,从基态向这两个能带的跃迁导致对紫外和绿光谱段的强烈吸收,从而产生红宝石的红色。此外,这两个能带上的离子经历快速无辐射跃迁到上激光能级 ^2E 的平均时间仅为 $5\times10^{-8}s$,这就为将离子从基态抽运到激光上能级提供了一个有效手段:闪光灯泵浦,闪光灯的输出光谱带宽很宽,其中一部分能量被离子吸收后会产生所需的粒子数反转。常规光源频谱强度有限,即功率集中在狭窄的光谱范围内。闪光灯能作为有效的泵浦光源是因为存在吸收能带很宽的中间能级,可以跃迁至激光上能级,因此红宝石激光可以归类为三能级激光(两个能带作为一"级"),红宝石激光展示了三能级系统是如何实现有效的光抽运的。而在二能级系统中,由于泵浦光与自发发射产生直接竞争而无法实现有效光抽运。红宝石的另一个主要优点是其中的离子浓度(1.6×10^{19}个/cm^3),远远大于普通电离气体,因此其光学增益 γ 更大,能容忍更大的损耗,为达到振荡阈值所需的放大介质的光学长度也更短。

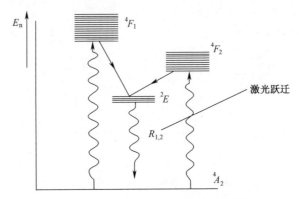

图 15.13　红宝石激光的相关量子能级

典型的红宝石激光器一般设计为几厘米长的圆柱形棒体,圆形横截面的直径为几分之一厘米,端面抛光度优于 1/20 波长,平行度为几个弧度秒,端面上还镀有银涂层,以形成光学腔的反射镜。其中一个端面的透射率约为 2%,用于输出光束。通常使用高功率螺旋管或直管闪光灯作为泵源,灯内充有高压氙气。使用螺旋形闪光灯时,红宝石棒安装在螺旋管的轴线上;使用直管闪光灯时,红宝石棒平行于灯管,用一个柱形凹面反射镜将灯光聚焦到宝石内。闪光灯的发光原理是电容放电,电容在几千伏电压下充电,通过一个施加到灯电极的高电压脉冲触发放电,闪光能量有几百焦耳,闪光时间持续约 1ms,对应的峰值功率为几百千瓦量级。红宝石激光峰值功率可达到千瓦量级,因此能量转换效率小于 1%,大部分灯的能量转化为热量耗散了。Cr^{3+}离子的谱线由于受到基质晶体热振动的影响会产生增宽效应,红宝石棒的发热不能忽略,因此必须对采用传统弧光灯或闪光灯泵浦的红宝石激光器进行高效冷却,事实上,在一些早期的实验中红宝石棒是通过液氮(-196℃)冷却的。

15.4.2　Nd³⁺:YAG 激光器

以稀土钕离子 Nd³⁺ 作为工作物质的另一种光泵固态激光器,是目前使用最广泛的激光源,应用范围包括医疗、军事和工业生产等。激光晶体介质是将 Nd^{3+} 掺入到钇铝石榴石(YAG)晶体,替代晶格中的 Y。YAG 晶体于 20 世纪 50 年代人工生长合成,具有极高的光学品质,现在商用晶体尺寸已达到直径 10mm、长度 150mm 以上。1964 年贝尔电讯实验室的科研小组首次报道了掺钕钇铝石榴石(Nd^{3+}:YAG)作为增益介质产生激光的研究工作。

钇铝石榴石晶体具有优异的力学和光学性能,能在低应力下生长,光学性质均匀,对 300nm 紫外直到超过 $4\mu m$ 的波段都是透明的。虽然一般都是在钇铝石榴石中掺杂钕,但也可以接受其他稀土和过渡元素的三价离子掺杂。最佳掺杂剂浓度取决于应用模式:如果是为了尺寸便携,激光系统的重量和功耗是最重要的;为了降低能耗,应采取 Q 调制运转。在这种模式下,可以在激光跃迁能量导出前建立激光发射能级粒子布居差。对于上述情况,应采用 1.0%~1.2% 的较高掺杂率,以提高激光运转效率。

钇铝石榴石的化学式为 $Y_3Al_5O_{12}$,晶体结构复杂,在立方石榴石结构中还包含互相连接、轻微扭曲的八面体、四面体和十二面体。不同于红宝石激光,钇铝石榴石激光是四能级系统,低能态的激光量子能级高于基态能级,在泵浦过程中几乎没有粒子布居,在激光能态间更容易产生粒子数反转。图 15.14 为 Nd^{3+} 的相关量子能级结构图。Nd:YAG 激光器和 Nd:glass 激光器的输出波长为 $1.06\mu m$。钕离子激光器在半导体激光泵浦下可以连续运转,在高功率闪光灯泵浦下可以脉冲运转,脉冲峰值功率能达到千瓦量级。钕玻璃激光器以其高功率密度而著称。

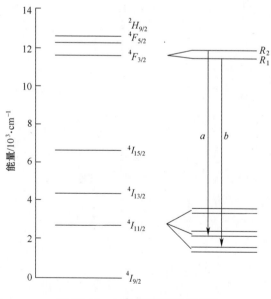

图 15.14　Nd^{3+} 的相关量子能级

15.4.3 Ti:Sapphire 激光器

1982 年在慕尼黑举办的第 12 届国际量子电子会议上,彼得·莫尔顿(Peter Moulton)首次报道了掺钛蓝宝石(Ti:Sapphire)激光器,这种激光器引起人们的广泛兴趣,并迅速地得到商用化发展,成为应用范围最广的可调谐固体激光器。基于蓝宝石优异的物理和光学性能,钛宝石激光器的调谐范围比其他任一使用单一增益介质的激光器都要宽,波长可覆盖 660~1050nm,在很多应用中取代了有污染性的染料激光器。

钛宝石激光器中的工作物质是三价钛离子,类似于红宝石激光器中的铬,钛也是过渡元素,内部壳层充满电子,最外层仅有一个 $3d$ 电子。在蓝宝石(刚玉)三氧化二铝 Al_2O_3 基质晶体中,钛离子占据了三角对称晶格中铝离子的位点。在晶体场作用下产生 5 个简并 $3d$ 态,图 15.15 所示为两个振动能带的示意图,其中电子基态为 $^2T_2$,激发态为 ^2E,室温下的 $^2T_2 \to ^2E$ 的吸收与荧光光谱(π 偏振)也显示在图 15.15 中。作为激光介质,Ti:sapphire 被归类为有效四能级系统(Moulton,1986)。

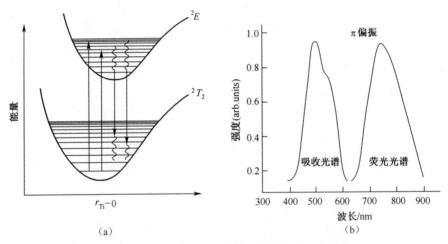

图 15.15　Ti^{3+} 的振动能带以及吸收和荧光光谱

除了蓝绿波段的主吸收带外,钛宝石还具有其他几个吸收带,如紫外波段的190nm,在红外波段还有一个宽带吸收区域,中心波长为760nm。莫尔顿发现荧光衰减与时间常数呈指数关系,室温下该常数为 (3.15 ± 0.05) μs,低温下约为3.9μs,具体值取决于钛的掺杂浓度。

典型的掺钛蓝宝石激光晶体尺寸约为几个毫米,端部根据轴线方向以布儒斯特角切割,泵浦激光沿谐振腔轴线方向共线入射到激光晶体中,以获得泵浦和谐振激光之间的最佳模式匹配。晶体放置在两块聚焦凹面镜之间。激光腔通常为 Z 形折叠结构,必须补偿晶体和内部腔镜引入的像散。在 Z 形折叠腔设计中,通过晶体参数的选择和腔镜折叠角的调节可以补偿像散,泵浦激光透过镀有增透膜的透镜聚焦进入激光系统。钛宝石的泵浦光损伤阈值比较高,既可以使用闪光灯抽运的染料激光器作为泵浦光源,也可以使用诸如 Nd:YVO₄ 连续倍频激光器作为泵源,前一种情况钛宝石激光器输出脉冲光,后一种情况输出连续光。

在第 18 章中,将继续讨论钛宝石激光器在光频测量领域的应用,由于钛宝石晶体的超宽带光学增益,利用克尔透镜效应,被动锁模的钛宝石激光器可以输出飞秒量级的激光脉冲,从而使其在光频测量领域占据特殊的地位,相关细节将在 18 章进一步讨论(图 18.16)。

15.4.4　二极管泵浦固体激光器

半导体二极管泵浦固体(Diode Pumped Solid State,DPSS)激光器近年来取得了显著的发展,这种激光器结构紧凑,性能稳定,能量转换效率高。这些特性促使了不同功率、不同波长、各种脉冲和连续激光模块的不断涌现,应用范围迅速扩张。为了使激光光束适用于不同的应用环境,传统方式是手动调节激光器中的各个镜片和光学元件,在当今这一电子时代,二极管泵浦集成使得激光器具备了"即插即用"功能。

原则上有许多不同的激光晶体可以由具备足够输出功率的二极管激光组件泵浦,其中包括常见的钕掺杂晶体和玻璃,如 Nd:YVO₄ 和 Nd:YAG,它们的特点是晶体尺寸很大,输出激光功率很高。此外还包括掺杂铬、铥和其他过渡及稀土元素的一些晶体。

传统固体激光器一般使用闪光灯或高压弧光灯进行泵浦,与二极管泵浦相比具有很多缺点。最主要的缺点是能量转换效率不高,多数能耗都转换为热能而不是有效光能,且这种热量必须被移除。钕离子激光器只吸收窄频带的波长,灯辐射中有相当一部分的光波波长不在吸收频带内。而相应的半导体激光器输出波长为 808nm,与钕离子的强吸收频带相符。在精心设计的激光系统中,二极管激光器的输出功率有 95% 被激光晶体吸收,吸收率比使用传统灯泵浦高一个量级。

泵浦灯一般都比较笨重且脆弱,更易于故障失效,而固态器件在低功率下运转,其平均无故障时间(MTBF)会更长。

半导体激光还有一项优势就是 M^2 因子很小,使用它作为泵源,输出激光光束的质量较高,如果是脉冲激光,脉冲稳定性会更好。

集成设备中使用的激光二极管泵源有两种形式:条状和堆状。条状模块是单片线性阵列,即单一芯片具有多个发射面,能产生几十瓦的连续激光输出,可应用于一个或多个中低功率系统(低于 100W)组合。堆状模块是由多个条状模块组成的二维阵列,输出功率接近千瓦。典型的商用堆状模块中一般包含 6 个或 12 个条状模块,可提供高达 600W 连续泵浦功率。

由于二极管阵列的输出光束发散角和像散都很大,因此如何将条状或堆状二极管的输出有效地耦合到激光晶体中,是一个棘手的激光设计难题。耦合方式的设计显然取决于激光晶体的构型,而这又涉及到最终目的,究竟是追求高功率还是光束质量。激光晶体形状一般分为三种:棒状、板条状和薄片状。虽然薄片状介质已被证明更有利于散热,但目前大多数商用激光系统还是使用棒状或板条状激光晶体,这是因为高功率应用青睐于板条状晶体,而使用棒状晶体的激光器光束质量更好。

激光泵浦有两种方式:端面泵浦和侧面泵浦。对于条状晶体,一般采用端面泵浦,有利于泵浦光束与晶体的模式匹配,输出激光光束质量更高。由于二极管激光泵浦效率很高,可以使用小型棒状晶体,因此扩大了 Nd:YVO$_4$ 晶体的应用范围,这种晶体生长困难,尺寸相对较小。端面泵浦情况下,泵浦激光聚焦入射到晶体端面的一小块区域上,难免产生对泵浦功率的限制。泵浦过程中产生的热量会导致晶体中发生折射率梯度,即热透镜现象,从而导致激光波前畸变。在集成系统中,堆状二极管多个发光面发射的激光可分别由多束光纤导入棒状晶体,这些光纤捆扎在一起形成圆形的一束以匹配棒状晶体的端面,通过有效的光学耦合最终可产生 TEM$_{00}$ 激光模式,获得高质量的输出光束。

15.4.5 薄片激光器

薄片激光器中的激光晶体为薄圆盘状(厚度大约为 0.1mm),典型的 Nd:YAG 薄片激光器中使用的晶体为光学平行表面,一面镀有泵浦光和出射激光的双色高反膜(940nm 和 1030nm),另一面镀有双色增透膜。晶体安装在一个导热棒上以导出内部产生的热量。因为晶体很薄,激光作用产生的温升效应很小,而且温度梯度垂直于晶体表面,即使功率达到上百瓦,也不会因热透镜效应产生严重的波前畸变。当然同样由于晶体很薄,泵浦光束需要反复多次穿过晶体,因此腔内需要设置特殊的光学元件,满足多次反射的需求,如抛物面反射镜和回射棱镜阵列。

15.4.6 非平面环形振荡器

非平面环形振荡器(Non-Planar Ring Oscillators,NPRO)的环形激光腔,不是由分立的镜片组成,激光是在一整块表面抛光的晶体内部多次反射形成,典型的 Nd:YAG 非平面环形激光器结构如图 15.16 所示。

1980 年,斯坦福大学的拜尔(Byer)和凯恩(Kane)发明了非平面环形振荡器,主要目的是避免单模激光器中产生的驻波,提高频谱纯度。在静态场的波腹处会

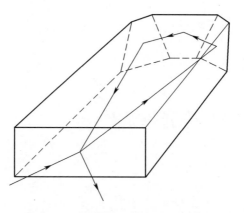

图 15.16　非平面环形振荡器示意图

产生烧孔现象,限制了激光晶体的使用。单向模式是在激光运转过程中逐步建立的,由于非平面几何构型,相反方向传输的激光在腔内每转一圈,相互之间的激光偏振平面都会发生轻微的转动。利用 YAG 晶体反射偏振面的自然法拉第旋转效应,将晶体放置在一个磁场中,增强某一方向激光的偏振面旋转效应,消除另一方向激光的偏振面旋转效应,因此造成两个不同方向激光的反射损耗差别,损耗大的光将因损耗小的光波振荡放大而截止,从而输出单向激光。

　　在过去 20 年中,作为输出功率达到瓦级的稳定单频激光源,非平面环形振荡器应用范围越来越广。由于热致双折射效应会影响限定激光在腔内沿单向传输的偏振效应,因此进一步提高非平面环形振荡器的输出功率受到一定限制。

第16章
原子和离子的激光冷却

16.1　引言

　　作为光频领域中强度高、光谱纯的辐射发生器,激光器不仅可以作为该频段的频率标准,而且也革命性地改变了传统的铯原子频标。通过激光可以减慢原子粒子的热运动,由于粒子运动会导致多普勒频移,如果要以原子或离子的共振跃迁频率作为频率参考,就必须尽可能地消除这种频移,此时利用激光减慢粒子的热运动就成为一种必要的手段,这就是激光冷却技术,本章将详细介绍这一非凡的技术。通过激光冷却,粒子温度可以降低到非常接近于绝对零度,此时所有的热运动几乎都停止,粒子以自身的速度运动。

　　光与粒子相互作用时不仅影响粒子内部的运动,还会影响其质心运动。光不仅具有能量,还具有动量,包括线性动量和角动量。著名的爱因斯坦相对论公式$E=mc^2$,建立了质量和能量的等价关系,麦克斯韦的经典电磁学理论预测了光落在反射面上会施加压力,压力大小正比于光强。在这些理论出现之前,关于光是否具有动量的实验与理论,已经持续争辩了两个世纪。核心问题是光究竟是在以太中以波还是微弱粒子流的形态传播,即所谓的波动说和微粒说。微粒说的拥趸者就包括牛顿,他们认为如果光束和其他物质粒子流一样具有动量,就能证明微粒说的正确性。为了解决这个问题,许多研究者以强光照射细小悬浮物,验证悬浮物是否因受粒子影响而产生微小位移。18 世纪中叶,在一个类似实验中,有人将阳光通过反射镜照射到一个非常薄的悬浮铜片上,并观察到铜片发生了偏转,尽管后来确认是由于铜片表面附近的空气加热现象导致了该偏转,但还是有人认为这一观测结果证明了光束在铜片表面产生了机械冲力。后续的其他研究者在类似实验中,发现去除热效应的影响后,并没能观察到被光照射的物体产生移动的现象,因此人们又认定光不是由粒子组成的,而是某种介质中的振动。在那些认为未能观察到偏转现象就证明波动理论的人中就包括了托马斯·杨(Thomas Young),或也可能是他的干涉实验蒙蔽了他的判断力。此前,伟大的瑞士数学家欧拉指出,不管是波动理论,还是微粒说,都能证明存在光压。欧拉不仅正确地推测了光压的存在,而且,根据开普勒的建议,他还建立了一套理论,解释了彗尾的存在就是基于太阳作用在细小灰尘上的光压结果。

16.2 光压

根据麦克斯韦有关光的电磁波理论,很容易得出存在光压的论据,例如光束垂直落在金属反射面上,在平行于金属表面的平面内以光频振荡的电场和磁场与导电面相互垂直,由于电场作用在金属表面产生的电流受到磁场作用会产生洛伦兹力,力的方向与电场和磁场相互垂直,即与入射波方向相同。这种力的物理起源与磁场中载流导体的力,即电动机的力一样。根据麦克斯韦的原始理论,光在物体表面产生的压力大小,可以按照在以太中传输的机械压力来求得,然而,由于以太概念已被抛弃,根据爱因斯坦的理论,以及线性动量守恒定律,麦克斯韦场方程被解释为电磁场本身具有动量。如果光束受外力作用而偏转,产生这种外力的物体也会受到反作用力,即光散射目标受到辐射压力。单位体积的动量表示为 M,在功率密度为 $I(\mathrm{W/cm^2})$ 的光场内,根据经典理论有

$$M = \frac{I}{c^2} \tag{16.1}$$

式中:c 为光速,功率密度 I 可以认为是场内分布密度为 $\rho_E(\mathrm{J/m^3})$ 的能量,以速度 c 流动而产生的,这与动量大小的解释比较类似。根据式(16.1),光场具有质量密度 ρ:

$$\rho = \frac{\rho_E}{c^2} \tag{16.2}$$

上式可以看作是爱因斯坦方程 $E = mc^2$ 的特例。在经典电磁理论中出现爱因斯坦方程形式并不奇怪,所有的物理定律,包括力学定律以及麦克斯韦方程,从一个参考坐标系变换到另一个参照系中仍然成立,这就是爱因斯坦理论的构建基础。爱因斯坦理论使得时空概念发生了革命性的改变。

如果功率密度为 I 的光束落在完全吸收的面上时,光束的定向能量转换为净动量为零的随机热运动,光束的动量连续发生变化,必然被吸收面吸收。根据牛顿运动定律,施加在表面的压力 P 等于动量的变化。单位时间单位面积动量的变化为 Mc,大小为单位圆柱截面内长度为光 1s 内传输距离的这些光子所携带的动量,光压可简单地由下式给出:

$$P = Mc = \frac{I}{c} \tag{16.3}$$

式中:$I(\mathrm{W/cm^2})$ 为光束的功率密度;c 为光速。

德布罗意公式 $p = h/\lambda$,适用于所有的粒子,包括光子,其中,p 是粒子的线性动

量。假设光束由光子流组成,流量密度(单位时间单位截面积内通过的光子数)为 j,有 $I=jh\nu$。根据牛顿定律,在单位面积的理想吸收表面上,光束损失的动量即为产生的光压,$P=jh/\lambda=I/c$。

辐射压力值非常小,比如直接由阳光(功率密度为 $1kW/m^2$)产生的压力,仅约 $3\times10^{-6}N\cdot m^{-2}$,大约是大气压的 3×10^{-11} 倍,这也就难怪为什么通过实验来证实光压的存在是那么困难的事。1875 年,就是麦克斯韦论述发表的同一年,威廉·克鲁克斯(William Crookes)发明了一种高灵敏度的仪器,可以用来验证辐射压力的存在,这种仪器后来被称为"克鲁克斯辐射计",其核心元件是一块轻质的金属叶片,叶片一面涂黑,另一面擦亮,放置在真空管中,处于一种微妙的平衡状态,并可自由旋转,暴露在阳光下时叶片确实旋转,然而很明显,叶片的旋转更多是由于残留在叶片周围气体的热效应引起的,而不是由于存在辐射压力,但是后续的实验证实了该理论本质上是成立的。

16.3 小颗粒的光散射

随着激光的出现,产生了研究光压的新手段,这些研究具有深远的影响。将激光光束聚焦到微米量级,可以达到非常高的功率密度,这意味着可以观察到单个微粒的运动。此外,还可以采用高度透明的非吸收性材料进行实验,单纯靠反射光和折射光改变粒子的动量,这减轻了热效应的影响。1970 年,Ashkin 在一次实验中,将直径为微米量级的透明乳胶球自由悬浮在纯水中,氩离子激光光束穿过盛有乳胶球悬浮液的玻璃容器,光束聚焦半径约 $6\mu m$,仅仅作用于单个球体,如图 16.1 所示,球体对光的强烈散射使得在显微镜下可以用肉眼观察它们的运动,结果发现:不仅球体受到辐射压力的驱动而沿光束方向运动,而且如果球体不在光束中心轴上,它会朝轴线中心运动。Ashkin 使用光压理论和光线的近似概念解释了这一现象。当光波长远小于球体半径时这些理论是适用的,否则就必须引入波动理论来解释。

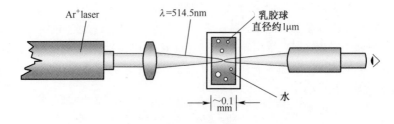

图 16.1 Ashkin 关于乳胶球受激光束作用力的实验

微粒对电磁波的散射问题在诸如大气光学和天文光学等领域具有重要的意

义;1908年,Mie首次给出了均匀球体散射平面波的通解,在近似条件下,关于微粒在光束中行为的定性解释与射线光学略有差异。乳胶的折射率($n=1.58$)大于水的折射率($n=1.3$),因此,激光入射到球体上会产生汇聚现象,就像厚凸透镜的作用一样,如图16.2所示。这意味着,光束线性动量的一部分产生了离轴偏转,仍然沿轴线方向的那部分分量会减少;为了保持动量守恒,乳胶球必然在原始光束方向上受到轴向的作用力。如果球体离轴运动且光束的强度在其表面产生变化,那么动量的近轴偏转和离轴偏转就不对称了;球体会在强度增加的方向上受到净作用力,即朝向轴线的方向。如果球体的折射率比介质小,比如空气泡,作用力方向就会相反。

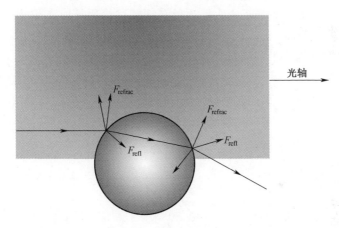

图16.2　Ashkin关于作用于介质球的辐射力平衡解释

16.4　原子的光散射

将激光与自由原子或离子间线性动量交换的概念进一步延伸,会涉及有关相互作用的完全不同且更复杂的量子描述。在自由原子和离子的光抽运过程中,存在这种动量交换,即共振荧光,在这一过程中,只有当共振辐射与其光谱中一系列离散频率中的一个发生频率共振时,原子粒子才会发生强烈的相互作用。一个光子的共振吸收伴随着粒子向高能态的量子跃迁,并最终回落到基态,受激能量以一定的角模式向各个方向辐射,这就像原子或离子从光束中取出光子,并随后向四面八方散射。通过在相互作用之前和相互作用很久之后的光束-原子系统中,应用线性动量守恒定律,原子辐射的所有光子都需包含在这一系统中,可以得出这一过程中线性动量的净转移。光子向不同方向辐射的相对概率,即天线工程术语中的辐射模式,必须符合系统对称原理。自由原子自发辐射的光子对任一特定方向都没有偏好,可以假定在自发辐射的过程中,原子粒子不具有对光束激励的"记忆"。

当然在受激发射中不存在这种情况。

这并不意味着辐射模式必须是各向同性(在各个方向的辐射强度相等),然而,任何给定方向上的强度与其反方向上的必然相等,如图 16.3 所示。辐射的角分布细节非常复杂,以铷元素为例,伴随着跃迁,原子或离子的角动量变化是确定的。一个光子被赋予一个单位的固有自旋 $h/2\pi$,光子–原子系统交换角动量和线性动量,如果吸收光子并再次发射光子后的原子角动量发生改变,为了保持角动量守恒,光子原子相互作用产生的辐射模式必须支持角动量的平衡,这种类型的交换就是 Kastler 自由原子磁共振光抽运技术的基础。如前所述,在任何情况下自发辐射都是没有方向偏好的,因此,由散射光子带走的期望线性动量的和为零。为了保持线性动量守恒,被吸收光子的线性动量必须转移给原子或离子,因此,一旦光束中的光子被原子粒子吸收,原子粒子在光束方向上的动量就会增大,就好像受到脉冲的连续推动,产生了平均压力。

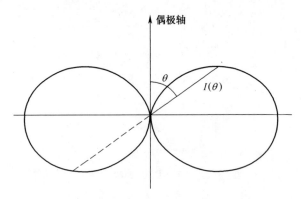

图 16.3　原子电偶极跃迁辐射模式的极坐标图

为了建立这些效应的相对比例,需要对实际能观察到的效应和仅具有理论意义的效应加以区分,假定激光功率密度为 $I(\mathrm{W \cdot m^{-2}})$,光束方向与某一自由粒子的速度方向相反,光子携带动量的通量密度为 I/c。如果给定粒子相对光束的吸收截面为 σ,根据牛顿力学,粒子每秒平均动量改变 $(I/c)\sigma$。假设粒子减慢时所受力持续不变(这一假定的前提是光的光谱宽度比粒子谐振频率的最大多普勒频移大很多),则粒子静止前运动的距离,可以简单地由能量守恒原理获知:如果距离是 D,辐射压力对粒子所做的功为 $F_{\mathrm{rad}}D$,$F_{\mathrm{rad}}D = \dfrac{1}{2}MV_z^2$,在热平衡温度 T 下,得到

$$D = \frac{1}{2}MV_z^2 \frac{c}{I\sigma} = \frac{1}{2}kT \frac{c}{I\sigma} \tag{16.4}$$

将实际数值代入式(16.4),比如 $I = 10^2 \mathrm{W \cdot m^{-2}}$,$\sigma \approx 4 \times 10^{-14}\mathrm{m^2}$,$T = 300\mathrm{K}$,有 $D_{\mathrm{stop}} \approx 50\mathrm{cm}$。光束可以聚焦到更小的横截面上,以增加作用在离子上的强度,从而降低制动距离。但是,光子从激发态发射的时间(辐射寿命)是有限的,显然吸

收-发射循环的重复率受这一寿命限制,当光强上升到吸收概率已经可比拟于自发发射概率时,处于激发态的粒子数将增加,受激发射现象将显著发生。受激发射粒子的辐射模式与自发发射的模式存在根本性不同,最终受激发射的光子和光束中的光子会相位相干。受激发射所产生的光子传播方向与激发这一发射的光子相同,因此,吸收-受激发射循环中原子动量不变。自发辐射中有关动量交换的简单描述不适用于受激辐射的情况。

16.5 光场梯度力

原子与光场的相互作用过程中,存在另一种机制,当光场强度极度不均匀时,其质心运动会受到外力作用。这种外力,有时也称为梯度力,其物理本质和某些特征可以用经典场概念来理解,光场中的电场成分会战胜原子粒子中原子核与核外电子的相互作用,使得正(核)、负(电子)电荷发生相对偏移,从而诱导电偶极矩。粒子在电场中时,诱导偶极子的势能正比于 E^2,这里 E 是光波的电场分量。振荡电场中电荷的动态响应是量子问题,但能肯定的是,在特定频率下会体现出谐振行为。偶极子的能量是正还是负,取决于光学频率是高于还是低于粒子的共振频率。当光场频率从粒子共振频率的一侧变化到另一侧时,电荷位移(即诱导偶极子)相对于场的相位会发生反转。尽管场以光频率振荡,极化原子的能量正比于 E^2,然而随着时间的推移,其平均值并不为零,比如说铷的超精细能级劈裂会产生光频移,从而导致粒子的平均势能随其所处的光场强度发生变化。根据导致光频移的交流斯塔克效应(Stark effect),粒子势能是正是负取决于光频率与共振频率的相对大小,如果光场强度在空间上是变化的,比如说激光光束呈高斯强度分布,粒子能量将产生强烈的梯度,能量倾向于减小,就像山顶的岩石趋于滚落一样。

此处对梯度力不再深入展开,在接下来的章节中将继续讨论偏振梯度这一激动人心的新机制。

16.6 多普勒冷却

如果一个原子粒子的初速度分量与调谐到精确共振频率的激光束传输方向相反,该速度分量会逐渐减小,变成零然后再在相反的方向上增加,这显然不能使得粒子运动减慢,不能产生一个稳定的低温态。与其说这是冷却机制,不如说是推进机制,减慢粒子速度可以由摩擦力完成,不管粒子向哪个方向运动,必须在粒子上施加与其运动方向相反的力。人们可能会认为只要利用两束传输方向相反的激光就能解决这一问题,然而两束激光的效应会相互抵消,除非光束施加的辐射压力与原子运动方向相反。为简化起见,假设粒子只有在运动方向与光束传输方向相反时,才会受到力的作用,显然,在相同时间内,两束反方向传播的激光中只有一束会向粒子施加减速力,究竟是哪束激光,完全取决于粒子当时的运动方向。如果激光与粒子相互作用过程中的吸收概率,取决于粒子的运动方向是与激光传输方向相同还是相反,上述假定的关键条件就可以得到满足。但实际上在一般情况下:多普勒效应会导致运动粒子感受到的光场频率发生偏移,只有当所述共振线型是对称的,并且激光频率精确调谐到参考粒子的共振频率中心处时,不同运动方向的吸收概率才会相等。

假设一个原子被放置在两束反向传输的共线激光束中,为简单起见,这里只关注粒子沿光束轴线方向的运动分量,假定原子吸收的频率曲线具有一定的自然线宽,曲线相对于中心最大值处对称。考虑粒子与传输方向与其速度分量方向相反的光束间相互作用,多普勒效应会导致粒子感受到的激光频率向高频方向移动。调谐激光频率,使负失谐于共振频率,多普勒频移将导致吸收变得更加容易。如果原子的运动方向与光束传输方向相同,多普勒频移将导致吸收变少,其结果是,原子受到与其运动方向相反的光束阻力,要比与其运动方向相同的光束施加的推力更大。因此不管原子向哪个方向运动,两束激光产生的净作用力方向都与原子运动方向相反。在理想情况下,原子连续吸收光束中的光子,保持前述激光频率偏移,原子将被减速,就像受到摩擦力作用一样。

下面进一步定量讨论,假定自由原子共振谱线为洛伦兹线型,由于激发态寿命有限,会产生自然加宽,假设共振谱线全宽为 $\Delta\nu$,两束激光被调谐到相同的频率 $\nu_L = \nu_0 - \delta$,负失谐于共振谱线的中心频率,粒子受到净作用力强度相对其速度的曲线,如图 16.4 所示。粒子速度为 V 时,多普勒频移 $(V/c)\nu_L < \delta$,力与速度为近线性关系,可近似地表示为

$$F_{rad} = -\alpha V \qquad (16.5)$$

式中:α 是类似于机械系统摩擦模型中阻尼系数的正常数,当 $\delta \approx \Delta\nu/2$ 时阻尼因子最大。假如一个粒子初速度导致的多普勒频移在 $+\Delta\nu/2$ 与 $-\Delta\nu/2$ 之间(称为捕获范围),该粒子将受到沿光束轴线方向的黏滞阻力作用而减速。光束强度低于极值时(光束强度达到极值时,吸收速率可比拟于自发发射速率),系数 α 的值与光束强度成比例。一旦光束强度超过极值,就不存在这种比例关系,α 也不随光束强度增加而增大。在两束激光的合力作用下,粒子由于辐射压力会导致动能损耗。假设激光频率为 $\nu_0 - \Delta\nu/2$,(线性)多普勒频移 $(V/c)\nu = kV/2\pi$,对于具有自然洛伦兹线型的散射截面,有

$$\langle F \rangle = \frac{I}{c}(\sigma^+ - \sigma^-) \; ; \; \sigma^{\pm} = \sigma_0\left(\frac{\Delta\nu}{2}\right)^2 \frac{1}{\left(\dfrac{\Delta\nu}{2} \pm \dfrac{kV}{2\pi}\right)^2 + \left(\dfrac{\Delta}{2}\right)} \qquad (16.6)$$

式中:σ_0 为共振散射截面;k 为波矢$(2\pi/\lambda)$,在小速度范围内,例如,$kV \ll \Delta\nu$,可将

$\sigma^\pm$的表达式简化为

$$\sigma^- - \sigma^+ = \sigma_0 \frac{kV}{\pi\Delta\nu} \tag{16.7}$$

因此原子受到的净作用力为

$$\langle F \rangle = -2I\sigma_0\left(\frac{\nu}{c^2\Delta\nu}\right)V \tag{16.8}$$

作用在粒子上阻止其运动的力,其平均功率为$\langle FV \rangle$,即为粒子动能的损耗速率,在 t 时刻动能的平均损耗为

$$E_k = 2I\sigma_0\left(\frac{\nu}{\Delta\nu}\right)\frac{V^2}{c^2}t \tag{16.9}$$

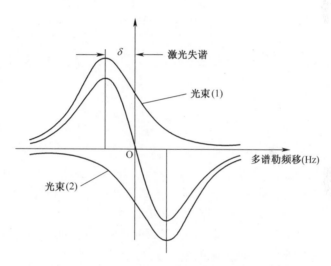

图 16.4 两束负失谐反向激光作用下的原子受力情况

16.7 理论极限

在理想情况下,粒子减速过程会一直持续,直到粒子完全静止,但实际情况并非如此。随着粒子速度减慢,多普勒频移趋近于零,粒子在两个方向上受到的力差逐渐消失。最终的极限由吸收和发射光子的离散量子本质决定:随时间变化的事物仅具有统计意义的发生概率,自发发射的方向也是统计上的定义。在每一次随机事件中,粒子在随机方向上伴随动量的有限跳跃反冲,因此粒子会产生类似于不确定曲折运动的剩余随机运动,即布朗运动,该名词以英国植物学家布朗(Brown)命名,布朗第一个发现悬浮液体中植物花粉的随机运动。

布朗运动对于气体动力学理论具有重要历史意义,它直接证明了在分子尺度

上热能就是随机运动的动能。由于悬浮颗粒可能遭到任意方向的碰撞，其相对于固定点的平均位移为零；然而，由于"随机游走"，粒子会以均方根位移向外扩散，位移随碰撞次数和时间线性增加。

一维情况下，粒子在时间和方向上遵守随机分布，两束激光光子散射的动量基本单元为(h/λ)，随时间变化的动量平方平均值为

$$\langle p^2 \rangle = 2 \left(\frac{h}{\lambda} \right)^2 \frac{I}{h\nu} \sigma_0 t \qquad (16.10)$$

式中：$I(\mathrm{W/m^2})$为每束激光的强度；σ_0为（共振）原子的横截面；t为时间。

假设这些过程最终产生一种平衡状态，其中能量的增益和损耗恰好彼此平衡，此时有：

$$\frac{1}{2}MV_{\min}^2 = \frac{1}{4}h\Delta\nu \qquad (16.11)$$

在平衡温度下，一维的平均动能等于$\frac{1}{2}kT$，其中k是玻耳兹曼常数；因此利用多普勒技术能够获得的最低温度$T_{\min}$为

$$T_{\min} = \frac{h\Delta\nu}{2k} \qquad (16.12)$$

将铯原子共振线宽$\Delta\nu = 5 \times 10^6 \, \mathrm{Hz}$代入上式，计算能获得的最低温度约为$120\mu\mathrm{K}$，只比绝对零度高百万分之一百二十度！在这一温度下，一个铯原子的平均线性动量与单个光子的动量在同一量级，达到这种冷却方法的极限。在这样的超低温下，铯原子共振频率的二阶多普勒频移(E_k/Mc^2)只有2.5×10^{-19}，完全可以忽略不计！在这一量级下，其他来源的系统频移会逐渐变得明显，在实际情况中，只有将这些影响考虑进来，上述精确度才有意义。

16.8 光学"黏团"和磁光阱

到目前为止只讨论了一维情况，要是在三维空间中冷却自由粒子，就需要多组激光束，一般使用三组相互垂直的反向传输激光，可以冷却空间的自由中性原子云。在贝尔实验室的一系列实验中，不仅观察到钠原子的激光冷却，同时冷却的钠原子还表现出黏滞阻力效应，即扩散速度降低效应。也就是说，占据一定空间的一组原子，需要更长的时间扩散到较大的体积，相当于被"封闭"在所谓的"光学黏团"之中。

再配合使用一个特殊设计的磁场，激光冷却就可以产生囚禁中性原子的所谓磁光阱。外部磁场影响原子的量子能态，并因此使得它们的光学共振频率发生频移，即塞曼效应。辐射压力取决于光子吸收和再发射的速率，因此原子共振的失谐

频率取决于激光的频率,作用在原子上的光压不仅因为多普勒效应是速度的函数,还是作用在其上磁场的函数。如果空间中每一点的场都不相同,那么原子受到的光压不仅与原子本身速度有关,还与其空间位置相关。单纯利用多普勒冷却,使用两束负失谐于原子共振中心频率的反向传输激光来产生净辐射压力,可以使得原子速度矢量反向。为了使原子在空间固定点位置产生类似的反向,就需要在该点施加磁场,配合两束传输方向相反、偏振方向相反的圆偏振光(顺时针或逆时针)。在塞曼效应中存在量子能态光学跃迁的选择定则,产生跃迁的磁能级和辐射偏振方向之间具有基本的关联性,究其本质是光子-原子系统的发射或吸收过程必须遵循角动量守恒定律。

图 16.5 所示为铯原子 D_2 线的塞曼能级,基态 $^2S_{1/2}$ 电子自旋为 1/2,轨道角动量为零,而第一激发态 $^2P_{3/2}$,轨道和自旋综合角动量为 3/2。在外磁场作用下,子能级的角动量方向取决于磁场方向,以量子数 m 表示,能级间隔取决于磁场强度。

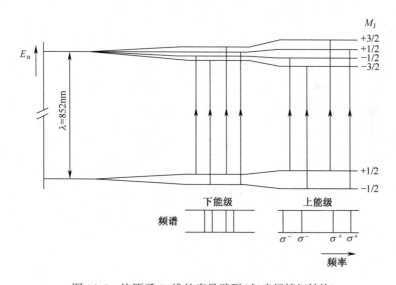

图 16.5 铯原子 D_2 线的塞曼劈裂(忽略超精细结构)

一个光子携带一个单位($h/2\pi$)的角动量,相对于给定的轴线只有两种可能的方向,根据电场方向,光波会顺时针方向旋转或逆时针方向旋转。通过吸收 σ^+ 圆偏振的光子,原子在光轴方向获得一个单位的角动量,可以象征性地表示为

$$m' - m = + 1(\sigma^+ \text{辐射}) \tag{16.13}$$

式中:m' 和 m 分别为原子在跃迁前和跃迁后沿固定轴向的角动量分量(以 $h/2\pi$ 为单位)。类似地,对于 σ^- 圆偏振方向的辐射有

$$m' - m = - 1(\sigma^- \text{辐射}) \tag{16.14}$$

从图 16.5 中可以看到,随着磁场强度的增加,m 子能级的能级间距逐渐增大,

可以由 σ^+ 辐射激励的共振频率向高频方向移动,也可以由 σ^- 辐射激励的共振频率向低频方向移动。当只存在一束激光时,比如只有 σ^+ 激光,如果磁场方向沿固定轴向发生反转,m 子能级的能量变化与磁场成正比,如果磁场反向,能量改变的方向也会反向,如图 16.6 能级图中所示的 m 值就会反向。

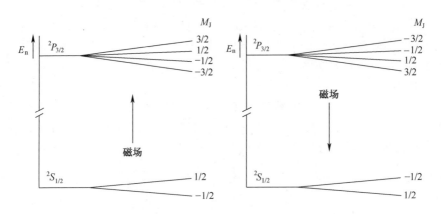

图 16.6　磁场方向反转使得 m 子能级产生反转效应

很明显,磁场反转后,被同一 σ^+ 辐射激励的共振频率在磁场强度增加时会向低频方向而不是高频方向移动;同样,被同一 σ^- 辐射激励的共振频率在磁场强度增加时会向高频方向移动。利用两束偏振方向相反的反向传输的圆偏振激光,再加上在空间均匀梯度变化的平行磁场,该磁场在空间某点变为零随后反向,原子在激光和磁场的共同作用下,在经过空间磁场为零的那一点时,受到的辐射压力会发生反向。当然激光频率必须负失谐于零场频率。当存在三组相互垂直的激光时,就能形成所谓的 σ^+-σ^- 磁光阱。σ 辐射结合空间变化的磁场,可以将简单的阻力 $F_{rad} = \alpha kV$ 变换为 $F_{rad} = \alpha(kV + \beta B)$,其中 α 和 β 是常数。对于一束强度足够的激光,原子的速度变化可使得多普勒频移补偿共振频率的塞曼频移。从数学上说,满足如下表达式:

$$kV = \frac{2\pi g \mu_B}{h} B \tag{16.15}$$

式中:$k = 2\pi/\lambda$;g 是 g 因子,用于度量伴随原子机械角动量的磁矩;μ_B 是玻尔磁子;B 是作用于原子的磁场。在圆柱空间坐标系中,磁场分布的各个分量变化表达式如下:

$$B_r = -\frac{C}{a^2}r; \quad B_\phi = 0; \quad B_z = 2\frac{C}{a^2}z \tag{16.16}$$

两个平行的同轴圆形线圈,两线圈的间距正好等于线圈的半径,这就是所谓的亥姆霍兹线圈,当两线圈通以相反方向的电流时,在两个线圈中间点(作为原点)附近可以产生上述所需磁场。这种磁场是一种纯四极场,其场分布情况类似于静电场

260

中的场分布情况。将与多普勒效应相关的速度以及与塞曼效应相关的空间磁场作为参数,对作用于原子的光压进行准确建模,就可以获得原子的运动方程,比如径向方向的运动可由下式表示:

$$\frac{\mathrm{d}^2 r}{\mathrm{d}t^2} + \alpha \, \frac{\mathrm{d}r}{\mathrm{d}t} = -\beta r \qquad (16.17)$$

式中:α 和 β 为常数,这是一个阻尼谐振运动方程,其解 r 为原子与轴线($r=0$)的径向距离,取决于阻尼系数 α 和"恢复力"系数 β 的相对值。对于 $\beta > (\alpha/2)^2$ 的径向运动,如果持续下去,就是带衰减幅度的阻尼振荡;否则粒子将被无振荡地拉向轴线。从这种意义上讲,原子在径向方向上被囚禁,其与轴线的距离呈指数减少,即原子被聚焦。

最初通过测量"黏团"中原子的温度,在定量上的研究结果与上述理论完全符合,因此人们认为这一理论包含了完整的物理过程,可以完美地解释相关物理现象。然而很快,菲利普斯(W. Phillips)和他在美国标准技术研究院的科研小组,运用一种更加精确的技术来测量冷却原子的速度分布,发现理论值和实验值之间存在一些冲突,实际温度要比理论预测的温度下限低得多。此外,与理论相反,最低温度并不是在激光线宽调谐到共振线宽一半时获得的,而是利用了线宽为共振线宽好几倍的激光获得的。最初这些实验结果受到质疑,不仅是因为先前的理论非常有效,而且一般来说实验结果并不能达到理论极限,当然更不应该超过理论极限!尽管如此,巴黎高等师范学校和美国其他实验室开展的有关钠及其他原子的进一步实验,证实了多普勒冷却的温度限制已被打破,必须寻求新的理论解释。

16.9 偏振梯度冷却:西西弗斯效应

为了解释这一出乎意料的低温,必须对钠原子和激光束的相互作用进行更加细致的研究。首先,碱金属原子不是只具有基态和激发态的二能级原子,就像前面章节中讨论的其他碱金属原子,例如:铷和铯一样,钠原子基态 $^2S_{1/2}$ 的自旋角动量 $J = 1/2$,核自旋 $I = 3/2$,I、J 耦合后使得超精细频率增加到 1.771 GHz,该数值不到 Rb^{87} 的 1/3。在弱磁场中,对于 $F = 2$ 精细能级,塞曼子能级磁量子数为 $m_J = -2$,$-1, 0, +1, +2$;对于 $F = 1$ 精细能级,塞曼子能级磁量子数 $m_J = -1, 0, +1$。光抽运法使得自由原子能够产生磁共振现象,这一具有重要意义的方法以它的发明人 Kastler 命名,吸收圆偏振共振光后原子会再次自发发射。在光子-原子系统中,由于角动量守恒导致光跃迁选择定则。经过持续重复的循环光抽运,原子聚积到角动量方向为吸收光子取向的子能级。一般情况下,原子在不同的磁子能级之间的分布取决于所吸收的共振光的偏振类型,它决定了沿波束轴向的角动量分量。

1962 年,科恩-塔诺季(Cohen-Tannoudji)等人发现:在抽运光的作用下,量子能级会发生偏移(Cohen-Tannoudji,1962),经过长期的理论探索与实验验证,1989年科恩-塔诺季和达利巴尔(Dalibard)提出这一效应可以提供一种新的冷却机制(Cohen-Tannoudji,1989)。在光抽运铷原子频标中这一效应称为光频移。当原子与激光相互作用时,其量子态的精确能量相较于自由原子会发生微弱的偏移,偏移量与光强成正比,而且能量的偏移似乎依赖于跃迁概率,只有符合光偏振类型的选择定则才能产生跃迁。

根据科恩-塔诺季和达利巴尔的研究成果,在合适的条件下,光偏振态在空间的快速变化可以达到比多普勒冷却极限更低的温度。在理想的一维光学黏团中,两束传输方向相反的偏频光束,具有相互垂直的线偏振方向和相等的光强。因为每束激光都是空间相干的,即沿光束方向上不同点的光场之间具有特定的相位关系,两束激光的光场在半个波长的跨度上,相位差从零到360°变化。用 E_x 和 E_y 代表两个传输方向相反的光波,有

$$E_x = E_0\sin(\omega t - kz)\,;E_y = E_0\sin(\omega t + kz) \tag{16.18}$$

因此,在 z 轴上的固定点 z_0 处,E_x 和 E_y 的相位差 $\Delta\varphi = 2kz_0$。这意味着,在同一光束轴线方向上,每相隔半个波长,两个相等且互相垂直的光场矢量的相位差依次为 $0°$,$90°$,$180°$,$270°$,$360°$。其中相位差为 $0°$ 和 $180°$ 的光场可以合成为偏振方向为 $45°$ 角的线偏振光,而相位差为 $90°$ 和 $270°$ 的光场可以合成为与光轴反向的圆偏振光。沿着光束轴向,这种模式每半个波长重复一次,如图 16.7 所示。

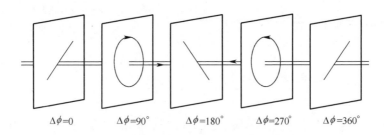

图 16.7　两束偏振方向相互垂直的逆向传输光束合成偏振态的变化

这里以钠原子为例,来说明光抽运中光偏振的变化和随之产生的光频移现象,这里忽略钠原子的核自旋,假设在总角动量量子数 $J = 1/2$ 的基态和 $J = 3/2$ 的激发态间发生循环光抽运。角动量的空间量子化导致多重子能态,基态子能级沿确定轴线方向(这里选择光轴方向为固定方向)的角动量分量为 $m_J = +1/2, -1/2$,对于激发态 $m'_J = +3/2, +1/2, -1/2, -3/2$。如果原子所处位置的光为圆偏振,正向旋转(在光束方向上满足右手螺旋定则),用 σ^+ 表示这一偏振态,只有激发态的角动量增加一个单位值,才会吸收一个光子。有两种可能的跃迁,$m_J = -1/2 \rightarrow m'_J = +1/2$ 和 $m_J = +1/2 \rightarrow m'_J = +3/2$,前者发生的概率是后者的三分之一,因此,后者的光频移更大。此外,循环光抽运往往集中于后者,这就是 Kastler 光抽运技术的重点。如

果原子所处位置的极化场方向恰好相反,为 σ^-, $m_J=-1/2$ 的子能级将受到更大的光频移,粒子布居数更多。当所在点的光为线偏光时,两个子能态的频移相同。图 16.8 显示了原子两个子能态的光频移沿光轴方向随位置的变化情况。如果沿光轴有一组静止原子排成一列,绝大多数情况下,它们将交替处于不同的子能态,能量依次变化。图 16.9 显示了真实的平衡静态情况,经过足够的时间,循环抽运重复多次后可以实现这一情况。原子能量的空间变化不同于地球表面山峰和山谷的静态势能分布,不能用于预测运动原子的受力情况。动力学问题相当复杂,必须考虑到循环抽运自身的周期变化,以及运动原子感受到的光偏振态变化。前面讨论的静态能量分布仅适用于循环抽运快速发生的情况,原子沿光束方向运动时在每一点上原子子能态的布居都是准平衡的情况。"布居"可以形容单个粒子,表示相对概率。可以想象这样一幅情景:循环抽运平均每 τ_p 秒重复一次,在平均抽运时间内,原子穿过不同偏振态的激光,粒子布居数随时间变化,在不同的子能态间跃迁。由于抽运的延迟效应,只有在经过光频移最大点之后,特定能态的布居数才会达到最大值,这就导致了布居数分布相对于光频移周期的不对称,如图 16.9 所示。其结果是,无论原子向哪个方向移动,都会不断地被光抽运到能量位于能量曲线上升侧的子能态。这不禁使人联想到西西弗斯(Sisyphus),一个希腊神话中的人物,他的任务是不停地将石头推上山顶,再让石头滚落下来;因此,这种原子冷却方法就被称为西西弗斯冷却。光子-原子相互作用导致的光频移如何与原子质心运动耦合?无需涉及这类复杂的问题,仅根据能量守恒定律,就可说明光频移能量的上升,导致了动能的相应损失,即原子被冷却。

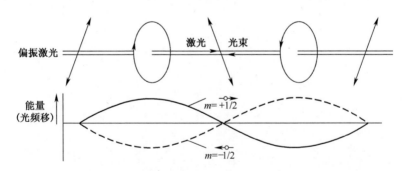

图 16.8　钠原子在两束偏振方向垂直的反向传输光中产生的光频移

为什么西西弗斯冷却的温度比多普勒冷却温度低得多呢?这必须从冷却所涉及的基本物理过程和限制最低温度的理论极限中寻找答案。在西西弗斯冷却过程中,能量的光频移占据核心作用:如果以 ΔE_m 表示光频移产生的势阱,每次循环光抽运都使得原子损失了 ΔE_m 倍的能量,经过多次循环后,原子能量损耗太多,没有足够的能量穿透相邻区域,从而被囚禁。这种情况下热能 kT 的极限是 ΔE_m 的倍数。如果降低抽运光强度,ΔE_m 成比例减小,该极限就会远低于多普勒值 $h\Delta\nu_n$,其

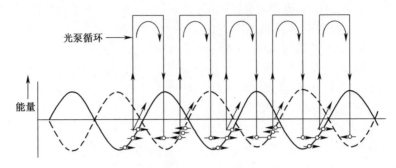

光泵循环

能量

图 16.9　钠原子中能量的光频移与子能态粒子布居数分布的不对称性

（Cohen-Tannoudji，1990）

中 $\Delta\nu_n$ 是光激发态的自然线宽。

　　理论证明：在这两种冷却方式中，摩擦因数 α 与抽运光强度的相关关系是截然不同的，多普勒冷却中，当光强度接近于零时，α 随光强度线性减小；在西西弗斯冷却中，α 基本保持不变。虽然降低了光强度后光频移相应减小，但这一效应被抽运延迟导致的布居数不对称抵消了，这就是冷却效应的根本原因。如图 16.10 所示为多普勒冷却和西西弗斯冷却中，原子所受的平均压力与平均速度的对应曲线。在西西弗斯冷却中，当抽运光强度减弱时，捕获速度范围也在缩小，曲线穿过原点时的线性斜率（即 α 的度量值）保持不变。很明显，由于多普勒冷却的捕获速度范围更大，在冷却的初始阶段这种方法非常有效，只是在冷却到较低温度以后，西西弗斯冷却机制才会生效。

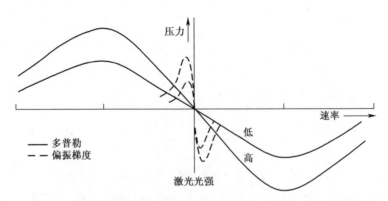

压力

速率

多普勒
偏振梯度

低

高

激光光强

图 16.10　多普勒冷却和偏振梯度冷却中粒子受力与其速度的对应曲线

（Cohen-Tannoudji，1990）

　　在西西弗斯冷却中，能获得最佳冷却效果的激光失谐量，就是导致光频移最大化的量值，激光频率与共振中心频率的差值比多普勒冷却中所允许的要大得多。

　　以上这些特性都已获得实验证实，最初实验中使用的是钠原子，后来又进行了铯原子的实验，铯原子十分特殊，其能级结构使得冷却对激光失谐的依赖性获得了

264

更广泛的确认。此外,光学黏团对磁场非常敏感,与磁子能态导致的场移位和"混合"有关,进一步的研究证实,在较高的抽运光强度下,磁场效应的影响相应减弱,这与理论预期相符。

在多普勒冷却技术中,通过时间飞行法,根据光学黏团中原子的速度分布,可以确定冷却的程度。在实验中观测到了与预期一致的非平衡双峰分布,这表明两种冷却机制下不同的速度捕获范围。目前已实现了对应绝对温度约为 2.5μK 的原子速度,仅几倍于一个原子散射单个光子的反冲。最近研究人员正在探索实现亚反冲能量的特殊技术;科恩-塔诺季等人已报道了低至 3nK 温度(一维方向)的研究结果。

16.10　囚禁离子的激光冷却

被限制在电场和磁场中的孤立离子,冷却后可用于研制频率标准,在稳定囚禁条件下,离子在这些场中的运动是分离线型谱振荡。对于 Paul 阱,离子沿每个坐标轴的运动都包括以下分离的频率:

$$\omega_n = (2n \pm \beta)\frac{\Omega}{2} \qquad n = 0,1,2,\cdots \qquad (16.19)$$

式中:Ω 是射频囚禁场的频率,β 的取值范围为 $0<\beta<1$,且一般 β 在轴向运动和径向运动中的取值不同。在实际应用中,一般高频离子振动幅度相对于场来说很小,$\beta \ll 1$,而 $n>1$ 的高频振动幅度可以忽略不计。

激光冷却离子可使其产生类似于中性原子随机运动的振荡运动,事实上离子运动要略为简单,首先,单一传输方向的激光可以同时减缓所有三个维度的运动,只要激光传输方向不在坐标系统的 x-y 对称平面上。没有冷却激光束时,在坐标轴的选择上,将 z 轴方向取为囚禁场的对称轴方向,这样可以确保运动方程是"非耦合"的,即在某一特定坐标中的运动方程不会涉及其他坐标。然而,当光束方向与运动耦合平面成某一角度时,对运动原子的多普勒拖曳会导致三维冷却。此外,在实际情况中,由于实际场分布与假定理想场分布的偏离,以及更小程度的离子-离子碰撞,可能导致离子不同运动分量之间的能量交换;其次,离子处于超高真空隔热环境中,从周围环境中获取热量(或者在 Paul 阱中通过射频加热获取热量)的速度非常缓慢,即使低速率的冷却也较容易观察。

然而离子振荡运动对离子的光吸收谱具有独特的影响,想象一个频率为 ν 的平面单色光,照射以频率 ν_m 简谐运动的离子,由于多普勒效应,沿光波传输方向,离子感受到的光波频率是受调制的,离子向后摆动时,运动方向与激光传输方向相反,光波频率上升,离子向前摆动时,运动方向与激光传输方向一致,光波频率下降。除了无限缓慢调制限制以外,光频率在多普勒范围内不是连续变化的,事实上,这种频率调制(FM)的频谱是离散的,包括无偏移的频率 ν 和一系列"边带",边带间的频率间隔均为 ν_m,边带在 ν 的两侧无限对称延伸。即使离子振荡幅度和多普勒频率范围改变,频谱边带的频率间隔仍保持不变,仅仅是远离无偏移中心频率的边带幅值增加。频率为 $(\nu \pm n\nu_m)$ 的边带幅度正比于 $J_n(2\pi a/\lambda)$,其中 J_n 表示 n 阶贝塞尔函数,a/λ 是离子振荡幅度与激光波长的比值。低阶贝塞尔函数的图形如第 7 章中图 7.4 所示。如果粒子被限制在一个波长范围内振荡,也就是说 $a/\lambda<1$,则随着 n 的增加,所有的幅度迅速趋近于零,在这种情况下,功率主要驻留在无偏移频率处,一阶多普勒效应失效,这就是 Dicke 效应,在氢脉泽和铷原子频标中这一效应至关重要。然而,在微波频标中涉及的波长为厘米量级,比常温下的平均自由程大得多,远大于激光冷却中的亚微米量级。

振荡离子感受到的光谱离散程度,对激光多普勒冷却的影响,取决于共振吸收的自然线宽究竟是大于还是小于多普勒边带的间距。如果边带间距大于自然线宽,那么在多普勒冷却中激光频率必须调谐在某一边带频率上,频率值比无偏移共振频率小 $n\nu_m$,这可保证离子感受到的上边带频率正好是共振频率。随着冷却的进行和离子振荡幅度的减小,上边带的功率也会迅速减少,就无法进一步产生有效冷却。

另一种极端情况是自然线宽度远大于多普勒边带的间距,这一情况十分常见,一般来说 ν_m 不超过 1MHz,而光学共振线宽往往达到 10 倍以上。在这种情况下,需要考虑共振线型函数,对于自由离子共振线型为洛伦兹函数,频率宽度 $\Delta\nu$ 取决于光跃迁所涉及能态的辐射寿命。限制离子外场所导致的共振线型畸变,可以忽略不计,共振散射横截面可表示为

$$\sigma(\nu) = \sigma_0 \left(\frac{\Delta\nu}{2}\right)^2 \frac{1}{(\nu_0 - \nu)^2 + \left(\frac{\Delta\nu}{2}\right)^2} \tag{16.20}$$

振荡离子感受到的频谱非常依赖于 $2\pi a/\lambda$ 的取值,在某些极端情况下,$2\pi a/\lambda \gg 1$,相当于光频率缓慢振荡时的多普勒变化,相对最大多普勒频移,振荡频率 ν_m 非常小,在这种情况下,频谱中包含大量紧密相间的谱线,所有谐波的振幅都高于 $2\pi a/\lambda$。对于确定的最大多普勒频移,如果假定离子振荡非常缓慢(为保持多普勒频移为常数,离子振幅非常大),光谱紧密间隔,几乎形成连续频带,带宽约等于最大的离子速度造成的多普勒频移。在这一极限下,可以将振荡离子感受到的光谱简单近似为单一频率,该频率随离子瞬时速度改变。然而离子在不同相位下的振荡时间不同,在这种近似下离子似乎并未受限制,而是自由移动,就像先前讨论的中性粒子一样。前面有关多普勒冷却的论述应该也适用于此处。

然而,一般情况下,可以假定 $2\pi a/\lambda$ 为任意值,以离子为参考,离子被照射时,不是被单频光束(频率为 ν)照射,而是被具有独立分离频率 $(\nu \pm n\nu_m)$ 的光束照射。以离子为参考来看,当离子感受到边带激光频率时,它会吸收光子,相当于在共振

频率 ν_0 处,即谐波数 n 必须满足 $\nu_0 = (\nu + n\nu_m)$,一个能量为 $h\nu$ 的光子被吸收。在共振吸收和再发射的过程中,以原子粒子自身为参考,其再发射的辐射能量非常接近它吸收的能量(发射光子时会附带反冲能量,但在目前分析中,这是可以忽略的)。然而以实验室为参考来看,这种辐射与离子振荡有关。多普勒边带相对中心频率对称,平均来看,发射光子的能量恰好是吸收光子的能量,即 $h(\nu + n\nu_m)$。以实验室为参考来看,一个能量为 $h\nu$ 的光子被吸收,一个平均能量为 $h(\nu + n\nu_m)$ 的光子被发射。如果设定激光频率 ν 负失谐于最大共振吸收频率 ν_0,吸收更可能发生在较高边带处($n>0$),而不是在较低边带处($n<0$),离子质心运动的能量会产生净损失。

描述冷却过程的这种方式在物理上等效于前面的光压描述;当然,只有在两个近似处理都有效的范围内,定量比较才有意义。仅考虑 $2\pi a/\lambda \gg 1$ 的情况,根据多普勒频移方程离子的瞬时速度与 n 相关,$n\nu_m = (V/c)\nu$。强度为 I 的光子束对离子施加的平均压力为 $F = I\sigma/c$,因此离子能量的降低速率(FV)为 $I\sigma(V/c)$,即每吸收一个光子能量降低 $I\sigma n\nu_m/\nu$,或 $h n\nu_m$,这是吸收多普勒频移的光子和发射光子之间能量平衡的结果。

在离子冷却的初始阶段,相关的限制条件为 $2\pi a/\lambda \gg 1$,在相反的极端情况下,$2\pi a/\lambda \ll 1$,这将决定冷却所能达到的最终水平。在这一限制条件下,一级以上的多普勒边带幅度可以忽略不计,振荡离子感受到的频谱包括中心频率 ν 和两侧的一级边带 $(\nu + n\nu_m)$ 及 $(\nu - n\nu_m)$。在这一情况下,相对容易得到冷却速率明确的表达式,这些边带的强度,$J_{\pm 1}^2(2\pi a/\lambda)$,近似为 $(\pi a/\lambda)^2$。假设共振谱线为洛伦兹线型,$\Delta\nu \gg \nu_m$,离子吸收能量为 $h\nu$ 的一个光子并随之发射一个平均能量为 $h(\nu + \nu_m)$ 的光子后,不仅有能量损耗,而且在另一边带 $\nu - \nu_m$ 处会产生吸收/发射增益。冷却的整体速率简化后由下式给出:

$$\frac{dE}{dt} = -2\left(\frac{\pi a}{\lambda}\right)^2 I\sigma_0 \frac{\nu_m}{\nu}\frac{\nu_m}{\Delta\nu} \tag{16.21}$$

在此已经考虑了表现为多普勒频移的运动效应,在参考系中假定离子最初是静止的,其吸收和发射的光子频率/能量相同。只要离子在吸收或发射光子时的反冲能量相比任何先前运动的能量小到可以忽略,这就是一个有效的近似。这可能会引起一些混乱,因为多普勒冷却机制在某种意义上也归因于"反冲";很显然必须对此进行区分:根据光子和离子动量的比值,它们代表两个层级的近似。冷却后离子动量接近于零,适用于处于静止状态离子的较高阶近似就是必要的。反冲能量将决定离子能量所能达到的最小值,与决定残余布朗运动的反冲能量相同。根据线性动量守恒,吸收一个光子后,离子的反冲动量为 $h\nu_0/c$,初始速度为零的离子获得 $(h\nu_0/c)^2/2M$ 的动能。在当前条件下 $J_0^2(2\pi a/\lambda) \approx 1$,离子经受的几乎所有辐射都在中心频率 ν 处,假定 $\nu = \nu_0 - \Delta\nu/2$,在中心频率处 $\sigma = \sigma_0/2$(根据定义),离子的能量增益速率由下式给出:

$$\frac{\mathrm{d}E}{\mathrm{d}t} = \frac{I}{h\nu} \frac{\sigma_0}{2} \left(\frac{h\nu_0}{c}\right)^2 \frac{1}{2M} \qquad (16.22)$$

最后,为了获得离子能量的最终平衡值,经过简化后,将离子的能量损耗速率等同于能量增益及获得的能量:

$$E_{\min} = \frac{1}{2}M(2\pi\nu_m a)^2 = \frac{h\Delta\nu}{4} \qquad (16.23)$$

虽然这种分析仅是针对基本物理过程的粗略定量描述,但它指出了冷却与物理参数之间正确的依赖关系。然而这一分析在物理方面存在一个严重的缺陷:在达到或接近最小能量时,离子运动不能再用经典力学处理,在量子力学中这种情况就成为一个问题:$E_{\min}$ 可能并不比 $h\nu_m$ 大多少,$h\nu_m$ 为频率 ν_m 的简谐振子的量子能量。这种振子的能量假定为只具有离散值:$h\nu_m\left(n+\frac{1}{2}\right)$,其中 n 是整数,$\frac{1}{2}h\nu_m$ 是零点能量。当然作为量子现象,能量不能精确达到零;经典描述只有在量子数 n 很大时才近似有效。进一步深入追究此问题可能会远离本书主题。在阱中已经实现了量子水平的离子振荡实验,完美证明了激光冷却的理论。在一个频率 $\nu_m = 10^5\,\mathrm{Hz}$ 的离子被束缚在阱中时,有 95% 的机会它会被冷却到零点能量状态,温度约为 $0.8\,\mu\mathrm{K}$。对于单个汞离子,振荡幅度不超过 $0.02\,\mu\mathrm{m}$,仅为 $\lambda/10$ 量级,二阶多普勒频移不超过 1×10^{-21}。

268

第17章
激光器在微波频标中应用

随着激光器的出现,原子时间/频率标准系统的整体特征在很多基础方面都有明显改变,其中包括:对参考粒子内部量子态的操控、对参考单粒子的冷却以及对量子跃迁的探测等。这些改进,直接导致了铯原子钟跃迁探测方式的改变,当然也产生了革命性的技术进步,实现了一直以来的实验目标,即利用激光束完成离子的悬浮冷却,比如:NASA 的汞离子微波共振实验等。这一目标可以完全隔离环境对参考粒子的影响,消除多普勒频移和任何不受控的随机扰动,测量到真正的共振频率。本章将讨论激光在微波原子频率标准中的应用,下一章将讨论直接以激光作为光频段的频率标准。

17.1 单离子观测

17.1.1 引言

激光发展的一个重大进步是实现了单离子的观测。将一束共振激光照射到离子囚禁区域,通过探测足够多的散射光子,研究离散粒子的光散射本质。在 Paul 阱出现的早期,利用电测量的方法,就可将离子探测的灵敏度提高到可分辨离子团中分立离子的水平,随着激光的应用,探测信号的信噪比得到了极大提高,并且实现了对单离子的长时间观测。

在激光的帮助下,可直接观测 Paul 阱内冷离子的光学"结晶"点,极大地促进了光与物质相互作用特性的相关研究。早期的评估就表明,利用激光共振散射信噪比的巨大优势,可以观测到单个原子级粒子。一方面,单个粒子的研究始于对离子数的理论预估,该理论基于对散射过程中离子散射截面的认知,通过对散射光强度的观测来实现,这有助于估计最终目标实现的进展;另一方面,对单个离子的分辨,利用探测散射光的方法,当离子在阱内产生或从阱内移除时,其能量会在有限的分立能级间变化,从而导致散射光强的阶跃式变化。

离子一般通过电子和母原子之间的随机碰撞而电离产生,对任何一个阱的填充周期,积聚在阱内的离子数都是统计波动的。然而,不同离子数目出现的概率,遵从一个特定的法则。如果所用的母原子数目相比电离出的原子数目是无限大的(通常也满足这个条件),可以假设在填充周期的任何时刻,任一产生的离子都有相同的概率成为离子团的一部分。在这种条件下,可以看到囚禁的离子数服从泊松分布,如果用$\langle n \rangle$表示平均的囚禁离子数,则单次囚禁 n 个离子的概率,满足如下关系:

$$p(n) = \frac{\langle n \rangle^n}{n!} e^{-\langle n \rangle} \tag{17.1}$$

如图 17.1 所示为泊松分布直方图,对于给定的平均捕获离子数 n,形成具有不同数目的离子团的相对概率。当离子数目非常大时,例如在最早的汞离子实验中,测量到的离子荧光信号的不连续性仅表现为一个小的波动,即散弹噪声。只有当离子数比较少,并且信噪比较大时,才可分辨出单个离子的影响。

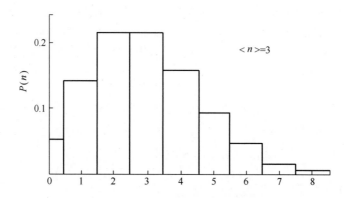

图 17.1　囚禁离子数泊松分布情况

利用分辨单个离子的能力,可以将阱内离子数目限制在一个或最多一串独立的离子,这些离子都囚禁在 Paul 阱内高频场振幅为零的地方,即由场幅度决定的振动能量或微运动为零处。在传统的 Paul 阱中,场强为零的点只有一个,即在阱的中心。显然,如果出于提高信噪比的需要,要对多个离子进行观测,离子之间的排斥力将导致不是所有离子都处于中心零点位置。由于激光冷却只能影响离子的本征运动,而不能限制微运动,这些被排斥离子的微运动将使其能量有某个下限。因此,对于离子团,离子间的相互作用不仅干扰它们的内部量子态,也限制了可以降低的温度极限,相应地也限制了(二阶)多普勒效应的消除程度。

在前面章节中曾经提到,在 Paul 阱产生的高频电场内,离子受到的碰撞将导致离子本征运动的相位变化,从而引起离子能量的突变。现在由于有了孤立单离子的观测能力,可以消除离子之间的碰撞;剩下的就只是离子与真空系统内背底气体粒子间碰撞的概率问题,这意味着现在的实验难点转变成超高真空度的获得和保持,保持阱内足够低的杂散粒子数浓度。对于具有高蒸气压的汞元素情况,一个有效的方法是使用低温抽运,即将系统温度降低到所有物体(除了氦以外)的冻结点以下,这可以通过将系统浸入液氦中实现。一个不太极端的实现方法是利用现代真空技术的成果,即利用钛离子泵,在对系统进行精心设计和搭建后,利用钛泵可以使气压降低到 10^{-10} Pa,尽管这还远达不到“完美”真空(相比之下,星际空间的平均粒子数密度比这还要小 10000 倍),但是这样低的粒子数密度,已经可以使离子与背景气体之间的碰撞相隔平均时间达到几天之久!因此尽管碰撞会导致一些能量的增加,但碰撞相隔时间如此之长,能量增加速率非常小。

17.1.2　囚禁条件

激光冷却离子物理系统的设计,始于对 Paul 阱自身的设计。Paul 阱的设计过程中,一个特别重要的物理参数是离子的本征振荡频率,这一频率值由 $\beta\Omega/2$ 给出,在绝热条件下,β 值近似为 $\beta^2 \approx a+q^2/2$。在绝热近似下,离子在进行慢速的以囚禁场零点为中心的运动时(即本征运动),还按电场频率进行小幅度的振动(即微运动)。此时,离子振动谱线决定于频率 $\beta\Omega/2$,其中包含两个频率分量:$(2+\beta)\Omega/2$ 和 $(2-\beta)'\Omega/2$,后者是个很小的值。除此之外还有两个重要的参数:离子固有共振线宽以及激光线宽。如果激光线宽小于离子共振线宽,可显著地简化多普勒冷却过程,可有效地达到阱内零点能量,如果反之,当离子共振线宽小于多普勒边带的频率间隔时,离子就可以被很好地分辨出来。

由于适合于激光冷却的离子光跃迁必须要具有相对于光束较大的散射截面,因此这个跃迁谱线的线宽(由于具有较高的跃迁概率)不会比 MHz 小多少。这意味着离子振动频率 $\beta\Omega/2$ 至少要在 MHz 量级,因此对例如 $\beta \approx 0.1$ 的情况,电场频率 Ω 必须达到几十 MHz 量级。出于这些考虑,我们现在可以得到一些适合于离子激光冷却的典型阱的设计细节,例如:对于汞离子,假设振荡场频率为 $\Omega/2\pi =$ 10MHz,有 $q_r = 2.4 \times 10^{-10} V_0/r_0^2$,在保证 q_r 落在 a-q 稳定区域内的前提下,可以随意选择 q_r 的具体值,如果假设 $q_r = 0.05$,$r_r = 1$mm,则需要的射频场幅度为 $V_0 = 210$V。对于大质量的离子,相对较高的振动频率使得这个囚禁阱尺度与利用激光之前的汞离子频标相比可以很小。在微小型阱的构建中,获得好的精度和机械结构稳定性难度较大,也因此导致了各种独特设计的电极形状。但无论阱的形状如何变化,在离子阱内都必须要有一个最低电势鞍形点。

在假定的条件下,频率为 Ω 的高频振荡平均动能等于加载到静态场的静电势能,后者决定了慢速振荡频率 $\beta\Omega/2$,据此可以计算囚禁在阱内离子的最大动能,根据公式 $\beta^2 \approx a+q^2/2$,最大能量 $E_{max} = (eU_0/2+eqV_0/8)$。以汞离子为例,这一能量在 1.25 个电子伏量级,对应的单离子温度约为 14500K。

将一束电子与一束母原子在囚禁阱区域内进行碰撞,离子经碰撞离化后进入阱内,这一过程耗时大约不到 1s,一旦阱填充好,必须停止射入的电子束与原子束,一方面为了实现最小化的背景气体粒子浓度,另一方面是要排除带电粒子可能对电场产生的任何失真干扰。由于只需囚禁几个离子并最终剩下一个超冷单离子,当初始离子数很大时,最多可达到 1.25eV 的能量分布,因此必须减弱成能量很低的离子。这可以通过短时间内降低高频振荡场的幅度来实现,降低阱内最大能量并允许高能量的离子逃逸。

17.2 超精细结构光学探测

17.2.1 激光系统设计

激光系统主要由原子的共振跃迁波长确定。除了汞离子之外,科研人员还进行了大量其他离子的相关实验工作,包括重碱土金属元素的碱性离子,比如锶离子(Sr^+)和钡离子(Ba^+),以及镱离子(Yb^+)等。从构建适合的激光系统的角度来看,钡离子在绿光区域 $\lambda = 493.4nm$,共振波长的激光容易产生。与其他离子钟跃迁共振波长落在紫外区域不同,在钡离子钟跃迁所处的频段范围内,有很多可调谐染料(香豆素 102)激光器可以直接产生所需的波长。

只要成功产生具有足够光谱纯度、可用于离子冷却的激光,就在实际上解决了微波频率标准研制中面临的另外一个问题,即:离子超精细能级的抽运问题。最早完成超精细抽运的是汞离子共振实验,利用 ^{202}Hg 灯共振光谱上与 $^{199}Hg^+$ 超精细荧光谱交叠特性,部分光作为抽运光,目前在很多可搬运汞离子微波频标中仍在应用这种光学设计。利用一个线宽小于 1MHz、光频调谐到与原子谱线一致的激光器,就能解决光抽运的问题,实际上只要是冷却离子,就必须要解决超精细能级抽运问题,否则离子就会积聚到不吸收光子的基态超精细子能级上。

17.2.2 共振信号的"电子转移探测"方法

单个囚禁离子具有超高的隔离度,意味着对超长寿命的上能级量子态,可以进行长时间的相互作用和探测,从而可观测到从激发态到基态的超窄线宽共振跃迁。这些长寿命的上能级包括常见的磁超精细能级,以及光学电偶极禁戒跃迁对应的亚稳态,只允许电四极跃迁或更高的电八极跃迁。对于汞离子,具有极高 Q 值的共振跃迁,既包含微波段超精细能级间跃迁,又包含光学亚稳态到基态的能级跃迁,对于后者,Q 值可达到 10^{12}!但是,共振跃迁自发辐射概率很低,意味着吸收截面很小,因此不适合通过直接探测共振散射光子来观测共振现象,另一方面,也不能通过增加探测光强度来提高跃迁速率,因为这样会导致跃迁光谱的功率增宽问题,损害超窄共振线宽的本质目标。

与铷原子频标和铯原子频标中的情况一样,必须通过间接"触发"的方式来观察共振谱线,通过这种方法,微波参考频率跃迁中微弱的能量改变能够引起一个足够大的可观测效应:比如在铯原子频标中改变铯原子束的轨道,在铷原子频标和汞离子频标中,对共振微波光子的吸收会影响另一个跃迁对抽运光子的吸收,这一跃迁是某个参考磁子能级与其他量子态之间"允许"的跃迁。

在单离子能够不受扰动地储存几天的情况下,可以对量子态进行操控,并从时间上将操控和观察过程分开,一方面进行操控,另一方面来检测操控的效果。利用一根强烈的荧光跃迁可以实现量子态操控的监测,这一跃迁与钟跃迁能级之间有一定的关系,但荧光波长远离钟跃迁波长。在钟跃迁与弱探测场相互作用时,关闭监测光,然后重新打开监测光以确定钟跃迁是否发生。

单离子光谱法的前身为双共振光谱法,在这种方法中,要对跃迁进行频率扫描,监测另一个与之具有一个公共能级跃迁的共振荧光的相对强度变化。当散射荧光的是单个离子时,离子要么处于上能级,要么处于下能级,该方法呈现出完全的开-关特性,如果参考钟跃迁与另一个更强荧光跃迁之间有公共的下能级,则强跃迁的荧光会存在有光和完全无光两种状态,处于哪种状态取决于离子所处的钟跃迁能态。只要离子处在钟跃迁的上能级,则荧光为零,直到通过一个诱导跃迁(或自发辐射跃迁),离子落到下能级后,才再次发出荧光,这一过程被隐喻为"电子转移探测",是由 H. Dehmelt 提出的术语。

17.2.3　信噪比

虽然囚禁的悬浮冷单离子可以提供一个不受扰动和不受多普勒频移影响的理想跃迁参考,然而作为影响共振中心频率精确值的决定性因素——信噪比,除了受到光子散弹噪声、激光束强度、频率波动影响外,从根本上还受到量子投影噪声的限制。与第 4 章中提到的散弹噪声相似,它反映的是分立量子跃迁所具有的统计特性。在离子数很少的情况下,荧光强度很弱,不同种类噪声的影响与早先离子云频率标准的情况相反。对于离子云,参与跃迁的离子数比探测到的光子数大很多,相比于荧光散弹噪声,量子投影噪声对信噪比的影响可忽略不计。与之相反,对于单离子,一串离子对共振激光的散射足够多,使得实际的光子散弹噪声影响可能比激光频率和强度稳定性的影响还要小。最终,由于单个离子就能对来自稳定激光器的大量光子进行散射,预计还是量子投影噪声占主导地位。

为了定量地给出信噪比的基本限制,必须深入研究汞离子(^{199}Hg$^+$)微波频标钟跃迁的探测方法。下文中会经常以多离子为目标讨论,但事实上也可能指单个离子,这里假设对多个离子测量的整体平均值与单个离子多次重复相同测量的结果均值是一样的。

假设只用一束激光进行超精细能级跃迁的光抽运和能级间微波钟跃迁的检测，由于要避免光频移效应，钟跃迁必须在"黑暗"情况下探测，因此假定按如下时序进行控制与探测：①打开激光，将离子从可吸收光子的超精细结构低能级，抽运到不再吸收光子的其他能级，在这些能级上荧光强度趋近于零。②阻断激光，施加微波场，诱导钟跃迁，从而相干混合两个子能级；假设微波场一直持续，直到离子有1/2的概率发生跃迁。本质上这是对处于"混合态"离子的量子力学表述，它与常识相反，基于所谓的"薛定谔猫"理论，即盒子里猫的死活是不知道的。③再次打开激光，如果离子发生了钟跃迁，则对其辐射的荧光光子进行计数。假设每个离子（如果离子数大于一个的话）在相同过程多次重复后，发出的平均光子数为$\langle N_p \rangle$，那么单次光子数计数的均方根偏差为$\sqrt{\langle N_p \rangle}$（参见第3章内容）。需要说明的是，这样得到的光子计数不能直接给出钟跃迁概率，因为在计数时利用的是其他跃迁能级。理想情况是利用另外一束对应原子循环跃迁能级的激光，进行更直接和高效的循环跃迁探测。如果假设阱内对光子计数有贡献的一串离子数目为N_i，则实际情况中参与钟跃迁并辐射荧光光子的离子数也会有一个统计波动。第3章中讨论随机游走噪声时曾提到，均方根偏差为$\langle \Delta N_i^2 \rangle = N_i p(1-p)$，其中根据前述假设$p=1/2$。

下面计算探测到的总光子数波动情况，包括每个离子辐射光子的散弹噪声影响，以及实际参与作用的离子数目波动的影响。由于这些量是相互独立的，它们呈平方关系，即

$$\langle \Delta N_d^2 \rangle = \frac{1}{2} \langle N_p \rangle N_i + \frac{1}{4} \langle N_p \rangle^2 N_i \tag{17.2}$$

当$\langle N_p \rangle \gg 1$时，均方根波动$\sigma_p$表示为

$$o_d \approx \frac{1}{2} N_p \sqrt{N_i} \tag{17.3}$$

17.2.4 Dick 效应

在离子囚禁频标和铯原子频标中，无论是线性结构还是喷泉结构，都需要用一个被动的本地振荡器，去探询离子或原子的参考跃迁信号，并锁定到参考频率上。对于这两种情况，在每一个测量周期内，都必然有一段不能进行探询的时间，在此期间，伺服环路中的本地振荡器也接收不到反馈控制信号。1989年J. Dick在他有关汞离子频率标准的文章中，指出了这种参考粒子与探测场之间周期性的脉冲式相互作用，会导致本地振荡器受到噪声影响而降低长期稳定度（C. Audoin, 1998）。目前的离子频标和喷泉频标中，当本地振荡器自由运转时，探测光的中断时间相对较长，因此这一效应变得更加明显。

由于对本地振荡器的控制是离散周期性的,因此在进行系统分析时还要考虑采样理论,该理论是模数转换技术的核心。在这一领域,一个重要的概念就是失真,即如果用低采样频率对快速变化的函数进行采样,将导致采样结果不能代表这一函数。对函数的采样,香农(C. E. Shannon)给出了一个合适的不失真采样标准,即采样定理:为了能够准确、不失真地表示出给定函数 $f(x)$,采样速率的频率要比被采样函数中的最高频率成分大 2 倍以上。

在 Dick 效应中,由于低采样速率影响本地振荡器的高频噪声失真到了低频信号附近的频率上,导致了频率标准中的伪频移。

17.2.5　Ramsey 时间分离场激励

为了探询离子,确定场在什么频率时与参考跃迁共振,采用了 Ramsey 分离场技术。在铯原子频率标准中,铯原子束穿过 Ramsey 腔内两个空间分离的相位相干微波场,观测共振跃迁谱线。Ramsey 指出:该方法同样可以应用到时间分离的相位相干场,而不必仅限于空间分离,因为跃迁与量子态在时间上的演化有关。在时间分离场中,离子依次受两个相干微波脉冲作用,精确控制这两个脉冲的强度和持续时长,以及脉冲之间的时间间隔。这里说的相干仅指两个脉冲是同一个连续波的不同部分。Ramsey 技术对抑制剩余波动影响,实现囚禁离子的长辐射寿命、高锐度共振谱线十分重要。

在对铯原子频率标准内 Ramsey 场跃迁的讨论中,为了将该过程具体形象化,需对磁偶极子在磁共振跃迁中的运动进行说明,在磁共振实验中跃迁过程可以假想成是偶极轴相对静磁场方向的旋转,此处也同样适用这样的一个类比。根据量子定律,场诱导的超精细能级跃迁对离子的作用,以一个包含了离子的初态和末态的非稳定"混合"量子态来表示,其中磁矩按跃迁频率周期性地变化,跃迁在时间上的演变由拉比章动频率 ω_R 描述,ω_R 正比于引起跃迁的场强度。在量子力学中,辐射的吸收和受激发射被认为是等速率的,如果有一个自由离子持续处于微波场中,那它将在两个超精细能级之间来回翻转。当离子以某一个能级作为初态,在共振场内以拉比频率进行一段时长 τ 的振荡时,当 τ 满足 $\omega_R\tau=\pi$ 时,离子将完全跃迁到另一个能级上;当 τ 满足 $\omega_R\tau=2\pi$ 时,离子又回到初态上。一般来说,离子从某一个初始态跃迁到另一个态的概率的含时表达式为

$$P = \frac{\omega_R^2}{(\omega - \omega_0)^2 + \omega_R^2} \sin^2 \frac{1}{2}\sqrt{(\omega - \omega_0)^2 + \omega_R^2}\,t \tag{17.4}$$

式中:ω 和 ω_0 分别为场的(角)频率和离子跃迁(角)频率。在场与离子跃迁共振时,即 $(\omega-\omega_0)=0$ 时,跃迁发生概率 P 在 $\omega_R\tau=\pi$ 时可以达到 1。当作用到离子上的场是两个分离的周期场时,这一结果会变得复杂一些。早在 20 世纪 50 年代初期,Norman Ramsey 给出了与量子理论谱线形状一致的经典理论描述。这里我们

唯一感兴趣的是中心最大频率附近的线型,对于频率$(\omega_0-\omega)\ll\omega_R$的情况,Ramsey的结果表示为如下形式:

$$P(t)\approx\frac{1}{2}\sin^2(\omega_R\tau)\left[1+\cos(\omega-\omega_0)T\right]\qquad(17.5)$$

上式可以得出,当$(\omega-\omega_0)=\pm\pi/(2T)$时,$P(\tau)=P_{max}/2$;因此该线型的半高宽(以Hz为单位)为$1/(2T)$,其中$T$是两个Ramsey相互作用段的时间间隔。

通常情况下,需要合理地设计两个时间分离脉冲各自的场强度(以及由幅度决定的拉比频率ω_R)和持续时间τ,使得$\omega_R\tau=\pi/2$。如果场的频率调节到与原子跃迁频率精确共振,则在两个脉冲间的自由演化时间段内,离子振荡磁矩保持与振荡场同相,这样当离子开始与第二个脉冲相互作用时,它的状态与第一个脉冲作用结束时的状态是不可分辨的。在这种情况下,当第二个脉冲结束时,$\omega_R\tau=\pi$,离子将完全跃迁到另一个态上。最有意义的是,在两个脉冲之间较长的一段时间内,如果离子跃迁频率有微小但随机的改变,则在这段间隔结束时离子磁矩的相位倾向于能够平均掉这样的频率波动。如果场有失谐,使得$(\omega-\omega_0)$不等于零,则经过时间间隔T,离子磁矩和场之间将产生相位差$\Delta\phi=(\omega-\omega_0)T$,使得第二个脉冲作用结束后离子的跃迁概率变小。由于在物理上只有自由演化时间T结束时,离子磁矩与场的相对相位影响才会显现,所以,由频率失谐导致的相位差$\Delta\phi$,与其他相差整数个2π的相位差$\Delta\phi+2n\pi$,是不可区分的,这里n为整数。图17.2说明了跃迁概率周期变化的本质,其中x轴为频率失谐量,y轴为散射光子数。

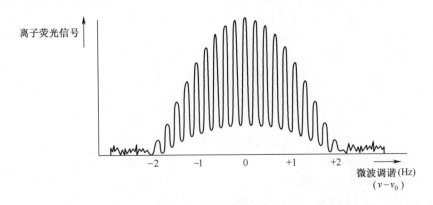

图 17.2　分时 Ramsey 场中观测到的周期性共振信号

下面,将评估用这种探测方式锁定后,频率标准的稳定度。按照数字伺服电路的设计,探测场频率ω对称地在最大峰值左右两边的半高点对应的频率值之间跳变,即$(\omega-\omega_0)=+\pi/(2T)$和$(\omega-\omega_0)=-\pi/(2T)$。要计算出前面讨论的光子数波动对频率标准的影响,就需要知道在不同的采样频率点处,光子数变化的速率。可以简单地表示成如下形式:

276

$$\left[\frac{\mathrm{d}N_d}{\mathrm{d}\omega}\right]_{(\omega-\omega_0)=\pi/2T} = \frac{N_p N_i T}{2} \tag{17.6}$$

式中:N_p 表示每个离子发出的光子数;N_i 表示离子数。当总的测量平均时间为 τ 时(注意:这里的 τ 不是 Ramsey 微波脉冲持续时间),平均时间与每个独立周期时长之比为 $\tau/2T$,统计上的频率波动为:

$$o_\omega = \frac{1}{\omega_0 \sqrt{N_i T}} \tau^{-1/2} \tag{17.7}$$

17.3 NIST 汞离子微波频标

在未使用激光之前,汞离子频标就已经具备极其优异的性能,是一种便携式设备,激光冷却使得汞离子频标具有更高的精致度和精确性,但使用激光后,原子钟不再具有便携性。当然,作为实验室标准无需再考虑便携性,激光冷却技术几乎消除了离子的二阶多普勒效应,将汞离子微波频标的精确度提高到了在周围电磁场影响下所能达到的极限值。激光冷却技术减慢了离子的运动,高频场的幅度波动接近为零,因此电场对磁超精细分裂的影响可以完全忽略。

美国汞离子微波频标和光频标的研究工作,主要集中在国家标准技术研究院(NIST)的时间和频率部门,目前主要由 Wineland 和他的研究小组在开展相关工作。用于 40.5GHz 微波频标的线性 Paul 阱原理如图 12.9 所示,当高频场为零时,许多离子沿着轴向晶体化。缺少离子微运动使得离子不能通过碰撞获得动能,因此在探询期间允许关掉冷却激光。

在第 13 章中,已经介绍了频率标准中的量子态光学跃迁理论,汞离子微波频标中的相关跃迁能级如图 17.3 所示,将激光频率调谐至负失谐于 $^2S_{1/2}, F=1$ 和 $^2P_{1/2}, F=0$ 之间的跃迁频率,对汞离子进行多普勒冷却。在多普勒冷却过程中,要避免离子被抽运到"暗"(不吸收)态上。在理想情况下,如果诱导冷却跃迁的激光频谱很纯,离子将在两个态上循环布居($F=0 \rightarrow F=0$ 是禁戒跃迁)。实际上,由于激光存在翼状频谱,导致一些激发到 $^2P_{1/2}$ 的离子跃迁到更低的 $^2S_{1/2}, F=0$ 态上。因此在冷却过程中必须加入另一束激光,来诱导 $^2S_{1/2}, F=0$ 到 $^2P_{1/2}, F=1$ 的跃迁。当然,在超精细能级抽运过程中,必须阻断这束激光,使得离子聚集在 $F=0$ 的基态子能级中。激光阻断后,加载微波探询场,即时间间隔 T 的 Ramsey 分离场,最终激发 $^2S_{1/2}, F=1 \rightarrow ^2P_{1/2}, F=0$ 跃迁,通过荧光光子计数来确定微波跃迁的离子数目。

通过光学频率来合成 ^{199}Hg$^+$ 离子冷却和超精细抽运的 194nm 紫外激光非常困难,194nm 激光无法直接产生,它超出了染料激光的波长范围,也无法在晶体中通过二次谐波产生,在这一波长范围内难以找到相位匹配的晶体,相关问题已在第

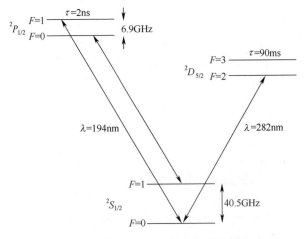

图 17.3 ^{199}Hg$^+$ 离子的相关量子能级

14 章进行了讨论,对紫外辐射的吸收也严重限制了晶体的选择范围。

位于美国 Boulder 的 NIST 研究小组开展了波长 194nm 激光器的研制工作,他们以 792nm 和 257nm 的激光作为基频光,在非线性晶体五硼酸钾(KB5)和偏硼酸钡(BBO)中产生 194nm 的和频激光。257nm 的激光是由 515nm 的激光倍频产生,氩离子激光器锁定在温度调谐的标准具上,实现单频输出。采用端面布儒斯特角切割的 BBO 作为倍频晶体,晶体置于环形腔内的束腰位置,腔振荡模式与 515nm 的泵浦激光模式匹配,很大程度上增强了晶体中的光场强度,提高了二次谐波的转换效率。通过微调晶体倾角来满足相位匹配条件。

波长 792nm 的激光是由二极管激光器产生,主激光器通过外腔参考到碘稳氩离子激光,以实现稳频,从激光器为模式匹配的锥形放大器,相位锁定在主激光器上。

建立两个重叠的环形共振腔,在两个腔共同的束腰位置上放置一块布儒斯特角切割的 BBO 和频晶体,两束基频光作为寻常光射入晶体,194nm 的和频光为非常光。这里必须仔细调节两束基频光的入射角,以保证它们在晶体内是共线的。据 Berkeland 等人(Berkeland,1998)的报道,利用这种方式能够产生 2mW 的 ^{199}Hg$^+$ 抽运激光。

激光冷却技术能够实现极其尖锐的共振峰,普通超高真空和磁屏蔽技术已不能与之匹配。NIST 的研究小组(Poitzsch,1994)提出了研制在液氦温度下(大约4.2K)运行的线型离子阱系统。既然所有物质(除了氦本身)在这一温度下都会冻结,所以极小的汞蒸气压对于测量是一个极大的挑战,当然这也将减小背底气体压力。引入低温技术无疑会增加系统的整体复杂度,低温装置包括两层杜瓦(隔热室),离子阱系统在杜瓦中浸入液氦:内层杜瓦盛有液氦,外部杜瓦盛有液氮。由于必须连续补充液氦,显然需要恒定的氦源。离子阱真空系统中剩余的一部分氦,通过离子泵,可将压强保持在 10^{-7}Pa 以下,配合低温泵彻底解决真空问题。

在这样的低温环境下,需要采用超导金属作为磁屏蔽,超导材料是一种当温度低于特定临界温度 T_c 时,电阻为零的导体。超导现象首先在液氦温度下的汞中被发现,随后在许多元素以及大量合金和化合物中也被发现,包括 1985 年发现的高温-T_c 氧化物。最常见的合金是含钛或锡的铌化物,临界温度为 18K。当然,超导材料不仅仅具有零电阻效应,同时在 1933 年迈斯纳也发现,将超导材料置于磁场中,并且冷却到相变温度以下时,材料内部的磁场会被消除,这一特殊的现象后来称为迈斯纳效应,这一效应意味着,超导体也是一种完美的抗磁体,超导腔可作为理想的磁屏蔽。抗磁材料的性质表明,从超导内部能够排除任何外加磁场,可通过内部自由电流的磁场精确地抵消外部磁场。

因此,使用已知的技术就能够将汞离子频标的系统不确定度提升到全新的水平,获得难以想象的精度。由于二阶多普勒效应、碰撞和磁场导致的共振频移能保持在 10^{-16} 以下,通过使用多极离子阱,使得反映共振中心统计误差的短期频率稳定度能够达到 $10^{-13}\tau^{-1/2}$,其中 τ 是平均时间。至于长期频率稳定度,比如日稳,阿伦方差小于 4×10^{-16},已超过所有其他频率标准。

17.4 镱离子频标

对于汞离子微波频标,由于 194nm 激光的产生难度,整个频标系统庞大,无法实现便携性。因此,许多科学家在研究寻找其他元素的离子频标,目前普遍认为:同位素质量 171 的稀土元素镱(Yb^+)是一种可实现便携性的新型频标。

图 17.4 所示为同位素 Yb^+ 的相关能级,其中包括作为参考频率的 12.6GHz 基

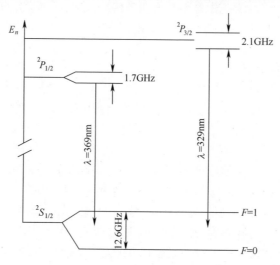

图 17.4 Yb^+离子频标相关能级

态磁超精细分裂能级,Yb⁺频标使用 369.5nm 的紫外激光进行超精细抽运和可能的激光冷却。Yb⁺和 Hg⁺有两个重要的差别:首先,Yb⁺紫外共振波长可以通过简单的二极管激光倍频得到;其次,Hg⁺离子参考频率为 40.5GHz,大于 Yb⁺三倍以上,同等条件下 Hg⁺离子共振的 Q-因子会高出三倍以上,基于 Hg⁺的频标稳定度也是优三倍以上。因此,用于 Hg⁺微波频标的小型紫外激光器出现之前,Yb⁺离子频标是该领域的强有力竞争者。

17.5　光抽运铯束频标

17.5.1　NIST-7

激光在原子频标中的一个重要应用,是早期的光抽运铯束频标,这种频标的代表性成果是运行于 NIST Boulder 分部的 NIST-7,这是一种热原子铯束频标,用激光抽运取代磁选态,目前已在世界各地多个标准实验室投入使用。光抽运铯束频标与传统的磁偏转铯束频标非常相似,仅在选态和钟跃迁探测方法上有所区别。激光抽运和检测相较于传统方法具有的明显优点是:第一,磁选态是从原子束中去除那些超精细能态不符合要求的原子,而光抽运则将这些原子简单地抽运到两个钟跃迁相关能态上。第二,通过使用第二台激光激发强烈的循环光学跃迁,钟跃迁原子数量的荧光检测效率能达到 100%,循环跃迁只在特定的一对能级间产生。不同于那些参与超精细抽运的原子,产生钟跃迁的原子会反复发射荧光光子,不会滞留在两个能态上。第三,磁选态原子会产生"色像差",即原子分布的轨迹与其热速度相关,而在光抽运中不存在这一问题。

17.5.2　抽运激光

铯原子共振荧光波长为 852nm,可由紧凑的固态二极管激光器直接产生;在光抽运铯束频标中,通常使用布拉格分布反射(DBR)二极管激光器,这种激光器光谱较纯。光学系统的光谱纯度和频率稳定性,必须严格满足选择特定光学超精细跃迁的相关要求。这需要对激光输出频率进行主动控制,频率不是参考到绝对光腔上,而是参考到铯原子光谱的特定超精细能级跃迁上,相关光学器件包含铯蒸汽的特殊吸收室。然而由于多普勒效应,气室中的共振光谱宽度太宽,除非使用特殊的技术,否则不能作为频率参考。在使用激光之前,人们运用原子束来降低多普勒宽度,而目前是利用激光饱和吸收光谱法实现这一目的。将两束相同的激光反向传输穿过原子蒸气,以产生驻波,如果激光能导致足够高的跃迁效率,多普勒频移与激光光场共振的低能级原子数会显著消耗,耗尽预示着产生饱和。假定有第三束(弱)探测激光在整个原子共振谱线上进行扫频,一旦多普勒频移与激光频率共振,不同的原子团就会先后吸收探测光,吸收反映了原子间不同的速度分布。在吸收-频率对应曲线上会出现两处凹陷,对称地分布在最大值两侧,如图17.5所示。

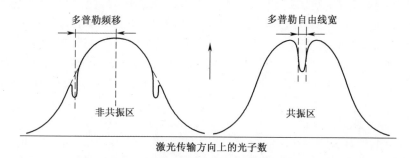

图17.5　多普勒增宽吸收谱线上因饱和出现的"烧孔"现象

这些凹陷被贝内特(W. Bennett)称为"孔",其谱宽为消除多普勒效应的原子线宽。由于多普勒频移与两束激光之一共振的原子饱和吸收,而产生了"烧孔"现象。改变激光的频率,两个孔可以在多普勒曲线最大值处汇合,对应选择的原子是与两束激光同时共振,也就是那些速度接近零的原子,这就是消除多普勒增宽的饱和吸收技术基本原理。

在铯原子气室中运用饱和吸收技术,采用伺服控制环路将其中一套激光系统(L_1)的输出频率锁定在铯原子 D_2 线上,即基态($^2S_{1/2}$)的超精细能级 $F=4$ 和第一激发态($^2P_{3/2}$)的 $F'=5$ 之间的跃迁,如图17.6所示。另一套激光系统(L_2)的输出频率锁定在 $F=4 \rightarrow F'=3$ 跃迁线上,原子从 $F=4$ 跃迁到 $F'=3$ 能级后按不同的比率再迅速跃迁到 $F=3$ 或 $F=4$ 能级。最终大部分原子布居到 $F=3$ 能级上。这一

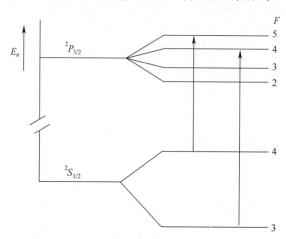

图17.6　用于激光稳频的铯原子跃迁

过程所起的作用相当于传统磁选态频标中的 A 磁铁。L_1 系统的作用是诱导 $F=4$ 和 $F'=5$ 之间的所谓循环跃迁,原子回到初始能级 $F=4$ 时会产生荧光辐射。由于电偶极跃迁必须满足 $\Delta F=0,\pm 1$ 定则,而 $F=3$ 和 $F'=5$ 之间的跃迁是禁戒的,因此 $F=4$ 和 $F'=5$ 之间为循环跃迁;$F=4$ 能级上的所有原子可反复吸收和再发射大量荧光光子,由此可保证对 $F=4$ 能级跃迁的探测效率能达到 100%。这套方案奏效的基本条件是:这两套激光系统和荧光探测系统的光谱宽度范围内能够分辨超精细谱。

NBS-7 的 Ramsey 腔长为 1.55m,Ramsey 线宽为 65Hz,对应的 $Q \approx 1.5 \times 10^8$。微波腔端部经过精心设计,使微波功率泄漏最小化,避免泄漏的微波引起多普勒相关移。微波能流根据坡印亭矢量(Poynting vector)方法测量,在原子束窗中心处能流应为零。

诱导钟跃迁的微波源频率为 9.192GHz,由计算机控制的直接数字频率合成器(DDS),产生具有精细分辨率的稳定 10.7MHz 信号(见第 4 章),再经过低噪声微波倍频链路,产生 9.18GHz 的低相噪微波信号。锁定原子振荡中心频率所需的误差信号由 0.5Hz 的方波调制信号获取。最终频率测试采用氢脉泽作为标准参考。

17.5.3　误差修正

第 9 章中概述了原子束频标共振频率误差的基本修正类型。作为频率标准,必须分析和评估所有可能的系统误差来源,以建立体现其时间定义的准确性。当然所要达到的准确度越高,就越需要评估更多细微效应的影响。对于光抽运铯束频标,进入 Ramsey 腔的杂散荧光会导致光频移,如果不对荧光进行有效遮挡,会严重制约此类标准的准确度。探询微波场的瞬态杂波和边带,特别是数字电路的影响,必须降低到可接受的容差范围内。还包括适当的消隐信号,其对本振信号到原子共振频率的伺服锁定结果具有重要影响。

如果各种实验参数,例如施加到 Ramsey 腔的微波功率、磁场强度、铯炉温度等,都能自动稳定到最佳值,频率合成器就可在任意时间尺度上编程输出校正后的频率。据报道,NBS-7 输出的频率不确定度约为 2×10^{-14},比磁选态的 NBS-6 优一个量级。频率不确定度指标与有效观测时间有关,取决于原子的平均热速度(约 100m/s)和频标自身的腔长度。

17.6　铯喷泉频率标准

17.6.1　利用重力使原子返回

铯原子振荡周期是时间定义的基础,目前铯喷泉标准是实现这一定义的最准确装置。在世界各地的国家标准实验室中,铯喷泉钟已基本取代了在水平方向上工作的热原子束频标。

　　早期人们只是粗略而大胆地设想,激光冷却技术能够提高原子/分子束共振频谱的精度,而铯喷泉确确实实将这一设想付诸了实际,在1953年撒迦利亚(Zacharias)首次提出了分子喷泉实验的构想(Zacharias,1954)。因为水平原子束装置的分辨率受到长度的限制,原子轨迹在重力作用下会作下抛曲线运动,而原子喷泉利用的是竖直方向的原子束,原子遵循窄抛物线轨迹,其上抛高度取决于原子初速度,原子在达到最高点后,会回落至初始平面,终了速度等于初始速度。这种喷泉钟只需要一个跃迁腔,就能实现Ramsey振荡模式,原子上抛和下落过程中两次穿过微波腔。初始速度较大的原子由于受到装置高度限制而可能丢失,只有那些速度处于麦克斯韦分布末端的原子才能够返回,并产生谐振信号。例如:对于高度为h的装置,返回粒子的最大速度取决于$1/2MV^2 = Mgh$,即$V = (2gh)^{1/2}$;假设当$h = 1.8\text{m}$,$V \approx 6\text{m/s}$,那么,原子平均飞行时间约为1.2s。然而对于铯原子(质量数133)来说,这一速度约为其在0.5K温度下的热平衡平均速度,在传统铯束源的工作温度下,比如50℃,速度低于6m/s的原子数量非常少,背景粒子散射会产生一些不可避免的损耗,在这种情况下,原子喷泉方案根本无法实现,而且谱线变窄产生的增益会被信噪比的损失所抵消,所以,撒迦利亚的实验尝试实际上是失败的。

　　但是通过上一章讨论的激光冷却和捕获技术,现在完全可以解决上述问题,激光冷却能够达到微开尔文温度范围,在常规几何构型下无法实现水平原子束形态(除了在微重力状态下,如国际空间站上)。在低温重力作用下,原子下落呈抛物线弧形特征,具备强烈下降趋势,接近垂直下降。

　　为了充分发挥原子喷泉标准的潜力,对原子的"发射"提出进一步的关键要求,原子必须沿足够窄的路径"发射"才能形成喷泉,大部分原子向上穿过微波场后,返回下落时仍能穿过微波场。传统原子束源从小孔泄流而出,速度慢且发散角大。理想情况下,冷却的原子应集中在一个微小的空间内,处于适当的超精细能态,并沿轴线垂直向上发射。如果将一束高能脉冲激光调谐到共振频率上,去推动原子,原子会重新发射荧光光子,从而不可避免地导致其速度产生小的横向分布。另一种方法是使用运动光学黏团发射原子,利用垂直方向上一对反向传输的激光束(两束激光的频率都负失谐于原子共振频率)产生黏团;根据多普勒效应,相当于以原子的运动作为移动参考系。因此,光学黏团的特性在这个移动参考系中和在没有频率偏移的静止参考系中,都是相同的。

　　在1989年,斯坦福大学研究小组首次报道了冷原子喷泉的成功实验,他们使用的是另一种碱金属元素钠,在磁光阱(MOT)中载入热原子束源,用一束传输方向与原子相反的频率啁啾激光进行减速。冷却激光为连续染料激光,波长589.6nm,对应于钠原子的$(^2S_{1/2}, F=2) \rightarrow (^2P_{3/2}, F'=3)$跃迁。钠原子的相关能级如图17.7所示。实际上,冷却激光频率负失谐于原子共振频率20MHz,利用电光调制器(EOM)产生一个对应于 $F=1 \rightarrow F'=2$ 跃迁的边带频率,以阻止原子被抽运出 $F=2$ 子能级。这是由于激光线宽大于 $^2P_{3/2}$ 子能级的间距,无法分辨子能级。而观察钟跃迁微波共振时,必须将原子抽运到较低的 $F=1$ 能级,此时需关闭 EOM 调制。

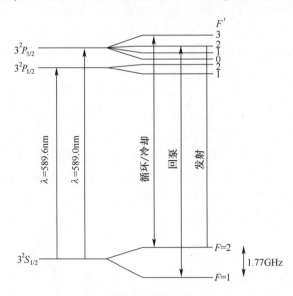

图 17.7 钠原子相关量子能级

原子最终被冷却至 $50\mu K$ 的等效温度,呈球形分布,球的半径约为 2mm。脉冲激光赋予原子大约 240cm/s 的垂直速度,荧光光子反冲导致的横向分布速度为 22cm/s。跃迁腔为波导截面,放置在靠近原子轨迹顶部的位置。均匀偏置磁场的强度约为 $2 \times 10^{-6}T$,用来分离依赖于场的跃迁。微波探询场为两个 $\pi/2$ 脉冲,中间间隔 255ms,Ramsey 峰的半高全宽为 2.0Hz。

1994 年,巴黎时间频率基准实验室(BNM-LPTF)的研究小组,利用原子喷泉获得了非常窄的共振频率,并在其后将其作为频率基准,有关第一台 NIST Boulder 铯喷泉的说明出版于 1999 年。一些国家标准实验室,包括英国国家物理实验室(NPL)、德国联邦物理技术研究院(PTB)、意大利电工研究所(IEN)都在运行准确度约为 10^{-15} 量级的铯喷泉频标。如果铯喷泉标准能够稳定保持这一指标,持续 3170 万年,那么时间只会偏差 1s。

17.6.2 巴黎天文台的铯喷泉钟

为了说明冷原子铯喷泉频标的设计与运行原理,下面简单介绍巴黎天文台时间频率基准实验室的第一台铯喷泉频标原型样机(Santarelli,1994)。图 17.8 所示为该装置的基本结构图,原子在样机内需完成以下 4 个步骤:第一,在源处,原子必须被冷却并聚集起来,最终向上抛射;第二,原子必须优先布居于基态两个超精细子能级的下能级;第三,原子在弱均衡磁场(C 场)作用下,必须能自由地沿垂直轴线运动,在起点和终点处与钟频微波场发生相互作用(Ramsey 场);第四,监测原子在超精细子能级间的布居数,以探测钟跃迁情况。前两步是为了产生激光冷却的原子源,第三步当原子向上并随后向下穿过同一个微波腔时,先后进行相位相干激发,从而实现诱导跃迁的 Ramsey 分离振荡法,这里并没有采用传统的分隔区域作为 Ramsey 腔。这里,使用能够选择激发的窄线宽激光,建立循环跃迁,探测循环跃迁的共振荧光,来测量跃迁概率。据报道,巴黎天文台原型钟的原子源中可囚禁 10^8 个冷原子,温度可冷却至 $5\mu K$。将三对相互垂直的激光光束,频率调谐到负失谐于原子最大共振频率,能够产生纯粹的 $lin \perp lin$ 光学黏团,或是在两个电流相反的亥姆霍兹线圈提供的磁场梯度($-8\times10^{-2}T/m$)辅助下,形成磁光阱(MOT)。运用运动黏团技术使得冷原子向上抛射通过 Ramsey 微波腔($Q = 30000$),微波腔位于冷原子源上方约 30cm 处,Ramsey 路径区域长度为 70cm。在 Ramsey 区域,使用四层磁屏蔽系统来隔绝外部磁场的干扰,通过同轴螺线管线圈与端部校正线圈来提供均匀的恒定磁场($B = 1.7\times10^{-7}T$)。背景气压低于 $10^{-8}Pa$,将残余气体粒子散射造成的冷原子损耗降至最低。整个频标装置的总高度约为 1.5m。

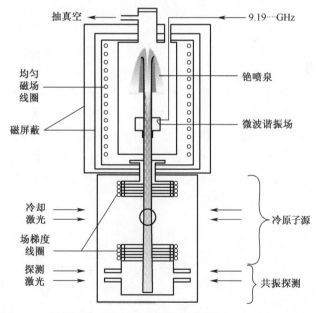

图 17.8　巴黎天文台铯原子喷泉钟原型样机(Santarelli,1994)

　　光学系统核心是四台窄线宽的二极管激光器;其中一台外腔二极管激光器利用铯气室饱和吸收稳频,输出频率负失谐于 $F = 4 \rightarrow F' = 5$ 循环跃迁,失谐量为 2MHz,该激光同时作为冷却光和钟跃迁的探测光。这台激光器还注入锁定另外两台输出功率达 100mW 的二极管激光器,锁定的两台激光器通过声光调制器(AOM)移频后,注入原子源,以产生光学黏团。第四台二极管激光作为回泵激光,频率调谐至 $F=3 \rightarrow F'=4$ 跃迁线,以补偿因受冷却激光作用而被抽运出 $F=4$ 能级的原子。激光光束经过空间滤波,扩束到 1.5cm 直径,冷却光的最大功率密度约为 $10mW/cm^2$,探测光的最大功率密度约为 $1mW/cm^2$。

喷泉频标的工作过程分为以下几个阶段:首先必须在磁光阱(或光学黏团)中装载原子,在这一过程中激光器以最大功率运转,激光频率负失谐于共振频率 3Γ,其中,Γ 为铯原子的自然线宽。这一过程持续约 0.4s,原子被冷却至约 $60\mu K$。随后是发射原子,最有效的方法是运动黏团技术,垂直向上的光束频率必须大于向下的光束。经过 0.2ms 可以实现 5m/s 的向上速度。这一过程会加热原子,必须再次使用黏团激光,以最大功率运转,频率负失谐于共振频率 3Γ。最终冷却是使用功率较弱的激光实现,频率失谐量为 10Γ,据报道,最终冷却温度约为 $5\mu K$。

第二阶段原子云团进入微波腔,腔模为 TE_{011} 模式,诱导 9.192GHz 的 $\pi/2$ 钟跃迁。对于频率标准,探询微波源必须具有非常低的噪声和极高的频谱纯度,无瞬变杂散。在该原型装置中使用了低噪声、高短期稳定度的介质振荡器(DRO)进行频率合成,DRO 锁相于 10MHz 晶振(参考到氢原子钟),由晶振的高次谐波和一个低频频综合成所需的稳定频率。频率综合器的输出频率在 Ramsey 谱线的中心条纹两侧交替变换。

最后一个阶段是探测钟跃迁的原子数(它们只是总原子数的一小部分),并在原子下落通过检测区时测量其垂直速度分布。首先,将一对频率负失谐于 $F=4 \rightarrow F'=5$ 跃迁 2MHz 的反向传输光束作用于原子,通过荧光探测来测量钟跃迁的原子数,接着再以一束行波激光照射原子,驱离 $F=4$ 态的原子,并将没有参与钟跃迁的 $F=3$ 态原子抽运到 $F=4$ 态,这部分原子的数目同样由荧光探测法测量。

这一喷泉频标获得的 Ramsey 图形包含了大量可分辨的条纹,反映有相当多的单能量原子,且由于 Ramsey 腔较长,拉比包络相对较窄。据报道,在 500ms 的飞行时间内,获得了约 700mHz 的 Ramsey 中心条纹线宽。双取样阿伦方差表达式为

$$\sigma_y(2,\tau) = \frac{\Delta\nu}{\pi\nu_0}\left(\frac{N}{S}\right)\sqrt{\frac{T_C}{\tau}} \tag{17.8}$$

式中:$\Delta\nu$ 为线宽,S/N 为一次循环的信噪比,T_C 为一个循环的周期。将实验值 $S/N \approx 300$ 代入式(17.8),可得 $\sigma_y = 10^{-13}\tau^{-1/2}$,或 $3 \times 10^{-15}/1000s$,这一指标高出传统热原子束频标约两个量级。

总之,原子喷泉频标不仅拥有更尖锐的共振峰,更佳的频率稳定性,还可以减少一些重要的系统误差来源,喷泉正反向两次通过相同的微波场,减少了由不对称微波共振引起的误差,且由于原子速度较低,二阶多普勒频移也大幅减小。上述优势使得原子喷泉频标成为具有最高准确度的频率基准。

第18章
光频标与测量

18.1　引言

激光器早期的发展主要聚焦于大量不同原子分子的跃迁振荡以及激光稳频与线宽压窄研究工作上。激光的窄线宽特性,使其成为一个重要的工具,并驱使研究人员在光谱纯化上不断努力。受激光谐振腔抖动的影响,现有的激光器还远达不到量子极限线宽。像在 14 章中的理论分析,腔长为 1cm、输出功率为 1mW 的激光,线宽理论值应该在 3×10^{-4} Hz,相对频率抖动理论可达 5×10^{-19}!

早期激光发展的成功之处,可归结于对输出激光线宽的压窄,通过模式选择技术及伺服相位锁定技术,激光频率被锁定到隔离了机械振动的超高精细度谐振腔上。为了获得长期的频率稳定度,人们努力寻找具有更窄共振线宽的原子和分子跃迁。这些原子分子跃迁的线宽小于激光调谐范围,因此可以作为一个频率参考伺服锁定激光频率。一个典型的激光稳频例子,就是利用饱和吸收光谱将近红外的氦氖激光频率锁定到甲烷气体的共振能级上。通过稳频,大量重要应用得以实施:从高分辨率干涉法进行大陆漂移研究,到地震波探测研究,以及到高分辨率光谱学研究等。

随着从远红外到可见光的一系列高频率稳定度激光的发展,以及相应波段用于产生高次谐波与频率比较的非线性设备的发展,光波的频率测量变得可能,而这本是一个未敢想象的激光应用前景。当然,现在即使我们有了更先进的激光技术,也不是一件容易的事情。一直到最近,对这类光学辐射的测量还仅限于光波长。由于激光技术的发展,我们可以开始考虑从频域来描述这类光学辐射,举例来说,二氧化碳激光器的波长为 $10.6\mu m$,对应的频率为 $28.3THz(1THz = 1000GHz)$。这种拓展到光波段的频率测量,需要超高阶谐振频率的产生技术,来越过微波频率标准与光频率参考之间的巨大鸿沟,为了形成这样的频率链路,需要应用一系列的稳频激光,来提供二级频率参考,包括 HCN、H_2O、CO_2、Ne 和 Ar^+ 激光,等等。

最近,得益于两项技术的发展,在整个光频范围内,对光频率的测量提高到了一个更先进的水平,这其中一项的技术,就是激光冷却与射频场囚禁技术,实现了单离

287

子囚禁及其长亚稳态上的超窄线宽跃迁探测;另一项技术是相干频率梳的产生,相干频率梳能够在其光载波中心频率附近,产生一系列相干的等间隔频率边带,其频率范围可以覆盖载波倍频程,并从光波段一直延伸到铯原子频率标准所在的微波段。

18.2 基于"秒"实现"米"的定义

光频精确测量技术的发展,也促进了长度单位"米"的重新定义。光速在一段时期内被认为是连接时间和空间变换的因子,具有相对论不变性,可将其定义为一个特别的量值,在此基础上,可将长度定义到能更准确保持的时间单位上。在第十七届国际权重大会上,采用了长度单位"米"的新定义,即为"光在真空中传播 $1/299792458s$ 的距离,定义为 1 米"。这意味着光速目前被定义为确切的常数 $299792458m/s$,之所以选择这一数字,是为了使新定义的米长度与原有定义保持一致。从原理上说,新定义认可了相对论的时空观,时空不是绝对的,是不可分离的。实际上相比两点间距离的测量,对标准时间间隔(或频率)的测量和保持可以有更高的精度。此外所有对于距离的测量都是基于雷达测量方法,包括宇宙空间和许多行星间距离的测量,实际上测量的都是某一个波长电磁波的传播时间。在此之前,长度是定义在氪气光谱一个特定谱线对应的波长上。在新的定义中,对两点间距离的测量最终演变为对待测距离内对应频率辐射波波长个数的计数。基于这个方法,要想获得更高精度,则测量所用辐射波的波长应尽量地短,因此对所用辐射波的频率也就扩展到了光频域。

18.3 二级光学频标

18.3.1 饱和吸收谱

在微波频率标准方面,同时开展着多项研究工作,包括寻找合适的原子分子参考谱线、探寻有效方法消除频率增宽因素的影响、研究高分辨率光谱以及利用光谱的高分辨率高准确度特性进行原子光谱研究等。对于跃迁参考能级,应当选取具有较长自发辐射寿命的量子态,来获得长的相互作用时间和窄线宽共振谱线。另外,这一共振能级还应当与临近跃迁谱线相隔较远,并应当对温度、电磁场等环境干扰不敏感。在相干激光频率综合技术产生之前,由于窄线宽激光器还很少,并且可调谐范围也有限,通过实验选择合适的原子分子跃迁谱线是比较困难的事情。最适合的方法莫过于选择具有丰富谱线的分子能谱,这些谱线往往具有多个频率接近的跃迁能级组成的能带,且分子的种类几乎无限多,远多于原子种类。为了避免分子间作用导致的谱线增宽,这些分子要处于一个相对低的气压状态。在这种情况下,获得窄分子光谱的困难,就转变为从分子热运动引起的宽多普勒本底中提取接近自然线宽的共振谱线。在过去的研究中产生了许多消除多普勒效应的方法,最直接的方法就是冷却相互作用的粒子,其他常用的获得亚多普勒线宽的方法还包括饱和吸收光谱(或荧光光谱)、双光子吸收光谱、Ramsey 分离振荡场技术等。

正如我们所见到的,利用饱和吸收技术在铯原子束上成功实现了激光的频率锁定。通过将两个对向传播的激光沿垂直铯原子束方向,与原子相互作用,将激光频率锁定到相应的铯原子跃迁谱线上。在激光传播方向上,只有垂直方向速度分量为零的铯原子可以同时与两束激光共振相互作用,其他速度分量不为零的原子,将感受到两个多普勒频移的光场。两个对向传播的光束将导致原子被抽运到激发态,使基态上原子接近于零,产生饱和效应,吸收气体对光束变得透明。需要注意的是,在这一过程中,每个分子一次跃迁只吸收一个光子(但光子吸收的循环速率较高),这与后面提到的利用双光子技术获得亚多普勒线宽的方法有所不同。

18.3.2　氦氖激光稳频

早期将激光频率锁定到分子共振谱线的尝试,利用了氦氖激光器,因为气体激光器相比其他激光器具有更窄的光谱线宽。然而,由于氦氖激光器的频率可调谐范围小,必须要有相应频率的共振原子或分子。目前有两种分子使用最为成功,一种是甲烷(CH_4),即我们熟知的"沼气",另一种是碘分子(I_2)。氦氖激光器不仅可以产生波长为 633nm 的激光辐射,也会产生波长为 $3.39\mu m$ 的近红外波段激光辐射,两种波长的选择可通过激光器的设计和工作条件控制来实现。在氦氖激光 $3.39\mu m$ 和 633nm 这两个窄调谐谱范围内,正好有一些甲烷和碘分子的共振谱线相对应。

下面以历史发展为轴,来讨论利用甲烷稳定氦氖激光频率的一些细节,在室温条件下,甲烷分子是一个规则的正四面体,四面体中心为一个碳原子核,四个顶点为氢原子核(质子),这些原子核被电子云包围,通过化学键结合成分子,其结构如图 18.1 所示。氦氖激光器输出的 $3.39\mu m$ 激光频率,相对应的甲烷共振能级既与分子内原子核之间的相对振动有关,也与分子整体的转动有关。图 18.2 表示了甲烷相应的能级结构,对于某一个振动量子数,能态是集合在一起的,这些能态又因各自具有不同的角动量而相互分立。

我们看到角动量量子数 J 可以取值很大,对于量子数变化为 $J'-J=-1$ 这类跃迁,通常称为 P 分支;类似的量子数变化为 $J'-J=+1$ 的这类跃迁称为 R 分支。与激光 $3.39\mu m$ 跃迁共振的能级为 $\nu_3=0\rightarrow\nu_3=1$ 振动能带内的精细结构 $P(7)$ 跃迁 $J=7\rightarrow J=6$。

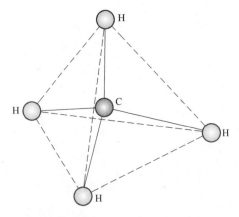

图 18.1　甲烷(CH₄)分子的对称结构

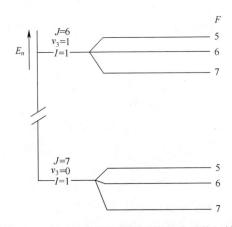

图 18.2　用于氦氖激光稳频的甲烷分子能级结构

　　用于氦氖激光稳频的饱和吸收光谱的物理部分,主要由一个若干米长的真空腔体组成,腔体内是低气压的甲烷气体,腔体光窗为红外增透光窗,为了使打到气体的对向传播光束精确平行,利用了一个扩束镜和反射镜。用一个红外探测器来检测泡内返回光的强度,例如一个低温冷却的 In-Sb 光电探测器。当激光频率扫描到与分子共振时,泡内返回光的强度会产生一个尖峰,这个尖峰可以产生用于伺服控制激光频率的误差信号。图 18.3 所示为实验用到的各器件。

　　在实验中,光谱的尖锐程度会受到一些外在因素的影响,最终影响着激光频率的锁定精度。一个最主要的因素是由于分子热运动导致的有限相互作用时间,其他还包括反射光束的平行度和发散角等,这些因素都会导致原子在穿过光场时产生一阶多普勒频移。衍射效应限定了光束发散角的最小值,要想获得更小的发散角,只能扩大通光孔径。在光波段(10^{14} Hz)谱线分辨率达到百 Hz 水平的

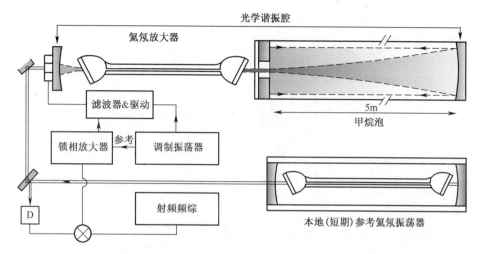

图 18.3 利用甲烷气体进行饱和吸收谱稳频的实验设计

条件下,除上述因素外,许多微小因素对光谱增宽和频移的影响都变得明显,包括二阶多普勒效应、分子间碰撞导致的谱线增宽和频移、地磁场下的塞曼分裂影响等。

对于我们更熟悉的 633nm 波长激光,它的跃迁参考谱线对应碘分子(I_2)可见光光谱内的超精细跃迁。室温下碘分子呈固态并具有较高的蒸气压,在 38℃时压力可达到 100Pa。碘分子稳定同位素的质量数为 127,核自旋为 5/2,在波长 500~670nm 范围内,具有高强度的超精细结构谱线。

作为双原子分子,碘分子能级的分类比甲烷分子要简单一些,碘分子只有一个振动模式,以及两个相同权重的沿分子 I-I 轴垂直方向的惯性动量。通过计算电子能态,可得到分子势能随两个碘原子核相互间距离变化的情况,如图 18.4 所示。碘分子可以看成是一个谐振子模型,在势能最小值附近,势能曲线呈抛物线型。每一个电子能态上都存在一组振动能级,由图 18.4 中水平线表示,每个振动能级内部又分裂为多个能量接近的转动能级。基于 Franck-Condon 原理,在电子从一个量子态跃迁另一个量子态时,原子核自身运动受到的影响可忽略,因此图中一条竖直线上的点表示原子具有相同动能,电子处在不同的能量状态。

与甲烷相同,碘分子饱和吸收谱也是通过获得亚多普勒线宽的电子跃迁光谱来稳定氦氖激光频率。原理上这两个实验的设计有相同的地方,例如通过扩大光束尺寸来增加原子穿越光场的时间,波前曲率和光束准直情况对两组实验也同等重要。在实际实验中,碘分子 633nm 线与氦氖激光共振较弱,因此将碘分子吸收泡放置在氦氖激光腔内部,使其与更强的激光光场相互作用。碘分子稳频的这种方式可降低环境对准确度和稳定性的影响,因而超过了标准氪灯的性能,碘分子稳频的氦氖激光仍然被广泛地用作实验室的波长标准。

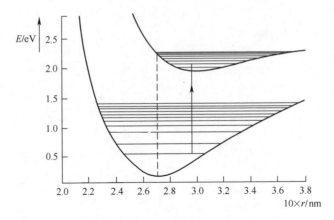

图 18.4　用于氦氖激光稳频的碘分子势能曲线

18.3.3　稳频二氧化碳激光器

二氧化碳（CO_2）激光器工作在 $10.6\mu m$（28.3THz）的红外区,作为一个稳频激光器,其在提供频率参考上也发挥了巨大作用。

CO_2 激光器的独特之处在于可以利用 CO_2 分子自身的饱和荧光进行稳频。不同 CO_2 分子同位素（例如 $^{12}C^{16}O_2$,$^{13}C^{18}O_2$）激光跃迁的频率测量精度可以达到 10^{-10},CO_2 分子在红外波段总计有大约 600 个跃迁频率可以作为二级频率标准。可惜的是受压力频移的影响,CO_2 激光稳频的频率复现性受到限制。因此也开展利用其他分子对 CO_2 激光进行稳频的相关研究,其中最好的实验发现是利用四氧化锇（OsO_4）,用其稳定的激光频率准确度可达到 10^{-12} 量级。

18.3.4　双光子跃迁稳频

对于之前讨论的激光稳频系统,通过分子的饱和吸收谱（或荧光谱）,获得了亚多普勒线宽的跃迁谱线。在这一过程中,每一个分子每次跃迁从对向传播的光束中只吸收一个光子。对于分子同时与两束光共振的情况,也只是增加了吸收光子跃迁的概率。而在光学频率标准的研究中,开发出了另一个获得消多普勒线宽的重要技术,在这项技术中,单个原子或分子要从对向传播的光束中同时吸收两个光子,称为双光子跃迁（对于前述章节内的单次跃迁吸收一个光子的过程,称为单光子跃迁）。双光子跃迁发生的概率远小于单光子跃迁,但是在有足够激光功率和合适的吸收介质量子态情况下,还是可以很容易地观测到。由于有很强的相干电磁场,因此在微波和射频波段观测双光子跃迁的磁共振实验由来已久。而在可见光和红外波段,仅当激光器产生之后,双光子跃迁的观测才得以实现。为了理解双光子跃迁中消多普勒的过程,假设参考分子内共振能级的共振频率为 ν_0,两束对向传播的激光频率为 ν_L,如果分子在沿光束方向上有速度分量 V,则受多普勒效应的影响,其感受到的两束光频率分别为 $\nu_L(1+V/c)$ 和 $\nu_L(1-V/c)$,在发生双光子跃迁的过程中,分子同时从两个光束中各吸收一个光子,无论分子的运动速度是多少,吸收的两个光子总能量都为 $2h\nu_L$,因此对于所有的分子,共振都只发生在 $2\nu_L=\nu_0$ 时。受量子选择定则约束,特别是在初态和末态的角动量和对光子偏振的要求上,双光子跃迁与单光子跃迁有着本质上的不同。如果两束激光有相同的偏振方向,那么双光子吸收过程的两个光子有可能都来自同一个光束,在这种情况下,在大量有不同速度的原子群中,可以发生有多普勒频移的双光子吸收。在光谱上,将在多普勒展宽的背底上叠加一个消多普勒的尖峰共振谱线。如果两束激光具有不同的偏振方向(例如分别是左旋圆偏振光和右旋圆偏振光),则可以消除多普勒背底,同时量子选择定则将决定吸收的两个光子分别来自两束激光。

下面简要介绍一个 LPTF 小组报道的工作,以说明双光子跃迁技术在光学频率标准方面的重要应用。在 1994 年,LPTF 与法国的其他研究组合作(Touahri et al.,1994),开展了利用铷原子的双光子跃迁实验,进行镓铝砷(GaAlAs)激光稳频的工作。图 18.5 给出了铷原子的双光子跃迁能级结构,其中两个基态能级是我们熟知的铷原子频标共振能级。双光子跃迁过程发生在 $5^2S_{1/2}$ 基态到 $5^2D_{1/2}$ 激发态。对于单光子的(电偶极)跃迁,这一跃迁是禁戒的。然而双光子跃迁过程,虽然一般认为不大可能实现,却因频率接近初末态中间能量的 $5^2P_{1/2}$ 能级存在,而得到极大的加强。这一中间的 $5^2P_{1/2}$ 能态,与准确的中间能量位置频率差为 1.05THz。通过双光子跃迁,原子被跃迁到上能级 $5D$ 态,之后通过单光子跃迁快速衰减到低能级。首先从 $5D$ 能态衰减到 $6P$ 能态,之后快速衰减到 $5S$ 基态,并辐射出一个波长为 420.2nm 的蓝光波段光子,辐射出的这一蓝光光子可以很好地用来判断双光子跃迁是否发生。利用 420.2nm 光子判断的好处在于:首先只有发生双光子跃迁过程才会辐射产生这一蓝光光子,其次辐射出的蓝光光子正好位于光电倍增管(PMT)低暗电流的光谱区域,最后由于与泵浦激光频率相差大,可以容易地滤除散射的泵浦光,消除泵浦光对信号探测的影响。铷原子光谱包含很多超精细谱项,利用我们熟悉的高分辨率光谱技术,可以将泵浦激光频率锁定到特定的铷原子超精细跃迁能级上。实验设计如图 18.6 所示,所用激光器为外腔半导体激光器,在激光器内部,利用衍射光栅作为反射镜,形成谐振腔来压窄激光线宽,通过控制光栅倾角和激光管电流,伺服锁定激光频率。铷原子吸收泡放置于一个外腔内,利用外腔调节两束对向传播激光的功率和准直。激光频率调制 70kHz,利用光电倍增管探测蓝光荧光,探测到的荧光信号通过锁相放大器解调,在锁相放大器内的频率参考为调制频率 70kHz。通过锁相放大器解调,输出用于激光频率伺服控制的误差信号。利用双光子跃迁稳频的方法,在积分时间 300s 时,可以使稳定度达到 10^{-14} 量级,比利用碘分子稳频的氦氖激光频率稳定度高一个量级。最大的修正项来源于光频移,约为

1×10^{-11}。我们对双光子跃迁稳频技术继续深入了解,可通过将激光强度外推到零,得到与碘分子稳频氦氖激光性能相近的系统。

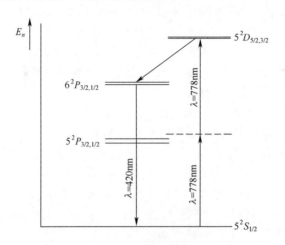

图 18.5　双光子跃迁相关的铷原子能级结构

（其中 *5S-5D* 为双光子跃迁能级, *5P* 为中间态）

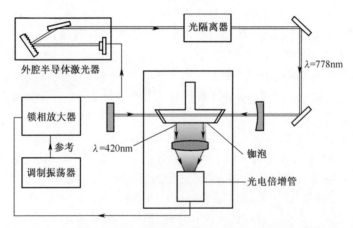

图 18.6　利用铷原子双光子跃迁进行镓铝砷激光稳频的实验方案

18.4　基于离子冷却的光学频率标准

18.4.1　汞离子(^{199}Hg$^+$) 光学频率标准

随着激光技术及离子囚禁电场小型化技术的逐渐成熟,我们可以实现阱内的单离子囚禁及其超窄线宽跃迁光谱的观测。囚禁的单离子可以具有较长的观测时间,为了充分利用这一特性,应当选择固有寿命较长、跃迁谱线线宽窄的能级作为钟跃迁能级。选择相对稳定的激发态作为钟跃迁能级,这些能级到基态的跃迁通常是电偶极禁戒的,只能通过更高阶的电四极跃迁实现。在^{199}Hg$^+$离子钟内,选择的能级是轨道角量子数$L=2$的$^2D_{5/2}$激发态到$L=0$的$^2S_{1/2}$基态。对于轨道角量子数$L_2-L_1=2$的原子能级跃迁,在电偶极近似下其跃迁概率为零,但是在电四极近似下可以有一个很小的跃迁概率。

世界上一些主要的国家标准实验室都在从事基于不同离子的光频标研究工作,例如:美国国家标准技术研究院(NIST)在进行^{199}Hg$^+$离子频标研究,加拿大国家研究委员会(NRC)和英国国家物理实验室(NPL)在进行^{88}Sr$^+$离子频标研究,德国联邦物理技术研究院(PTB)和英国国家物理实验室(NPL)在进行^{171}Yb$^+$离子频标研究,德国马克斯-普朗克研究所在进行^{115}In$^+$离子频标研究。可以看到光频原子钟还处于刚开始发展的阶段,不同研究组选用了不同种类的离子,通过进一步的发展,将最终采用一个特定的离子种类,并在未来对时间单位“秒”进行重新定义。光钟的频率准确度和测量精度已经优于目前最好的铯喷泉钟,毫无疑问光钟将会最终超越铯原子微波频率标准。

尽管不同的研究组在利用不同种类的离子开展离子频标研究,其系统的基本设计还是十分相近的,因此这里我们选择一个有代表性的光钟进行介绍,至于实验上需要的那些精巧设计与创新,就留给实验室的专业科研人员好了。为了简明起见,将以其中一个研究组的研究项目为框架,介绍研究过程中涉及的设备与研究步骤,当然对其他项目的研究也同样适用。

^{199}Hg$^+$离子光频标已经可以作为原子钟输出一个周期以上的时间,我们就以美国国家标准技术研究院开展的^{199}Hg$^+$离子光频标为例进行说明。汞离子相关的能级结构如图18.7所示,钟跃迁谱线为$^2S_{1/2}(F=0,m_F=0)\rightarrow{}^2D_{5/2}(F=2,m_F=0)$的弱电四极跃迁,跃迁能级的自然线宽约为2Hz,跃迁频率为1.06×10^{15} Hz,理论上跃迁光谱的Q值可达到5×10^{14}!这条跃迁线对应波长为282nm,处于紫外光谱区。系统实现过程中遇到的最主要实验困难,就是要实现这样一个高分辨率的光谱,产生一个紫外波段具有极高光谱纯度、线宽适合于窄跃迁光谱探测的282nm钟跃迁激光。

另一方面,为了实现这一超窄自然线宽跃迁光谱的探测,还必须消除各种谱线增宽因素的影响。首先要消除的是与环境背底其他粒子的碰撞,其次是产生一个合适的磁场环境,第三要通过激光冷却离子来消除多普勒展宽。整个系统设计核心是单离子囚禁阱,为典型的微小型 Paul 阱。Paul 阱内要产生 Paul 四极囚禁场,它的设计可以有不同的形式,但都要包含一个小的环和两个“端帽”,后者对称地设置在小环两端轴线上起到导体的作用。与上一章提到的微波频率标准一样,位于 Boulder 的^{199}Hg$^+$离子光频标研究组采用了液氦冷却下的低温泵浦,以冻结离子

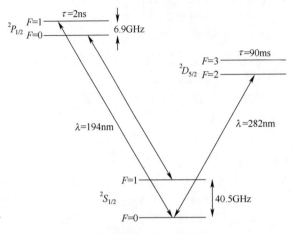

图 18.7 $^{199}\mathrm{Hg}^+$ 相关能级

阱周围的其他粒子。离子阱安置在一个铜真空腔内,整体放在由液氦-液氮冷却的恒温控制器内,温度近似为 4K。通过利用真空腔及冷却,可以消除离子与环境内汞蒸气和其他气体的碰撞,从而降低碰撞频移影响,并能够屏蔽外部磁场对离子的干扰,离子的最终囚禁时间可以达到 100 天!

对于离子的激光冷却过程,首先是通过多普勒冷却到 1.7mK 左右的冷却极限温度,利用一个巧妙设计的微小型离子阱,加载上强度足够大的与离子振荡本征频率一致的电磁场,可以消除多普勒边带,这样就可以只利用一个激光对离子继续进行冷却,一直冷却到 Lamb-Dick 区域并最终达到阱内零级能量,温度达到 μK 范围。用于离子冷却的能级是汞离子强共振超精细能级$^2S_{1/2}(F=1) \rightarrow {}^2P_{1/2}(F=0)$,波长 194nm,同时施加另一束对应能级$^2S_{1/2}(F=0) \rightarrow {}^2P_{1/2}(F=1)$的反抽运激光,以抵消离子冷却跃迁导致的电子被抽运到非吸收态$^2S_{1/2}(F=0)$作用。194nm 激光由 257nm 与 792nm 激光通过非线性晶体频率综合产生,具体过程可参考上一章。

利用同步控制的光电开关,实现对钟跃迁探测相关的不同激光束精密时序控制。首先利用 194nm 的两个超精细跃迁线对汞离子进行冷却,之后关闭反抽运光,把离子全部抽运到$^2S_{1/2}(S=0)$态,最后挡住 194nm 激光,利用 282nm 稳频激光探测离子钟跃迁,作用时间约为 50ms。理论上为了获得最高的谱线分辨率,相互作用时长应达到离子亚稳态的自然寿命。利用光学双共振技术(即"电子转移探测"技术)探测钟跃迁,所用 194nm 共振跃迁线荧光信号强,在判断钟跃迁是否发生上有效系数可以近乎 100%。

钟跃迁 282nm 激光可以由稳频的 563nm 染料激光器或固体激光器输出光的二倍频得到,首先通过 Pound-Drever-Hall(PDH)稳频技术,将 563nm 激光频率锁定到一个高精细度($F \approx 800$)法布里–帕罗腔的腔模上(参考第14章)。利用法布里–帕罗腔给出的反馈信号分别控制激光的长期漂移和短期噪声,其中短期噪声通过激光器腔内的电光调制器进行控制。通过这一预稳频过程,可以将激光的线宽压窄到大约1kHz。之后利用光纤将预稳频后的激光传输到第二个具有超高精细度($F \approx 200000$)的谐振腔。谐振腔安装在隔离了机械振动和热噪声的平台上。同样地,利用PDH稳频技术提取高频段和低频段的反馈控制信号,将激光频率锁定到第二个谐振腔上。

为了获得高稳定激光,通过将激光频率锁定到参考谐振腔的腔模,可以将对激光器的要求转变为对谐振腔的高稳定性要求,主要有三个导致频率不稳定的因素,分别是:①温度波动,会导致谐振腔腔长变化;②机械振动;③可能的折射率变化,由腔内剩余粒子对腔内光散射导致。通过选择合适的材料,可以将第一个不稳定因素影响最小化,比如在NASA基金支持下,Corning为NASA研发出了一种低热胀系数的硅酸盐玻璃材料,NIST小组使用这一材料研制了超低热胀系数(Ultra-Low Expansion,ULE)的光学腔,利用这种材料制作谐振腔两个腔镜之间的腔体部分,整个腔为圆柱型,腔长25cm,外径15cm,沿着中心轴线有直径为1cm的通孔,并有一个连接到轴线的放射形通孔用于真空抽气。光学腔置于一个真空腔体内,并把温度稳定在30℃,在此温度下腔体材料的热胀系数为零。整个真空腔体安装在一个被动稳定的光学平台上,该平台通过3m长的绞股医用橡胶管绳悬挂,以隔离机械振动,平台的伸缩和摆动振动周期约为0.3Hz。

NIST小组报道的282nm稳频激光短期1~10s频率稳定度可以优于5×10^{-16},与目前由散弹噪声决定的汞单离子频标预期频率稳定度极限水平相当,后者预期的频率稳定度极限约为$1 \times 10^{-15} \tau^{-1/2}$。在实际实验中,稳定度在平均时间30s内主要还是受腔内气流波动影响,在30s之后,离子的稳定性才开始体现,稳定度曲线按照$\tau^{-1/2}$的趋势向下延伸。

18.4.2 碱土金属单离子频率标准

基于碱土金属也提出了许多单离子频率标准,例如:$^{137}Ba^+$、$^{88}Sr^+$、$^{40}Ca^+$等,单独的碱土金属离子在其满壳层结构外有一个处于$^2S_{1/2}$基态的电子;同时,奇质量数的钡同位素具有核自旋$I=3/2$,偶质量数的锶和钡同位素,核自旋为零,$I=0$。

据美国华盛顿大学(西雅图)的Norval Fortson小组报道,利用钡离子($^{137}Ba^+$)的超窄电四极跃迁,可以用于光学频率标准。这项工作的最初目的是探索基础物理常数可能存在的漂移问题。$^{137}Ba^+$的相关能级结构如图18.8所示。

钡离子光频标钟跃迁能级选择的是红外波段,从$5^2D_{3/2}(F'=0)$亚稳态到$6^2S_{1/2}(F=2)$基态的2051nm电四极跃迁。上能级自发辐射寿命约为80s,意味着光谱线Q值可以达到10^{16}以上,高于其他任何离子。冷却与反抽运激光选择

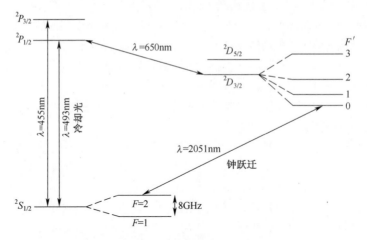

图 18.8　钡离子^{137}Ba$^+$光频标相关能级结构

493nm 共振线,该波长与 2051nm 激光一样都可以选用固体激光设备。493nm 冷却激光通过对半导体激光管输出的 986nm 激光放大倍频得到,钟跃迁的 2051nm 激光由半导体激光泵浦的掺铥掺钬氟化钇锂(Tm,Ho:YLF)固体激光器输出。

英国国家物理实验室和加拿大国家研究委员会报道了利用锶离子(^{88}Sr$^+$)进行光学频率标准的相关研究工作,这两家都是国家级标准实验室,因此在光频标的发展上,锶离子也比钡离子推动得更快。这些实验室之所以选择锶离子而不是钡离子,一方面可能是权衡了可获得的超高精度与实验实现难度之后的结果:利用固体激光器,锶原子钟跃迁激光可能更容易实现;另一方面,即使有了超长自发辐射寿命的亚稳态,想要利用钡离子这个优势获得高稳定度,也必须先要制备出稳定得多的激光光源。

锶离子频率标准钟跃迁能级选择的是红外波段,从$^2D_{5/2}$亚稳态到$^2S_{1/2}$基态的 674nm 跃迁线,自然线宽约为 0.4Hz,相关的能级结构如图 18.9 所示。锶 88 元素质量数为偶数,核自旋为零,因此没有超精细能级结构,在外磁场影响下会产生塞曼分裂,所选钟跃迁线的上能级具有复杂的塞曼分裂结构,在 674nm 附近可能有多达十个塞曼分裂子能级,因此需要精细的磁屏蔽设计,屏蔽地磁场的干扰,并产生几 μT 的均匀磁场,产生能级分裂。利用$^2S_{1/2}\rightarrow^2P_{1/2}$的 422nm 共振跃迁线,对锶离子进行冷却,422nm 冷却光通过半导体激光二倍频产生。反抽运光用钕(Nd^{3+})掺杂的光纤激光器产生,波长为 1092nm,对应锶离子$^2D_{3/2}$态到$^2P_{1/2}$态间的跃迁。这里需要注意的是:如果反抽运光的偏振与环境磁场及原子束运动方向保持相对不变,则有可能会引起光学的 Kastler 抽运效应,导致原子都被抽运到不吸收光子的$^2D_{3/2}$塞曼子能级上。解决的办法,是利用一个电光调制器快速地转动反抽运光的偏振方向。探测钟跃迁的 674nm 半导体激光,经过预稳频后,锁定到高精细度($F\approx200000$)低热胀系数的谐振腔上,同时高精细度光学腔要放置在温度稳定的真空腔内,通过悬吊的方式隔离振动。实际情况中,高精细度谐振腔的腔模频率与离子共振谱线的频率是不一致的,为了连通这两个频率,一种方法是利用一个外腔反馈半导体从激光器,对该从激光进行频率调制,保持其中一个调制边带锁定到主激光频率上,再改变调制频率,使从激光的频率与离子的钟跃迁能级共振;另一种方式是利用电光调制器将经过高精细度谐振腔稳定的激光频率进行频移,使激光频率与离子钟跃迁能级共振。目前报道过的钟跃迁激光线宽可以达到几十赫,在探测脉冲 20ms 下,观测到了线宽约 100Hz 的离子共振光谱。锶原子的一个缺点:是在弱磁场下塞曼分裂呈线性,可能会引起对钟跃迁光谱中心点误判的风险。

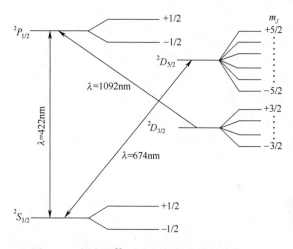

图 18.9　锶离子 ^{88}Sr$^+$ 光频标相关能级结构

作为本节的末尾,我们再来阐述一下碱土金属元素钙,^{40}Ca$^+$ 也是一种可能的光频标选择,在此之前对钙离子的研究主要集中在量子计算方面。日本 CRL 小组和澳大利亚的 U. Innsbruck 小组都曾报道过钙离子的相关研究,在简谐阱内,有99.9% 的概率可以使单个钙离子冷却到其振动能级基态上。为了实现对离子的边带冷却,利用一个微小型的三维 Paul 阱,在阱内施加恒定的、与离子振动本征频率相同的 MHz 范围电磁场。

18.4.3　铟离子和镱离子的单离子频标

德国 Garching 马普所的 Walther 小组对另一类有潜力的离子进行了研究,研究表明这类离子在提供超高分辨率光学频率参考的同时,具有更强的抗干扰能力。在目前研究的所有可做光学频率标准的离子种类中,铟离子 ^{115}In$^+$(核自旋 $I=9/2$)是唯一的基态角动量量子数为零($J=0$)的离子,对应能级为 $5s^2{}^1S_0$,其最外层为双电子结构,相关能级结构如图 18.10 所示。

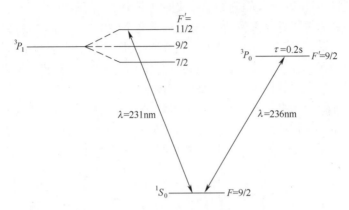

图 18.10　铟离子^{115}In^{+}相关能级结构

　　$5s5p\,^{3}P_{0}$态和基态之间有一个很小的跃迁概率,跃迁波长为 236.5nm,可将该能级作为钟跃迁能级。作为两个都是 $J=0$ 的能级,能级间的跃迁本来是严格禁戒的,但由于核自旋的存在,通过超精细结构相互作用,才使得两个能级间能够有微小的跃迁概率。由于这个相互作用,$^{3}P_{0}$态的角动量量子数 J 实际上不是精确为 0,而是 $J=0$ 和 $J=1$ 的混合。这一跃迁概率当然非常小,而这也正是我们所希望的。由于微扰作用才存在的两个 $J=0$ 能级间的跃迁,使铟离子成为唯一可以免疫由电磁场引起系统频移的离子,尤其是静电场电四极频移。这一跃迁的自然线宽为 8Hz,对应的分辨率可达到 6×10^{-16}。

　　在铟离子光频标内,用于进行离子边带冷却的是基态到激发态 $5s5p\,^{3}P_{1}$ 的 230.6nm 跃迁线。因其是发生在单态($S=0$)和三重态($S=1$)之间的跃迁,也称为"互组跃迁"(intercombination line),在这一跃迁内包含了电子自旋态的改变。其相对大的自然线宽(360kHz)也表明了这两个量子态之间相似的本质。

　　实验步骤上首先还是按照我们熟知的过程对钟跃迁激光进行稳频,利用 PDH 相位调制技术,将一个半导体激光泵浦的 Nd∶YAG 空间环形激光器输出光,锁定到一个法珀腔上,然后在一个倍频腔内增强光场并通过非线性晶体进行四倍频。利用光学双共振技术("电子转移探测"技术)探测钟跃迁共振信号。实验上 Garching 的研究组获得的光谱分辨率达到了 1.3×10^{-13},这一指标主要受钟跃迁激光稳定性的限制。

　　最后我们再来考虑一下镱离子(^{171}Yb^{+}),作为一种光频标候选离子,英国国家物理实验室和德国联邦物理技术研究院对其进行了研究。之所以镱离子受人青睐,主要是钟跃迁波长比较合适,而且可供选择的钟跃迁能级不只一个,这些跃迁波长都有相对应的固体激光器。除了与汞离子相似的 $^{2}D_{5/2}\rightarrow{}^{2}S_{1/2}$ 电四极跃迁线外,镱离子还存在一个基态到亚稳态 $^{2}D_{3/2}$ 的电四极跃迁线,以及一个更弱的基态到 $^{2}F_{7/2}$ 的电八极跃迁线。镱离子与汞离子有相同的核自旋 $I=7/2$,其相关能级如

图 18.11 所示,其中基态 $6s\,^2S_{1/2}(F=0)$ 到激发态 $5d\,^2D_{3/2}(F=2)$ 的电四极跃迁波长为 435.5nm,位于蓝光光谱区域,自然线宽 3.1Hz。

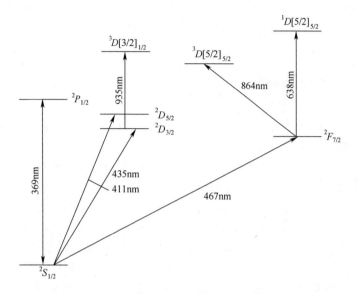

图 18.11　镱离子^{171}Yb$^+$光频标相关能级结构

另一条基态到亚稳态$^2D_{5/2}$的电四极跃迁线波长为 411nm,钟跃迁选择的是超精细结构 $F=0$ 到 $F'=0$ 的跃迁,以消除线性塞曼效应。对镱离子的边带冷却采用类似碱金属特性的强共振跃迁$^2S_{1/2}\rightarrow\,^2P_{1/2}$,波长 369.5nm。在冷却过程中,还需要施加从亚稳态回到$^2P_{1/2}$态的反抽运光。$^2F_{7/2}$态过于长的能级寿命,使得测量循环中的清除脉冲变得非常重要。由于这些能级的超精细结构复杂且需要区分,使得对激光的要求变得更加复杂。离子冷却光可以通过对钛宝石激光器输出的 738nm 激光二倍频得到。如果选择电八极跃迁作为钟跃迁线,则需要稳定的 467nm 探测光,可以通过二倍频钛宝石激光器输出的 934nm 激光得到。毫无疑问,实验上对这么微弱跃迁线的探测是个很大的挑战,需要精密的光谱技术。

18.4.4　小结

在这一节我们回顾了不同种类的离子,世界上众多实验室正对各种离子进行大量研究,评估各自的优点,以期望用其提供一个稳定的、窄线宽的量子跃迁参考,作为光学频率标准。度量跃迁信号尖锐程度的一个参数是谱线 Q 值,对于在真空系统中囚禁的离子光频跃迁谱线,其 Q 值要比微波频段高好几个量级。目前观测到的谱线最高 Q 值可达到 1.5×10^{14},是汞单离子^{199}Hg$^+$ 282nm 电四极跃迁,理论预期的最高 Q 值是镱离子微弱电八极 467nm 跃迁。

随着飞秒激光技术的发展,光梳可以提供覆盖整个倍频程的相干频率信号,在相隔甚远的光频段和微波频段之间架起了连通的桥梁。有了这一桥梁,利用更精密的离子光频标对时间单位"秒"重新定义也变得越来越现实。

毫无疑问,基准钟研制领域正经历一场巨大的变革!

18.5 光学频率链

即使有了一系列高稳定和可重复产生的光学频率参考,还存在另一个同样具有挑战性的难题,那就是怎么将光频段的频率关联到微波频段,并与微波段的频率基准进行比对。传统的频率比对步骤是将光频信号混合到非线性器件内,测量高频信号 ν_2 和低频信号 ν_1 的高次谐波 $n\nu_1$ 之间的频率差:

$$\nu_2 - n\nu_1 = \nu_{beat} \tag{18.1}$$

只要 ν_2 和 ν_1 都足够稳定,保证能够探测到这个相干拍频的低频差信号,并保证频率差落在微波段范围内,这是一个可行的方法。但是光频段因其较高的振荡频率,即使一点微小的相对频率偏差,也会导致拍频信号明显的频率移动,实验实现非常困难。另外,从微波段到光频段,频率跨度太大,缺少足够多的激光参考,同时参考激光的频率可调谐范围也有限,要实现这一频率链路非常不容易。由于激光本身就难以制备,构建这一链路难上加难。随着最近能够产生足够高次振荡谐波器件的出现,这一境况才稍有改善。在微波段的倍频可以高达 1000 倍,然而在红外波段也许最多只能到 12 倍频。经过倍频后,即使临近频率有可以稳定工作的激光器,倍频光和临近激光之间的频率间隔也要比它们的频率可调谐范围高几个量级。

图 18.12 按对数标尺给出了这一链路上的激光频点分布情况,一些已经建立起来的激光可以将谱线从微波段扩展到光频段。

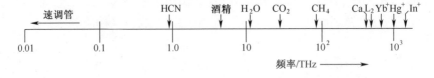

图 18.12　从微波段到光频段稳频激光频率分布情况

18.5.1　点接触 MIM 二极管

我们回想一下高次谐波的产生过程,它与不同频率间信号混频所产生的和频或差频分量一样,都需要用到某一类晶体非线性效应。在微波或更低频段,电磁波波长远大于常用的电子学器件尺寸,例如所用非线性器件通常是一个半导体二极管,因此可以看作是一个尺寸可忽略的集总元件,但是当频率到达红外和更高的光谱区域时,这种近似不再成立。因此必须找到一种只在很小区域内与光波相互作用的非线性晶体,不然就需要考虑光波在穿过晶体时的振幅强弱变化,即需要考虑光场与晶体的分布式相互作用。

在满足"集总"条件下,最重要的非线性晶体是点接触"金属-绝缘体-金属"(Metal Insulator Metal,MIM)二极管,它就是将一个精细刻蚀的钨丝尖端与镍柱氧化的后表面进行点接触,再并入到微波电路中。这些二极管的点接触区域直径大约只有二氧化碳激光波长的 $1/600$,因此可以响应极高频率的信号。同时由于镍的氧化膜只有几个分子层厚度,电子可以隧穿通过,因此结点处的阻抗和容抗也非常小。这些 MIM 点接触二极管可以将高达 200THz(波长 $1.5\mu m$,近红外波段)的频率信号混频,产生和频项或差频项。假定有两束光波,它们都处在红外波段,而它们的频率差在微波段,那么当把这两束光聚焦到一个配置在微波电路内的 MIM 二极管上时,电路将产生一个频率可测的微波段信号。

18.5.2 光频倍增链路

需要将不同的激光频率连接起来,并最终与微波段铯原子频率基准相连接,进行测试比对,就像机械系统内齿轮之间的相互连接一样重要。在近十年以前,这个频率连接工作需要占用一整个房间,布满专用的激光器、倍频激光系统、混频器、谐波发生器、滤波器、锁相环等。通过这样的频率链路,实现了一系列光频率的准确测量。在链路的构建上,可以采用两种不同的方式,一种是对低频光进行倍频与和频,另一种是对高频光进行分频。

尽管倍频链路在不同结点间相位相干性和稳定性的传递细节稍有差别,它们所利用的主要还是之前提到过的高次谐波发生原理。在链路中的每个结点都包含一个锁相环,作为伺服环路,误差信号是混频器产生的拍频信号与一个相对低频的频率综合信号之间的相位差。不考虑频率综合信号的相位偏置,通过适当的调节,可把激光的相位锁定到另一束激光的高次谐波上。这一方法已经成功地实现了一些特定光频点的连接,例如:利用一个特别的频率链实现了稳频的氦氖激光与微波频率标准之间的连接,但是受激光可调谐范围窄这一因素的限制,它还不能用于任意光频率的测量。

对于光频原子钟,目前可能需要先确定与微波铯原子频率基准连接的光频基准点。这里举一个直观的频率链路示例,图 18.13 所示为德国联邦物理技术研究院(PTB)在过去几年中开展的频率链路研究。发展到现在,对于频率比对,已经产生了更先进的技术,在本章最后我们将继续介绍。

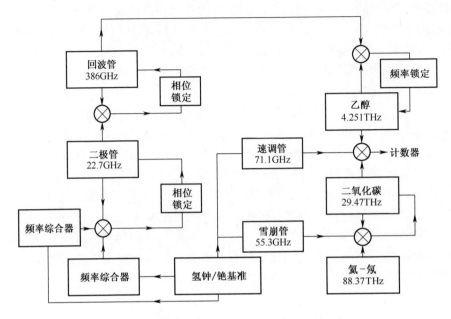

图 18.13   PTB 实现的光学频率链路（Kramer，1992）

18.5.3   频率差分链路

基于更强大的分频原理，近来又产生了一些频率链构建方法。首先要说明的是，这里说的分频不是对本振光自身的直接分频，而是在频率链的每个分频结点上，将两个不同频率的激光进行差频得到分频光，举例来说：假设在某个分频结点上，两个初始激光的频率分别为 ν_1 和 ν_2，如果要对其差频信号进行二分频，那么实现过程先利用非线性器件产生和频项的二分频，即 $1/2(\nu_1+\nu_2)$，再将这个频率信号与 ν_2 激光进行差频，从而得到差频的二分频 $1/2(\nu_1-\nu_2)$，随后重复这一过程，差频信号频率会越来越小，直至差频信号落入微波段，可与频率基准进行比对。整个频率链顶端的初始频率差是可计算的，实际上也可能是光频信号自身频率，通过与它的二次谐波做差频得到。

另一个值得一提的光频到微波链路实现方法，是利用了光学参变振荡器（OPO）的分频特性。我们已经讨论过振荡场的参变激发过程，可以比对一下单摆的动力学"激发"过程控制振子共振频率的某个参数受到某一个特定频率的调制时，例如"弹性常数"，会产生参变激发。在光频段，当用一束强激光（我们一般称为泵浦光）与非线性介质相互作用时，会产生对光学介质特定参数调制的现象，比如会对其折射率产生调制。这一过程可以激发出两个处于不同频率的光信号，这里分别称为信号光和"闲光"（idler waves），这三束光之间满足如下频率和波数

304

关系：

$$\nu_3 = \nu_1 + \nu_2; \quad \boldsymbol{k}_3 = \boldsymbol{k}_1 + \boldsymbol{k}_2 \tag{18.2}$$

式中：下标 1、2、3 分别为信号光、闲光和泵浦光。这一关系与我们在二次谐波产生里讨论过的相位关系具有相同的形式，当信号光与闲光是同一光或两者频率相同时，我们称之为"退二次谐波"（degeneration）。然而这两种情况之间有个很重要的区别，对于退二次谐波情况，所用泵浦光频率是激发的信号光或闲光频率的两倍，即激发出的光是泵浦光的二分频，而不是二次谐波。如果我们有高质量的非线性晶体和稳定的高功率泵浦激光光源，退二次谐波将是实现光波分频的基础。

1992 年，麻省理工的 N. C. Wong 和 D. Lee 利用双轴 KTP 晶体实现了光参变分频（Wong, 1992），他们将晶体置于一个双频振荡腔内，使得腔内可以同时存在信号光和闲光，这两束光频率上会稍有差别。将信号光和闲光的拍频信号（$\nu_1 - \nu_2$）相位锁定到一个微波频率参考 ν_μ 上，于是在泵浦光频率 ν_3 确定时，可以准确得知产生的信号光和闲光频率，即：

$$\nu_{1,2} = \frac{\nu_3}{2} \pm \frac{\nu_\mu}{2} \tag{18.3}$$

由于频率 ν_μ 远小于泵浦光的频率，可以认为构建了一个 2：1 分频。需要注意的是，信号光和闲光的相位服从 $\phi_3 = \phi_1 + \phi_2$ 关系，由于拍频信号的相位锁定到了微波参考上，因此输出的信号光和闲光与泵浦光之间相位是相干的。图 18.14 为实际的实验架构，Lee 和 Wong 利用氪离子（Kr^+）531nm 激光器作为泵浦光，产生的信号光和闲光在红外波段，波长近似为退二次谐波值 1.06μm。产生参变振荡的阈值功率为 40mW。KTP 晶体长 8mm，置于光学谐振腔内，谐振腔的一个端面由晶体表面构成，表面曲率半径 40mm，镀有红外高反膜，另一个端面由输出镜构成，镀有透过率 0.5% 的红外反射膜。同时泵浦光透过光学腔的前端面，进入谐振腔，与晶体相互作用，输出镜则对泵浦光高反。改变入射泵浦光与晶体之间的夹角，可

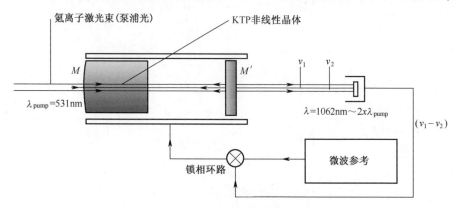

图 18.14 利用参变振荡进行光波分频实验系统

以使两个输出光束的频率间隔改变约1THz。在输出面用压电陶瓷控制腔长,可以实现对不同模式信号光和闲光的选择输出。

应用这一技术,可以对光频信号连续二分频,直到进入微波频段内,但实验会受到每次转换功率损失困扰,以及在远红外区域要求高转换效率的限制。Lee 和 Wong 提出了一个更机智的方式,即采用水平排列转换方案:使用同样的泵浦激光,照射到一组水平排列的参变振荡器上,这些振荡器按信号光–闲光频率差等间隔增加设置。通过这一方法,可以实现覆盖差频频率到泵浦光频率的宽带频率梳。在这个频率梳上的每一根梳齿,经过参考微波源的相位调制,进一步分裂成一个更精细的"子频率梳"。通过这一方法,有希望实现利用单一光学频率标准产生全光谱范围的相干频率信号。

18.6 光学频率梳发生器

18.6.1 腔内调制技术

还有一个值得研究的光学频率综合器,可以输出几个 THz 宽的光学频率梳。实际上这是一种锁模激光器,将一束单频连续光的频率锁定到谐振腔上,谐振腔内放置一个电光调制器(EOM),利用微波信号驱动电光调制器,频率为若干个腔纵模频率间隔,通过调制来实现腔内各个纵模之间的相位锁定。谐振腔共振提高了调制器的效率,使得腔内不只存在激光共振模式,还存在边带纵模。在调制参数为 $\Delta\nu/\nu_0$ 时,经过电光调制器主要产生一级共振边带,这个一级边带再通过电光调制器产生其自身的一级边带,依次扩展形成一个频率梳,直到受到调制参数和谐振腔精细度的限制。图 18.15 给出了一个光学频率梳的设计图。

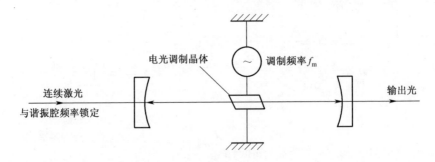

图 18.15 腔内电光调制光学频率梳设计

应用这一器件已实现了很多有意义的频率比对工作,频率跨度可达 1.78THz,

例如:实现了铯原子852nm跃迁线与甲烷分子稳定的氦氖激光四次谐波之间的频率比对,这一频率跨度可能已经达到了这类设计的极限带宽,因为实验中会受到实际调制参数、谐振腔精细度、腔色散的限制,其中不同频率模式的相速度差导致的色散效应在腔内变得更明显。为了获得更宽的光谱,在过去的几年中,研究人员进行了很多方面的改进工作,最值得一提的是在参变振荡腔内,利用非线性晶体参变放大配合电光调制器,产生频率梳边带。

然而这些尝试最终因近来锁模激光器的革命性地进步而被取代,接下来将详细介绍这一进展。

18.6.2　克尔棱镜模式锁定技术

在第14章中,我们了解了一个激光器同时输出多个纵模的机理,即在特定的放大介质内,输出模式可以有很宽的频率范围,以及了解了如何将这些模式锁定到一个共同的相位。从时域上看,这些模式锁定后的输出激光是一系列等时间间隔的脉冲;从频域上看,通过傅里叶变换,得到的是一系列具有相同频率间隔的频率信号,其中频率间隔由光学腔的自由谱范围决定,约为$c/2n_rL$。我们把这种具有相等频率间隔的频谱称为频率梳。作为宽谱的频率梳发生器,锁模激光器有很多优势,其中的两条优势为:具有覆盖倍频程的频谱;以及不需要主动将调制器频率调节到谐振腔共振频率上。其时域超短脉冲的产生是所有振荡模式相位同时锁定的结果。

最早的频率梳应用于钠原子的双光子跃迁,所用频率梳由锁模染料激光器产生,1978年由Hänsch和他的同事研制成功并进行了报道。然而直到1991年,圣安德鲁大学的Sibbett等人研制出一种克尔棱镜模式(KLM)锁定的钛宝石激光器,在此之后(Sibbett,1991),频率梳才有了革命性的发展。Hänsch在马克斯-普朗克研究所的研究组将这一激光器与光子晶体光纤结合,展示了二者在产生覆盖倍频程光谱频率梳上的超强能力。在这一突破之后,出现了大量频率梳的应用案例。

频率梳的成功得益于两点:首先,从激光增益的角度上看,克尔棱镜效应(Kerr lensing effect)可以用于腔内高强度光场的产生,并且不像可饱和吸收体那样受到有限的恢复时间限制;其次,克尔棱镜提供了一个有效修正光学色散的方法,而不同频率光在传播过程中微小速度区别导致的光学色散问题,正是限制频率梳频带宽度的因素,同时也是一个主要的导致相干性损失因素。

在讨论KLM钛宝石激光器之前,先回顾一下光学克尔效应。首先需要区分光频段克尔效应和旧有的应用在克尔泡开关(Kerr cell shutter)内的静态场效应(static field effect)。对于后者,通常将一个恒定的或低频的电场,施加到一个类似单轴晶体双折射特性的光学介质上,光轴方向与电场方向平行,电场导致的折射率变化量(n_o-n_e)正比于电场强度的平方E^2。然而要注意这个对电场强度的平方关系可能有点误导性,因为当用引起的电场极化来计算时,实际上是一个三次方的关系。由于电场引起的极化与电场强度不是二次方函数关系,这个效应可以通过改变晶体内光轴与电场方向的夹角观测到,甚至对于中心对称的晶体也同样适用。硝基苯具有很大的克尔常数,不同种玻璃的克尔常数差别也很大,最大的可以达到3×10^{-14}cm·V^{-2}。另一方面,所谓的“线性”电光效应(Pockels 效应)在中心对称晶体内是不存在的,因为极化(不是折射率)的变化量与电场之间实际上呈现的是二次函数关系。对于光学克尔效应,由于它与光的传播方向有关,因此需要考虑复杂的非线性光学效应,最有效的方法是从频域进行分析,比如利用傅里叶频率谱密度进行分析。

克尔棱镜能够用于锁模的一个重要因素,是在激光腔内光场沿着轴向的强度最大,随着偏离轴向,强度快速地以高斯函数形式衰减。以钛宝石为例,介质中这样的场分布会导致克尔效应:光波中靠近光轴部分比远离光轴部分的传播速度慢,导致波前朝轴向汇聚,就像一束光通过一个凸面镜一样。随着光波的汇聚,折射率参数会进一步增大,使得波前汇聚得更加紧密,进一步加剧汇聚效应。这一效应可以在两种情况下实现锁模:当“软”小孔存在时,或者插入一个真正限制光束尺寸的“硬”小孔。如果所用钛宝石晶体激光器的泵浦光是一束沿着晶轴方向的窄激光束,那么受克尔效应影响,激光波前汇聚会导致泵浦光重叠,因此实现光放大,这是我们所说的“软”小孔。如果把一个真实的小孔放在腔内合适位置,使其吸收大于设置通光半径的所有辐射光,也将有利于实现光场的放大和相位锁定,否则腔内就是一堆相互之间相位随机的纵模。在刚开启泵浦光时,腔内各纵模的强度随机波动,纵模之间会随机地互相增强或抵消,当突然产生一个强纵模后,受克尔效应的作用,其他模式光会与这个强光同相位,总强度进一步增强。最终实现所有纵模之间的相位锁定,输出相同时间间隔的一连串窄脉冲。

图 18.16 给出了锁模钛宝石激光器的基本构成。采用的是标准的四镜 Z 型折叠腔设计,包括一对汇聚球面镜和两个控制臂长的平面镜,其中一个平面镜同时作为输出镜(图中 OC),对激光部分透过。如果两个汇聚镜 M_1 和 M_2 的焦距分别为f_1和f_2,则它们与镜子之间的距离 D 可以写成关系式 $D = f_1 + f_2 + \delta$,其中 δ 是一个重要的稳定性参数。

随着 D 变化,由于两臂光路 M_1-OC 和 M_2-CM 的光程不对称,连续激光的腔内振荡功率会经历两个最大值,对应于不同稳定区域。激光的模式锁定通常从一个特定的 δ 范围内开始。

为了获得输出宽度达到飞秒级的窄脉冲,必须对光学色散进行补偿,我们曾提到过利用多层电介质啁啾镜实现补偿,另一个常用的技术是利用棱镜的色散特性进行补偿。光束通过两个经过巧妙设计的棱镜时,低频分量比高频分量经历的光程长,使得低频分量落后于高频分量。相比于被动色散,这种利用诸如玻璃介质中反常色散效应的现象称为主动色散管理。对系统内群时延色散的补偿,需要仔细

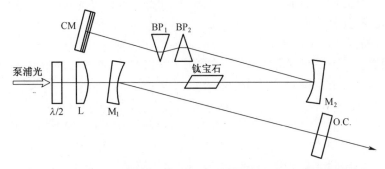

图 18.16　锁模钛宝石激光器设计图(图中啁啾镜 CM 和布儒斯特棱镜
BP 用于相散修正,OC 为输出光耦合镜)

地调节棱镜对之间的距离,通常棱镜对间距设置在要求的最小距离上,光束以布儒斯特角入射,最大限度地降低损耗。

18.6.3　光频的绝对测量

在 2000 年,由 NIST、贝尔实验室和马普所三家合作,利用微波铯原子频率标准,实现了对光频率测量的根本性简化(Diddams et al. ,2000)。这一频率测量简化的实现,是利用了飞秒脉冲钛宝石激光技术和最新发展的光纤技术,包括光纤微结构技术。利用光学频率梳的微波频率梳齿间隔,直接测量了碘分子稳频的 Nd：YAG 激光器 282THz(波长 1064nm)输出光频率。

光纤的微结构通常是包裹在光纤内核的一个连续电介质包层,这一包层由多个小孔规则排列而成,小孔长度与光纤长度一致,类似于一个个微小的管道。由于这种光纤的多孔结构,它也被称为"光子晶体光纤"(PCF)(这里晶体意指由小孔结构导致的光纤折射率周期变化)。图 18.17 给出了一个空气-二氧化硅微结构光纤的截面(air-silica microstructure fiber)。

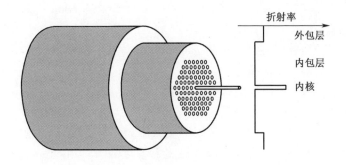

图 18.17　微结构光纤截面

这类光纤之所以能够成为光频和微波频率之间比对的关键,主要得益于两个特性:首先,在光脉冲沿着光纤内核传播时,脉冲极大的峰值强度会产生高阶非线性效应,例如产生高次谐波、混频、拉曼散射等;其次,得益于单纵模传播、波长可频移到零相散点的微结构光纤设计,正是利用了这些设计,才使得锁模钛宝石激光器能够产生一个频谱范围覆盖整个倍频程的光学频率梳。这是一项关键性技术进步,这样的频率梳可以作为频率标尺,标尺的单位(即每个梳齿间的间隔)可以溯源到微波频率基准上,梳齿的频率覆盖范围可以从其给定的基频延伸到由非线性晶体产生的二倍频。

在前面引用的那篇 2000 年发表论文中,所用的微结构光纤直径仅为 $1.7\mu m$,群速度色散点设计在 800nm,这保证了最小的脉冲时间间隔,并且在可观的光纤长度内,脉冲峰值功率都可以保持在几百 GW/cm^2。这一高强度的保持非常重要,因为二氧化硅内的光学非线性不是很大,利用由折射率受光强影响导致的自相位调制效应进行光谱展宽,需要较长的相互作用距离。图 18.18 给出了经过微结构光纤扩谱前后的光谱带宽。

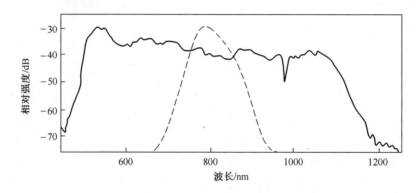

图 18.18　虚线表示钛宝石激光器直接输出的功率谱,实线表示光子晶体光纤
输出的频谱(Diddams et al. ,2000)

论文中 KLM 钛宝石激光器输出光的中心波长在 800nm 附近,脉冲宽度约10fs,谐振腔腔长决定了输出脉冲序列在频域上的梳齿间隔,为 $f_m = 100MHz$。利用压电陶瓷(PZT)控制谐振腔腔长,将 f_m 的 100 次谐波相位锁定到 10GHz 的铷钟稳频微波源上,从而稳定梳齿间隔 f_m。这一工作参与的研究组分布在大西洋的两端,利用 GPS 共视方法,将本地铷钟参考到了 NIST 的铯原子频率基准上,同时顺便还测试了 GPS 国际授时的不确定度。

测量碘分子稳频的 Nd:YAG 激光绝对频率,将其与 NIST 的铯原子频率基准进行比对,比对过程为:①将 Nd:YAG 激光器输出的 $\lambda_1 = 1064nm$ 连续激光倍频,得到 $\lambda_2 = 532nm$ 连续光;②利用光纤输出的飞秒频率梳将这两个波长连接并模式匹配;③利用光栅将这三束激光衍射区分波长;④最后利用高速光电管分别测量连

续光 λ_1 和 λ_2 与飞秒频率梳相邻梳齿的拍频信号 Δ_1 和 Δ_2。但是如果仅仅测量拍频信号的频率值,并不能分辨出连续光和频率梳梳齿哪个频率更高或更低,图 18.19 中清楚地说明了这一问题。为了判断哪个信号频率更高,假设 Nd:YAG 激光器腔长恒定,如果两个连续光频率分布在临近梳齿的两边,那么任何导致光频梳频率移动的因素都不会影响到拍频信号的和($\Delta_1+\Delta_2$)。类似地,如果两个连续激光频率在相邻梳齿的同一边,那么拍频信号的差($\Delta_1-\Delta_2$)将保持不变。实验中通过观测两个拍频信号的和频项($\Delta_1+\Delta_2$)以及差频项($\Delta_1-\Delta_2$)波动,发现利用和频项进行频率区分更合适。由于可以确定 Nd:YAG 激光的频率波动范围小于 20kHz,远小于光频梳梳齿间隔,于是可以通过改变 n 值实现频率的分辨。

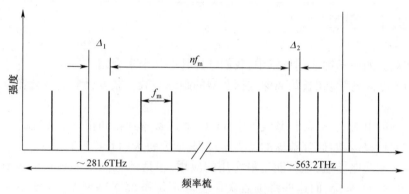

图 18.19　钛宝石激光和光子晶体光纤产生的光梳频谱,
以及碘稳 Nd:YAG 激光频谱和倍频频谱

实验最终给出的碘分子分频 Nd:YAG 激光频率值,比国际计量委员会(Comité International des Poids et Mesures,CIPM)给出的值高 17.2kHz,测量的频率不确定度约为 2×10^{-13}。

在 Hänsch 和他的研究组实现了倍频程光学频率梳这一突破之后,这个频率测量方法被用于测量各个光频率标准的绝对频率值,其中最值得一提的工作包括 NIST 对汞离子(^{199}Hg$^+$)、NPL 对锶离子(^{88}Sr$^+$)、PTB 对镱离子(^{171}Yb$^+$)钟跃迁频率的测量。在与铯喷泉频率标准比对后,NIST 给出的汞离子钟跃迁谱线频率为(Udem et al.,2001):

$$f(\mathrm{Hg}^+) = 1064721609899143(10)\,\mathrm{Hz}$$

频率不确定度达到了 9×10^{-15}!最近,Tanaka 等人历时 21 个月对另一个类似的汞离子频率标准进行了系统评估(Tanaka,2003),评估的结果为频率波动小于 1×10^{-14}。

NPL 报道的锶离子光频标的频率测量准确度提高了近 3 倍,很显然随着光频率标准的研究步伐越来越快,利用光钟进行精密时间测量以及重新进行"秒"定义的日子越来越近了。

第19章
应用：基于时间的导航

19.1　引言

在众多的原子钟应用场景中,我们选择其中几个来介绍。

（1）空间科学:超长距离深空探测器的跟踪与数据获取,例如,旅行者号(Voyager)。

（2）射电天文学:甚长基线干涉 VLBI,通过参考到相同相位上实现。

（3）行星运动:研究地球的动力学过程,研究每天时长的变化。

（4）无线电导航:这可能是最实用的应用,包括地基网络 Loran-C 和 Omega、星基 TRANSIT 系统,而这些都随着美国全球定位系统 NAVSTAR GPS(Navigation Signal Timing and Ranging Global Positioning System)和俄罗斯全球导航系统 GLO-NASS(GLObal NAvigation Satellite System)的出现而终结。

我们将把讨论范围限制在基础机理上,这些应用的基础与关键是时间的精密测量与精确授时,而如果没有原子钟的话,这些应用是不可能实现的。我们将先简单地介绍前三个应用,最后再用主要篇幅阐述第四个应用。

19.2　深空探测

在行星间探测器的追踪上,例如水手号(Mariner)和旅行者号(Voyager),由于这些深空探测器距离非常遥远,超过几百万英里,并且搭载在探测器上的电子学器件功率有限,因此给地球上要对其进行追踪和通信的设备带来极大困难。由于深空探测器是有特定运动轨道的,导致其回传的信号含有变化的多普勒频移,这给本来就极其微弱的信号探测增加了更大的困难。为了应对这些难题,需要利用功率达到几十千瓦的巨大高增益天线传输上行信号,同时用各种方法增强返回信号的信噪比。为此成功发展了用于信号增强的数字编码修正技术,即载波相位调制技术。利用相位锁定的接收机接收信号,在接收机内的伺服环路控制本地信号相位,

312

使其始终与接收到的微弱信号相位相同。地面与航天器间的通信,是靠航天器上搭载的发射机应答器实现的,在地面上的微波信号聚束后向航天器发射,信号被航天器接收,解调得到地面指令和数据,再用不同的频率对载波进行调制,加载上数据后聚束传回地面站。发射的微波信号频率处于 S 波段,3GHz 左右,完成一次上下行完整通信需要几十分钟,意味着:地面站与航天器间的通信能力,会受到此期间地面站振荡器的噪声和相位不稳定性限制,因此需要相位噪声小于 0.1rad 的地面振荡器。

在这样一个大尺度时间跨度上的应用,对于各类原子钟,氢原子钟因具有不可比拟的相位稳定性而首先受到关注。实际上氢原子钟在很早时候就成为一个参考标准,应用于喷气动力实验室(JPL)负责的 NASA 深空探测网络中。

19.3 甚长基线干涉

原子钟的第二个应用方向是射电天文学,即所谓的甚长基线干涉(VLBI)。就像我们曾提过的利用分离场技术进行磁共振信号探测一样,在天文观测上,利用两个分离的天线,可以有效地提高射电望远镜的孔径(沿着一个维度),使孔径等于定义的基线长度。我们把分辨遥远射电辐射目标细节特征的能力称为分辨力,由天线有效直径 D 和探测的射电波长 λ 共同决定,关系为 λ/D。地基的射电天文研究主要针对的是波长从 2cm 到 30m 的电磁辐射。对于可见波段的短波探测,目前即使对于最短的可见光波长,要想实现一个与人眼分辨力可比拟的射电望远镜,直径也要大于现存世界上最大的可旋转望远镜——德国的 Effelsberg 射电望远镜,直径 100m。现有的最大固定天线射电望远镜,是一个由线网组成的巨大圆盘状天线,直径达到 305m,坐落于波多黎各阿雷卡纳特市(Arecibo in Puerto Rico)附近的山谷内,信号接收点位于圆盘上方的 130m 焦点处。尽管这个望远镜可用于探测最微弱的辐射源,但在可见光波段内,它的分辨本领还是没能超过人眼水平。

为了找到克服天线尺寸限制的方法,我们必须要了解射电望远镜的成像原理。在理想模型下,从远距离物体上每个点发出的辐射波,在到达天线端时可以看成是传播方向稍有不同的平面波,这些平面波在不同的时间到达接收天线上不同的点,因此其相位也不一样。到达天线不同位置的平面波经过反射汇聚到焦点上,在焦点处相干叠加产生一个有确定幅度和相位的合矢量。

一个实际的圆盘状天线射电望远镜,只探测汇聚到焦点处的信号强度,通过扫描天线的朝向,绘制出遥远距离辐射源的强度分布情况。如果不采用聚焦探测强度的方法,而是测量天线面上每个点的幅度和相位信息,则焦点处的合矢量可以通过这些天线面上不同点的测量值理论计算出来。这样利用有限区域的幅度和相位信息,就可以理论上合成出"像"的信息。采用这种方法,不需要特别高密度的测量点,就可以得到一个很高的分辨率,也即可以利用有限阵列的、宽间隔、小尺寸的相位追踪接收机组,实现高分辨率成像。这项技术对于光频信号处理还不太好用,但是射频和微波频的相位锁定技术,保证了射频和微波段内即使是最弱的相位信息都可以提取出来。得益于原子钟技术的发展,我们可以为远距离相隔的接收机提供恒定的、同相位参考信号,因此能够实现一个有效尺寸可达地球大小的天线。在这样的相位参考下,可以探测到辐射波在相隔几千千米距离上两点的相位差。被观测射频信号波长决定了我们要将不同天线的参考信号同步到纳秒量级以内。这一要求可以由现今的原子钟满足,不同大陆上的天线可以实现同步,同时,分辨能力也得到了成倍提高。由于射频导航系统严苛的要求,两个相隔很远观测点之间相位信息的传递,或者说时间的传递,长久以来一直是一个重大的挑战。在后面的章节中我们将针对无线电导航继续介绍。

19.4 地球运动

接下来介绍的一个原子钟应用方向是地球运动的研究。在之前的章节中,基于时间对地球观测表明,地球运动是一个复杂的过程。地球运动在其自转和绕太阳公转的基础上,还叠加有地球自转轴绕着极轴的进动、自转轴绕着公转轴(黄轴)的进动(岁差)以及地球自转速率的减慢等。自转轴沿着地球对称轴的进动是由于地球是个稍扁的球形,导致了两极点会做一个非常小半径的圆周运动,这一圆周的半径只有几米,运动周期为 430 天(钱德勒周期 Chandler Period)。自转轴沿着公转轴的进动,则是由太阳和月球施加在非球形的地球上的转矩导致的,这一作用导致了春分点非常缓慢地转动,周期大约为 26000 年,即春分点沿黄道反向每大约 26000 年转动一周。地球运动使每年的季节随着月份变化。除了钱德勒周期运动外,其他现象的变化和发生都需要相当长的时间,对这些运动的测量,也需要在很长时间间隔内保持准确一致的时钟,这里的一致是指在时间轴上不论什么时候单位时间间隔都是相同的。我们认为原子时尺度要比天文观测计时的一致性好,因为对于当前的准确度,我们相信不存在引起原子时间一致性偏离的、对量子系统产生作用的诡异长期系统影响。而另一方面,现有完备的理论体系表明,地球还应具有更复杂的运动特性。原子这一保持长期计时精确的优势,使我们可以观测得到可靠的数据,有利于检测现有的计算模型。

19.5 无线电导航

现在,我们开始进入本章的主要部分:无线电导航和全球定位系统。几乎从无线电出现伊始，人们就意识到通信不是无线电的唯一应用。最初的应用是无线电定向(direction finding)和无线电信标(beacons)，之后在第二次世界大战期间，雷达得到快速发展，紧接着就是长距离导航(Loran)和固定基站射频导航网络(Omege)。在 Sputnik 卫星发射之后，逐步实现了全球的卫星信号覆盖，并最终产生了全球卫星导航系统(GNSS)，包括美国的 TRANSIT 和 NAVSTAR/GPS，俄罗斯的 GLONASS 以及最近欧洲的 GALILEO。

19.5.1　雷达

雷达(无线电探测和测距)的基础是对远距离目标无线电回波的探测，最早在 1937 年实现，就是在第二次世界大战爆发的前两年，当时还极度保密。在战争期间，雷达在敌机预警方面起到了至关重要的作用，并因此得到极大发展。在此之后，雷达发展出各种形式，满足军用和民用的多样需求。最值得一提的是多普勒雷达，它不仅可以测量出目标距离，还可以测量出目标的运动速度。

在典型的雷达系统中，通常用圆盘状天线发射一个短时电磁脉冲，利用同一个天线探测被照射物体的散射回波，并显示出来。物体的距离利用电磁脉冲发送和接收之间的时间差计算，由于无线电波在真空中的速度为 $3\times10^8\,\mathrm{m/s}$，在时间上每增加 $1\mu s$，对应的目标距离增加 150m。通过这一转换，距离测定的准确度正比于脉冲发送和回波接收的相对时间(相位)测量的准确度。为了提高对目标探测的角分辨率，需要对散射回波进行聚焦，要求回波在天线端的衍射效应尽量小。为了能使圆盘天线的尺寸适中，需要使用相对波长较短的电磁波，因此常用的是微波无线电，早期常用波长 3cm、振荡频率 10GHz 的 X 波段微波。脉冲信号的发送和接收利用的是同一个天线，因此需要使用一个快速切换电开关，在发射电磁波时保护接收机。对于无线电波段接收机，雷达内的接收机有一个本地振荡器，将这个本振频率信号与接收到的信号进行外差拍频，得到一个中间信号，通过放大、低频段二次放大后，在示波器上显示。在平面位置显示器(Plan Position Indicator, PPI)上，显示屏发光点从中心沿径向向外扫描，接收到的反射回波会引起屏幕上的对应位置亮度增强。径向扫描曲线随着天线转动而同步转动，从而直接给出目标的相对方向。

还有一种利用发射电磁脉冲的相位参考雷达，称为相干雷达，可以用于提取目标的多普勒运动信息。多普勒雷达一个重要应用是可作为移动的目标指示器(Moving Target Indicator, MTI)，它可以从目标区域的地面、海洋、大气散射信号中提取出有多普勒频移的移动目标回波信号。在这样一个雷达系统中，振荡器的相位稳定性将决定速度测量的分辨率，对于即使长达 1000km 的目标，接收和发送的时延也小于 10ms，因此振荡器的短期稳定度非常关键。这意味着即使没有超低相位噪声的高功率微波激射器或高性能超导腔振荡器，一个高品质因数的晶体振荡器也是必须的选择。

19.5.2 罗兰C

与雷达主动发射电磁脉冲并接收目标回波信号的工作方式不同,长距离导航只接收由确定基站网络发射的时间编码信号。在初期的长距离导航系统(Loran-A)中,使用的无线电载波频率为1750~1950kHz,发展到现在更精确的多重链长距离导航系统(Loran-C),使用更低的100 kHz频率载波。我们把沿着地表传播的电磁辐射信号称为地波,这种信号的衰减速率随着频率的减小而减小,因此对于Loran-C,更小的载波频率使得其有更大的用武之地。其他电磁波的传播方式包括大气电导层(即电离层)的反射,我们称这样传播的信号为天波,用于全球短波通信,两类波传播途径如图19.1所示。Loran-C系统要求准确测量无线电波的传播时间,得到发送端和接收端之间的距离。尽管天波的传播距离远大于地波,但受电离层高度随昼夜变化和太阳黑子等因素影响,它的传输时延不确定性很大。天波要比地波到达接收机慢,需要从时序上进行仔细鉴别。在一阶近似下,地波的传输时间与距离成正比,然而为了获得微秒量级的准确度,需要基于地球表面的电导率和小范围内大气传输特性进行二阶修正,其中海面上传播的修正值可以准确地计算,但是在陆地表面,由于地形的变化,传播时间的修正值很难估算。

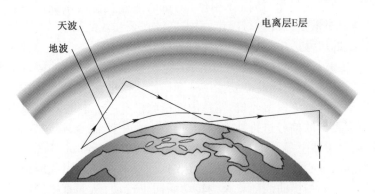

图19.1　地球周围无线电地波和天波传播模式

如果接收信号的船只或飞行器与地面发送站之间能够保持精确时间同步,那么在已知无线电波传播速度情况下,通过信号单向传输时间可以得到船只或飞行器与地面站之间的距离。但这种方式需要用户搭载一个高精度的原子钟,以保持时间的精确同步,这严重限制了系统的用户数量。为了克服这一限制,Loran系统选取了用户从多个地面站接收信号测时间差的方式,通常接收的信号来自三个或更多的地面站,这些地面站之间保持精确的时间同步,并组成一个地面同步网。如果不考虑地表弯曲的问题,那么实现地球表面的导航(不考虑高度信息)需要至少三个地面站,通过图像可以更好地解释,图 19.2 画出了包含两个基站 A 和 B 的多条曲线,从某条线上的任意点到达 A、B 两点的距离差都恒定,这些曲线实际上是以 A、B 两点为焦点的双曲线,因此无线电导航系统有时候也称为双曲线系统。连接 A、B 两点的线段称为基线,垂直基线 A、B 两点之间的二等分线 PQ 称为中心线,中心线上所有点到达 A、B 的距离都相等,因此距离差恒为零。沿着基线方向延伸的一直到无穷远处,这些所有点也对应于一个固定的 A、B 间距离差,称为 A、B 两点间直线传播的时间。为了确定接收器的位置,还需要另外一对基站之间的恒定距离差的双曲线集合。利用两对不同基站之间的时间差,可以得到两个不同轨迹的双曲线,这两条线理论上会有一个或两个交点。对于产生两个交点的情况,则还需要另一对基站提供距离或时延差信息,以解决模棱两可的坐标问题。在靠近基线延长线的区域,这些双曲线呈发夹状(Hairpin Shape),在这一区域产生两个交点的可能性最大,因此航行者应尽量避免选择使自身处于基线延长线附近的基站对,以避免双交点的情况。除此之外还有一个重要原因,也要求我们避开基线延长线区域,这就是要考虑在确定时延误差下,不同位置对应距离误差大小的情况,还是以图 19.2 为例,图中给出了一系列到达 A、B 两站等时间延迟的双曲线,不同的双曲线表示等间隔增加的时间差,图中可以看到,与基线所在区域相比,基线延长线附近的区域,双曲线向左右发散得更快,这意味着对于给定的时间测量误差,基线延长线区域的位置测量误差更大。对于测量误差的分析,一个需要重点关注的参数是两条双曲线交叉处的交叉角。假定从每一个发送站到接收端的信号传输时间误差都是固定值,则双曲线会演变成一个双曲带,带的宽度反映了时延的统计扩散范围。两个双曲带叠加的区域因此表示对该点位置定位的误差,很明显水平方向延伸的双曲带要比垂直方向延伸的交叠区域大。

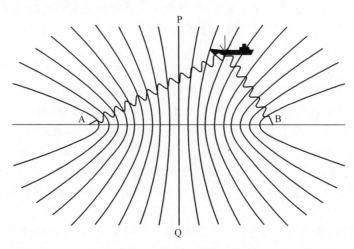

图 19.2　Loran 基站系统 A 和 B 两站间恒定传输时延的双曲线集合

Loran-C 系统的地面站通过链式结构连接在一起,每个地面站覆盖一个特定的地理范围,每个链路都包含一个主站(M)和两个或更多的二级站(W,X,Y…),这些二级站分别与主站连接组成一个主-从基站对。

每一个地面站都传播相同的 100kHz 频率载波,作为区分,不同的链路用不同的频率调制脉冲组。利用精确限定的包络对脉冲进行调制,这种调制方法的好处,在于通信时能最优地利用信号功率,并最大化信噪比。基于二元编码方式,序列脉冲中载波的相位在 0°和 180°之间转换,对应二元编码系统中的 1 和 0。利用相位编码区分主站和二级站,如图 19.3 所示,从时间上交替选择 A 编码和 B 编码进行调制。相位调制技术还有利于从杂乱的天波中提取出目标信号。二级站的信号包含若干组、每组 8 个相等 1ms 时间间隔的脉冲,当发送站为主站时,在发送完第一组 8 个脉冲之后,间隔 2ms 再发送一个额外的脉冲。主站发送的脉冲组之间的时间间隔称为组重复间隔(Group Repetition Interval,GRI)。不同链路通过 GRI 选择器标记,以 10μs 为单位,例如:美国东北部的链路 GRI 选择器数值为 9960,因此组间间隔就是 99.6ms。通过设置时间间隔,可以保证在下一组脉冲发送之前,信号在链路内传输完成。通过给链路内各个地面站设置合理、精确的信号发送时序,可以避免出现信号的混淆。信号的发送从主站开始,之后由二级站按字母顺序逐一发送,即按 W 站、X 站、Y 站、Z 站的顺序。主站首先开启一个信号发送周期,第一个二级站在收到主站信号之前都不发送数据,在收到数据后增加一个时间延迟(称为"编码延时")发送数据,下一个二级站在接收到前一个二级站信号并经过类似的延迟后继续发送数据,依此类推。不同脉冲组之间的时间间隔接近 0.1s,无线电信号的传播时间通常小于 10ms,因此在主站和从站发出脉冲的判断上不会产生混乱。除了沿基线从站延长线方向,其他方向的从站信号都要比主站信号到达晚。而在沿基线从站延长线方向上,如果没有前面提到的编码延时设置的话,两个信号有可能重叠。编码延时不仅方便了时间差的测量,时延的长度同样可以改变,这样在战时也可以安全地发挥作用。从发送的脉冲串中选择一个脉冲作为时间的基准点,利用相敏检测技术,可以从相位调制的脉冲信号中提取出时间信息,并且不会受到脉冲信号幅度的影响。脉冲组内每一个脉冲的波形如图 19.3 所示,计时基准点定义在脉冲串的第三个过零点上,以充分利用脉冲串初始段尖锐的上升沿,并排除可能的微小天波信号干扰。Loran 导航系统内所用仪器的分辨率可以达到百分之一微秒量级。通过无线电通信,网络内主站的振荡器向各个从站振荡器提供修正信号,使这些基站之间保持微秒量级的时间同步。而对于各个从站,为了使其自身能够独立守时,例如在一周不能同步的条件下保持正常工作,需要振荡器的长期稳定度达到 10^{-12} 量级,铯原子钟可以保证这一稳定度要求。除了导航应用外,为了提供精确的授时服务以及实现地球上不同区域导航网络的连接,主站的振荡器要溯源到美国海军天文台(USNO)的时间基准上,通过不断地进行比对和修正,保证计时精度。

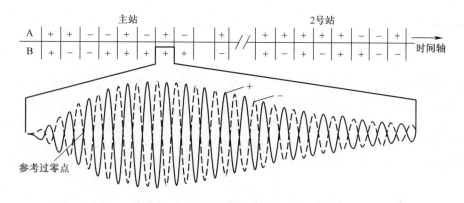

图 19.3　Loran-C 系统地面站发送的脉冲波形(Maxim,1992)

19.5.3　Omega 网络

Loran 导航系统的主要缺陷,是所采用的地波通信网络传播距离的限制,通常在 1500km 量级,因此要实现全球覆盖,需要设置很多链路和综合接收机。另一个被称为 Omega 的无线电导航网络则可以提供大的覆盖范围,其网络内传输无线电信号频率比 Loran 系统低很多,采用的是导航频段内的甚低频,频率在 10~14kHz,只需要 8 个地面站。这些地面站离散地分布在从挪威到夏威夷的全球范围,地面站间按精确的时序发送和接收信号。举例来说,位于挪威的 A 站首先以 10.2kHz 频率开始发送信号,持续 0.9s 后停顿 0.2s,然后以 13.6kHz 频率发送 1s 后再停顿 0.2s,最终再以 11.33kHz 频率发送 1.1s 后停顿 10s,等待下一个发送周期开始。与 Loran 系统相同,Omega 也是双曲线系统;不同的是,Loran 系统测量接收两个地面站信号的时间差,Omega 系统测量的则是相位差。在无线电波的传播方向上,由于相位是周期变化的,测量到的相位周期数差有可能不准确。为了解决这一问题,必须"初始化"Omega 系统接收机,对其设置初始坐标,并接着由接收机自动追踪接收信号之间的相位关系。

选用极低频率的电磁波传输信号可以保证长传输距离,甚至可以穿透到海平面以下,但是在地球表面和低空电离层 D 区之间,电磁波以类波导模式传播,导致相速度对电离层特性敏感,以至于我们在估计某个位置的可靠性时,需要考虑许多特殊的现象。电离层的有效高度在白天约为 70km,夜间约为 90km。除此之外,在约每 11.4 年会出现一次的"太阳黑子活动",在此期间,电离层会对无线电波的传输产生干扰,其他产生误差的原因还包括不同波模传输之间的干涉,以及信号的错路传输等。这种错路传输的信号没有从发送端直接到达接收端,而是从反方向绕地球一圈后到达接收端。

19.6 卫星导航

利用卫星进行导航、测绘和授时的优点是：凡卫星视野所及的区域，均可以实现无线电通信，因此可以覆盖更大的范围，可以避免出现像地波和天波那样，因地表地形变化及天空特性变化而导致的无线电波传播速率不确定的问题。有趣的是，在苏联 1957 年发射世界上第一颗人造卫星之后几年，I. Smith 就将 Loran 导航的概念直接外推，写了一份利用卫星系统发送时间码元、由地面站接收信号，用于导航的专利。

最早美军对空基导航系统的支持，是美国海军对约翰·霍普金斯大学应用物理实验室的支持，之后美国空军也对 Aerospace 公司进行了支持，代表了美国军方开始关注该方面的研究。事实上很多先进技术都是依靠政府和军方的基金支持才得以实现，如果没有这些基金的话，这些技术的实现几乎不可能成功。以氢原子钟为例，由于氢原子钟的市场太小，不足以支付它的研发成本，并且在有限的时间内很难转化出收益，因此私人企业不会支持这类研发，实际上，最早氢原子钟研发就是从 NASA 开始，合同给了 Varian 联合公司，后来又给了惠普公司。幸运的是，军方对原子频标、卫星技术等项目的兴趣，也使公众受益匪浅，这点在全球定位系统的应用最为明显。

美国海军的资助，导致了卫星导航系统 TRANSIT 的建立，它被设计的主要目的，是用于实现不同天气条件下的地球表面舰船及战略潜艇导航，但是 TRANSIT 系统仅限于地表导航，并且覆盖区域不连续，导致 TRANSIT 不能用于高速飞机和导弹，不能提高连续的三维空间导航。为此，美国空军决定开展全球导航系统的研发，至今形成了著名的全球定位系统（GPS）。该系统首先在 1963 年开始由 Aerospace 公司承研，到 1965 年，空军放开了用户接收机研制这一块的合同。同一时期，其他的导航系统，例如陆军的 SECOR，也在经受军方的评估，一直到 1974 年，美国军方才决定开展主要基于美国空军 GPS 的项目研究。

GPS 系统的好处是区域连续且卫星视野范围通信全覆盖，很显然，GPS 的实现，依赖于搭载在航天器上振荡器保持精确时间标准的能力，并要求从在轨航天器准确地发送出功率足够强的时间信号和轨道数据，利用卫星导航还需要准确地计算出卫星的星历（即轨道位置随时间变动的函数），在这一点上卫星导航与地面站导航有本质不同，卫星在不同的时间点会运动到不同的位置上，就像是一串排列在轨道上的发射器。然而为了测量来自同一颗卫星的、沿其轨道较大范围的多个时间点发送信号的时延，要求假定接收机在这段时间内能够精确地守时。此外，要想确定某个点的三维位置信息，即经度、纬度、高度，需要连续地从 4 颗时间同步的卫星上接收信号。

美国海军发展的 TRANSIT 卫星导航系统,在 1964 年宣布开始使用,最初有 4 颗卫星,后来发展到 6 颗。这些卫星高度在 1100 km,沿着近乎圆形的极地轨道运行,卫星完成一个轨道周期需要 100 多分钟的时间,加上地球的自转,可以提供很好的全球覆盖范围。这一系统起初只用来测量海军舰船和飞机的位置,但是最终也获批民用。在导航应用的同时,还可以用于测绘,早期由美国国防部制图局 (Defense Mapping Agency) 和海岸与大地测量局 (Coast and Geodetic Survey) 联合开展实验,测试固定点的测量精度,经过几天的观测并利用后处理的准确星历,可以达到 1m 的精度。

对于用户来说,我们希望只用一个较好的短期稳定度晶振,就可实现定位,而不是利用原子频率标准,实际上采用测量接收信号时延的方法,可以满足这个要求。但是要注意这里说的时延,不是 Loran 系统里从不同发射器接收到的信号时延,而是指来自同一卫星的连续位置增量的信号时延。对这个连续位置变化信号时延的测量,需要考虑因素主要是发射器运动引起的多普勒效应。一个重要的可观测量,是接收到信号的多普勒频移过零点并转变正负号,这个现象在卫星通过距接收器最近点时发生。记录此时的准确时间,同时参照精确计算的星历,可以得知卫星在这些时间点的位置,并最终确定信号接收机的位置。

毫无疑问,这样一个系统,依赖于航天器上搭载的时钟稳定度,以及准确传输轨道信息的能力。由于系统主要利用多普勒效应,这意味着短期的频率和相位噪声将是精度的主要限制因素,同时长期的频率漂移应尽量小,以避免频繁地对航天器上时钟频率进行校准。TRANSIT 的卫星配备了超稳晶体振荡器,天频率漂移为小系数 10^{-11},而星载原子钟当时还在研发之中。这些超稳晶振的长期漂移可以通过数学建模得到,这样我们能够预测需要频率校准的时间。卫星发送的用于多普勒跟踪和导航的无线电波的频率,分别为 150MHz 和 400MHz。这些卫星由地面上大范围分布的基站 (TRANET) 进行跟踪,所用的卫星跟踪技术与苏联对 Sputnik 卫星的多普勒跟踪技术相同。多普勒频移可以给出卫星的相对运动速率(相对距离变化率),通过累积的相移(数学上通过将多普勒频移量对时间积分得到),可以给出卫星和接收机之间相对距离的变化。为了推导出在轨卫星运动的实际距离,需要先给出卫星运动过程中至少一个位置处的真实距离(数学上用来确定积分常数)。

TRANSIT 导航系统有两个严重的短板:首先,尽管 6 颗在轨卫星能够覆盖全球,但这个覆盖不是连续的。一个卫星约需要 100 分钟才能通过正上方天空一次,在两次通过之间,用户只能利用航位推测法计算它们的位置。在最差的条件下,用户可能需要等待几个小时才能定位。其次,TRANSIT 导航的精度只比 Loran-C 稍好一点,因为当时卫星还只能搭载晶振而不是原子钟。

19.7 全球定位系统(GPS)

鉴于前述这些系统的不足,以及随着便携式原子钟和卫星技术的不断发展,美国国防部于1973年,正式指令其联合项目办公室(Joint Program Office,JPO)开始负责精确空基全球定位系统(GPS)的研发、评估和部署工作,在此推动下,产生了现在的授时和测距导航系统(Navigation system with timing and ranging,NAVSTAR)。这一系统的功能是使军队和民用用户能够全天候准确确定自身的位置和速度,以及向地球和地球周边目标传递准确时间信息。这些功能利用卫星传播编码的时间和星历信号得以实现,每一颗卫星上都搭载有原子钟,同时有足够多的在轨卫星,保证任意时刻、地球上的任意位置都能接收到足够多颗的卫星信号。测距方法仍是基于无线电波从卫星到用户的传播时间测量:测量接收到时间编码信号的时延,或者测量传输信号的载波与用户本振/本地时钟之间的累积相位差。与其他基于时延测量进行导航的系统一样,GPS系统在设计时对用户时钟的要求就只需一个相对便宜的晶振。一般来说,用户端的时钟不会与卫星时钟保持精确的同步,因此基于未修正的传播时延计算得到的距离信息称为伪距,真实的距离要在对钟差进行修正后得到。为了确定接收机的三维坐标——经度、纬度和高度——需要三个真实距离。我们可以利用图形来看清这个问题,假设以每颗卫星为球心,以卫星到接收机的真实距离为半径画球形,如果只知道两颗卫星的真实距离,那么接收机有可能处在两个球表面相交成的圆上任意一点。然而如果此时再知道第三颗卫星的真实距离,那么接收机的位置就可以确定到第三个球面与圆相交的特定点上。如果只能得到由钟差导致的伪距,那么自然地依此方式确定的位置也会有误差。那么当以第四颗卫星为球心、伪距为半径做球面时,球面不会穿过其他三个球面的交点。但是如果我们假设所有卫星的时钟都精确地同步,使得计时误差只来自于接收机本振的漂移,则可以计算出接收机本振的漂移,并将伪距修正为真实距离,这样一来四个以卫星为球心的球面就能够相交于同一点,即接收机的位置。因此GPS系统需要保证地球上的点在任意时刻都能看到至少4颗卫星。

于是,可以自然地将对GPS系统的介绍分成三个部分:卫星系统、监测与控制地面站以及持有不同类型接收机的用户。接下来我们将按这个顺序进行逐项介绍。

19.7.1 卫星星座

如前所述,必须要合理地确定卫星的数量及轨道设计,使地球上的任意位置在24h内,可不间断地接收到至少4颗卫星的信号。由于接收机的运动形式不可预知,因此必须在同一历元接收到来自 4 个卫星的信号。虽然当接收机静止或缓慢运动时,即使这些信号不是在同一历元接收,由于不同历元对应卫星的位置能够确定,接收机的位置也能够确定。但无论如何,为了保证及时准确地定位,即使是低速的情况,也必须任何时刻都能看到 4 颗卫星。

最终确定卫星颗数及轨道,是从 19 世纪 80 年代的一系列提议中演化而来的,当时的设计还包括 3 个与赤道呈 63°交角的轨道,共 24 颗星的方案;6 个轨道每个轨道 3 颗星,共 18 颗有源卫星的方案等。当前的星座方案是 6 个倾角 55°的轨道,每个轨道上 4 颗卫星,共计 24 颗卫星,以及 4 颗备用卫星。

GPS 卫星种类共有 5 种,包括 Block I 型、II 型、II A 型、II R 型和 II F 型,典型的 GPS 卫星样式如图 19.4 所示。在 1978 年到 1985 年间,共发射了 11 颗 Block I 型卫星,除了第七次发射因助推器问题失败之外,其他发射都顺利成功。这些卫星的设计寿命只有 4.5 年,然而在历经 9 年多的时间后,还有两颗仍在正常运行。与后续的卫星相同,这些 Block I 型卫星除了搭载了精密的无线电通信设备,还搭载了原子钟,以及用于轨道修正的推进系统。这些卫星重达 845kg,由两个 $7m^2$ 的太阳能板提供能源,运行轨道倾角 63°。Block I 型卫星信号没有排除民用用户,到了 Block II 型则有些不同,部分 Block II 型卫星会传输非民用的编码信号。到了 1994 年,那些降低了功率但仍在工作中的 Block I 型卫星最终被弃用,它们被自身的推进器推出原轨道,仅用于继续科学实验。第一个 Block II 型卫星重量达 1500kg,于 1989 年使用三角洲 II(Delta II)火箭发射;随后,在 1989—1990 年间,又发射了 8 颗该系列卫星,并运行在与赤道成 55°倾角的 4 个不同轨道上,高度约 20000km。从 1990 年到 1994 年,又发射了 15 颗 Block II A 型卫星,这里的"A"表示更先进的意思,II A 型卫星具有星间互相通信的能力,其中一些装有光学角隅棱镜反射器,可将来自地面站的跟踪激光反射回去,并且不受卫星方向的限制,这有利于利用激光测距、光学模拟雷达跟踪卫星,跟踪精度可达厘米范围。这种精度能力与 4 台星载原子钟所能达到的频率和时间精度相匹配:两台星载铷原子钟、两台星载铯原子钟,长期的天频率稳定度分别达到小系数 10^{-13} 和 10^{-14},对应于铯原子钟平均每天有约 3ns 的漂移,对于以 $3×10^8$ m/s 行进的无线电波,在测距中意味着约 1 m 的误差。

Block II R 型卫星("R"表示补充)原计划于 1996 年使用航天飞机发射,然而由于一些技术问题,包括复杂的星载原子钟生产问题,推迟了卫星的交付和发射。第一颗 Block II R 型卫星于 1996 年 9 月交付到卡纳维拉尔角(Cape Canaveral),经过大量的测试,验证了可以与现有的 GPS 系统顺利融合,准备于 1997 年发射。不幸的是,由于三角洲 II(Delta II)发射车故障,发射没有成功,于是重新安排了一个延后的发射时间。新一代卫星的设计使用寿命为 10 年,比 Block II/II A 卫星长两年半。但这些卫星相当重,超过 2000kg,能够装下星载氢原子钟———种高精度的星载时间频率标准;目前这个系列的卫星携带了三台铷原子钟。作为一类原子

图 19.4　典型的 GPS 卫星

频标,氢原子钟长期以来表现出了优越的短期稳定性,并且还有很多研究人员一直希望将它们放到卫星上去,然而,实验室使用的大型离子泵和复杂笨重的磁屏蔽设备,在满足航天器尺寸和重量要求上遇到巨大的障碍。空间氢原子钟的频率稳定度预期要优于 10^{-14},比 Block ⅡA 卫星上的频率标准提高了 10 倍,并预期系统性能也会随着相应提升。当然,随着现在激光冷却铷原子频标和离子光频标的发展,星载原子钟也有了更多的选择。

　　第四代改进的 Block ⅡF 卫星从 1996 年开始研发,首先是美国空军与 Rockwell 公司签订了合同,最近又与波音公司签订了 15 亿美元的研发合同。这些卫星比 Block ⅡR 卫星还要重 50%,设计寿命为 15 年,可以容纳更多的设备并满足更多任务需求,将为民用用户提供更准确的信号。将这些卫星送入轨道需要使用更大的运载火箭,例如:可持续运载火箭(EELV)计划下研发的火箭。这个计划包括两大运载火箭家族:阿特拉斯Ⅴ(Atlas Ⅴ)和三角洲Ⅳ(Delta Ⅳ)。

19.7.2　轨道参数

　　使用卫星作为导航网络的无线电发射平台,首要的前提条件是:在任意时刻,卫星的位置都要可准确预测,并且该信息可随时传送给用户。这种情况的关键在于,卫星沿着以地球为其中一个焦点的近开普勒椭圆轨道运动。要完全确定物体在已知外力作用下三维空间的运动情况,通常需要 6 个数,例如可以是某个时间点(历元)的 3 个坐标分量和 3 个速度分量。一般需要 5 个参数才能完全确定物体在空间中的椭圆轨道,以及另外 1 个参数用于确定粒子在轨道中的位置。5 个轨道参数包含两个角度用于轨道平面定向,一个角度用于椭圆面方向的确定,以及两个参数用于椭圆半长轴和椭圆率的确定。这些参数在图 19.5 中示出,其中物体在轨道中的位置,历史上常称为近点角,用与椭圆焦点所成角 θ 表示,其中椭圆焦点也是系统的质心所在位置。对于 GPS 卫星,半长轴通常是 26560km,轨道周期是恒星日的一半,即地球相对于恒星完整自转一圈时间的一半(实际上是相对于春分点,二者基本相同)。使卫星在每个恒星日完成整数次轨道周期,可以保证其地面轨道在每个恒星日重复,也即是说,理想情况下卫星将在每个恒星日的同一时间通过地球上的同一点。

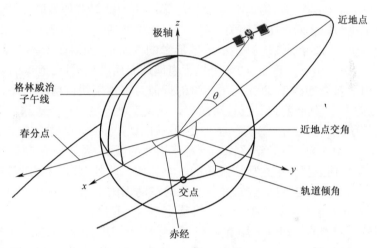

图 19.5 卫星轨道参数的定义(Hofmann-Wellenhof,1994)

牛顿在理论上曾预言:在刚性、均匀、球型地球的引力下,卫星的运动轨道将是简单的可重入(闭合)的椭圆型开普勒轨道,地球对卫星的作用可看作是球心处质点对卫星的作用。实际中的地球对卫星的影响稍有不同,我们把这个不同称为扰动。幸运的是,与产生开普勒轨道的作用力相比,这些扰动都很小。受这些扰动的影响,轨道参数会随时间变化,因此需要开启推进器修正轨道,或者是更新实际的轨道数据,并计算出相应轨道参数的变化。

19.7.3 轨道扰动的影响

扰动的来源有两种:一是具有重力原点的,例如,由于太阳和月亮的存在以及地球的扁平特性而产生的扰动;另一类是非重力的,例如,太阳辐射压力、太阳风和空气阻力等。对卫星运动的各种扰动,可能无法确切知道详细的数量和大小,所以需要规定卫星位置的可容忍误差。如果把一个轨道周期内产生的偏差设置为 1m,会发现恒定扰动力对卫星产生的加速度必须不大于 $10^{-9}\mathrm{m}\cdot\mathrm{s}^{-2}$。为了对扰动力的相对大小有个直观感受,我们知道,卫星在轨运动的地球引力大小为 GM_{E}/r^2,其

中 G 是牛顿引力常数，M_E 是地球质量，$r=26560$km 为轨道的半长轴。经过简单计算，可得到加速度约为 0.57m $\cdot$ s^{-2}，几乎比可容忍的扰动影响大 10 亿倍！

最大的扰动来自于地球的非标准球型，地球绕其轴线自转会产生一个离心的作用，这个离心作用在赤道最大，随着纬度提高逐渐减小，在极点处减小到零。因此，地球表面的净向心力，即观察到的重量，在极点处最大，并朝赤道方向减小。塑性体平衡时的形状就是椭球体，稍微呈扁平状，中心轴线所在截面为椭圆面。地球的实际扁平度很小，两极之间的长度只比赤道直径短约 43km，或者说短约 1/298。当然，地球的细致形状和结构远不是一个光滑的均匀扁球体，地表形状对卫星的影响程度跟卫星与地表间的距离相关。事实上，如果要通过卫星研究地表形状对物体的影响，则需要选择那些能够显示出地形影响的轨道，而对于 GPS 系统却必须避免，在大约 20000km 高度上，GPS 卫星距离地球表面已足够远，地球的扁球状模型只需要 10^{-4} 量级的修正，而采用更高阶的近似对可预期轨道精度的提高是可以忽略的，因此在卫星轨道分析上，地球的扁球状模型已经足够了。地球扁率对卫星轨道影响的研究分析显示：确实存在一个速率正比于 $5\cos^2\theta-1$ 的缓慢进动（近地点的转动），其中 θ 为卫星轨道平面与地球赤道面的倾角，当 $\theta \approx 63°$ 时，速率接近于零，这也是早期卫星轨道选择该倾角的一个原因。此外，分析表明：完成一个轨道周期的平均时间也是 θ 的函数，并且时间的波动正比于 $3\cos^2\theta-1$，在 $\theta\approx55°$ 时，也接近零，因此后来的卫星轨道倾角一直确定在这个角度。

另一种引力型的扰动是太阳和月亮，称为潮汐效应，因为正是它们之间的吸引，导致了地球上的潮汐活动。使用牛顿的重力平方反比定律，可以粗略地计算出太阳引力波动对轨道上卫星的影响，约为 2×10^{-6}m $\cdot$ s^{-2}，而月亮引力对卫星的影响，约为 5×10^{-6}m $\cdot$ s^{-2}。与此相关，地球的固体形变和海洋的潮汐形变引起的间接扰动非常小，在 10^{-9}m $\cdot$ s^{-2} 范围内。

在非引力扰动中，最大的影响是太阳辐射压力。我们记得辐射，无论是激光束还是无线电波，都带有线性动量，因此卫星对太阳光的吸收或散射，会导致卫星承受太阳辐射压力。通常在各个方向上的散射并不完全相同，导致卫星感受到的太阳辐射压力不一定沿着太阳光入射方向，将存在较小的横向分量。实际产生的扰动明显取决于太阳常数，即落在卫星上的太阳辐射强度（$S=1.4$kW/m^2），以及卫星相对太阳辐射的截面大小、表面反射率等。伴随着的一个更复杂的问题就是卫星可能从地球的阴影中通过，即日食的问题。辐射压力扰动的大小在 SA/cM_s 量级，其中 A/M_s 为卫星的横截面与质量之比，产生的加速度扰动约为 10^{-7}m $\cdot$ s^{-2}。这表明辐射压力产生了非常显著的扰动，如果要实现期望的精度，则必须精确建模来考虑辐射压力。

最后，除了太阳辐射影响，还有太阳风：太阳在连续不断地发射粒子，主要是高速电子和质子。在地球轨道附近，质子的平均速度约为 400km/s，粒子数密度范围为 2×10^6/m^3 ~ 10^7/m^3。假设这些颗粒在与航天器碰撞时完全停止，则对例如

$A/M_s = 0.03$ 的航天器,产生的加速度小于 $10^{-10}\mathrm{m} \cdot \mathrm{s}^{-2}$,可以忽略不计。

19.7.4 卫星的控制段

监测卫星运行轨道、星载原子钟频率和相位以及更新用于星历预测的轨道参数等,是 GPS 控制段的职责。控制站为已知位置的地面站,其中包括一个主控站和 3 个其他控制站,以及由 5 个监测站组成的全球网络。主控站位于科罗拉多州的科罗拉多斯普林斯综合空间操控中心,它从世界各地的监测站收集卫星跟踪数据,实时计算出更新的轨道和原子钟参数。这些信息连同其他操作指令一起被发送到 3 个地面控制站,再通过这 3 个站上传至卫星。5 个检测/跟踪网络站分别位于科罗拉多斯普林斯、阿森松岛(南大西洋)、迭戈加西亚(印度洋)、夸贾林(北太平洋)和夏威夷。这些站配备有准确的铯原子钟和接收机,连续跟踪其视野内的所有卫星。这些网络站每 1.5s 观测一次产生伪距的信号传输时间,1.5s 的时间也足以应对电离层和气象的变化,并以 15min 为间隔向主控站传输数据。3 个其他的地面控制站也分别位于阿森松、迭戈加西亚和夸贾林 3 个站点。

实施基于时间的全球导航系统,显然需要定义一个合适的包含了时间的参考系。系统任何单元的位置和时间必须参考到一个公共的、不变的坐标轴和时钟组上。为了确定地球上点的位置,以 Loran-C(或其他导航系统)为例,仅需要某些受信参考点来建立基线和适当的测量角度,从某种意义上说可以是地表区域内任一点的坐标。显然,这不适用于包含地球周围空间位置信息的全球导航系统。为此我们需要一个空间中理想的、与地球和其复杂陀螺运动无关的惯性参考系。它是这样一个坐标系:只忽略引力场对地球-卫星系统的剩余波动影响,取地球的角动量轴(不考虑平分点的慢速进动时,轴向是恒定的)在特定历元的方向为坐标 z 轴,取垂直于地球轴并且位于轨道平面(黄道)中的春分方位的方向作为经度坐标的原点,再加上纬度与 z 轴的角度和距地球中心的径向距离,共同组成完整的惯性系。根据该准惯性(非加速)地心系中的坐标,进行卫星轨道计算。然而,从导航器的实际需求上讲,需要的是它在地固系(Earth-fixed system)内的坐标和高度,这个系统采用的是常规陆地参考系(Terrestrial Reference Frame,TRF),经度原点是穿过格林威治天文台的本初子午线。其 z 轴选择的是从 1900 年—1905 年期间任意时间段地球自转轴的平均位置。对于真实高度值的预测,地球是正球型的假设是不够的,必须考虑地球的扁圆度,因此,从 1987 年开始 GPS 使用世界大地坐标系(World Geodetic System,WGS)WGS-84(这个系统定期更新,因此用名称里的最后两位数字表示年度)。在 WGS 系统内,地球形状是一个半长轴为 6378137m 的椭圆体,几何扁率为 1/298.2572。该系统由一组用作参考点的地面控制站构成,这些控制站配备了特别精确的定位设备,包括激光测距和甚长基线干涉。一旦计算出卫星在自由准惯性系内的坐标,则必须利用两个坐标系之间明确的相对运动关系,把它们转化成实际的地球固定系内的三维坐标。

GPS 系统的运作要假定所有的部件保持精密时间同步,这样在时钟发生不可避免漂移时,可以通过数学建模预测钟差。卫星和地面站都配备了精确的原子钟,用于原子时保持。另外,导航器则与所谓的世界时(Universal Time,UT)紧密相关。世界时是根据平太阳日,民用时间的基础来定义的。平太阳日是表观太阳日(24 小时)的平均值,这一时长全年都在变化。GPS 使用的时间标度则是基于所谓的协调世界时(Universal Time Coordinated,UTC),在这个系统内时间的单位长度是原子秒。然而,由于世界时与协调世界时之间存在长期的漂移,所以要插入"闰秒",来保持两个时间在 1 秒内的时间同步。这导致了协调世界时与世界时之间保持的是分段的时间统一,不同时间标度之间的任何分数差异都由负责此项服务的国家观测站监测和发布。

在这一点上,我们应该回顾一下 Sagnac 效应,在第 7 章中介绍的与地球自转相关的时间测量的相对论效应。固定在地球上的坐标系是非惯性的,因为它相对于"固定星"做加速运动(不是速度大小变化,而是速度方向的变化)。因此,如前所述,它涉及的是爱因斯坦的广义相对论。基于这一理论,假设在地球赤道上的某一点有两个相同的精准时钟,其中一个固定不动,另一个沿着赤道缓慢地(相对于地面)移动,直到再次回到起点,则两个时钟上指示的时间将不一致,时间差值 $\Delta\tau$ 引用如下表示:

$$\Delta\tau = \pm \frac{2\Omega}{c^2} S \qquad (19.1)$$

式中:Ω 为地球的角速度($7.3\times10^{-5}\,\mathrm{rad/s}$);$S$ 为时钟移动路径包围的面积($\pi R_E^2 = 1.3\times10^{14}\,\mathrm{m}^2$),根据这一公式,会产生约 $\pm 1/5\,\mu\mathrm{s}$ 的显著时间差,这在 GPS 系统中不能忽略,必须加以考虑。

利用监测站的已知位置,通过跟踪数据,确定随时间变化的卫星轨道位置,与利用已知轨道上卫星发送的信号进行导航,是一个互惠的问题。我们已经看到,完全预测卫星的位置需要 6 个参数:它们可以是三维空间中的三个位置坐标和给定时刻的三个速度分量,也可以是两组不同时刻的三个位置坐标。第一种方法将问题转化为使用运动方程来预测给定初始值后的运动,第二种方法则是利用给定的边界值拟合出通解。卫星的轨道运动使用准惯性空间坐标系解决,而跟踪站的位置(以及用户所需的坐标),则使用固定在地球上的常规地面坐标系表示。这两个系统间的观测通过对 GPS 卫星的精密跟踪连接起来,而对 GPS 卫星的跟踪,利用的则是分布在一些 GPS 检测站的激光测距系统和甚长基线干涉。对两个系统间数学变换的需求,使得确定和更新卫星星历的任务变得复杂,不过得益于集成电路和星载计算机的发展,变换仍是可处理的。

328

19.7.5　卫星信号编码

精确的全球卫星导航系统,最早受美国国防部的激励才得以产生和实现,其军事上的重要性需要特别关注它的安全性。另外,系统存在容纳民用用户的需求,这催生了用于控制系统完全可访问性的复杂编码方案;未授权的用户则只能获得降低了定位精度的信号。实际中传输的是两个频率的载波,以提供无线电波在穿过电离层时的色散信息,即无线电波在穿越地球周围的电离层时表现出的速度对频率相关性。这使得在修正测得的卫星伪距时,能够对电离层的延时进行数学建模。两个载波的频率分别是基频 10.23MHz 的第 154 次和第 120 次谐波,而 10.23MHz 频率信号来自于星载原子钟,其稳定度达到 10^{-13} 量级。两个载波频率落在微波 L 段,频率分别为 $L_1 = 1.57542GHz$ 和 $L_2 = 1.22760GHz$,波长分别约为 19cm 和 24cm。除了已经提到的时间–距离编码外,这些载波还被其他数据信息调制,包括更新的卫星轨道参数、GPS 时间、星上时钟读数、时钟漂移等。

使用的编码码元类型为所谓的伪随机(PRN)码,对安全性和精密时间比较来说,都是一个比较合适的选择。它是一串由移位寄存器产生的二进制码,在特定的重复周期内,产生的二进制码将或多或少地随机分布。举例来说,考虑一个 5bit 移位寄存器,在每一个时钟的脉冲到来时,所有比特向右移动一位,最右边的比特作为输出。这里最关键的是移位时最左边比特的选择标准,比如如果第三位和第四位相同,则使最左边为 0,不同则为 1。利用这种方式产生的伪随机码的一串比特可能是(011010111100010),最左边位的不同产生标准显然会导致不同的输出序列。将该二进制码作为双相调制加载到载波上,即二进制 1 的相位相对于二进制 0 的相位相移 180°,如图 19.6 所示。伪随机码的"随机"程度可以通过计算经过调制的双相信号自相关函数来检测。

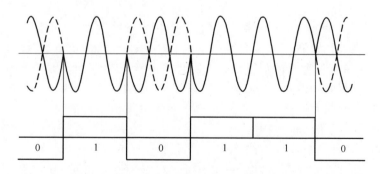

图 19.6　卫星伪随机码信号的二进制相位调制

为了进行随机性的检测,我们将信号与其经过整个时钟间隔移位的信号进行乘积,并对整个周期求和(积分)。由于对信号 180°的相移等价于信号 0/1 的反转,我们发现在相移为 0 时,自相关函数有最大值,整个码内都是相同符号数进行乘积并求和。另一方面,如果我们计算信号与其向左或向右移动一位后的相关性,则得到的结果都是零,这可以用 PRN 码为例进行验证。此外,PRN 编码信号与其他任何不相同的二进制序列之间的相关性都很小,这是因为在求和中包含了符号相反信号的负乘积。因此,这一代码不仅能够给编码信号和其自身的副本提供精确的时间匹配功能,而且还使得该匹配仅对能够产生相同编码的人可用,因此实现了对卫星信号上信息的访问控制功能。通过向组成 GPS 星座的不同卫星分配不同的单独 PRN 码,可以实现对每一颗卫星的无差错识别。

美国国防部一直关注 GPS 精确定位系统的安全性,防止战争期间被敌人危害或利用,同时还需对公众开放降低了精度的定位功能,催生了特别复杂的编码方案。GPS 的双精度能力通过使用两个不同的 PRN 码,将卫星钟读数调制到载波上,并利用卫星传输载波实现,两个 PRN 码即所谓的 C/A 码(粗捕获码)和 P 码(精确码)。进一步的安全性规定是 A-S(反欺骗),意味着任何试图通过发送带有 GPS 签名的伪信号,来混淆或者破坏 GPS 系统的人,进行坚决对抗。反欺骗的特征在于使用一种码序列(W 码)对 P 码进行加密,经过加密后生成 Y 码。C/A 码对公众是开放的,P 码也是如此。尽管将 GPS 系统的全部功能对每个人开放的想法得到普遍支持,Y 码仍不是普通公众能得到的。

C/A 码是通过组合两个 10 比特反馈移位寄存器输出,经过二进制加法模 2 产生,产生 C/A 码的时钟速率是原子钟参考频率 10.23MHz 的 1/10,即 1.023MHz,并且每毫秒重复一次。码内两个比特之间的时间间隔在 1μs 以内,对应 300m 范围的传播时延变化。C/A 码只对 L_1 载波进行正交相位调制(相移 90°),而 Y 码则对 L_1 和 L_2 载波都进行调制。

产生 P 码的方式相对更复杂:它是两个 PRN 序列的某种组合,两个 PRN 序列分别由两个寄存器产生,每 1.5s 重复一次,每次产生超过 1500 万 bit,而其中一个序列还包含额外的 37bit。由于两个 PRN 序列之间存在差异,因此组合序列只有在两个 PRN 序列均重复足够多的周期,产生相同比特数以后,才会开始重复。利用符号表示的话,如果 n_1 和 n_2 分别是两个 PRN 序列包含的比特数,那么组合出的序列将在 n_1 重复 p 次或者 n_2 重复 q 次后开始重复,其中 p 和 q 是满足 $pn_1 = qn_2$ 的最小整数。例如:假设 $n_1 = 6$,$n_2 = 4$,则 $p = 2$,$q = 3$,组合序列每 $pn_1 = qn_2 = 12$bit 重复一次。显然,在基本的数学语言中,12 就是 6 和 4 的最小公倍数。再说回 P 码,我们发现把有 1.5×10^7bit 的 PRN 码与另一个稍长的 PRN 码进行组合,在组合序列产生大约 200 万亿个比特之前都不会产生重复!在时钟速率 10.23MHz 的条件下,产生的连续码元时间间隔小于 $1/10$μs(对应于距离间隔 30m),P 码每 226.4 天才重复一次。将整个码长按一周时长进行分段,根据各自不同的 PRN 码分配给各个卫星。为了明确地表示传输信号随时间的变化,假设 $S_{C/A}(t)$、$S_Y(t)$、$S_D(t)$ 是构成 C/A 码、Y 码和导航等数据的一串 +1/−1 序列,然后有:

$$\begin{cases} L_1 = a_1 S_Y(t) S_D(t) \cos(2\pi\nu_1 t) + b_1 S_{C/A}(t) S_D(t) \sin(2\pi\nu_1 t) \\ L_2 = a_2 S_Y(t) S_D(t) \cos(2\pi\nu_2 t) \end{cases} \tag{19.2}$$

式中：ν_1 和 ν_2 是载波 L_1 和 L_2 的频率，整个导航数据由细分到 5 个子帧的 1500bit 组成，以 50Hz 的时钟速率产生，因此一个完整信息的产生需要 30s，包括卫星轨道位置（星历）更新，GPS 和卫星时钟时间，其中包含用于建模修正卫星时钟的各种数据，以及其他"常规事务"类型的数据。第一个子帧包含 GPS 星期数，用于建模修正卫星时钟的数值系数、预测的范围精度和数据寿命。第二个和第三个子帧包含卫星的星历。第四个和第五个子帧的内容则经常变化，但会每 25"页"（pages）重复一次，因此包含在 25 页内的所有数据的传播，时长需要 25×30s，即 12.5min。第四和第五子帧的页由所有卫星传播，除了保留用于军事用途外，剩下的页包含所有 GPS 卫星的电离层相关数据、协调世界时、卫星健康状态和低精度轨道数据。

19.7.6 信号传播速度修正

为了到达地面或机载接收机，卫星信号传输必须穿透大气的电离层和对流层。尽管信号传播速度与自由空间中差别不大，然而由于大气对不同频率载波 L_1 和 L_2 的色散不同，巨大的距离会对信号到达时间产生累积效应。可以用一个简单模型说明这个问题，在这一模型中无线电波的电场分量驱动自由电子产生振荡，相位与载波频率的相关性如下：

$$V_{\text{phase}} = \frac{c}{\sqrt{1 - \dfrac{80.6 N_e}{\nu^2}}} \tag{19.3}$$

式中：电子浓度 N_e 水平地分层化，从 E 层开始随高度逐渐增加，在 E 层约 100km 高度上电子浓度约为 $10^{11}/\text{m}^3$，到了 300km 以上的 F 层电子浓度可以达到 $10^{12}/\text{m}^3$。在 GPS 信号载波频率上，对速率的影响大约为 3×10^{-5}，这对应 10m 量级的修正。我们要注意到，对于色散介质，比如电离层，必须要明确速率的含义是什么：是无限波列的波峰还是脉冲的前沿？或是其他什么？回想一下，对于复杂波形，可以用其傅里叶频谱进行分析，不同的频率成分将以不同的速率传输，那么波形在其前进时将会发生形变，导致我们无法判定哪一种波形的前进速率更适合用于对速率进行定义。如果一个波形的频率成分是只在某一个频点上的很窄带宽的频谱，例如每个 GPS 的传播信号，那么载波调制就能够保持并按群速度传播。在通过大气电离层时，群速度要比自由空间中的速度（光速）稍小，然而相速度则更大。因此，利用时间码匹配得到伪距与测量载波和本地参考振荡器相对相位，基于的是不同的速率。有趣的是，有些情况下，计算出的群速度实际上大于自由空间中的光速：这种介质中的色散被称为反常色散。在爱因斯坦相对论产生之前，没有把这种现象当作一个扰动因素,因为在此之前,通常认为,也是由索末菲(Sommerfeld)和布里渊(Brillouin)说明的:无线电信号在开始时总是以光速传输,到了反常色散区域信号的速度则不是群速度。实际上信号的速度总是小于或等于光速。

正如已经指出的,受太阳光照和太阳黑子活动影响,电离层中电子浓度 N_e 随高度在变化。此外,无线电波传输通过电离层的路径也一定会因为卫星在轨位置的不同而明显变化。因此必须持续监测电离层对信号时延的修正。这就是使用两个波段 L_1 和 L_2 进行信号传输的原因,信号时延提供了两个参数来解决两个未知量:伪距和有效电子浓度。

与电离层不同,中性对流层是非色散的,也就是说无线电波的传播速度与其频率无关,并且载波和调制信号的相速度也没有区别。折射率是大气温度、压力和水蒸气浓度的函数,已经发展出了一些折射率随高度变化函数的半经验模型,利用其中的模型估计从卫星到接收机的倾斜路径在经过对流层时的延迟,得到的修正量只相当于几米的伪距。

19.7.7 用户段

终于,我们要讨论系统的用户段。除了军事服务之外,GPS 系统还为大量的且还在不断增多的民用用户提供服务:从高速飞机到游船再到丛林徒步旅行者。随着 GPS 系统的服务性能对公众越来越放开,可能用不了多久,就会有越来越多的技术出现并利用 GPS,从而改变人们的生活。

当前可用的 GPS 接收机种类很多,不同类型接收机的成本和复杂度差别很大。它们各自具有不同的功能,提高在特殊应用场景中的性能,例如:高速导航、大尺度测量、远程时钟精确同步等。但是从本质上讲,它们都是具有精确的相位/时间跟踪能力,和导航数据处理能力的特殊无线电接收机。

作为无线电接收机,首个基本组件是天线。对于 GPS 接收机,天线的设计和它所处的物理环境特别重要。理想情况下,接收机应将其他自由传播电磁波的振荡电场(或磁场)分量,转化为接收器电路中的振荡电流。该振荡电流的相位必须精确地跟踪电磁波的相位,最多允许存在一个与天线方向无关的固定相位偏置。这点在接收机快速运动时尤为重要。尽管我们希望能够区分低空的,以伪反射波形式干扰天线接收的信号,但为了接收到来自不同卫星的信号,无论是同时还是顺序地,都需要一个对入射无线电磁波方向响应不敏感的天线,即全向天线。简单的偶极天线(一个直导体)或环形天线因其具有方向相关性而被排除在外。通常选用的是微带天线。接收机的天线模块可以包含一个预放大级和下变频模块,之后再将信号传输到射频模块。一些单元被设计成只接收主 L_1 频率,其他单元则可以接收 L_1 和 L_2 两个频率。

在射频模块中,使用锁相环跟踪每个载波频率的相位。在锁相环内,利用反馈环路中的相位比较器,将一个受控振荡器的相位锁定到接收载波相位上。利用相关的 C/A 伪随机码技术,实现对不同卫星信号的分离。本地产生的伪随机码序列在时间上自动移位,与输入信号产生最大的相关性,在不考虑钟差时,位移的时长表示无线电波的传输时延。影响接收机复杂度和成本的一个重要参数是它能同时跟踪的卫星数量。来自四个不同卫星的信号或者由分立的四通道不同电路直接接收,或者由相同通道按顺序对信号进行接收和处理。通常低成本接收机选择的是后者。

除了射频模块之外,一个 GPS 单元还具有存储器、键盘和显示器,同时还结合一个微处理器。处理器当然是必要的,因为要利用测量到的时延进行必要的修正,要使用卫星的广播星历,并通过解方程得到用户的坐标和时间。在选择天线接收的位置时也要注意,如果天线周围的物理环境会反射一部分电磁波,导致信号沿不同路径到达天线(图 19.7),那么即使有最佳的几何和电路设计,对天线信号也是非常不利的,由此产生的不同信号时延也称为多径误差。

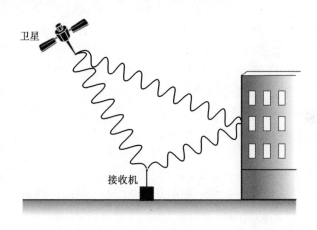

图 19.7 天线周围环境反射产生的多径信号

第20章
原子钟与基础物理学

20.1　引言

本章将介绍原子钟在精密守时和相关应用之外的一些重要贡献,当然前述那些贡献也相当重要。事实上,精密稳定的时间频率基准已对军用和民用技术及文化产生了重要影响,不需再论证及夸大。然而在几年以前,确实还很难想象,可以利用原子或离子的量子跃迁来作为频率参考,实现这样一个高精度的基准。得益于原子钟的超高精度,科学家们可以更深入地验证基础物理理论,从大到宇宙尺度,小到亚原子尺度,可以更深入地研究宇宙的基本结构和导致宇宙运动行为的基本作用力。对称性是宇宙统一场论(unified field theories)的基础,而现在基于高精度的原子钟技术,可以很好地利用地球边界和航天器来开展极微小尺度的对称性破缺研究。

在当前的基础物理研究中,面临的主要挑战是大统一理论(Theory of Everything,T.O.E),它是一个统一场的理论,在这一理论体系内,宇宙中的四种基本力在一个量子理论框架内自然地合并统一,同样,这个量子理论与广义相对论的时空概念必须相容,或者至少在某种近似条件下是相容的。这四种基本作用分别是形成原子和分子的电磁力、使地球按轨道运行的引力力、将质子和中子结合起来的短程强相互作用力,以及通常被认为是引起放射性 β 衰变的弱作用力。就像 20 世纪初期,在经典物理学基础上,逐渐发展起全新的相对论和量子理论,我们目前正处于又一个新世纪的开端,毫无疑问,可能将见证一个能够解决统一场问题的根本性新方法诞生,一个爱因斯坦终其后半生也没能找到的"圣杯"。将引力融合到统一量子场论的工作,现在来看来是一个比"清理奥吉亚斯(Augeas)国王的牛棚"更困难的赫拉克勒斯式任务(Herculean task)!

然而,场论里对弱和强原子核力的研究进展,使其看起来没有那么令人生畏,上个世纪的后半段,发展了描述这两种力的量子场论,即量子色动力学。电磁力与弱原子核力在 19 世纪 70 年代实现成功统一,Glashow、Abdu-Salam 和 Weinberg 也因此被授予了诺贝尔奖,他们的研究表明:在能量足够高时,比如宇宙大爆炸后的一个很短时间内,二者实际上是同一种作用力。随后大量基本粒子间高能相互作用的实验,验证了这一统一力理论,并且在所有实验中,理论与实验数据都比较一致。虽然,这种基本粒子相互作用的假设理论,需要人为设定某些初始参数,但鉴于它与实验现象的高度吻合,该理论被称为"标准模型"(standard model)。

爱因斯坦关于引力理论与标准模型的结合,尽管作了引力场必须量子化的假定,并将量子化的引力场称为引力子,但迄今为止仍是失败的。像电磁场相互作用中光子的角色一样,引力相互作用中引力子也有类似的行为。爱因斯坦引力理论是基于对连续时空的描述,但这种连续性与微观结构中各种量子涨落并不相容,这种不相容性成为将引力并入量子场论的绊脚石。关于量子场和引力的"相容"尺度的讨论,一直认为指的是普朗克长度(Planck length),由于缺少更精确的理论,人们一般利用量纲分析的方法得到普朗克长度的表达式,假定的相关常数包括:牛顿引力常数 $G(6.67 \times 10^{-11} \mathrm{m}^3 \cdot \mathrm{kg}^{-1} \cdot \mathrm{s}^{-2})$,光速 $c(2.998 \times 10^8 \mathrm{m/s})$ 以及普朗克常数 $h(6.626 \times 10^{-34} \mathrm{kg} \cdot \mathrm{m}^2/\mathrm{s})$,普朗克长度为

$$L = \sqrt{\frac{Gh}{c^3}} \approx 10^{-35} \mathrm{m}$$

这样一个极小的数字,应该自然地从任意统一理论中出现,这让人想到了狄拉克(P. A. M. Dirac)的大数假设(large number hypothesis)理论。狄拉克是二十世纪杰出的物理学家,有人认为他可以与爱因斯坦比肩,狄拉克曾经假定物理学中的某些无量纲常数(独立于任何单位系统)之间可能存在某种关系。一个首先想到的例子就是精细结构常数:$\alpha = 2\pi e^2/hc$,该常数最早由索末菲(Sommerfeld)计算氢原子光谱的精细结构时引入,数值上测量的 $1/\alpha$ 值大约是 137,是任何一个理论都必须能预测的纯数。在狄拉克提及的大数中,其中一个是宇宙年龄的表示,例如用原子内量子跃迁的周期进行表述,根据大爆炸理论,宇宙年龄是一个明确的数字,事实上,这一数字与两个电子之间的静电力和引力之比相近(上下不超过 10 倍!)。如果这些数字确实是相互依赖的,随着宇宙年龄的增大,那么是否意味着电子之间相互作用力之比也是随时间变化的呢?

事实上在 20 世纪初,恩斯特·马赫(Ernst Mach)就写下了宇宙中远距离物体之间相互作用力的来源,以及它们在影响地球上物体的惯性和动力学特性中的作用。在 1918 年,爱因斯坦创造了"马赫原理"这一名称,这个原理中他认为时空的"度规场"(metric field)以及天体沿测地线的运动(两点之间的最短距离),完全取决于整个宇宙的质能分布。

早期对马赫原理正确性的实验验证,起源于对空间各向同性问题的研究,是构成洛伦兹协变的一部分,而洛伦兹协变又是爱因斯坦狭义相对论的基础。因此 1960 年,耶鲁大学的休斯(V. W. Hughes)等人在地球上进行了粒子惯性质量可能的各向异性实验,通过银河系内各向异性的质量分布情况与地球进行对比,利用锂原子($^7\mathrm{Li}, I=3/2$)的核磁共振谱,在约 0.5T 磁场下,他们建立了一个比值上限 $\Delta m/m < 10^{-20}$。

20.2　爱因斯坦等效原理

爱因斯坦广义相对论的基本原理最初来自于伽利略的观测,即在引力作用下,所有物体都以相同的形式下落,与它们的质量或结构无关。牛顿发现了引力的更一般性质,即当两个物体在由第三个物体产生的引力场中运动时,将获得与这两个物体质量和结构无关的加速度,这意味着在外力作用下,决定物体加速度的惯性质量与决定它所产生引力场强度的引力质量相等,而与它的结构无关。这实际上正是弱等效假设(Weak Equivalence Principle,WEP)所表述的内容。爱因斯坦曾经认为质量或能量的不均匀分布,造成了时空的几何结构,在这一结构中,引力作用使物体沿测地线运动,但基于弱等效假设,他放弃了曾经的观点。爱因斯坦进一步阐明了一个更强的原理形式,即任何质点临近空间的引力场,都可以通过适当的坐标变换转换掉。这与下面讨论的对称性表述一起,构成了爱因斯坦的等效原理(Einstein's Equivalence Principle,EEP):对于任何局域的非引力实验,它的结果首先与实验相对于引力场的方向和速度无关(局域洛伦兹不变性,local Lorentz invariance),其次与实验所处的时间和引力场中的位置无关(局域时空不变性,local position invariance)。

20.3　洛伦兹对称性

回想一下时空坐标洛伦兹变换下的协变性,在闵可夫斯基(Minkowski)的解释中,对应的是一个四维空间中的旋转,形成了爱因斯坦狭义相对论的基础。我们需要区分纯空间旋转的协变和涉及了时间轴的协变,后者有时候被称为推促(boosts),即时空双曲变换,对应的是运动速度的改变。

如前一节提到的,爱因斯坦理论中弃用了绝对的和普遍的时间观念,意味着像远程时钟同步这种基本的操作,需要谨慎地重新来定义,然而在某些引力场作用下,比如存在物质转化的引力场,"同时性"甚至可能无法精确定义,显然这导致了不同位置上同时发生事件的"同时性"讨论。

同时性的概念很明显涉及一个问题,即空间某点上某个时间发生的事件,是否发生在另一个事件之前还是之后? 这是一个不亚于讨论关于过去和未来的大问题。经验科学的基础是因果论,而因果论的概念只有当"早"和"晚"有明确的、与观测者状态无关的定义时才有意义。根据相对论理论,这给可能存在因果联系的事件之间加了一个强制性的限定,即没有任何相互作用的传播速度能够比光速更快这一事实。利用笛卡儿坐标轴绘制的图像,可以很好地表示出发生在不同时间、不同地点事件之间的关系。在相对论中,事件被表示为"时空点",即具有四个坐标的点,包括三个空间坐标 x、y、z 和一个时间坐标 t,如图 20.1 所示。

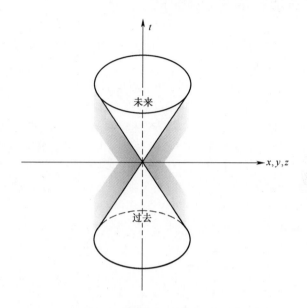

图 20.1　光锥分隔开的"世界点",相对原点
具有绝对的过去和未来

　　在这样一个表象下,只有世界点位于特定锥形(我们称为光锥)的内部,事件才能与坐标系统内原点代表的事件产生因果关联。光锥定义为轴线沿 t 轴方向、倾斜面切线数值上等于光速(2.99797×10^8 m/s)的四维空间锥形。相对于原点所代表的事件,光锥上半部分中的点代表事件处于绝对未来,下半部分中的点则处于绝对过去。而光锥外部点表示的所有事件,根据坐标系与观测者之间相对运动状态的不同,可以在原点事件之前或之后发生。毫无疑问,根据观察者相对运动状态的不同,一个事件可以发生在另一个事件之前或之后的这一想法,与我们对绝对时间和时间次序的直观感觉相悖。虽然有点天方夜谭,但我们不能完全摆脱这样的观念,即时间顺序看起来只取决于相对运动状态。这一观点假定了某种实在性的存在,认为可观测宇宙中的事件是有序的,因此运动的相对性是可以严格定义的。事实上把时间看成一个绝对的量是不正确的。

　　在地球上、人类尺度上,这些根本的、非直觉的相对论效应非常微小,随着新型频率标准的发展,更高的精度使得对这些效应研究不再仅限于探测,而是可以更精细地研究。对于其他效应,如第七章提及的引力红移和 Sagnac 效应,在可预见的将来,也将能够利用原子钟的超稳定性和远距离超紧密时间传递能力提升,而进行更多的可观测研究。

20.4 基础物理中的对称性

对称性是物理理论体系中的基本原理,与各种对称操作遵循的守恒定律密切相关。例如,绕某个轴向的角动量守恒与绕该轴的转动对称性相关。

对称性有许多种形式:对于一个物理系统的任何操作,例如平面内的反射、绕轴的转动,或沿着直线的位移,如果经过该操作后的系统状态与初始状态不可区分,则称为对称操作。像立方体或者球体这种规则固体,有许多对称操作。立方体有 9 个镜像对称、3 个四重旋转对称轴和 4 个三重旋转对称轴,围绕这些对称轴的一整圈转动中,立方体有 3 次或 4 次复原。对于球体,绕经过球心的任何轴进行任何角度的转动,都无法区分转动前后的状态,这就是球的对称性。更一般地讲,无论是像立方体一样的固体,还是一个数学表达式,面对的都是在对相关变量进行某种变换后,形式或性质回到初始状态的问题。具体地,对于立方体,指的是定义其方向的角度量的变换不变性,或者是定义镜像的坐标符号取反。

在基础粒子物理领域,对物质基本构造的研究中,一个最基本的问题是粒子在相互作用中表现出何种对称性,以及从这种对称性出发能够推导出何种守恒关系。当组成物质的基本粒子通过加速器后,产生高能碰撞分解成构成它们的更基本粒子时,这些分解出来的粒子很多时候仅在很短的时间内保持自身的性质,之后便快速衰变为其他粒子,并可能继续衰变成另外不同的粒子。会产生一个复杂的谱系,而由于存在与对称性相关的守恒定律,谱线数目会极大地减少,这些关系已不只是我们熟悉的动量守恒和能量守恒了。它们与描述粒子相互作用(量子)数学表达式中的各种对称性相关,它们的重要性不适合继续在本书中探讨。动量守恒(包括线性动量和角动量)和能量守恒与系统相对于任何(连续)线性的或角度的位移不变性,以及相对于时间坐标原点的位移不变性有关。系统内这种对称性的存在意味着可以任意地选择原点位置和坐标轴方向。事实上,在我们的意识中,空间是均匀的各向同性的,这样一个认识如此根深蒂固,以至于我们一直在随意地选择原点和坐标轴,而没有注意到这其中可能的物理含义。

其他重要的对称性还包括:①电荷的共轭操作(C),对所有电荷的符号取反,从而用反粒子代替粒子,反之亦然;②所有空间坐标(P)和时间坐标(T)的符号取反。后两种对称性操作值得进一步解释,了解其特定意义。

坐标对称性中对 x 轴、y 轴和 z 轴的正向选择,乍一看不过是一个习惯性问题,然而实际上,除非系统具有反演对称性,坐标轴正向的选择非常重要。通过一个例子我们可以很好地说明这个问题:考虑螺旋型的几何形状,具象来说,比如螺丝钉或弹簧上的螺纹,如图 20.2 表示,这个图形与坐标轴一样,可以是左手系或右手系。由于没有适当的转动方式能够将一种类型转换为另一种类型,因此必须加以区分。一个右手系的螺丝不能通过改变它的方向使其变成左手系,相应的一种类型坐标轴也不能通过任何旋转的方式变换成另外一种。如果我们对某一坐标系中螺旋线上所有点的坐标符号取反,并在同一个坐标系内画出这些取反后的坐标,将会发现,重新画出的是相反螺旋方向的螺旋线,即右旋螺旋线变成了左旋螺旋线,反之亦然。此外,我们还可以证明通过镜面反射和适当的旋转,可以得到相同的取反结果,即一个右旋螺钉的镜像对应的是左旋螺钉的物。粒子之间的物理相互作用,在经过原点反射后保持不变,意味着作用本身和作用结果都不能利用镜像区分,也不能利用描述它们坐标系统的"手性"区分。这不只是数学上的奇异,在这种不变性存在的地方,相应地存在着一个守恒定律,即我们所说的宇称守恒,该术语用于描述量子态数学表达式的奇偶属性,即当坐标符号改变时,表达式符号变化或不变的性质。于是,对于一个不改变宇称的相互作用,在相互作用后系统的宇称要与初始宇称一致:奇宇称仍然是奇宇称,偶宇称也保持为偶宇称。

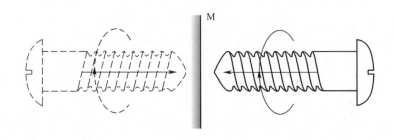

图 20.2　右手系螺丝通过平面镜反射变换到了左手系

在量子力学中,量子态的宇称发挥着非常重要的作用,比如:对原子和原子核光谱的分析。一直以来都默认宇称是守恒的,即宇宙和它的镜像是不可区分的,然而,存在一个重要的粒子间相互作用实例,破坏了这一对称性,我们称为"弱相互作用",这种作用导致某些原子核存在放射性,向外辐射高能电子(β 粒子)。李政道和杨振宁在 1956 年提出了宇称守恒破坏的假设,解释当时某些基本粒子的衰变模式,并由吴健雄等人在实验室中得到了证实,即在温度接近绝对零度时,利用有极化的钴原子核观察到了 β 辐射。

然而我们更感兴趣的是在许多年后,Fitch 和 Cronin(Fitch,1980)发现某个特定的基本粒子(K°粒子)会衰变成另外两个基本粒子(π^+ 和它的反粒子 π^-),这说明在电荷共轭和空间坐标取反的联合操作上,存在对称性破缺,即 CP 破缺,这强烈地暗示时间反演对称性也是可以破缺的,因为时间反演不变性是建立在量子场论的基础,即 CPT 定理之上的。而 CPT 定理认为当使用电荷共轭(C)、坐标反转(P)和时间反转(T)的联合操作时,所有系统都应该是守恒的。

20.5　CPT 对称性

近些年来,对基础物理理论的重组研究中,其中一个工作是将引力合并到量子场论中,这也导致了一个有趣的潜在研究,即对 CPT 联合变换下物理定律对称性(或说是缺少对称性)的质疑。在这组操作中,时间反演对称性的含义还有待验证。它只是物理上的时间方向反演对称,就像倒放动画一样。最基本的问题是,物理学定律是否具有时间反演对称性,即是否所有支配电影倒放的物理定律都与现实生活中的规律区分不开,换句话说,我们能否通过对观测到的现象进行分析,判断一个电影是在正常前进播放还是后退播放。

单从我们日常生活经验来看,答案自然是肯定的,然而我们显然不能把这种区分常见的人类行为、或预期生命体行为模式的经验当成标准。如果电影里的车都是沿着高速公路向后跑的话,那么我们不难判断电影是在后退播放,但这样一个奇怪的画面并没有违反任何物理学定律,根据我们的交通经验,则发现电影是后退的! 在日常生活中这些看起来并没有什么问题,时间永远是从过去指向未来。

即便不提前面这些例子,日常生活中尚且有大量现象在时间上是不可逆的,其背后原因可能非常深刻,对于一些所谓的不可逆过程,时间确实似乎只指向一个方向。这方面有许多明显的例子:一匙糖溶解到咖啡中、咖啡变凉,以及复杂的生物衰老等。

除了高能亚原子粒子物理领域外,实际上物理学定律对时间反演是对称的,那么,由于前面提到存在不可逆过程,则这些物理定律需要重新考虑。举例来说,牛顿运动定律的时间反演不变性,就可以通过一个不太复杂的实验进行验证,如两个粒子碰撞,更具体地,比如无摩擦桌面上两个理想台球的碰撞。很明显在这样的例子中,时间的流向是无法判断的(假设拿着球杆的人不在画面中)。然而前面提到的咖啡或动物衰老的例子,系统则包含多得多的变量,并涉及化学和热学等复杂的内部结构。在物理学发展中,微观粒子间可逆的相互作用与复杂系统经历的宏观不可逆过程之间,存在着相互协调的难题。这个问题的解决,以及 19 世纪物理学分支——统计力学的巨大进步,要归功于我们熟悉的物理学家玻耳兹曼。

他的理论给出了一个突破逻辑困境的方法,为了理解其中的奥妙,我们来看一个经过简化但保留了问题本质的例子,假设霰弹枪开枪,大量铅弹从枪管内高速射出,通常我们可能希望子弹打向某个倒霉的小鸟。虽然有点不可思议,但如果我们能够观察到时间反演,那么就可以看到大量大面积散射的铅弹汇聚到枪口,并回到枪管中!

现在,由于经典运动方程相对时间反演是对称的,如果一个粒子从它的末位置,带着精确的反向末速度开始运动,它将沿着同样的轨迹恰好回到初始位置,并具有一个与初始速度相同反向的速度,因此,如果我们能够用高速摄像技术拍下开枪后铅弹的运动,那么在逆播放的运动画面中,能够看到运动行为也满足运动方程。当然,这里肯定要排除空气阻力,铅弹与大量空气分子相互作用,需要考虑空气分子的运动过程。

可是问题还没有解决:为什么我们观测到的演变过程都只沿着一个时间方向,答案的本质,在于我们对所有粒子坐标和速度的认识(或者说缺少的认识)。如果我们要求开枪后每一个铅弹都按规定的速度打到规定的目标区域点,那么它将变成一个与观察到铅弹从目标区域汇聚,并回到枪管内一样罕见的事件!如果用一个普通的运动图像来描述开枪,把所有铅弹快打到目标区域的位置,并作为初始位置反方向运动,那么我们可以建立一个包含了射出铅弹的末位置和反向末速度的初态,带着这些特殊的初值,铅弹能够恰好回到枪管中。当然,从原理上,我们也可以建立一个精细的实验装置,可以将铅弹以确定的速度,从确定的空间初始位置射出,使它们基本上能同时汇聚到枪管内,但那不是我们倒放电影时看到的画面,倒放电影时所有铅弹都能神奇地回到正确的初态。

总之,当微观粒子在微观尺度上运动时,观测到的时间可逆性与运动方程的时间反演不变性一致,然而在宏观尺度上,我们面对的是由大量粒子组成的巨大、复杂的系统,它们的一些演化过程是不可逆的。为了从宏观上观测到这样的反演过程,需要预先设好大量粒子的初始位置和速度,而这就像谚语里说的"连猴子随便敲击打字机都能写出莎士比亚的《哈姆雷特》一样",显然是不太可能的!

在不进行更深入讨论的前提下,简单来说,这种不可逆过程就是我们常说的从"有序"向"无序"的演变,玻耳兹曼给出了衡量无序程度的恰当定义,即熵的定义,它是构成给定能量和体积系统的粒子,所有可能的速度和位置数目,它是一个时间流逝方向上的自然规律,宇宙按这个规律向着越来越无序的状态演变。应用这个规律时,我们必须仔细地把所有相互作用实体包含到"总体"这个定义之中。

即使找到了协调宏观系统时间流动单向性和微观系统时间可逆性的解释,也不能证明或反驳粒子在微观物理过程可逆性的有效性。事实上,实验证据表明 K° 粒子独特的衰变过程,可能会破坏时间反演对称性。这个结论的意义在于,它影响基本粒子演化的物理定律含义,包括基本粒子的产生和衰变等,再如之前提到的普朗克距离极限,它有可能违反 CPT 对称性,因此需对前述结论提出一定的质疑。

对于我们普通人来说,只能惊叹于顶尖物理学理论的发展,时间概念的演化与我们日常经验越来越远。

20.6　弦论

当前实验研究的热点,是提高粒子物理的功率,在地面或空间实验室中,来探测爱因斯坦等效原理和/或洛伦兹对称性的破缺。在引力融合到量子场论相关研究的驱动下，新的尝试正在从根本上对时空基本结构进行重新假设，弦论就是当前最具代表性的理论之一。前面提到，量子场论与相对论之间的不相容，来源于连续时空在基本微观尺度（普朗克长度，10^{-35} m）下的量子涨落。弦论则试图规避这个问题，它假设组成世界的基本粒子不是点状的，而是一个（多维度的）细丝状结构，这些结构具有不同的振动模式，并因此具有不同的能量或质量。标准模型需要相互作用粒子的相关特性，并以此作为输入来预测相互作用速率，弦论则与此不同，它不需要这种"可调节参数"，就可以解释所有观测到的粒子、相互作用及它们之间的相互关系。

Kostelecký 等人指出，洛伦兹对称性破缺可能在很多弦论中出现，伴随着可能的 CPT 对称性破缺，时钟比对测试提供了一种灵敏地探测洛伦兹对称性破缺的方法。Kostelecký 近来的一些理论工作导致了扩大标准模型（Standard model extension）的发展，增加了违反洛伦兹对称性的因素，清楚地给出了利用不同原子或离子作为参考的原子时钟比对的预期结果。

理论上的发展，推动了在实验上测试 EEP 和物理常数（例如精细结构常数 α）不变性的相关研究。利用地质和天文光谱的方法，已经建立了 α 波动范围的极微小上界。这个重要"常数"长期变化的精确测试，对原子钟频率稳定度提出了非常高的要求，这里，我们简要介绍两种 α 常数的测试方法。

第一种是地质学方法，是依靠位于加蓬共和国奥克洛附近的一处铀井，内部有一个天然的核反应堆，这里的核反应大约在 20 亿年前就产生了！通过仔细分析裂变产物（例如钐 Sm）同位素的比例，就可以估计出当时的 α 值，研究结果表明：这期间 α 值的变化量上限接近 2×10^{-8}。第二种是天文学方法，遥远的类星体会辐射光，这些光经过星间气体吸收后，被欧洲 Kyene 的 8.2m 高分辨率望远镜接收，通过分析吸收光谱，被研究的类星体距离范围可以从 60 亿光年延伸到 110 亿光年，因此有可能比较出过去几十亿年间不同时期的 α 值差别，但显然这是一个非常困难的实验，需要使用大型望远镜，目前可观测到的信号信噪比也非常小，当然，为了得到足够多的数据，判断出可能的谱线频移，可以延长观察时间。与地球上的其他实验相比，这两种方法可测试巨大时间跨度内的 α 值变化情况，这是它们的主要优势，但是，当出现超高频率分辨率的原子钟后，这种优势就显得不那么明显了。

美国 NIST 研究组开展了一项持续两年之久的研究工作，对汞离子光频标与铯原子微波频标进行测试比对，他们同时选择电四极跃迁与磁偶极超精细跃迁来测试，是为了使系统具有不同的 α 相关性，实验得到了一系列测试数据，在原子结构最新理论计算的基础上，研究组给出了比对实验结果：相对频率波动随时间的变化率正比于 α^6，实验中两个频率比值的变化率上界为 $\pm 7 \times 10^{-15}$/年（Bize，S. et al. 2003）。

20.7 国际空间站(ISS)上的实验

为了测试验证时空对称性的一些理论物理观点,一些实验项目已被设计在国际空间站(International Space Station, ISS)上进行,这方面的文献比较多,Lämmerzahl等人就写了一篇很好的综述(Lämmerzahl,2004)。空间站实验最初目的,是利用其微重力环境,获得超高灵敏度,开展时空基本性质方面的研究工作,例如:爱因斯坦的弱等效原理、局域时空不变性(引力红移),以及可能的洛伦兹和CPT对称性破缺等。在国际空间站微重力环境下实验,具有很多优势:可以对自由运动原子进行长时间观测、不受环境扰动和噪声干扰、大轨道速率、大高度变化等。

一般的实验方法,是比较两个基于不同种类原子、不同跃迁能级的超稳原子钟频率,其中一个原子钟作为参考钟,选择与"磁场无关"的 $m_F=0$ 能级间跃迁,根据扩展的标准模型,其不会出现CPT或洛伦兹对称性的破缺。另一个原子钟则作为测试钟,其跃迁线可能选择像 $(F=1,m_F=1)\rightarrow(F=0,m_F=0)$ 的超精细结构塞曼跃迁。随着空间站在其自身轨道上的运动,测试钟内被测振子的量子轴方向会随着春分点的变化而变化,任何洛伦兹对称性的破缺都会导致测试钟频率相对参考钟频率的移动,并最终被测量得到。

对于红移的研究,需要精确地测定空间站上两个钟的频率比值,并实时地将这个比值与地面上另一对同样原子钟的比值进行比较。这将可以证实是否红移依赖于原子钟的原子种类,是否与爱因斯坦的理论相矛盾。

20.7.1 PARCS

PARCS是空间基准原子钟项目(Primary Atomic Reference Clock in Space)的缩写,由NASA发起,目标是要研制一个空间铯原子钟,最初计划在2005年左右实现空间站上工作,但是计划一再被推迟,而且由于2003年哥伦比亚号航天飞机的失事,该计划能否继续保留也不态确定,同时美国在伊拉克战争上的经费压力更增加了这种不确定性。2004年,美国政府公布了一个新的长期战略规划,要求NASA重点发展载人飞行,这使得PARCS项目,甚至ISS的未来都变得黯然,不再乐观。

PARCS起初是一个多单位合作的项目,研究单位包括:NIST、JPL、都灵理工大学、科罗拉多大学、哈佛史密松森天体物理中心(Harvard Smithsonian Center for Astrophysics)等,项目要研制一台激光冷却的铯原子频标,作为星载部件的一部分,还包括一台氢原子钟,以及一套超导微波振荡器(Superconducting Microwave Oscillator,SUMO)。由于SUMO的工作原理与原子钟不相同,因此可以来验证狭义相对论和广义相对论差分红移的研究工作,通过准确地比较 PARCS 输出频率和不同腔方向的 SUMO 输出频率值,可以测试光速的恒定性,这类似于经典理论中的 Michelson-Morley 实验和 Kennedy-Thorndike 实验,不同之处在于目前具有了更高的精度,尤其对 Kennedy-Thorndike 实验。其他 PARCS 目标还包括:开展微重力下激光冷却原子研究,以及提高全球时间分发精度并最终提高全球导航精度的应用研究等。

PARCS 铯原子钟的"物理封装"(NASA 官员如是说),为一个激光冷却的光抽运铯束管,物理长度超过 87cm(包括磁屏蔽),Ramsey 腔长 40cm,由线性共振结构连接起来的两个 TE_{011} 腔组成,完成钟的振荡跃迁。为了使 Ramsey 腔两端的相位差对温度敏感性最小化,两个 TE_{011} 谐振腔与钟跃迁频率之间有 5 个线宽的失谐量。

铯源像一个 $lin \perp lin$ 光学黏团源,激光由三组对向传播的线偏振光组成,平行于三维坐标轴方向,原子束沿着 (1,1,1) 方向进入(从而与各个坐标轴成相同的交角),激光对的偏振方向互相垂直,这类似于第 16 章讨论 Sisyphus 效应时的结构。光学黏团中原子设计温度可达 $2\mu K$ 量级,原子在束源区聚集,然后以"球"的形式运动,每秒发送 2 次,平均每个"球团"内包含 5×10^6 个 $m=0$ 态的原子。通过调节原子团的推送速度,可使得通过 Ramsey 腔的漂移时间延长至 10s。空间铯原子钟频率不确定度目标为 3×10^{-17},这一指标受限于系统误差和实验测量周期等因素。

20.7.2 PHARAO

PHARAO 是(Projet d'Horloge Atomique par Refroidissement d'Atomes en Orbite)首字母的缩写,其中一部分任务为欧空局(European Space Agency,ESA)发起的空间原子钟组(Atomic Clock Ensemble in Space,ACES)计划。与 PARCS 相同,它的原子钟也是激光冷却的光抽运铯束原子钟,与氢原子钟一起工作。它们的主要目标是建立一个可以与地面钟比对、误差小于 10^{-16} 量级的时间标尺,并显著改善当前 GPS 能力。除此之外,该计划也希望开展引力红移测试、精细结构常数长期一致性测定等,通过研究卫星上空间钟组与地面钟组通信时的微波信号传输时延,进行光传播速度与方向性的相关研究。

计划 2007 年底前发射,安装在国际空间站的欧洲 Columbus 舱。项目于 1997 年完成了原子钟原型样机研制,并进行了飞行器零重力加速度的测试,同年,欧空局批准了空间原子钟组项目,将铯原子钟、氢原子钟和时间频率传输设备进行整合,以进行后续的基础物理实验。

ACES 与 PARCS 在原理上是相同的,不同之处在于子系统细节的设计,包括激光管、Ramsey 腔和微波探测频率合成等。为了降低由激光强度和频率波动引起的探测荧光信号噪声,设计了一个特殊的、伺服锁定到铯泡上的外腔半导体激光器。系统的短期稳定性只受限于量子投影噪声，于是必须要将参与作用的原子数目最大化，主要手段是减少从光学黏团捕获区域到最终探测区域这段路程原子的损失，通过保持真空度优于 10^{-8} Pa，将原子与背景气体碰撞导致的原子损耗控制在几个百分比之内。在原子捕获区，利用石墨吸附从光学黏团中逃逸出来的铯原子，这样，一个相对低密度宽束的冷原子束得以保持。原子束密度必须要控制在一个比较低的范围，这样才能降低由自旋交换碰撞引起的频移（见第 11 章）。为了通过宽径的原子束，Ramsey 腔被设计成一个与传统形式不太一样的环形腔，可以容纳大的通孔（8mm×9mm），同时使内部相位波动最小化。ACES 频率稳定度的设计目标为 $10^{-13}\tau^{-1/2}$，准确度目标值为 1×10^{-16}。

过去二十年原子钟技术取得的成就，使其能达到基础物理理论要求的精度，尤其是当原子钟应用到国际空间站微重力环境后，更是如此，所以衷心地希望，宏伟的政府火星计划，不要挤占此基础研究有限的经费。

20.7.3 RACE

RACE 是铷原子钟实验（Rubidium Atomic Clock Experiment）首字母的缩写。这个项目拟于 2010 年开展，它是基于先进的高束流[87]Rb 原子激光冷却双磁光阱（MOT）束源，从束源得到多个外推的铷原子团，高原子通量转化为更好的短期频率稳定性。这里之所以选择铷原子，是因为相对铯原子来说，它具有更小的自旋交换截面，产生更小与原子数密度有关的频移。此外，选择将铷原子推送进入拉姆塞齐腔的方案，可以保证更小的激光泄漏，最小的光频移。

20.8 总结

随着将来空间或星载实验计划的逐步实施，基础物理中对称性破缺的探索工作正加速进行，一项被称为"空间-时间"的未来任务，建议建立一个延伸远距离和大引力场的航天器轨道，当航天器沿轨道从木星向太阳运动时，将能获得超高的速度，$V/c\approx10^{-3}$，再让航天器快速旋转，从而，可以有效地收集到洛伦兹和 CPT 对称性破缺的相关数据。

很明显，原子钟技术发展到现在，已经获得了相当高的精度，能够对物理理论中的许多基本问题进行精确测试，这在以前是无法想象的，相信基础理论的研究人员对自然法则的理解会越来越深刻。

参 考 文 献

Audoin, C., Santarelli, G., Makdisi, A., Clairon, A, 1998 *IEEE Trans UFCC* (45) 877.

Audoin, C. and Diener, W.A. (1992): Frequency, phase and amplitude changes of the hydrogen maser oscillation, *Proc 1992 IEEE Frequency Control Symposium*, 86-89.

Barnes, J.A., Allan, D.W., and Wainwright, A.E. (1972): The ammonia beam maser as a standard of frequency, *Precision Measurement and Calibration*, (5) (Frequency and Time), NBS Special Publication 300: 73-77.

Barrat, J.P. and Cohen-Tannoudji, C. (1961): Etude du pompage optique dans le formalisme de la matrice densité, *J. Phys. Radium*, (22): 329-336 and 443-450.

Bauch, A., et al. (2000) *IEEE Trans UFFC* (47) 443.

Bell, W.E. and Bloom, A.L. (1958): Optically detected field-independent transition in sodium vapor, *Phys. Rev.* (109): 219-220.

Bender, P.L., Beaty, E.C., and Chi, A.R. (1958): Optical detection of narrow Rb^{87} hyperfine absorption lines, *Phys. Rev. Letters* (1): 311-313.

Benilan, M-N and Audoin, C. (1973) *Int. J. Mass Spectr. Ion Phys* (11) 421.

Berkeland, D.J., Miller., J.D., Berquist, J.C., Itano, W.M., Wineland, D.J. (1998) Laser-cooled Mercury Ion Frequency Standard, *Phys. Rev. Letters* (80) 2089.

Bize, S, et al. (2003) Testing the Stability of Fundamental Constants with the $^{199}Hg^+$ Single-Ion Optical Clock , *Phys. Rev. Lett.* (90) 150802.

Boyd, G.D. and Gordon, J.P. (1961): Confocal multimode resonator for millimeter through optical wavelength masers, *Bell Sys. Tech. J.* (40): 49.

Chantry, P.J., Liberman, I., Verbanets, W.R., Petronio, C.F., Cather, R.L., and Partlow, W.D. (1996): Laser pumped cesium cell miniature oscillator, *Proc. 52nd Annual Meeting*, the Institute of Navigation, Cambridge, U.S.A.: 731-739.

Cohen-Tannoudji, C. and Dalibard, J. (1989): *Journal of the Optical Society of America*, (B6): 2023.

Cohen-Tannoudji, C. (1962): *Annales de Physique* (Paris) (7): 423-460.

Cohen-Tannoudji, C. and Phillips, W.D. (1990): New mechanisms for laser cooling, *Physics Today*, Oct. issue, Am. Inst. of Phys.: 33.

Cohen-Tannoudji, C. (1962): *Annales de Physique* (Paris), (7): 423.

de Camp, L. Sprague (1960): *The Ancient Engineers*, Dorset Press, New York.

Dehmelt, H.G. (1957): Slow spin relaxation of optically polarized sodium atoms, *Phys. Rev.* (05): 1487-1549.

Dehmelt, H.G. (1957): Modulation of a light beam by precessing atoms, *Phys. Rev.* (105): 1924.

Dehmelt, H.G. (1981): Invariant frequency ratios in electron and positron spectra. . . , in *Atomic Physics*, (7), D. Kleppner and F.M. Pipkin, eds. Plenum, New York.

Dehmelt, H.G. (1983): Stored ion spectroscopy, *Advances in Laser Spectroscopy*, F.T. Arecchi, F. Strumia, and H. Walther, eds., Plenum, New York.

Dicke, R.H. (1953): The effect of collisions upon the Doppler width of spectral lines, *Phys. Rev.* (89): 472–73.

Diddams, S.A. et al. (2000) Direct Link between Microwave and Optical Frequency with 300THZ Femtosecond Laser Comb, *Phys. Rev.* Lett (84) 5102.

Drake, Stillman, (1967): *Galileo: a Dialogue Concerning Two Chief World Systems*, Univ.California Press.

Drever, R.W.P., et al. (1983). *Applied Physics B (Photophys. Laser Chem)* (31) 97.

Drullinger, R.E., Glaze, D.J., Sullivan, D.B., Circulating Oven for Atomic Beam Freq. Standards N. B.S 1985.

Frazer, Sir James George (1958): *The Golden Bough*, Macmillan Co., New York, (Originally publ. 1922).

Gerber, E.A. and Sykes, R.A. (1966), State of the art quartz crystal units and oscillators, *Proc. IEEE* (54): 103–115.

Gordon, J.P., Zeiger, H.J., and Townes, C.H. (1955): *Phys. Rev.* (95): 282L.

Gupta, A.S., Popovic, D., Walls, F.L. (2000) *IEEE Trans UFFC* (47) 475.

Hall, John L. (1975): Sub-Doppler spectroscopy, methane hyperfine spectroscopy, and the ultimate resolution limits, *Physics of Quantum Electronics* (2) (Laser Applicationsto Optics and Spectroscopy), S.F. Jacobs, M.O. Scully, and M. Sargent, eds.: 401.Addison–Wesley, Reading.

Hoffmann-Wellenhof, B., Lichtenegger, H., and Collins, J. (1994) *Global Positioning System*, 3rd ed., Springer–Verlag, Wien.

Hoogerland, M.D., Driessen, J.P.J., Vredenbregt, E.J.D., Megens, H.J.L., Schuwer, M.P., Beijerinck, H.C.W., and van Leeuwe, K.A.H. (1994): Factor 1600 increase in neutral atomic beam intensity using laser cooling, *Proc. 1994 IEEE International Frequency Control Symposium*: 651.

Hughes, V.W., Robinson, H.G., Beltran-Lopez (1960) *Phys Rev Letters* (4) 342.

Javan, A., Bennett, W.R. Jr., and Herriott, D.R., (1961): Population inversion and continuous optical maser oscillation in a gas discharge containing a He–Ne mixture, *Phys. Rev. Lett.* (6): 106.

Kastler, A. (1950): Quelques suggestions concernant la production optique et la détection optique d'une inégalité de population des niveaux de quantification spatiale des atomes, *J. Phys. Radium* (11): 255–265.

Kastler, A. (1957): Optical methods of atomic orientation and of magnetic resonance, *J. Opt.Soc. A-mer.* (47): 460–465.

Kleppner, D., Berg, H.C., Crampton, S.B., Ramsey, N.F., Vessot, R.F.C., Peters, H.E., and Vanier, J. (1965): Hydrogen-maser principles and techniques, *Phys. Rev.* (A138): 972–983.

Kramer, G., Lipphardt, B., and Weiss, C.O. (1992): *Proc. 1992 IEEE Frequency Control Symposium*, Hershey: 39–43.

Kramer, Samuel N. (1963): *The Sumerians: Their History, Culture and Character*, Univ of Chicago Press, Chicago.

Lamb, W.E., Jr., (1964) Theory of an optical maser, *Phys. Rev.* (134): A1429.

Lämmerzahl, C, et al. (2004) *General Relativity and Gravitation* (36) 615.

Landau, L.D. and Lifshitz, E.M. (1969): *Mechanics* (2nd ed.), Pergamon Press, London, p. 82.

Maiman, (1960): Stimulated optical radiation in ruby masers, *Nature* (London) (187): 493–494; also "Optical and microwave optical experiments in ruby", *Phys. Rev. Lett.* (6):564–565.

Major, F.G. (1977): Réseauātrois dimensions de quadripôles électriques élementaires pour le confinement dions, *J. de Physique–Lettres* (38): L–221–225. Also F.G. Major, V.Gheorghe, G. Werth *Charged Particle Traps* Springer (2005).

Major, F.G. (1969): Microwave resonance of field confined mercury ions for atomic frequency standards, NASA Goddard Tech Report X–521–69–167.

Major, F.G. andWerth, G. (1973): High resolution magnetic hyperfine resonance in harmonically bound ground state mercury 199 ions, *Phys. Rev. Lett.* (30): 1155–1158.

Maxim, L.D. (1992): *Loran – C User Handbook*, U.S. Coast Guard Office of Radio Navigation Systems, Commandant Publication P16562.5.

Monroe, C., Meekhof, D.M., King, B.E., Wineland, D.J., (1996) *Science* (272) 1131.

Morley, Silvanus G. (1956): *The Ancient Maya*, Stanford Univ. Press (1st ed. 1946).

Moulton, P.F. (1986) *J. Opt. Soc. Am. B* (3) 125.

Mrozowski, S. 1940 *Phys Rev* (58) 332.

Norton, J.R. (1994): Performance of ultrastable quartz oscillators using BVA resonators,*Proc.8th European Frequency and Time Forum*, Weihenstephan, (1), 457–465.

Panish, M.B., Hayashi, I., and Sumski, S., (1969): *IEEE J. Quantum Electron*(5): 210.

Paul, W., Osberghaus, O., and Fischer, E. (1958): Ein Ionenkäfig, Forschungsberichte des Wirtschafts– und Verkehrsministeriums Nordrhein–Westfalen, Nr 415, Westdeutscher Verlag, Cologne.

Peters, H.E., McGunigal, T.E., and Johnson, E.H. (1969): *Proc. 23rd Annual Frequency Control Symposium*, Atlantic City.

Peters, H.E., Owings, H.B., Koppang, P.A., and MacMillan, C.C. (1992): *Proc. 1992 IEEE Frequency Control Symposium*, 92–103.

Pierce, J.R. (1954): *Theory and Design of Electron Beams*, van Nostrand, Princeton, p. 41.

Poitzsch, M.E., Bergquist, J.C., Itano, W.M., and Wineland, D.J. (1994): Progress on cryogenic linear trap for Hg199 ions, *Proc. 1994 IEEE International Frequency Control Symposium*, p. 744.

Pound, R.V. (1946): Electronic Frequency Stabilization of Microwave Oscillators, *Rev Sci Instr* (17) 490.

Priestley, J.B. (1964): *Man and Time*, Aldus Books, London.

Ramsey, N.F. (1972): History of atomic and molecular standards of frequency and time,*IEEE Trans. Instrumentation and Measurement* (IM 21): 90–99.

Ramsey, N.F. (1956): *Molecular Beams*, Oxford University Press, Oxford, p. 124.

Ramsey, N.F. (1949): *Phys. Rev.* (76): 996.

Rochat, P., Schweda, H., Mileti, G., and Busca, G. (1994): *Proc. IEEE International Frequency Control Symposium*, Boston. 716–723.

Santarelli, G., Laurent, P., Lea, S.N., Nadir, A., and Clairon, A. (1994): Preliminary results on Cs atomic fountain frequency standard, *Proc. 8th European Frequency and Time Forum*, Technical University, Munich, p. 46.

Schove, D. Justin and Fletcher, Allen (1984): *Chronology of Eclipses and Comets AD* 1–1000, Boydell and Brewer Co. Suffolk.

Sibbett, W., Spence, D.E., Keane, P.N., (1991) 60–fsec Pulse Generation for Self Mode Locked Ti:Sapphire Laser, *Opt.Lett.* (16) 42.

Sobel, D. (1996) Longitude: True Story of a Lone Genius, Penguin.

Sorokin, P.P. and Lankard, J.R. (1966): Stimulated emission observed from an organic dye, chloro-aluminum phthalocyanine, *IBM J. Res. Dev.* (10) 2: 162–163.

Stephenson, F.R. and Morrison, L.V. (1982): *History of the Earth's Rotation*, *Tidal Friction and the Earth's Rotation II*, Brosche, P. and Sundermann, J., eds., Springer–Verlag Berlin, p. 29.

Tanaka, U., Bize, S., Tanner, C.E., Drullinger, R.E., Diddams, S.A., Hollberg, L., Itano, W.M., Wineland, D.J., Berquist, J.C. (2003) The ^{199}Hg$^+$ Ion Optical Clock *J. Phys B*(36) 545.

Tessier, M., Vanier, J. (1971) Théorie du maser au rubidium 87, *Canadian J. Phys.* (49): 2680–2689.

Touahri, D., Abed, M., Hilico, L., Clairon, A., Zondy, J.J., Millerioux, Y., Felder, R., Nez, F., Biraben, F., and Julien, L. (1994): Absolute frequency measurement in the visible and near infrared ranges, *Proc. 8th European Frequency and Time Forum*, Technical University, Munich, p. 19.

Townes, C.H. and Schawlow, A.L. (1955): *Microwave Spectroscopy*, McGraw Hill, New York.

Townes, C.H. (1962): *Topics on Radiofrequency Spectroscopy*, International School of Physics "Enrico Fermi": Course 17, p. 55.

Udem, Th. et al, (2001) Absolute Frequency Measurement of Hg$^+$ and Ca Optical Clock Transitions with Femtosecond Lasers, *Phys Rev Lett.* (86) 4996.

Wong, N.C. and Lee, D. (1992): Optical parametric division, *Proc. 1992 IEEE International Frequency Control Symposium*, p. 32.

Zacharias, J.R. (1954) *Phys. Rev.* (94) 751.

延 伸 阅 读

综述性文献(General Reference)

Audoin, C and B. Guinot *The Measurement of Time* (English translation by S. Lyle) Cambridge Univ Press 2001.

相关历史(Historical)

Jones, A. *Splitting the Second*: *the Story of AtomicTime* Taylor and Francis, 2000.

Lippincott, Kristin, Umberto Eco, et al. *The Story of Time* Merrell Holberton Publishers in association with the National Maritime Museum (UK), 1999.

Landes, David S. , *Revolution in Time*, Harvard Univ. Press, 1983.

Aveni, Anthony, *Empires of Time*, Kodansha America, Inc. , 1995.

Galison, P. *Einstein's Clocks*, *Poincar'e's Maps*, W.W.Norton , 2003.

Golino, Carlo, ed. *Galileo Reappraised*, Univ. of Cal. Press 1996.

振荡器(Oscillations)

French, A.P. , *Vibrations and Waves* W.W.Norton, 1971.

Pierce, John R. , *Almost All about Waves*, MIT Press, 1974.

Nettel, S. *Wave Physics* 2nd ed. , Springer Verlag, 1995.

Stuart, R.D. , *An Introduction to Fourier Analysis*, Methuen, 1961.

晶体(Crystals)

Wood, Elizabeth, *Crystals and Light*, van Nostrand Co. , 1964.

Bottom, Virgil E. , *Introduction to Quartz Crystal Unit Design*, van Nostrand Reinhold, New York, 1981.

Dmitriev, V.G. , Gurzadyan, G.G. , and Nikogosyan, D.N. , *Handbook of Nonlinear Optical Crystals*, Springer−Verlag, 1991.

量子理论(Quantum Theory)

de Broglie, Louis, *Matter and Light the New Physics*, W.W.Norton, New York, 1939.

Feynman, Richard P. *QED*: *The Strange Theory of Light and Matter*, Princeton U Press, 1988.

De Gosson, M. and De Gosson, M.A. , *The Principles of Newtonian and Quantum Mechanics*, World Science Publ. , 2001

光学(Optics)

Young, M. *Optics and Lasers* Springer−Verlag, 1984.

原子谱(Atomic Spectra)

Hertzberg, Gerhard, *Atomic Spectra and Atomic Structure*, Dover, 1944.

Haken, H. and Wolf, H.C. , *The Physics of Atoms and Quanta* 4th ed. , Springer, 1994.

King, W.H. , *Isotopic Shifts in Atomic Spectra*, Plenum Press, 1984.

磁共振(Magnetic Resonance)

Agarbiceanu, I.I. and Popescu I.M. , *Optical Methods of Radio − Frequency Spectroscopy*, Wiley, New York, 1975.

相对论(Relativity)

Einstein, A. , Lorentz, H.A. , Minkowski, H. , and Weyl, H. , *The Principle of Relativity*, Dover, 1923.

Schwartz, Jacob, *Relativity in Illustrations*, Dover, 1989.

Schwinger, Julian, *Einstein's Legacy: Unity of Space Time*, Scientific American Library, No.16, 1987.

量子振荡器(Quantum Oscillators)

Audoin, C., Schermann, J.P., Grivet, P., Physics of the Hydrogen Maser, *Advances in Atomic and Molecular Physics* (7), Academic Press, New York, 1971.

Bertolotti, M., *Masers and Lasers: an Historical Approach*, Adam Hilger, Bristol, 1983.

Hecht, Jeff, *Laser Pioneers*, Academic Press, Boston, New York, 1992.

Yariv, A., *Introduction to Optical Electronics*, Holt Rinehart and Winston, New York, 1976.

Demtroder, W., *Laser Spectroscopy*, 2nd ed., Springer, 1995.

Feynman, R.P., Leighton, R.B, and Sands, M., *The Feynman Lectures on Physics Vol III*, Addison Wesley, 1965 (for quantum mechanics and nitrogen maser).

离子囚禁(Ion Traps)

F.G. Major, V.N. Gheorghe, G. Werth, *Charged Particle Traps: the Physics and Techniques of Charged Particle Field Confinement*, Springer-Verlag 2005.

激光冷却(Laser Cooling)

Arimondo, E., Phillips, W.D., Strumia, F., eds., *Laser Manipulation of Atoms and Ions*, International School of Physics "Enrico Fermi", Course 118 Varrena, North-Holland, New York, 1992.

Minogin, V.G. and Litokhov, V.S., *Laser Light Pressure on Atoms.*, Gordon and Breach Science Publishers, 1987.

计量(Metrology)

Evans, A.J., Mullen J.D., and Smith D.H., Basic *Electronics Technology*, Texas Instrm., 1985.

Essen, L., *The Measurement of Frequency and Time Interval*, Her Majesty's Stationery Office, London, 1973.

导航(Navigation)

Hoffmann-Wellenhof, B., Lichtenegger, H., and Collins, J., *GPS Theory and Practice*, 3rd ed. Springer-Verlag, Wien, 1994.

USCG-Headquarters *Radionavigation Systems/United States Coast Guard*, Radionavigation Div., Doc. No.TD 5.8:R 11/4, 1984.

Maloney, Elbert S., *Dutton's Navigation and Piloting*, 14th ed. Naval Inst. Press, 1985.

Schmid, Helmut H., *Three-Dimensional Triangulation with Satellites.*, U.S. Dept. Commerce NOAA, US Govt. Printing Office, 1974.

中英文对照

A

A 磁铁,A-magnet
阿伦方差,Allan variance
爱因斯坦,Einstein,A.
爱因斯坦等效原理,Einstein's equivalence principle
氨,Ammonia
氨脉泽,Ammonia maser
氨分子频标,Ammonia frequency standards
暗电流,Dark current

B

B 磁铁,B-magnet
半导体,Semiconductors
饱和,Saturation
饱和吸收,Saturated absorption
本征运动,Secular motion
壁移,Wall shift
边带幅度,Sideband amplitude
标准具,étalon
标准模型,Standard model
表面离化,Surface ionization
波长,Wavelength
波导,Waveguide
波动力学,Wave mechanics
玻尔,Bohr,N.
玻尔磁子,Bohr magneton
玻耳兹曼,Boltzmann,L.
玻耳兹曼常数,Boltzmann constant
波幅度,Wave amplitude
波函数,Wave function
波阵面,Wavefront
伯努利原理,Bernoulli's principle
泊松分布,Poisson distribution
布居数反转,Population inversion
布拉格,Bragg,W.L.
布拉格衍射,Bragg reflection

C

CPT 对称,CPT symmetry
场幅度,Field amplitude
超辐射,Superradiance
超精细,Hyperfine
超精细抽运,Hyperfine pumping
超精细谱线,Hyperfine spectrum
超精细相互作用,hyperfine interaction
超精细跃迁,Hyperfine transitions
超外差,Superheterodyne
潮汐,Tides
磁场,Magnetic fields
磁共振,Magnetic resonance
磁光阱,Magneto-optical trap,
磁矩,Magnetic moment
磁屏蔽,Magnetic shielding
磁子,Magneton

D

打拿极,Dynode
大数假设,Large number hypothesis
大统一理论,Theory of Everything
氮,Nitrogen
导体,Conductors
德布罗意,de Broglie,L.
低温泵,Cryogenic pumping
地波,Ground wave
点接触,Point contact
碘,Iodine
电场分量,Electric field component
电磁波,Electromagnetic wave
电荷,Electronic charge
电荷交换,Charge exchange
电介质,Dielectrics
电离层,Ionosphere
电流密度,Current density
电偶极矩,Electric dipole moment

电子倍增器,Electron multiplier
电子磁矩,Electron magnetic moment
电子辐射,Electron emission
调制,Modulation
叠加原理,Principle of superposition
定态,Stationary state
动量守恒,Momentum conservation
多层介质膜镜,Multilayer dielectric mirror
多径误差,multipath error
多普勒,Doppler,C.
多普勒边带,Doppler side-bands
多普勒冷却,Doppler cooling
多普勒效应,Doppler effect

E

恶嗪,Oxazine
二次谐波产生,Second harmonic generation
二极管泵浦固体态激光器,Diode-pumped solid
state lasers
二进制计数器,Binary counter
二氧化碳激光器,CO_2 laser

F

法布里-帕罗干涉仪,Fabry-Pérot interferometer
反对称,Antisymmetric
反演对称,Inversion symmetry
反演谱,Inversion spectrum
范德瓦尔斯力,van der Waals force
放大,Amplification
飞秒,Femtosecond
非弹性碰撞,Inelastic collision
非均匀展宽,Inhomogeneous broadening
非平面环形振荡器,NPRO oscillator
非线性介质,Non-linear media
非线性晶体,Non-linear crystals
菲涅耳公式,Fresnel formula
沸石,Zeolite
费米,Fermi,E.
分辨能力,Resolving power

分布反馈,Distributed feedback
分立谱,Discrete spectrum
分频器,Frequency dividers
分子单态,Singlet states in molecules
附加噪声,Additive noise
傅里叶,Fourier,J.
傅里叶分析,Fourier analysis
傅里叶谱,Fourier spectrum

G

干涉,Interference
干涉滤波器,Interference filter
高斯光学,Gaussian optics
高斯线型,Gaussian line shape
耿氏二极管,Gunn diode
功函数,Work function
功率,Power
汞离子,Mercury ion
汞离子基态,Hg ion ground state
汞离子频标,Mercury ion frequency standards
共价键,Covalent bond
共焦光腔,Confocal optical cavity
共振,Resonance
共振荧光,Resonance fluorescence
固有模式,Normal modes
惯性坐标系,Inertial frame of reference
光抽运,Optical pumping
光电倍增器,Photomultiplier
光频,Optical frequency
光频标,Optical frequency standards
光频移,Light shift
光腔,Optical cavity
光散射,Scattering of light
光吸收,Light absorption
光学黏团,Optical molasses
光谱,Optical spectrum
光压,Light pressure
光增益,Optical gain
光锥,Light cone

光子，Photon
光子计数，Photon counting
光子晶体光纤，Photonic crystal fibers
广义相对论，General relativity，
轨道角动量，Orbital angular momentum

H

海森堡，Heisenberg，W.
海森堡测不准原理，Heisenberg uncertainty principle
氦，Helium
氦氖，He-Ne
氦氖激光器，He-Ne laser
核磁矩，Nuclear magnetic moment
核磁子，Nuclear magneton
核自旋，Nuclear spin
黑体辐射，Blackbody radiation
恒星干涉仪，Stellar interferometer
恒星日，Sidereal day
红宝石，Ruby
红宝石激光器，Ruby laser
胡克，Hooke，R.
环形天线，Loop antenna
缓冲气体，Buffer gas
黄道面，Ecliptic plane
回旋加速器，Cyclotron
惠更斯，Huygens，C.
混频器，Mixer

J

畸变，Anomaly
激光，Lasers
激发能，Excitation energy
激发能级，Excitation level
棘齿，Pallet
镓铝砷激光，GaAlAs diode laser
甲烷，Methane
伽利略，Galileo
监测站，Monitoring stations

简谐运动，Simple harmonic motion
碱金属原子，Alkali atoms
键，Bond
角动量，Angular momentum
近地点，Perigee
进动，Gyroscopic motion
晶体对称，Crystal symmetry
精细结构，Fine structure
静电场，Electrostatic fields
静电四极选态器，Electrostatic quadrupole
镜面，Mirrors
居里，Curie，P.
聚合物，Polymer
聚焦磁铁，Focusing magnet
聚四氟乙烯，Teflon
绝热近似，Adiabatic approximation
均匀展宽，Homogeneous broadening

K

空间电荷，Space charge
空间量子化，Space quantization
控制站，Control stations
库仑，Coulomb
扩散，Diffusion

L

拉比，Rabi，I.
拉比频率，Rabi frequency
拉莫尔理论，Larmor theorem
拉姆齐，Ramsey，N.F.
拉姆齐微波腔，Ramsey cavity
兰姆凹陷，Lamb dip
朗伯定律，Lambert's law
劳厄，Laue
老化，Aging
雷达，Radar
离化，Ionization
离子泵，Ion pump
离子冷却，Cooling of ions

R

染料, Dye

染料激光器, Dye laser

扰动, Perturbation,

热透镜, Thermal lensing

热噪声, Thermal noise

日晷, Sundials

日盲光电倍增管, Solar-blind photomultiplier

日食, Solar eclipse

铷, Rubidium

铷频标, Rubidium frequency standards

瑞利范围, Rayleigh range

若丹明6G, Rhodamine 6G

S

塞曼效应, Zeeman effect

三能级激光, 3-level laser

三氧化二铝, Al_2O_3

三重态, Triplet state

散弹噪声, Shot noise

散射谱线, Emission spectrum

色散, Dispersion

铯喷泉频标, Cesium fountain frequency standards

铯束频标, Cesium beam frequency standards

铯原子频标, Cesium standard

闪烁噪声, Flicker noise

熵, Entropy

烧孔, Hole-burning

射电望远镜, Radio telescope

射频加热, RF heating

砷化镓, Gallium arsenide

甚长基线干涉, Very long baseline interferometry (VLBI)

泻流, Effusion

声纳, Sonar

声子, Phonon

石英表, Quartz watch

石英晶体, Quartz crystals

石英振荡器, Quartz resonator

时间, Time

时间反转, Time reversal

时间方向, Direction of time

时钟同步, Synchronization of clocks

矢量模型, Vector model

寿命, Life time

受激辐射, Stimulated emission

双光子跃迁, Two-photon transition

水钟, Water clock

顺磁原子, Paramagnetic atoms

斯塔克效应, Stark effect

四极场, Quadrupole field

伺服控制, Servo control

速调管, Klystron

随机游走, Random walk

岁差, Precession of the equinoxes

锁模, Mode locking

锁相环, Phase-lock loop (PLL)

T

塔钟, Tower clocks,

太赫兹, Terahertz

太阳风, Solar wind

钛, Titanium

钛宝石, Ti-sapphire

探测器, Detectors

逃逸, Escapement

天波, Sky wave

天线, Antenna

通信, Communication

同位素滤光, Isotopic filter

同位素频移, Isotope shift

W

外延, Epitaxy

腕表, Wrist watch

微波腔, Microwave cavity

微波吸收, Microwave absorption

356

微波源, Microwave source
微运动, Micromotion,
伪随机码, Pseudorandom number code
卫星轨道, Satellite orbit
温度补偿, Temperature compensation
温度稳定性, Temperature stabilization
稳定性, Stability
稳频二氧化碳激光器, Stabilized CO_2 laser
无极放电, Electrodeless discharge
五硼酸钾, Potassium pentaborate

X

X 射线衍射, X-ray diffraction
西西弗斯效应, Sisyphus effect
吸气剂, Getter
吸收截面, Absorption cross section
吸收泡, Absorption cell
吸收谱, Absorption spectrum
吸收信号, Absorption signal
线宽, Linewidth
线性介质, Linear medium
相对论多普勒效应, Relativistic Doppler effect
相干, Coherence
相位匹配, Phase matching
相移, Phase shifts
香豆素, Coumarin
谐振激励, Resonant excitation
谐振器, Resonators
信噪比, Signal-to-noise ratio
星历, Ephemerides
星盘, Astrolabe
旋磁比, Gyromagnetic ratio
选择定则, Selection rules
薛定谔方程, Schrödinger equation
循环跃迁, Cycling transition

Y

压电效应, Piezoelectricity
压控振荡器, VCXO

亚多普勒线宽, Sub-Doppler line widths
亚稳态, Metastable state
氩离子, Ar ion
氩离子激光器, Ar^+ ion laser
衍射, Diffraction
赝势, Pseudopotential
氧化铝, Alumina
液体染料激光器, Liquid dye lasers
异质结, Heterojunction
镱离子, Ytterbium ion
引力子, Graviton
荧光, Fluorescence
荧光谱, Fluorescence spectrum
荧光探测, Fluorescence detection
有机染料, Organic dye
原子磁性, Atomic magnetism
原子基态, Atoms ground state
原子冷却, Cooling of atoms
原子面, Atomic plane
原子秒, Atomic second
原子喷泉, Atomic fountain
原子束, Atomic beam
原子跃迁, Atomic transitions
圆极化, Circular polarization
约翰逊噪声, Johnson noise
跃出, Flop-out
跃迁概率, Transition probability
跃入, Flop-in

Z

噪声系数, Noise figure
增益因子, Gain factor
展宽, Broadening
折射, Refraction
折射率, Refractive index,
真空泵, Vacuum pump
振荡幅度, Oscillation amplitude
振荡模式, Modes of oscillation
振荡器, Oscillator

357

振荡阈值, Threshold for oscillation

蒸汽压, Vapor pressure

正反馈, Positive feedback

直接数字合成器, Direct digital synthesizer

质谱仪, Mass spectrometry

钟摆, Pendulum

昼夜节奏变化, Circadian rhythm

准直器, Collimator

自发辐射, Spontaneous emission

自旋交换, Spin exchange

自旋角动量, Spin angular momentum

综合器, Synthesizers

纵模, Longitudinal mode

最优指数, Figure of merit

坐标系, Coordinate system